U0392340

中华传世藏书

【图文珍藏版】

饮食文化典故

王书利 ⊙ 主编

第四册

线装书局

第五节　华南地区风味小吃

　　华南地区包括广东、广西、海南、香港、澳门等省区。这一地区具有高温多雨、四季常绿的热带景观特征。以丘陵为主的地形、曲折的海岸线、众多的岛屿、湿热的气候为本区造就了丰富的自然资源和食物种类，华南名小吃品种繁多无不与此相关。由于地理位置的关系，其制品不仅具有南方传统的民族风味特色，又具有典型的东南亚风格和中西结合的创新性。

　　华南地区由于地处南方，商业贸易发达，饮食在制作技艺上能博采众长，吸取了周边乃至全国各地的众多做法，经过漫长的衍生积淀，形成了自己独特的风格。首先，选料广泛，进食选择丰富。在小吃取料上，能充分利用地理优势和丰富的物产资源，除了常用的米、面、糖、油、蛋、肉外，还擅长用各种蔬果、淀粉类、肉类和水产类等作为制作点心的原料。其次，讲究造型，味道偏好清鲜。在做法上吸收了各流派的长处，并中西结合，精制出口味丰富多彩、品种纷繁复杂的各类小吃；在造型、色泽上颇为讲究，如形如弯梳、晶莹剔透的鲜虾饺，层次清晰、色泽亮丽的酥皮蛋挞，爆口自然、洁白软滑的玉液叉烧包等；在口味上注意保持原料的自然口味，清新、芳香、鲜嫩、爽滑的特点十分突出。再次，粥品花样繁多，富有营养。粤式的粥品花款众多，大都以用料定名，如加入猪肚的叫猪肚粥，加入皮蛋瘦肉的叫皮蛋瘦肉粥等，且这些粥都具有一定的食疗作用。另外，制作精细，品种新颖，变化多样，表现在用料、工艺、口味、造型、色泽等方面的变化无穷、新品迭出。

　　广东省位于我国大陆最南端，地域宽广，资源丰富，为热带、亚热带季风气候，高温多雨的气候条件有利于农业的发展，平原谷地以水稻为主，兼种杂粮、花生、油菜等，大部分地区农作物一年两熟或三熟。热带经济作物是广东的特产，蔬菜和水果种类繁多，海洋渔业、淡水养鱼等水产资源丰富，这为广东饮食的发展提供了充分的原料，也为华南地区特色名小吃的产生提供了得天独厚的条件。从大类分，广东小吃包括肉食类、粥食类、粉食类、蔬果类、点心类等，其中仅是广东点心（又称广式点心），又分为长期点心、星期点心、四季点心、席上点心、节日点心、旅行点心、早午夜茶点心、原桌点心餐等种类，而粥食类更是数不胜数，不下

300 种。广东风味小吃具有典型的岭南风格，用料广泛，工艺考究，形式精小雅致，品种常新，味美鲜香。

海南省包括本岛和中沙、西沙、南沙三大群岛，属热带季风气候，自然资源丰富，是我国热带作物的生产基地。这里除水稻能一年三熟外，主要经济作物有橡胶、椰子、咖啡、腰果、可可以及芒果、波罗蜜等热带水果，其饮食有典型的海派风格，小吃多为结合当地土特产的饭、粥、鱼、粉、饼食之类，如海南煎饼、海南竹筒饭、椰汁板蓝糕等。

香港特别行政区位于亚热带南缘，由香港岛、九龙半岛和新界三部分组成，气温较高，雨量充沛，区域面积 1066 平方公里。由于其独特的地理位置和与广东的渊源关系，饮食风格带有浓重的粤菜特征，同时作为经济发达的国际贸易自由港，饮食又渗透有西餐色彩。因此，以粤派饮食为根基，吸收西餐所长，传统与现代结合，使香港的饮食形成自己的特色，并得以历久弥远。

澳门特别行政区位于珠江口西侧，东隔伶仃洋与香港相望，两地相距约 60 公里，北面与珠海市毗连，距广州约 120 公里。因此，穗港澳之间的水路联系便利，加上近年来商贸与旅游的发展，其名食深受香港、广东、葡萄牙食风影响，小吃风味也尽显地方色彩。

广西壮族自治区位于我国南部边疆，南濒北部湾，西南与越南交界，居民有壮族、汉族、瑶族、苗族、侗族、仫佬族、毛南族、回族、京族、彝族、水族、仡佬族 12 个民族，其中壮族人口约占全区人口的 37%，壮族是我国少数民族中人口最多的民族，而 90% 以上的聚居在本区。广西是世界著名的岩溶地貌区，属热带、亚热带季风性气候，有许多热带、亚热带作物，粮食以稻米为主，蔬菜与水果品种十分丰富，禽畜种类繁多，淡水鱼类与海鲜亦久负盛名。但由于地理上以丘陵地带为主，"山地文化"的相对封闭特性与多民族的横向交流作用，深深地影响这一地区饮食文化的个性形成。这一多民族聚居区的小吃与其他地区一样，具有源远流长、取材广泛、工艺精细、风味别致、经济实惠、食用方便等共性，但受特定的地理、气候、物产、民族、宗教、文化等区域因素影响，决定了这一地区古朴无华、食风奇异、民族气息浓巨、乡土韵味十足的华南小吃文化的典型个性。

一、鲜虾肠粉

肠粉是广东著名的传统风味小吃，最早兴起于 20 世纪 20 年代，初时都是一些肩挑小贩经营，沿街叫卖，用米粉蒸熟后以咸酱或甜酱佐食。虽然用料简单，但因经济实惠，很受食客们欢迎。20 世纪 30 年代以后，广东出现了专营肠粉的小吃店。后来许多茶楼、酒家争相制作肠粉，其开始成为早茶的必备食品，且常常供不应求，因而又被戏称为"抢粉"。传统的肠粉是用布垫着蒸熟的，又称为"布拉肠"，现多用铝合金或不锈钢蒸具蒸熟。肠粉中加入不同的肉类原料可制成鲜虾肠粉、牛肉肠粉、猪肉肠粉、鸳鸯肠粉、叉烧肠粉等。此品粉质晶莹洁白，软滑爽口，肉鲜而香，是饭店、茶楼早午夜茶市必备的点心品种，在粤港澳地区广为流传。

美食原料

鲜虾肠粉

一级籼米、鲜虾肉各 500 克，栗粉 50 克，生油 35 克，精盐 26 克，白糖 10 克，生粉 72．5 克，味精 7．5 克，食粉 3 克。

制作方法

1．虾仁馅的制作：用精盐 10 克、食粉 3 克、生粉 10 克与鲜虾肉 500 克拌匀，腌制 20 分钟，然后将虾肉用水冲漂至虾肉不粘手，捞出沥干水分；用精盐 6 克、白糖 10 克、生粉 12．5 克、味精 7．5 克、生油 15 克与晾干的虾肉拌匀即成馅。

2．粉浆调制：将大米淘洗干净、浸泡 3 小时捞起，加清水 750 克磨成细米浆，用 200 号罗斗过筛；栗粉、生粉各 50 克用少量清水调成稀粉浆，冲入沸水 500 克，烫成粉糊冷却，再与细米浆混合，加入精盐 10 克、生油 120 克拌匀即成肠粉浆。

3．制品熟制：将白布浸湿，平铺在粉架上，舀上一勺肠粉浆，摊平以 0．25 厘米厚为宜，铺上虾肉馅，入肠粉炉中蒸 3～4 分钟取出。把蒸熟的粉片前端拉起向后卷成猪肠形（虾仁外露），切成段装盘即成（食用时拌以调味生抽、熟油或辣椒酱）。

技术诀窍

1．注意肠粉浆的用水量不宜过多或过少，并且要将粉浆摊平，薄厚均匀。

2．肠粉不宜过厚，以 0．25 厘米左右为宜。若加以馅料则应将其肉类先予以调味腌制，然后撒在已摊平的肠粉浆上。

3．蒸制时应火大汽足，但蒸的时间不宜过长。

4．制成品利用了淀粉加温后糊化定形的特点，待熟后再配以生抽、熟油调味才可食用。调味时可根据个人所好进行添加，喜食辣味者也可加入辣椒酱调味。

品质标准

粉质晶莹洁白，软滑爽口，肉鲜而香。

二、及第粥

南粤粥品按不同的粥底、加入的不同肉料等来分有一百余种，居全国之首，其中富有营养而味美可口的当首推及第粥。据传，及第粥是清代广东状元林召棠爱吃的早餐粥，故而得名。及第有几种说法，这里是指科举殿试中的前三名，即状元、榜眼、探花。及第粥即取此意。及第粥的用料有猪肉丸，用来附会状元；猪肝，用来附会榜眼；猪粉肠，用来附会探花，故又称为"三及第粥"。由于它风味独特而又符合市民的喜兆心理，所以经营的人越来越多，竞争激烈。有的人别出心裁，在三料之上加猪肚仁，用来附会传胪，称"四及第粥"；有加猪心片的，称"文武及第粥"；有加其他杂料的，称"七彩及第粥"；还有加鱼片等原料称为"二嫂粥"的。花样繁多，各有长处，但仍以"三及第粥"最为人们所爱。广州以西关"伍湛记"做的"三及第粥"最享有盛名。因此，及第粥广为流传，久盛不衰。

美食原料

猪肉丸3个（重18克），猪肝20克，猪粉肠（猪小肠的一段）10克，味粥1碗，味精克，浅色酱油10克，葱花5克，精盐1.5克，芝麻油3滴。

制作方法

1. 将猪肝洗净，切成薄片；把猪粉肠捋洗干净，切成3段，每段弯背处切3个小口，放在碗里，加入精盐拌匀。

2. 将味粥、肉丸、粉肠段放在小锅里，以中火煮至八成熟。再加入调配好的猪肝煮熟，端离火位，加入味精、浅色酱油、芝麻油，将葱花撒在粥面，倒在碗里即成。

3. 猪肉丸的制法：将肥猪肉150克切成细粒，放在碗里，用汾酒2.5克拌匀，腌制片刻；将冲菜头（腌制的大头菜）25克用水洗净剁碎，捏去水分；将瘦猪肉350克洗净剁蓉，加入精盐15克、味精0.5克，打至起胶，把肥猪肉粒、冲菜粒等加入拌匀，做成小丸，每个重约6克。

4. 味粥的制法：将猪骨500克连同清水10500克一起倒入锅内，以旺火先熬煮约1小时，成汤，去渣待用；将大米600克洗净，腐竹50克用热水泡至透软，江瑶柱20克用清水洗净；将大米、腐竹、江瑶柱一起放入煮开的汤内，煮沸后再改用中火熬煮约1.5小时，直至成乳白色胶液状即可。

技术诀窍

1. 煲粥时应用大火煮沸，再用中火煲烂。

2. 煲粥过程中忌加生水，否则影响口味。

3. 注意原料的初加工及煲制时下料顺序、放法等。特别是在猪肉丸的制作中，要将肉蓉加入调料后摔打至有筋韧性，才能保证肉丸的爽滑可口。

品质标准

粥色洁白，粥水交融，稀稠适度，香醇鲜美。

三、艇仔粥

据说艇仔粥起源于明末清初。清初，入粤的山东诗人王士祯有首《广州竹枝词》云："潮来濠畔接江波，鱼藻门边净绮罗。两岸画栏江照水，昼船争唱木鱼歌。"汉末以后，广州成为海上通商的门户。唐代时期，胡商船只汇集广州，宽阔的珠江江面上船艇云集，画舫穿梭，繁华日盛。而艇仔粥就是那些以小艇为主，专营供应水边及船上顾客的小商贩所经营的粥品，主要集中在东堤西壕口和荔湾，品尝此粥很有雅趣，故而远近闻名。新中国成立初期，曾任广州市长的朱光同志有首词云："广州好，夜泛荔枝湾。击楫飞舲惊鹭宿，啖虾啜粥乐余闲，月冷放歌还。"这里说的啜粥，就是艇仔粥。此情此景，令人神往。后来连陆地上的小食店也开始经营出售这种荔湾艇仔粥，因此艇仔粥逐渐普及起来，成为广州的著名特色食品。

艇仔粥的发源地是广州的古荔枝湾，它是古羊城八景之一，荔湾渔唱就出自此处。各地游客、文人雅士常来此地游玩，而此品集多种原料之长，多而不杂，爽脆软滑兼备，鲜甜香美俱全，适应众人的口味，曾盛誉一时。

美食原料

大米250克，小猪骨125克，腐竹50克，鲮鱼、鲩鱼肉、花生仁各500克，浮皮300克（浮皮系经油炸或烤熟的猪皮），墨鱼200克，粉丝100克，精盐、黄豆粉各25克，纯碱3.5克，味精10克，海蜇300克，葱、姜各100克，浅色酱油50克，胡椒粉20克，花生油250克（约耗25克）。

制作方法

1. 将大米洗净，连同小猪骨、腐竹及清水5000克放进大锅里，以中火煮3小时，至糜化。用小火保温。

2. 将花生仁用清水浸泡半小时，去衣，摊放在竹箕上晾干。将花生油倒入锅内，以中火烧至油温五成热，将去衣花生仁分两次倒入锅内炸熟，捞出装入盆内。然后再将粉丝倒入锅内，以大火炸熟，捞起装入盘内。

3. 将浮皮放在桶里，上压石头，用清水浸泡5小时取出，用纯碱2.5克腌制片刻，然后反复搓擦，挤出余水，切成细丝，再用热水泡去油污杂质，最后用清水洗净，挤干待用。

4. 将鲮鱼去掉头、尾、骨和内脏，并把鱼肉绞烂成蓉，加入黄豆粉、精盐拌匀，并用力搓挞，使之起胶，分成10份，压扁，用花生油25克起锅，以中火煎熟。凉后，切成细丝，装入盆内待用。

5. 将墨鱼去骨，用水浸泡2小时，洗净，切成薄片，用纯碱1克，腌制10分钟，再洗净，装入盘内待用。

6. 将海蜇用清水浸泡3小时，洗去杂物和咸味，切成小块，再用清水浸泡半小时，取出挤干，装入盆内待用。

7. 将鲩鱼肉切成状如蝉翼的薄片，装入盘内待用。

8. 将葱切成葱花，姜切成丝，分别用盘盛装，备用。

9. 食用时，取浮皮15克放在碗里，另取墨鱼片10克、鲩鱼片25克放在勺内，入粥中泡熟，连粥一起倒在碗里，再加入炸花生仁25克、煎鱼饼20克、炸粉丝5克以及浅色酱油、葱花、姜丝各2.5克及胡椒粉1克即可。

技术诀窍

1. 煮粥时的水要一次加足，不可中途加水或熄火

2. 注意配料的初加工和腌制，掌握煮制时下料的顺序。配料要切得精细、均匀，如鱼片要切成大片，且要极薄，才能使制品刺少、腥味小。

3. 煲粥时注意掌握好火候。

品质标准

原料多而不杂，爽脆软滑，鲜甜香醇。

四、咸水角

咸水角是利用糯米粉皮制作的广东特色小吃之一，是广式面点中常见的品种。此点以虾米、猪肉、韭黄等为原料制作成熟馅，使其制品色泽金黄，饱满充实，外形呈月牙形，皮层稍有小泡，微酥，肉质软滑，五香鲜美。如果将馅料改为豆沙、豆蓉、薯蓉、莲蓉等，也可制成甜馅软角。咸水角不但在珠江三角洲一带很流行，

而且粤北、粤西地区的群众也都很喜欢它。每逢节日特别是春节，咸水角更是客家家庭主妇必做的点心品种。

美食原料

糯米粉500克，澄面100克，虾米50克，水发干笋150克，精盐、深色酱油、白酒各10克，五香粉1.5克，胡椒粉0.5克，韭黄25克，白糖165克，猪肉300克，马蹄粉30克，淀粉少许，芝麻油3克，熟猪油35克，花生油1500克。

制作方法

1. 将猪肉、虾米、水发干笋、韭黄分别切成小粒，猪肉上淀粉，泡油。

2. 将锅置于中火上，倒入花生油（25克）起锅，将虾米爆香，"溅"入白酒，然后将猪肉、笋粒连同白糖（15克）、精盐、胡椒粉、深色酱油、五香粉及清水（150克）一起加入，拌匀煮熟。再加入韭黄，拌匀。用马蹄粉掺和清水（25克）勾芡，捞起，以碟盏装，分为40份馅料。

3. 将糯米粉、澄面、白糖（150克）、熟猪油拌匀，冲入沸水500克，调匀成粉浆，倒入已洒过油的盘内蒸熟。取出晾凉，分成40份，搓圆压薄，各包入馅料一份，捏成角形。

4. 将花生油倒入锅内，以中火烧至六成热（约160℃）时，将半成品分数批放入锅中，炸至浮起，翻转，直炸至呈金黄色，捞起即成。

技术诀窍

1. 咸水角皮加油后不宜上劲，叠匀即可，要注意搓制手法。

2. 制品成形时形态一定要饱满，封口要严，大小要均匀。

3. 炸制时要掌握好油温，时间不宜过长。

4. 糯米粉皮通常是先经烫熟或烫至半熟粉团，作为皮胚，熟的部分起到了糊化作用，由于它黏性较大，熟后愈加柔软。利用这一特性原理，在烫熟的程度和加温方法上要注意制作工艺，才能使制成品显示出其独特的品质。

品质标准

表面微黄色，有珍珠小泡，外皮微脆，内部黏糯，馅心正中，鲜香可口。

五、虾肉云吞

虾肉云吞是广东富有地方风味的点心品种。云吞，是广东人对馄饨的俗称，《群居解颐》有载："岭南地暖……又其俗，入冬好食馄饨，往往稍喧，食须用

中华风味小吃文化典故

扇。"可见，此品唐宋时代已传入广东，那时也是称为馄饨的，后来用谐音"云吞"称之，且演变成为具有了地方特色的云吞品种，其皮薄肉多，配以鲜虾、鲜笋、鲜蛋等馅料，味道特别鲜美，备受人们喜爱，成为广东酒楼常备的点心品种。

原料

面粉500克，净蛋150克，碱水10克，瘦肉350克，肥肉150克，虾仁250克，笋丝150克，湿冬菇35克，鸡蛋黄3只，精盐17.5克，味精10克，胡椒粉1.5克，香油5克，白糖17.5克，生抽10克，猪油50克，鸡汤4100克，芥蓝菜心40条。

制作方法

1. 馅：将猪瘦肉，肥肉、湿冬菇切粒，笋丝焯水拧干，虾仁洗净后用白纱布吸净水分。将猪瘦肉粒、虾仁置于馅盘中，加入鸡汤100克、盐17.5克搅打上劲，然后再加入肥肉粒、冬菇粒、笋丝、鸡蛋黄及其他调味料搅匀即成馅。

2. 面团及云吞皮调制：面粉过筛，置案板上开窝，加入净鸡蛋、清水、碱水拌匀，揉和成光滑的面团即可，静置20分钟后待用；将静置好的面团擀压成0.05厘米厚的薄片后，改切成7厘米见方的面片即成。

3. 取云吞皮一张，包入馅心6克，挤捏成鱼形或卷叠成木鱼形即可。

4. 鸡汤加入调味料烧沸，菜心焯水成熟后，将汤及菜心分装于20个云吞碗内。把水烧开，下入云吞生坯，煮至上浮后分装入云吞碗内即成。

技术诀窍

1. 云吞皮应薄厚一致，每500克面粉出7厘米见方的皮子200张左右。

2. 料应搅打上劲，口味应清鲜，口感弹性好。

3. 应注意封口要包紧，否则煮制时易漏馅。

4. 煮制时间不宜过长，以制品刚熟就捞出为宜。煮制时注意用旺火烧开水，水翻滚起浪，且水要清，一定要有足够水量，给云吞滚动以较大的空间。

品质标准

皮薄晶莹，口味清鲜，形状平整，质地爽口，菜心碧绿脆嫩。

六、虾饺

虾饺是广东著名的点心品种。相传虾饺始创于20世纪20年代广州河南五凤乡的一间家庭式小茶楼。这里河两岸及河面经常有鱼艇叫卖鱼虾。这家茶楼的老板为

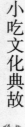

了招揽顾客，便买得当地出产的鲜虾，加上猪肉、鲜笋等原料做馅制成虾饺。后来经过不断的改进和发展，虾饺已成为各大酒家、茶楼的著名点心，是广东地区茶市传统的三大招牌点心之一。虾饺的特点是外形美观，皮薄透明，馅中虾肉呈鲜红色且隐约可见，味道鲜美、爽滑、不腻，因而颇为食客所称道，并广为流传。

美食原料

澄面500克，精盐17.5克，猪油25克，鲜虾肉400克，熟青虾肉、猪肥膘肉各100克，冬笋50克，芝麻油、味精各5克，胡椒粉1克，白糖3克。

制作方法

1. 虾肉挑去沙线洗净，用布吸干水分，用刀背剁烂成泥；肥膘肉煮熟捞出，用冷水冲凉，切成约1厘米宽的细丝，将剁好的虾泥放入盆内，加盐10克搅匀至虾胶上劲有韧性后放入笋丝、熟虾、熟肥肉丝搅匀，再加入猪油（10克）、白糖、味精、芝麻油、胡椒粉调匀备用。

2. 澄面过筛，加入精盐7.5克一同装入铜盆内，冲入沸水750克搅匀至熟，放在案上稍凉后分次加入15克猪油，搅匀即成澄面坯。

3. 澄面坯搓成直径约1.5厘米的长条，切成约7.5克一个的剂子，用拍皮刀拍成直径约7厘米的圆形皮子。

4. 取坯皮一张，右手包入重约10克的馅心，左手指推、右手捏成外边有均匀长褶的弯梳形饺子生坯。

5. 将生坯放入已刷油的小笼里，用旺火蒸约5分钟即可。

技术诀窍

1. 原料要新鲜，虾胶要搅上劲。虾饺馅要预先冷藏，使其凝结，便于操作。

2. 制作时利用澄面的特性，经过用沸水烫熟，淀粉糊化而呈透明状。烫面时动作要快，面要烫透，并要搓匀搓透。

3. 捏褶要均匀，封口要严，皮的边缘不要粘上馅汁，以防裂口。

4. 煮制时要用旺火，蒸至制品仅熟即可；不可过火，否则会出现爆裂、露馅等问题，影响成品质量。

品质标准

外形美观，形似弯梳，皮薄味鲜，馅心爽脆，晶莹透明，玲珑精致。

七、鲜虾荷叶饭

鲜虾荷叶饭历史悠久，一千三百年以前就有了。相传551年，梁朝的始兴郡太守陈霸先，奉命率兵镇守在建康附近的重镇京口，以抵御北齐。梁朝民众听说陈霸先军队粮食供应困难，就用荷叶饭中间夹了鸭肉去慰劳军队，支援陈霸先打了胜仗。广东关于荷叶饭的记载可见于《广东新语》："东莞以香粳杂鱼肉诸味包荷叶蒸之，表里香透，名曰荷包饭。"时至今日，东莞群众仍称之为荷包饭。有首《羊城竹枝词》写道："泮塘十里尽荷塘，姊妹朝来采摘忙。不摘荷花摘荷叶，饭包荷叶比花香。"足见荷叶饭深受人们的喜爱，现在其已成为饭店酒家茶市夏令的名点，久盛不衰。

美食原料

上等大米 500 克，鸡蛋 100 克，熟虾肉 75 克，鲜虾肉 100 克，猪瘦肉 125 克，叉烧肉、烧鸭肉各 75 克，鲜菇 50 克，精盐 12 克，绍酒 5 克，味精 10 克，酱油 25 克，白糖 7.5 克，马蹄粉 40 克，胡椒粉 0.5 克，米酒 10 克，猪油 75 克，蟹肉 50 克，上汤 175 克，鲜荷叶 10 块，蚝油 4 克，芝麻油 4 克，花生油少许。

制作方法

1. 将上等大米洗净，用白铁盘盛装，加入清水 500 克、猪油 10 克拌匀，放入蒸笼，用旺火蒸熟后取出。用风扇加速降温，使饭团松散，饭粒爽口，再将精盐（6 克）、米酒、味精（5 克）、蚝油（25 克）、浅色酱油（15 克）、猪油（15 克）、胡椒粉、芝麻油（1 克）与蒸熟的饭拌匀，分装在 10 个碗里备用。

2. 鸡蛋打散，锅内放花生油少许，用慢火将蛋煎成蛋皮后，切成指甲片备用。

3. 将叉烧肉、烧鸭肉切成粗粒。将猪瘦肉、鲜虾肉用稀马蹄粉捞过，过油，再将油滤干。另将猪油起锅，把猪瘦肉、生熟虾肉、鲜菇放入，加绍酒炒匀，加入上汤、味精 5 克、浅色酱油 10 克、蚝油 15 克、芝麻油 3 克、白糖，并用马蹄粉勾芡，再加入余下的猪油便成熟馅料。

4. 将叉烧肉及熟蛋片等拌匀，加入熟馅内备用。

5. 将蟹肉与熟馅料放在饭面上，包入洁净的鲜荷叶里，呈包袱形，摆放在蒸笼内，用旺火蒸 5 分钟，以保持荷叶青绿色为佳，便成荷叶饭。

技术诀窍

1. 粒爽散，要够熟，不粘牙，馅芡不要过大，否则影响饭的质量。

2. 蟹肉与叉烧肉及熟蛋片等拌匀后，放入熟馅内，不用同馅一起煮。

3. 要用旺火短时间蒸制，才能味香可口，并保持荷叶的青绿色，使糯米饭外形饱满，肉质嫩滑。

品质标准

饭团松散，饭粒软滑，味道鲜美，有荷叶的清香，色泽洁白鲜明。

八、糯米鸡

糯米鸡是广东风味名点之一。据说大约在五十年前，广州夜市甚是盛行，糯米鸡就是为适应当时夜市顾客需要而由肩挑小贩创制的，在深夜沿街叫卖。初时，是将糯米和生馅用碗装着蒸熟出售的，后来感到这种制法不便于四处叫卖，便改成了用荷叶包裹原料蒸熟出售。以后，又经茶楼点心师的改进，使它更为清香软滑，从而成为饭店、茶楼有名的点心品种之一。

美食原料

糯米 500 克，熟猪油 75 克，干荷叶 5 块，上等猪肉 200 克，光鸡、叉烧肉、瘦肉各 100 克，鲜虾肉 75 克，笋肉 100 克，湿香菇 25 克，白糖 16 克，精盐 9 克，浅色酱油 11 克，深色酱油 10 克，绍酒 100 克，味精 7 克，胡椒粉 0.5 克，淀粉 2.5克，面捞芡 35 克，荸荠粉 30 克，芝书麻油 3 克，花生油 50 克，熟猪油 75 克。

制作方法

1. 将糯米洗净，用清水浸泡 4 小时，取出，用竹笋盟放，滤去清水，晾干。

2. 取蒸笼一个，以两块木板在笼内两侧隔出两个空位。笼的中间垫上一块湿布，将糯米倒在布上，入锅，以旺火蒸熟。在蒸的过程中，需揭开锅盖，向饭面洒清水 2~3 次，洒水量要达到能将 500 克米蒸成 900 克饭为宜。

3. 待糯米饭熟后取出，放在盆里，稍晾至暖和，加入熟猪油、精盐（7.5克）、味精（2.5 克）捞匀，分成 10 份。

4. 将光鸡斩成 10 小块，放在碗里，加入精盐（1.5 克），浅色酱油（1 克）、味精（0.2 克）、芝麻油（0.15 克）、白糖（1 克）和淀粉拌匀。

5. 将瘦肉切成 10 块，放在碗里，勾茨。

6. 将上等猪肉、叉烧肉分别切成指甲大小的片；湿香菇切成大片；笋肉用沸水煮过，切成较厚的指甲大小的片，捏去水分；虾肉切粒。

7. 取花生油 25 克起锅，先将上等猪肉、虾肉炒熟爆香，"溅"入绍酒，再将清水 200 克及香菇、笋肉加入，煮几分钟，续将浅色酱油（10 克）、深色酱油、白糖、胡椒粉、芝麻油、味精（2.5 克）加入，以荸荠粉勾茨，再加花生油（15克）炒匀，取出，将馅料分 10 份。

8. 将干荷叶 5 块用沸水浸泡 20 分钟，使其变软，用清水洗净，分成 10 块，修齐。

9. 取荷叶 1 块平铺在案板上，洒上花生油。取糯米饭一份，分作两半，一半放在荷叶中间，稍按成扁平，取鸡块、瘦肉各一块，馅料一份放在饭中，再将另一半糯米饭按至扁平加在上面。然后，包成扁平起角的四方形，排放在蒸笼上，待锅内水沸，放入，以旺火蒸约 20 分钟即熟。

技术诀窍

1. 糯米饭一定要蒸熟，软韧而不烂，调味均匀。蒸糯米饭时，中途需揭盖 2~3 次，每次向饭面洒水 100 克左右，洒水量以达到能将 500 克米蒸成 900 克饭为佳。

2. 荷叶要用沸水浸泡至软，馅料芡色要均匀。

3. 成形时应包裹均匀，不能松散。

4. 面糟芡。

糯米鸡

原料：面粉 300 克，熟猪油 30 克，酱油 200 克，白糖 300 克，精盐 10 克，干葱 50 克。

制法：将锅烧至起烟，放入熟猪油，先把干葱炸香，取出。再将面粉加入拌匀，炸至淡黄色，加入清水（1 000 克）、白糖及酱油，边煮边翻至均匀熟透。

品质标准

饭粒软润，绵滑细腻，鲜美，有荷叶清香。

九、肇庆裹蒸粽

关于广东的粽子的记载，明末清初屈大均的《广东新语》有："端午为粽，以冬叶裹者曰灰粽、肉粽，置苏木条其中为红心，以竹叶裹者曰竹筒粽，三角者曰角子粽。水浸数月，剥而煎食，甚香。"这些粽子的做法一直流传至今。肇庆裹蒸粽就是在这些传统粽子的基础发展而来的。它不但在端午节上市，阴历除夕也可作为礼品馈赠亲友。清代诗人王士祯有称赞肇庆裹蒸粽的诗句："除夕浓烟笼紫陌，家家尘甑裹蒸香。"肇庆裹蒸粽的品种很多，按形状大小来分可分为大裹蒸粽、中裹蒸粽、小裹蒸粽。其特点是体积大，味道浓郁甘香，用料讲究，制作精细，并保持了传统的风味。另外，还有七星裹王、迷你粽、袖珍粽等品种，它们均以糯米、绿豆、猪肉、冬叶等作为主要原料。尤其是七星裹王，除上述原料外还加入了冬菇、栗子、白果、瘦肉、风肠、腊鸭、咸蛋等，是肇庆裹蒸粽之上品。肇庆裹蒸粽质地软滑绵厚，甘香细腻，一向畅销广东省内及香港、澳门地区。

美食原料

冬叶 2000~2500 克，糯米 5000 克，绿豆 2500 克，猪肉 1250 克，芝麻末 10 克，胡椒粉 5 克，绍酒 25 克，白糖 25 克，精盐 200 克，马莲叶 1 000 克，花生油 100 克，熟猪油 250 克。

制作方法

1. 将清水一桶倒入锅内，用中火煮沸，将冬叶去掉梗头，放进沸水中烫至柔软，取出，用清水过冷，洗净，取出用布揩干。

2. 用清水将糯米浸泡半小时，洗净捞起，倒在竹箕内滤去清水，再倒在盆内，加入精盐、花生油拌匀。

3. 将绿豆去掉杂质，磨成豆瓣，用清水浸泡 4 小时，淘去豆壳，取出放在竹箕内，滤去清水。

4. 将猪肉去皮，切成长方形块，每块约重 15 克，加精盐（75 克）、白糖、芝麻末、胡椒粉、绍酒拌匀，腌制 1 小时，作馅料用。

5. 取烫软揩干的冬叶 10 片，大叶在底，小叶在面，在案板上排叠成鱼鳞片状，放上糯米（100 克）压平，然后再依次加上绿豆（50 克）、猪肉（3 块）、绿豆（50 克）、糯米（100 克），包成方形，中间稍有突起，用马莲叶捆成"井"字形，扎牢。

6. 将包好的粽子放进锅里，加入清水，使水面高出粽子 3 寸，用旺火煮约 6 小时。其间如水位下降使粽子露出水面，要立即加入沸水，务必使沸水高过粽面，让粽子均匀受热，熟后取出。吃时，可随人所好而佐以香菜、熟猪油等。

技术诀窍

1. 糯米注意要泡透，待其充分吸收水分，才能使制品熟后软糯可口。

2. 冬叶要选用较宽的，包时要包平，注意造型，捆要系紧，否则制品会松散，影响品质。

3. 熟制时一定要使沸水高于粽面，才能使粽子受热均匀，而且要一次性煮至熟透。否则很难使制品再煮至熟透。

品质标准

香滑爽甜，软糯适口，浓郁甘香。

十、蟹黄干蒸烧卖

烧卖是广东传统的点心品种之一。干蒸烧卖的花色品种很多，其面皮均采用烧卖皮，加入不同的馅料，然后根据其馅料命名，如蟹肉干蒸烧卖、鲜虾干蒸烧卖、瑶柱干蒸烧卖、冬菇干蒸烧卖等品种。

蟹黄干蒸烧卖是广东著名的风味点心，在广西、海南、香港等地也很盛行。此点是以面粉、鸡蛋、清水和面作为烧卖皮，以猪肉、虾仁、冬菇作馅制作而成的。它以其皮软、色艳、肉爽、味鲜的独特风味而颇受食客的喜爱。早在20世纪30年代，此点就已风靡广东，现已成为广东茶楼、饭店的必备点心品种。

美食原料

面粉500克，净蛋150克，精盐14克，生粉100克，瘦肉335克，肥肉125克，鲜虾仁250克，湿冬菇40克，生抽7.5克，味精10克，香油7.5克，猪油40克，白糖18.5克，蟹黄15克，碱水9.5克。

制作方法

1. 生粉100克装于纱布袋中备用。将面粉500克过筛置于案板上开窝，加入净蛋150克、清水100克、盐2克、碱水7.5克，拌匀后揉和成光滑的面团，用潮湿的白纱布盖上，静置30分钟。

2. 将静置好的面团擀压成0.05厘米厚的面片，再改切成直径6.2厘米的圆形面皮（擀压面皮过程中应多次扑打生粉，以免面皮相互粘连）。

3. 鲜虾仁250克用碱水2克腌渍20分钟后，用清水漂冲干净，并用洁净纱布吸干水分备用。将猪瘦肉、肥肉、湿冬菇切成0.3厘米见方的丁。

4. 将瘦肉粒、鲜虾仁置于盆内，加入精盐12克搅打上劲，再加入白糖、香油、味精、胡椒粉、香菇粒、肥肉粒、猪油等拌匀即成馅。

5. 取坯皮一张包入馅心12.5克，捏挤成木塞形即可。

6. 将已制好的半制品置于已扫油的小笼屉中，用小勺挑上少许蟹黄在半制品表面上，用大火蒸制7~8分钟即成。

技术诀窍

1. 面团应搓匀搓透，要搓至有筋韧性，才能使烧卖皮熟后产生爽滑感。面团的软硬度相对来讲应稍硬些为好。

2. 烧卖面皮应厚薄一致。开皮时应用力均匀，制皮时的头尾要少。

3. 拌馅时肉粒与虾仁一定要上劲后再加入其他原料，否则馅心不爽口。

4. 蒸制时应用旺火，时间不宜过长。

品质标准

形状平正、匀称，色泽鲜艳，鲜美爽口。

十一、大良膏煎

膏煎是一种油炸点心品种，以广东顺德大良镇产的最为著名，故称为大良膏煎。大良膏煎是从古代食品"粔妆"发展而来的。屈原《楚辞·招魂》有云："粔蜜饵。"据《齐民要术》所记载，"粔妆"即膏环，其制法是："用秫稻米屑，水蜜溲之，强泽如汤饼面。手搦团，可长八寸许，屈令两头相就，膏油煎之。"屈大钧的《广东新语》也有"膏环以面"之说。膏环与膏煎仅一字之差，且其用料制法和形状又大同小异。若将"膏油煎之"缩写一下，也就成为膏煎了。如今，大良膏煎经过历代名师的不断改进，已变得更加松酥可口，不仅是传统的点心品种，还转变为深受人们喜爱的休闲食品。

美食原料

面粉 500 克，白糖粉 340 克，碳酸氢铵 3 克，熟猪油 12 克，花生油 2000 克（约耗 450 克）。

制作方法

1. 将面粉 250 克过筛开窝，加入 125 克清水及熟猪油一齐搓至匀滑，分作两块，各擀成长 30 厘米、宽 3 厘米的长方形面皮。

2. 将面粉 250 克过筛开窝，加入糖粉、碳酸氢铵、清水（250 克）和匀（忌搓），擀成长 10 厘米、宽 5 厘米的长方形油酥面。

3. 将油酥面放在面皮上包成长条形、再擀成直径为 1 厘米的条，用刀切成长 6 厘米的条，用手指将条的两端弯向中间，捏合成两个并排环形，状如牛鼻。

4. 起油锅达四成热（约 140℃），将半成品逐个下锅炸至皮刚熟色白时，翻转炸至微黄，飞边（斜射出皮外）时，再调小火降低油温至 130℃左右，一直炸至金黄色捞起，沥油，晾凉后即可装碟食用。

技术诀窍

1. 面团不宜过软，以防炸时变形。

2. 酥心面团不宜多搓起筋，否则影响制品酥松。

3. 炸制时油温要恰当。油温过高，制品上色快、酥松性差；油温过低，制品易于松散。

品质标准

色泽黄亮，形态美观，飞边呈蜂窝状，酥松香甜。

十二、鸡丝拉皮卷

拉皮是利用马蹄粉经过糊化阶段后变得软滑夹爽、色泽透明的特性，逐件蒸制而成的，因而得名。在花式品种上可以配以馅料或不配以馅料，咸甜皆宜。拉皮是片状的，如果将拉皮卷成圆柱形，叫做拉皮卷；如果再卷入鸡丝馅又叫鸡丝拉皮卷；如果在制作时加入不同的颜色和香料，则命名随其味与色（如加入橙汁香料和橙色便成橙汁拉皮）。鸡丝拉皮卷是广东风味点心，其制作要求严格。肉丝需选用嫩而筋少的鸡胸肉，经切配后用湿马蹄粉拌匀，再用 160℃ 油温过油至熟，再铺在拉皮上，卷成长条形状，把卷好的拉皮卷切成段摆放在碟上，其色晶莹透明，软韧带爽，是宴席中常见的点心品种，具有雅俗共赏、老少皆宜的特点。

美食原料

拉皮 1 000 克，瘦肉 200 克，鸡肉、韭黄各 65 克，姜芽（用糖醋腌过）20 克，马蹄粉 6 克，芝麻酱 50 克，芥末 25 克，熟虾 65 克，精盐 12 克，味精、白糖各 14 克，猪油 25 克。

制作方法

1. 取清水 2000 克煮沸，另用清水 1 000 克将马蹄粉 500 克稀释，拌匀，冲入沸水中，边冲边搅，稍凉后用箩的斗过滤，将浆分作两份。

2. 将一份浆用薄铁皮桶盛装，放置沸水锅上隔水蒸煮，用木棒边蒸边搅至近熟时取出；再将另一份生浆与精盐 15 克徐徐冲入沸水中，边冲边搅成为半生熟粉浆。

3. 选一平滑的九寸方盘刷油蒸热，将半生熟粉浆倒入约 225 克，迅速摊平，用中上火蒸 1 分钟便可，连盘浮在冷水中冷却即成拉皮。

4. 把拉皮切成细条；姜茅切丝，先用盐后用糖腌过；韭黄切段略炒，备用。

5. 将瘦肉、鸡肉切丝；用适量清水将马蹄粉开稀，与鸡肉、瘦肉丝拌匀。烧油下锅，上述各料连同熟虾一起过油至熟，加入姜茅丝拌匀。

6. 将芝麻酱、芥末、猪油与上述的熟肉一齐拌匀，铺在拉皮上，卷成长条状，切成三段装碟便成。

技术诀窍

1. 制作拉皮是利用马蹄粉的特性，经加温糊化显得透明，凝结后又会产生软滑爽催脆。在隔水煮浆时，切忌过熟。过熟则难以摊平；过生则不挂盘，难以成形。

2. 蒸制拉皮的糕盘必须平正、光滑、洁净；蒸制时用旺火。

3. 制作馅心的肉类必须用生粉拌过后泡油，才能嫩滑。

4. 食前不可将拌过的肉类过早地盖在拉皮上面，否则不够爽滑，时间久了，拉皮会变坏。

5. 拌制肉类时要注意卫生，不可用手，要用木棒搅拌。因为这些冻品不用再加温就可以直接售卖。

品质标准

晶莹透明，软韧带爽，形状美观。

十三、蚝油叉烧包

蚝油叉烧包又称为"玉液叉烧包"，是广式传统点心之一，在香港、澳门地区也较为盛行。传说玉液叉烧包是20世纪40年代由原六国饭店（在如今的广州长堤人民戏院对面）的名厨陈勋首创。陈师傅少年入行学习厨艺，拜名师崔强（绰号"百花强"，以制百花馅著称）为师学习制作点心，并将传统的肉多汁少的叉烧包经过改进，制成一款雀笼形、有汁液的新款叉烧包，故被后人称为"玉液叉烧包"。此品种是以叉烧肉和面捞芡作馅，以松软的发酵面作皮制作而成的。它的特点是：包皮雪白，包面笑口而不露馅，包馅香滑有汁且鲜美。这种叉烧包装在小蒸笼里，即叫即制，出笼新鲜，入口味美，深受人们的喜爱，也是广式茶点中常备的点心品种之一。

美食原料

主料：低筋面粉280克，在来米粉、细砂糖各120克，酵母粉8克，色拉油40克，水160克，泡打粉5克，小苏打粉1克。辅料：低筋面粉40克，澄粉5克，太白粉5克，玉米粉5克，水260克，青葱（切末）1根，蚝油2大匙，米酒1大匙，细砂糖70克，番茄酱3大匙，酱油1大匙，叉烧肉200克。

制作方法

1. 制作叉烧酱：将低筋面粉、澄粉、太白粉、玉米粉过筛，再与60克水拌匀成生浆备用。炒锅内倒入少许油，爆香葱末，放入蚝油、米酒、细砂糖、番茄酱及酱油略拌炒，再加入剩余200克水煮浓，接着将生浆慢慢加入（边加边搅拌），煮至呈浓稠状即可取出放凉。将叉烧肉切小块，加入叉烧酱拌匀备用。

2. 制作外皮：将低筋面粉、在来米粉过筛后，加入细砂糖略拌匀，在案上筑成粉墙，中间放入酵母粉、色拉油、水、泡打粉与小苏打粉，慢慢将粉墙往内拨，再揉至成为光滑的面团，盖上保鲜膜，松弛40分钟。

3. 将面团搓成长条状，分切成每个60克的小面团，分别包入一大匙的肉馅，依序完成所有材料，将所有叉烧包的收口朝上，底部垫白纸，再间隔摆入蒸笼中，盖上蒸笼盖，松弛30～40分钟。蒸锅中放入水煮滚，再放上蒸笼，以大火蒸10～12分钟即成。

技术诀窍

1. 馅心红褐色，芡要均匀，浓稀度合适。

2. 准确把握发酵的合适环境温度和湿度及发酵的终点。

3. 蒸制时要火大汽足，中途不能揭盖。

品质标准

皮色雪白，包面含笑而不露馅，内馅香滑有汁、甜咸适口，滋味鲜美。

十四、白糖伦教糕

白糖伦教糕是岭南典型的地方糕点，因始创于广东顺德伦教镇而得名，作为广州的风味小吃而流行。与一般用大米和白糖制作的松糕、马拉糕不同，白糖伦教糕以晶莹洁白而著称。据说优质的伦教糕，光洁如镜，雪白晶莹；糕身横竖小水泡似的孔眼，均匀有序；质地爽软、滑润而富有韧性，折时不留折纹；味道清甜、爽滑。

据地方志所载，白糖伦教糕驰名者原先只有伦教镇上一家，是用当地所特有的泉水制作，后来，清泉淤塞，别具风味的伦教糕就难以制作了。由于白糖伦教糕的清爽特别合乎岭南人的口味，且又已出名，于是人们摸索出了鸡蛋白澄清去浊法，使一般的水可替代清泉，白糖伦教糕得以传于省内外，以至名扬东南亚。鲁迅在上海写的《弄堂生意古今谈》，就提到了"白糖玫瑰伦教糕"。

美食原料

大米 250 克，白砂糖 600 克，面肥 20 克，植物油 3 克，碱 1 克。

制作方法

1. 预早一日用 1/4 杯水开匀面肥成液体，加入砂糖 3 克略拌匀，用干布盖着，放在温暖的地方待发；大米洗干净后浸 4 小时，放入搅拌机搅碎成米浆，用布袋盛着，扎实袋口，以重物压去水分，然后放入盆中搓松；水 500 毫升和白砂糖同煮至溶，逐量加入米粉内，一边加一边搓至全混合，加入面肥水拌匀，用干布盖着盆口再盖上木板，放在温暖处待发（夏天 6 小时，冬天 12 小时或以上，用手撞盆边，见有小气泡浮起、有酸味为佳）。

2. 蒸笼铺上湿布及扫油，放滚水上预热。

3. 粉浆加枧水 1.5 毫升和熟油搅匀，快速倒入蒸笼内以布覆盖笼口，掩盖蒸 25~30 分钟，连布拉出放疏格竹箕上，冷却切件享用。

技术诀窍

1. 制米浆的大米一定要用新米，用水浸透后磨成浆，装袋后加重物压去水分。

2. 糖水一定要滤净，烧沸后要慢慢加入干浆中，伤的时间要长。

3. 蒸时锅要先预热，旺火蒸之。

技术诀窍

晶莹洁白，松软绵暄，香甜可口，滑润柔性。

十五、奶黄包

奶黄包是广东风味名点。此点是以面粉、活性干酵母、白糖、泡打粉和水调制而成的发酵面团作皮，以鸡蛋、牛油、玉米粉、淡奶等做馅制作而成的。奶黄包的馅料制作吸收了西点的长处，又符合我国民众饮食的口味特点，洋为中用，并不断创新和发展，而且由于其制品皮白心黄、柔软香甜、营养丰富，深受广大食客的喜爱，并广为流传，在粤、港、澳地区均很盛行。

美食原料

中筋面粉 500 克，泡打粉 7.5 克，白糖 100 克，干酵母 5 克，奶黄馅 510 克。

制作方法

1. 将干酵母装入容器中，加入少量温水和匀培养。将面粉、泡打粉一同过筛，置于案板上开窝，加入白糖、水、酵母液搓匀后，再将面团用压面机反复滚压至纯滑，稍静置即成面皮。

2. 将面皮出剂 35 个（每个约 25 克），包入奶黄馅约 15 克，包捏成无缝包形即可（在包底垫上包底纸）。

3. 将已成形的半制品装入笼屉内，置于适当温度、湿度条件下静置，发至包身松软、膨大即可。

4. 将装有已起发好的半制品的笼屉用旺火沸水蒸约 10 分钟即成。

技术诀窍

1. 干酵母培养后呈泡沫状即可。

2. 面团必须用压面机反复滚压至光洁纯滑时方可制皮。包皮软硬度要适中，有筋韧性。

3. 制作奶黄馅时要注意待糖溶解后再加入面粉，加面粉时要慢慢放入，边放边搅，防止生粒，而且在蒸制时要用中火，需多次搅拌才能达到馅的品质要求。

4. 静置是制品成败的关键，应掌握好温度、时间、湿度对发酵面点质量的影响。

5. 静置发酵的方法有常温下自然发酵、发酵箱加温加湿发酵、远红外线炉干热、喷水发酵、笼屉内蒸气发酵等多种方法。

6. 蒸制时要用旺火。

7. 奶黄馅制法。

原料：净鸡蛋液 500 克，白糖 1 000 克，牛油 250 克，玉米粉 250 克，鲜牛奶 500 克，香兰素 0. 05 克，吉士粉 15 克。

制法：先将鸡蛋放入圆盘内，搅拌均匀后加入全部原料，一同搅拌至糖溶即可；将圆盘放入蒸笼，用中火蒸制，并每隔 5 分钟搅拌一次，稍稠后改用小火蒸制，也每隔 5 分钟搅拌一次，直至蛋浆凝结成厚糊状，约蒸约 1 小时即可。

品质标准

皮白心黄，色泽鲜艳，柔软香滑，甜而不腻。

十六、蛋黄莲蓉包

蛋黄莲蓉包是广东风味名点，在广西、香港、澳门等地也颇为盛行。此点是以松软的发酵面作皮，以香甜油润的莲蓉馅和口味香醇的咸蛋黄作馅制作而成的，其中莲蓉馅是选用粒圆饱满、肉质松化的湘莲制作而成的，是广式点心中常用的甜馅，具有南国风味特点。蛋黄莲蓉包由于其制品松软洁白、香醇可口的风味特点而备受食客的喜爱，是饭店、酒家常备的点心品种之一。

美食原料

低筋面粉 500 克，泡打扮 7. 5 克，干酵母 5 克，白糖 100 克，清水 250 克，莲蓉馅 450 克，咸蛋黄 3 只。

蛋黄莲蓉包

制作方法

1. 将面粉与泡打粉一同过筛开窝，放入白糖、清水一同搓至糖溶后，加入面粉拌匀，过压面机至纯滑即可。

2. 将面团出剂 20 个（每个约 40 克），莲蓉馅分成 20 个（每个约 20 克），咸蛋黄分成 20 粒。取一份皮按扁后包入莲蓉馅 20 克、咸蛋黄一粒，捏成无缝包形，包底粘上包底纸即成。

3. 将已成形的半制品置于适当温度、湿度条件下，静置起发至包身松软、膨大即可。

4. 把起发好的半制品用旺火沸水蒸制约 10 分钟即可。

技术诀窍

1. 包馅时手应轻、快，不宜多捏，以防包点馅心穿顶。包皮要厚薄均匀，否则熟后不美观。

2. 包皮一定要反复过压面机至纯滑，才能使包皮改善组织结构，熟后气孔大小均匀、细密。

3. 掌握好面坯静置发酵的时间。

4. 蒸制时要用旺火。

品质标准

包皮光滑，洁白柔软，弹性好，口味鲜甜，有莲子的香味，馅心正中。

十七、娥姐粉果

粉果是用淀粉面包裹虾仁、猪肉等拌成的馅料，作成角形蒸制而成。其成品皮薄白、爽软、半透明，可见角内馅料，馅鲜美甘香。此品历史悠久，明末清初，屈大均《广东新语》记载："以白米浸至半月，入白粳饭其中，乃春为粉，以猪油润之，鲜明而薄以为外，茶蘼露、竹脂（笋）、肉粒、鹅膏满其中以为内，一名曰粉

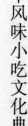

角。"20 世纪二三十年代，各酒家、茶楼争相创名牌菜点以招揽客人。茶香室一名娥姐的女点心师的所创的粉果独占鳌头，人们称之为"娥姐粉果"。20 世纪 40 年代，茶香室歇业，娥姐的传人转至大同酒家，娥姐粉果也就成为大同酒家的名牌点心。20 世纪 50 年代以后，各大茶楼、酒家均将其作为茶点供应食客，粉果也就成为羊城美点之一。

美食原料

澄粉 500 克，蟹黄 100 克，虾仁 500 克，笋肉 250 克，猪肉糜 500 克，芫荽 50 克，水发冬菇 100 克，白酱油 15 克，菱粉 275 克，黄酒 5 克，精盐 25 克，白糖 10 克，麻油 5 克，上汤 25 克，猪油 25 克，胡椒粉、味精各少许。

制作方法

1. 将虾仁用少许菱粉拌匀，下沸水锅氽熟捞起，切成细粒。

2. 将锅放火上，倒入上汤、笋肉、冬菇、肉糜和盐、白酱油、白糖、味精、麻油、黄酒、胡椒粉，烧透后用火收干汤汁，即下水菱粉勾成厚芡出锅，即成馅心。

3. 将澄粉、水菱粉、盐一起放入锅，连锅放入热水内烘热，加入沸水将澄粉烫熟，并用木棍搅匀，倒在刷过油的面板上揉匀，搓成长条，摘成 50 个面剂，擀成窝形皮子，再捏成深窝形，放入蟹黄和芫荽叶（两片），再放入做好的馅心约 30 克，然后将口子对折捏牢、剪齐饺边，放入抹过油的碟子内，上笼蒸 3 ~ 4 分钟出笼装盘即成。

品质标准

1. 烫面一定要熟透，皮要揣揉至十分光滑才下猪油。

2. 粉果馅忌油多、水多、粉多、芡大。

3. 蒸制时要用旺火，且时间不宜过长。

品质标准

榄核形，芫荽、蟹黄的色彩显露于外，又青又黄，吃口鲜甜。

十八、泮塘马蹄糕

泮塘马蹄糕是以糖水拌合荸荠粉蒸制而成的。荸荠，粤语别称"马蹄"，故得名。此品以广州市泮溪酒家所产为最有名。因其所处的泮塘是盛产马蹄的地方。所产的马蹄粉，粉质细腻，结晶体大，味道香甜，可以做成多种点心、小吃。泮塘马

蹄糕采用这种马蹄粉做原料，在制作方法上先将砂糖炒至稍黄后溶成糖水，再调入半分熟的马蹄粉浆，然后猛火蒸熟。其糕体色泽金黄透明，爽滑而富有弹性，可折而不裂，撅而不断，软、滑、爽、韧兼备，且带有一些马蹄清香之味，特别可口。人们在饮茶吃饭之后品尝马蹄糕，别有一番清新的滋味。马蹄糕品种有透明马蹄糕、生磨马蹄糕等。

美食原料

马蹄粉 500 克，砂糖 750 克，马蹄肉 250 克，清水 3000 克，色拉油 50 克。

制作方法

1. 马蹄粉加水搅拌至没有粉粒，制成生粉浆；马蹄肉切粒，放入生粉浆中拌匀。

2. 砂糖炒至金黄色，加水煮至溶化，制成糖水；把热糖水加入生粉浆中，搅拌均匀，制成马蹄粉糊。

3. 在蒸制用的容器扫一层色拉油，防止粘底；把马蹄浆倒入容器，抹平，用猛火蒸约 40 分钟，放凉后切件即成。

技术诀窍

1. 糖水、粉浆要过滤去除粗质。

2. 炒糖时用火不宜过猛，否则焦化有苦味。

3. 掌握粉糊的生熟程度和浓稀度。

4. 成熟的时间不宜过长，否则制品不爽口。

品质标准

色泽浅黄，晶莹透明，糕件平整光滑，爽滑清甜，软韧折而不断。

十九、潮州老婆饼

潮州老婆饼又名冬蓉酥，是广东风味名点之一。

相传，清朝末年，莲香楼请了一位潮州籍的师傅。有一年他探亲回家带了许多莲香楼的点心给家人，谁知妻子在吃了点心之后大为不满："你们莲香楼的点心还比不上我娘家炸的冬瓜角呢。"点心师傅听了妻子的话，很不服气："那就把你娘家的冬瓜角做出来，跟我们莲香楼的点心比一比！"第 2 天，妻子准备了一锅冬瓜蓉，用白糖、面粉做馅料，再用面粉皮包成小角，放在油锅里炸至金黄色。点心师傅尝了一口，连声赞好。

回到广州后，他把妻子做的冬瓜角带给茶楼的师傅们品尝。莲香楼的师傅们什么样的点心没见过？可他们吃了冬瓜角后，都赞不绝口。莲香楼的老板知道了，也品尝了一个。老板说："嗯，味道很好！这是哪里的名点啊，叫什么名字？"潮州师傅一时也回答不出来，旁边一个师傅便说："这是潮州师傅的老婆做的，就叫它'潮州老婆饼'吧。"后来经点心师傅的不断改进，饼馅用冬瓜蓉、玫瑰糖、猪油、澄面及芝麻调制，饼皮用水油酥皮，包成圆形，用

潮州老婆饼

烤炉烘烤成熟。老婆饼酥化软滑、清甜可口，常被用作结婚礼饼或馈赠佳品，早年便闻名于港澳和东南亚地区。

美食原料

水皮：低筋面粉 88 克，高筋面粉 38 克，砂糖 10 克，白油 25 克，清水 62 克；油心：低筋面粉 100 克，白油 50 克；馅料：温水 125 克，砂糖 75 克，白油 18 克，色拉油 20 克，椰丝 12 克，白芝麻 10 克，三洋糕粉 68 克。

制作方法

1. 准备馅料：将温水、砂糖、白油、色拉油、椰丝、白芝麻混合至糖溶化，慢慢加入三洋糕粉，搅拌至没有粉粒状，静置 30 分钟备用。

2. 制作水皮与油心。

3. 待水皮松弛后，将水皮和油心各分成 8 小份，将水皮包起油心，擀薄压扁，卷起成卷状，然后压扁，折起 3 折，最后擀成圆形。将馅料也分为 8 小份，用圆形皮包住，做成圆形饼坯松弛 15 分钟。

4. 在饼坯表面刷上蛋黄，表面撒上白芝麻，用刀开两个小口后，以上火 180℃、下火 160℃，烤约 25 分钟即可。

技术诀窍

1. 糖冬瓜必须捣烂成泥，才能透心香甜，口感细腻。

2. 成形要注意均匀，大小一致。

3. 控制好烘烤的炉温。

品质标准

色泽金黄，表面光亮，外酥内软，爽韧有味，外形圆扁，件头均匀。

二十、沙河粉

相传一百六十多年前，一对来自东江客家的新婚夫妇，居住在现在广州沙河一带，他们白天干农活、上山砍柴、挖草药，每逢圩日就用稠米浆蒸些粉糕出售。一次，市集特别兴旺，粉糕已经全部售空，恰巧她的丈夫又带来不少客人，新娘子情急之下，看到石磨旁的瓦盆里存有少量稀米浆，明知粉糕是蒸不成的了，便急忙把米浆倒在簸箕上放进锅里蒸，蒸熟后切成条状，佐以香菜、调料供客人食用，食客连声叫好。于是次日继续试做，这"新品种"竟然成为独家美食，招揽食客如云，应接不暇，生意越做越红火。但食客均不知此种白而透明、韧而爽滑、口感极好的东西叫什么名字，又是怎样做出来的。便有人前去问那新娘子，心灵手巧的新娘子说："用沙河水和大米磨成蒸粉糕那样的稀米浆蒸出来的。"于是就以"沙河粉"为名叫开了。沙河粉以沙河镇所产最好，正宗沙河粉的制作方法颇为讲究，原料采用精选龙眉白米，用水质特优的白云山泉水浸米或磨浆，拉出的粉薄而透明，韧而爽滑。

美食原料

大米 500 克，牛肉 200 克，豆芽、韭黄各 100 克，盐、酱油、味精、胡椒粉、花生油等各少许。

制作方法

1. 制粉：将大米去净杂质，用清水浸泡 1 小时，磨成稀粉浆 1 000 克。取适量的粉浆倒在密眼竹箕内，摊平，放入大锅沸水上，加盖用旺火蒸熟，晾凉后切成带状。

2. 锅内加入花生油烧热，姜丝爆香，加入用花生油、酱油腌制过的牛肉片，炒至八成熟时，加入豆芽，炒至将熟，加入沙河粉、花生油，炒至粉质变软，再加入韭黄，炒至韭黄刚熟即成。

3. 另外，也可将沙河粉 100 克放在笊篱内，置沸水中烫热，倒在碗内，加鲜汤、熟菜心、熟鱼片或其他熟肉料，调味即成。

技术诀窍

1. 选用黏性适中的上好齐眉米做原料。

2. 制作时，要掌握好米浆中的水量，米浆越细越好。

3. 摊浆的厚度要适宜，不宜太厚。

4. 掌握好蒸制的火候，蒸熟才够韧性。

品质标准

炒者柔韧劲道，香味浓郁；泡者白嫩滑软，清爽不腻。

二十一、柳州螺蛳粉

广西民间有"不吃螺蛳粉，枉逛柳州城"之说。外地人到柳州，先尝一碗美味的螺蛳粉，似乎已成为一种习惯。柳州螺蛳粉是从当地传统小吃"吮田螺"发展、衍生而来。20世纪60年代的柳州城，只有与田螺同煮的鸡爪、猪脚之类的小吃，人们在吮田螺的同时啃鸡爪、咬猪脚，增加了吮田螺的情趣，以后逐渐形成一种小吃风格。20世纪70年代，又增加了蔬菜、干切粉与螺同吃的品种，至后来分流发展成为"吃螺不见螺"（只取螺鲜汤而未用螺肉）的螺蛳粉和田螺两类。而螺蛳粉此后不断增加花式品种，如今仅粉就有五六种之多。螺蛳粉在柳州市的分布可谓三步一摊、五步一档，近年来规模不断发展，在广西各大中城市皆有分布。在首府南宁，柳州螺蛳粉、桂林米粉、南宁米粉"三足鼎立"，平分"粉食"的三分天下。经济实惠的螺蛳粉一般热煮热吃，粉面上浮着一层又热又辣的红油，顾客可同时叫上几只鸡爪或猪脚连吃带啃。在街头夜市或早点食摊，远在百米之外便可闻到螺蛳粉的酸辣浓香，令路人食欲顿生，垂涎不已。

美食原料

米粉是（新鲜湿圆粉）300克，温黄花菜、湿木耳丝、假蒌各4克，绿叶蔬菜（南瓜苗、菜花、白菜丝等）40克，油发湿腐竹丝、干酸笋丝各6克，油榨黄豆、鲜紫苏各5克，芫荽、葱花各300克。生抽5克，生油、红油辣椒、味精各适量，螺汤280克，骨汤60克。

制作方法

1. 紫苏、假蒌、芫荽取其嫩叶切碎，茎梗留用。

2. 煮粉：小锅置中火加热，下油（10克）、酸笋（6克）、木耳丝（4克）、黄花菜（4克）、蔬菜（40克）炒匀，注螺汤约280克、骨汤60克，加腐竹丝（6克）、碎紫苏、假蒌煮沸，下米粉300克，淋几滴生抽，加些味精装碗，撒碎芫荽、葱花、炸黄豆（5克）、红油辣椒（由食量定）即成。

3. 如果是煮红薯粉、山薯粉或湿米扮，则需多加二汤100克，下粉200克，稍煮一下即可装碗，其他工序不变。

技术诀窍

1. 绿叶蔬菜须应季而变，注意下料程序，蔬菜的种类由顾客点定。

2. 汤是质量的关键，各家尽管各有秘方，但主汤制作的用料及工艺差异不大，只是调味调香料有所不同。

3. 猪骨汤熬法：将500克猪脚（割去小圆蹄）焯水，400克猪筒骨敲裂，300克沙骨砍件，一并置汤锅中，添水6000克，大火烧沸，撇沫，改小火熬90分钟，猪脚七成熟时捞出晾开，汤继续熬3小时，取汤过滤得净骨汤约3500克。

4. 田螺汤煮法：将饿养过的500克田螺，钳去螺尖钉，熟猪脚劈成两瓣。把炒锅烧热，放18克生油、姜片25克、香葱头10克、蒜头碎米10克爆出香味，倒入田螺炒匀，加姜汁酒5克炒香出锅。炒锅再下生油20克，放姜、葱、蒜蓉各5克，豆豉蓉60克炒香，倒入田螺、骨汤、料酒、紫苏、假蒌、芫荽，再加干辣椒5克、八角1克、草果（拍裂）3克、桂皮1克，下猪脚及精盐20克煮半小时，拣出猪脚另卖，汤过滤，得螺汤约2800克。

品质标准

酸笋酸、香菜香、螺蛳味三香相生，其气厚重，粉爽滑带韧，辣而不烈，油而不腻，汤味鲜美独特，开胃生津。

二十二、壮乡生榨糊

南宁壮乡"生榨粉"的风格与陕西"羊肉臊子饸饹"异曲同工。其古老的工艺、独特的风味、朴实的食法和终年不变的老配方，几百年来一直为当地老街坊所津津乐道，分布在居民住宅区的这些不显眼的粉店，其"过午不候"的气度，与门面装饰"时髦"的新兴粉店形成鲜明的对照。

生榨粉的外形约为0.3厘米粗的圆条，用一铁模通过挤压成形，有轻度发酵味。它的产生，大概与壮乡人早期吃发酵粥的习惯有关。壮族人喜欢早上煮好的一大锅"三滚白粥"或玉米粥一直吃到下午，有的为方便劳作而带至田头地埂食用，因气温高，到下午时粥已轻度发酵变微酸味，久而久之，吃酸粥便养成习惯。平日喜酸食的壮人，食用这种被一般人认为变质的"酸粥"，据说还有解痧气、防暑、生津的作用。生榨粉的产生理应与这种习俗演变有关。当地人邕初尝此粉，非但不以为怪，反而认为这是一种美味。外地人邕初尝此粉，甚觉其味怪，但多吃几遍之后却感其另有一番滋味。

美食原料

大米 100 克，炸花生米 7．5 克，半肥瘦猪肉粗末 35 克，葱花、红油爆辣椒、豆酱蓉各 5 克，精盐 2 克，生抽 4 克，味精 1 克，麻油 2 克，湿生粉 3 克，鲜汤 280 克，碎芫荽 8 克，姜蓉、蒜蓉、白糖、生油、姜汁酒各少许，谷壳灰 0．4 立方米。

制作方法

1．大米浸泡 5 小时后洗净沥干，加水磨细浆，装布袋压至半干，埋入谷壳灰中静置一夜。取出粉，放缸中加水搅稀，再冲沸水，边冲边搅成生熟相间的粉糊，此为榨粉生坯。

2．将肉末加盐、湿生粉、清水搅匀，用蒜蓉将豆酱蓉炒香，加姜汁酒，下白糖、鲜汤，放肉末、生抽、味精、胡椒粉、湿粉打芡，加麻油、生油出锅，余下鲜汤加盐烧沸。

3．将生坯装入"榨筒"，挤榨入沸水锅中，煮至见浮即熟装碗，每碗加鲜汤、肉末、炸花生米 10 粒及葱花、碎芫荽、辣椒少许。

技术诀窍

1．操作应注意不要把谷壳灰混入粉中造成污染。

2．放置发酵时间和烫粉熟度应根据气候灵活掌握，热天时间相对减少，冷凉天时间相对加长，粉坯以微酸为度，烫粉以三成熟为宜。

3．鲜汤制法：将鸡骨 300 克、猪沙骨 250 克、猪筒骨 200 克、黄豆茅 100 克、姜 15 克、水 2500 克下锅烧沸腾，撩去浮沫，改小火熬煮 4 小时，过滤得 1500 克左右的鲜汤。

品质标准

粉质软滑有筋，味鲜中有咸，有一丝乳酸味，酱香微辣，开胃化食，久食不厌，风味独特。

二十三、南宁老友面

老友面为南宁民国时出现的地方特色面食。据说在 1939 年的一天，有位患风寒感冒的老顾客，到"羡雅酒楼"点煮面条。厨师按其口味别出心裁地以酸笋、豆豉、辣椒酱、碎牛肉、香醋、葱、姜、蒜等料为其做了一碗面条。这位老顾客吃完热辣酸香的面条后，顿觉食欲倍增，发了一身热汗，病情意外地有了好转。为谢此膳之功，老食客便给这家酒楼书赠一块"老友常来"的牌匾。随着时间的推移，老友面因此成为此酒楼的名食，并声名远闻。1945 年南宁的"万国酒家"开业，羡雅酒楼的老友面得以继承。随着广西饮食业的广泛交流，老友面日渐名扬八桂，成为人人喜爱的广有影响的小吃。在 20 世纪五六十年代，位于南宁中山路的"中山饮食店"得此食的制作之妙，将老友面经营得更加著名，所以南宁老友面又曾称"中山老友面"。近几年，随着国际艺术节这类大型文化、艺术、商业、科技综合活动在南宁举办，以及作为广西支柱产业的旅游业的快速发展，南宁老友面已成为名扬国内外的著名小吃。如今，在南宁乃至广西主要城市的大小粉面摊店，均可吃到老友面。

美食原料

蛋湿面条 150 克，前胛瘦肉粗末 40 克，焙干的酸笋丝 30 克，豆豉蓉 10 克，姜蒜蓉 2．5 克，葱花 5 克，碎紫苏叶 5 克，生抽 8 克，精盐 2 克，麻油 1 克，味精 1克，生油 8 克，香醋 6 克，鲜汤 300 克，胡椒粉、湿生粉、大红辣椒酱各适量。

制作方法

1．肉末加盐、湿粉拌匀，面条煮七成熟，过"冷河（水）"冷却，沥水，拌生油防粘。

2．炒锅烧热下油，姜蒜蓉、豆豉蓉炒香，加肉末 40 克、笋丝 30 克、辣椒酱10 克、鲜汤 300 克、生抽 8 克、精盐 2 克、味精 1 克、碎紫苏叶 5 克、熟面条 200克待沸，淋生油 2 克、香醋 6 克、麻油 1 克、胡椒粉 0．5 克，撒葱花 10 克装碗即成。

技术诀窍

1．猪肉、牛肉均可，但牛肉末必须经搅拌一下并加水调稀，有胶质方嫩滑。

2．面条两次下锅应注意煮制不宜过度，以爽滑有韧性为佳，否则软烂绵口。

3．大红辣椒酱是南宁特产，色红艳，味微酸辣，呈半液体状。

品质标准

豆豉、紫苏、姜葱蒜、辣椒酱、胡椒等均有发汗散寒之功效。驱风逐汗，开胃提神，是老友面的独特风味，味微辣，酸咸适度，豉香、酱香、面香兼备，鲜味十足。

二十四、玉林牛丸

从贵县罗泊湾汉墓群出土的大量陶制、石制牛模型来看，广西玉林一带早在汉代以前就已大量驯养牛，牛肉早已成为这些地区的主要肉食之一。唐代刘恂《岭表录异》有"容南风土，好食水牛肉"的记载。几千年来本土食牛之俗不断演变，对牛肉的食法亦不断更新，牛菜美食层出不穷。在这一地区众多牛馔中，最著名的要数玉林牛丸和玉林牛巴。

玉林乃广西"厨师之乡"，素有"没有牛巴不成席，不会牛丸不成厨"的说法。"出门揾（找）两餐，入厨牛巴牛丸摊"是这一地区的民谚，当地不少人把做牛丸牛巴当作入厨首选。过去，这一地区卖牛丸的小贩，肩挑货担，两头货框内有汤锅、火炉、牛丸、碗筷、调料等一应俱全的器物，走街串巷，"牛丸啦"的叫卖声不绝于耳。如今的玉林街头，牛丸摊比比皆是。近年来，玉林牛丸遍及广西城乡各地。

福州有"捶燕皮"，广东东江有"铁铜捶肉蓉"，越南有石臼捣"弱"（肉糕）。与众不同的是，玉林肉丸是在青石板上用木槌捶打出来的，形如白果粒般大小的丸子，嚼之弹牙有声，掷地如皮球般反弹，口感脆爽无比。

美食原料

鲜牛肉500克（10碗成品计料），红油辣椒30克，葱花50克，碎芫荽40克，鲜汤2000克，精盐、味精、食用碱水、鸡精粉、胡椒粉、麻油各少许。

制作方法

1. 牛肉切成顺纹大薄片放于石板上，用特制木槌将肉片捶成蓉状。加入精盐、味精、食用碱水、胡椒粉再捶至泛白呈胶性而成面团状，然后挤成小丸子，用90℃热水浸煮熟。

2. 将鲜汤加盐，加热保持微沸。每碗放入熟丸子10个，鲜汤200克，再加入其他调味料即成。

技术诀窍

1. 牛肉要新鲜，选少筋膜、肉质嫩的肌肉部位。

2. 捶肉先慢后快，注意加料程序，应掌握在20分钟内完成。时间过短胶质未出，熟制后弹性与鲜味不足；时间过长，肉汁流失过大，出现"反水"现象，影响质量。质量好的丸子掷在地上会如橡皮球般弹起。

品质标准

牛丸呈玉白色，柔滑爽韧，质脆而有弹性，鲜味十足，汤汁清鲜而富牛肉香，略带胡椒辣香，食后回味无穷。

二十五、壮家墨米糖粥

墨米又称"墨糯"、"药米"，是不同于一般"黑糯"的珍稀品种。广西墨米以种在山区的"冷水田"的多见，这类墨稻生长缓慢，产量低，品质以东兰县产的最优。常见品种有两个：一种肉白皮紫，炊熟或浸酒后变黑；一种通体墨黑。墨米含大量水溶性蛋白质和近20种氨基酸，并含多种维生素和矿物质，有提高肌体免疫力，增强抗过敏等功能。民间常以之煮成粥品作为跌打损伤、风湿骨痛、麻痹症、神经衰弱等病的辅疗主食。广西的东兰、隆林、百色、巴马、上林、容县、博白、来宾、贵港等地盛产黑米，品种不下15种，如"黑珍珠"、"墨黑香"、"紫油香"等皆为优质品。

"今朝佛粥更相馈，更觉江村影物新"。佛粥即"腊八粥"，广西旧时也有吃腊八粥的传统，经千载演化，广西与不少地方的"腊八粥"就用黑米煮制。在乡村的炎夏吃粥，经常见在黑粥中加绿豆、海带和陈皮，有消暑生津作用；如在凉秋则加白果、小枣、桂圆等，口味香甜多变，辅食亦琳琅满目。

美食原料

（以10碗成品计料）墨米400克，白果仁80克，小红枣50克，桂圆肉15克，冰片糖300克，桂花糖浆50克。

制作方法

1. 将墨糯洗净，在锅中添水，下白果仁、红枣大火烧沸，撒米煮制，待再沸后改中小火煮约1小时，见米开花后下片糖和桂圆肉，改大火煮使糖溶化，再小火煮至粥黏稠，用微火保温。

2. 食用时每碗舀粥250克（红枣、白果各两粒），淋桂花糖浆（5克）即可食用。

技术诀窍

1. 根据档次和需要，可加适当的玉竹、参片、百合等。

2. 白果须经碱水退衣、清漂、拍裂等工序。

3. 少量制作以沙锅熬粥最好。

品质标准

民间素来珍视墨米，誉为"黑珍珠"，旧时还列为贡品，米质糯软，味香甜而腴。白果止咳补肺，通经利尿；枣、红糖养血益气，特别适合产妇食用。

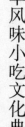

二十六、吮田螺

蚌、蚬、螺、蛤等曾是先秦时期壮族先祖的主要水产肉食，这可以从广泛分布在南宁、柳州、桂林、邕宁、长塘、江西、扶绥、横县、防城等地区的大量丘贝文化遗址的遗存中得到考证。南宁豹子头、桂林甑皮岩、柳州鲤鱼嘴等古址文化遗存表明，田螺、乌蜊、河蚬、环带蚌、多瘤蚌、背瘤丽蚌、三角帆蚌等是壮族先祖主食品种。《史记·货殖列传》所载的楚越之地的"果隋嬴蛤，不待贾而足"的状况，就是当时广西部分地区食水产之食的写照。《博物志》卷一亦有"东南之人食水产，西北之人食陆畜。食水产者，鱼、蛤、螺、蚌以为珍，不觉其腥臊"的记载。因此广西食螺吮蜊之俗，古已有之，并伴随着壮人在广西这块土地上的繁衍生息而根延至今。

广西田螺种类很多，但分布最广、食用最多的是螺与蜊。前者个圆而大，肉躯厚；后者个尖而小，肉少。通常所说的田螺主要指前一种，南宁人把较大的叫田螺，较小的叫石螺，其实都是螺，只是品种不同罢了。而蜊一般用于制汤，如柳州螺蛳粉的配汤即常用此类。尽管南方各地皆有食螺习惯，但广西人食螺花样之多恐为外人所不及。煮、炒、焖、焗，或先煮后炒，生焖熟爆，或取肉与各种肉类同烹，加上姜、葱、蒜、紫苏、蒿蒌、芫荽及酒、醋等调味料，香更馥郁，味益丰厚。此外，还有腌渍生食的，如环江毛南族人用炒糯米、烤猪骨、盐及野生香料腌渍螺肉生食，与江苏伍佑镇的生食"醉螺"一样特色鲜明。

食螺之风遍及广西各地，每当夕阳西下、华灯初上之时，百步之外便可闻到街头夜市食摊的螺香。在南宁，吃田螺还有讲究，可以用牙签挑吃，或用嘴含住螺口用力吮吸而食，田螺因此叫吮螺。

美食原料

活田螺 200 克，姜片 5 克，姜丝 2 克，香葱结 5 个，蒜子（拍裂）2 克，鲜紫苏丝 8 克，假蒌叶丝 6 克，螺丝菜 5 克，酸笋丝（焙干）4 克，豆豉蓉 3 克，姜葱蒜蓉、干红辣椒、精盐、味精、八角各少许，姜汁酒 3 克，料酒 3 克，生抽王 4 克，鲜汤 120 克，芫荽叶 2 克，生油 8 克。

制作方法

1. 将田螺放清水盆里饿养 2 天，每天换水数次，洗刷净外壳、钳去螺尾，复放清水盆，滴少许生油，再养半日，使其吐尽秽物，捞出沥干。

2. 将炒锅大火烧热，下油，将姜片与蒜子稍炒，放入田螺翻炒，加入姜汁酒，焗 3 分钟舀出。锅再下油，放姜葱蒜蓉、豆豉蓉一起炒香，下螺、鲜汤、八角、干椒、料酒、盐、生抽，煮沸，改小火煮 15 分钟，拣去姜葱，加姜丝、酸笋丝、紫菜、蒌、螺丝菜，淋生油装碗，食用时，面放芫荽叶装饰。

技术诀窍

1. 饿养和炒制时须注意挑弃死螺。另外，炒前钳去螺尾既便螺肉入味，也为吮食方便。

2. 炒螺要炒透，鲜汤以白浓为好，忌加冷水，否则有异腥味。

品质标准

田螺表面光亮，汁稠味浓，咸鲜醇厚，微带辣，调料香提升螺肉香，无腥味，风味独特。

二十七、桂乡大黑米粽

广西各民族几乎都有过年包大粽的习俗，尤其以壮族和仫佬族为甚。壮族是在年关之际和端午前包制，仫佬族则在"二月社"（春分前后）制作。壮族和仫佬族人包大粽，每只用米小则一二公斤，大则五六公斤，谓之"枕头粽"。大粽是壮族人家新年祭拜祖先的供品，也是走访亲友的礼品。在仫佬族，大粽则是出嫁女第 1 次回娘家时必带特定礼物。

广西粽子品种繁多，各地大粽均有浓郁的地方和民族特色，从形状看，主要有猪仔粽、长条粽、三角粽、四方粽、秤砣粽、羊角粽、驼背粽等，特别是驼背粽，正看像一块大金锭，翻过来看则似一只大元宝，其含义不言而喻。在桂中南的柳州和南宁一带，应季应时品种日有新出，常见的计有大肉粽、烧脯粽、烧鸭粽、烧鸡粽、腊鸭粽、腊肾肝粽、腊肉粽、火腿粽、素笋菇粽、咸蛋黄叉烧粽、禾花雀粽、三元及第粽、五子登科粽、龙凤粽等。这些粽子有一个特点是必有板栗、绿豆、冬菇等辅料作馅。至于各地小粽子的品种则难以记述。

近两年来，众大粽中又以黑糯粽名声最响，该粽是用百色地区隆林各族自治县出产的黑糯米包制，人称"黑色食品"。其味要比白糯大粽清香，质更加细腻，食用功效也高出一筹。2001 年 12 月，在澳门特区举办的商品经贸会中，广西黑米粽成为市民的抢手货，带去的一车粽子仅一天就被抢购一空。有关部门又赶紧调拨了几车黑米粽，但仍供不应求，此事一时传为当地新闻。以下将介绍此粽和较具本土特色的大肉粽。

美食原料

隆林黑糯米 2000 克，绿豆 1 000 克，脊肥肉 10 条（750 克），板栗肉 500 克，腊金银肝 400 克，精盐 100 克，白糖 40 克，五香粉 3 克，生油 200 克，食用碱水 40 克，大粽叶 20 张，水草 20 根。

制作方法

1. 肥肉加盐、白糖、五香粉腌渍 24 小时。腊肝切厚片。绿豆磨开边，用清水 3000 克加碱水将豆浸泡 3 小时，漂洗去豆壳，沥干。糯米浸泡 4 小时，洗净沥干，将精盐、生油分别 拌入糯米与绿豆。粽叶煮软，洗净擦干。水草泡软。

2. 用两张粽叶搭住边沿，上述原料分成 10 份，先放一份糯米、绿豆的 1/2 在粽叶上，再摆入肥肉、板栗、腊肝，最后放余下绿豆、糯米，包成长条形，用水草包扎实。

3. 锅内放粽摆实，加清水浸过盖严，大火烧沸，改小火煮约 4 小时即熟，中途最好翻一动一次。

技术诀窍

1. 煮制时间要充分，使米胶质溶出形成黏性质构。

2. 粽出锅后应晾透，沥去表面水分，方可经久耐储，不易变质。

品质标准

黑糯是糯米的一个品种，为粮中珍品。味清香，色黑紫泽亮，质胶韧而腴，具有滋阴、益肾、补胃、暖肝、明目、活血等功效。

二十八、干锅狗肉

广西人历来有食狗肉的嗜好。狗肉之香是其肉类无可比拟的，故又有"香肉"之称。狗肉好吃但名声不雅，所以人们给它取雅号为"地羊"。狗肉由于含有大量的香味成分，当狗肉熟制时，这些成分挥发出来，浓香扑鼻，令人唾延三尺。因此，当地白话有"狗肉滚三滚，神仙企（站）晤（不）稳"之说。

狗肉香浓滋补。《本草纲目》记载吃狗肉能"安五脏，轻身，益气，宜胃，暖腰、膝，壮力气，补五劳七伤，补血、脑"等。以前狗肉"冬食夏忌"的习惯早已经被打破，一年四季进食狗肉，在广西各地已屡见不鲜。白切狗、干锅狗、红烧狗、烤乳狗、脆皮狗、火锅狗、清汤狗等品种四季可见。即使在炎热的夏天，沿柳江、桂江、邕江、左右江两岸的城镇，傍晚时分，食摊饭店里，三五成群的汉子，赤膊摇扇，半蹲半坐于火锅旁，一边嚼食狗肉，一边饮酒猜拳的情景令路人驻足称奇。

美食原料

带骨狗肉 10 千克，竹蔗 500 克，黄皮果叶 200 克，炸鱿鱼须 350 克，草果（拍裂）、罗汉果（拍碎）各 5 只，八角、桂皮各 30 克，二汤 10 千克，蒜蓉 30 克，豆酱蓉 300 克，桂林腐乳（连汁）40 块，姜厚片 250 克，葱结 40 克，湿陈皮末 20 克，老抽 200 克，精盐 50 克，胡椒粉 15 克，白糖 300 克，料酒 250 克，生油 550 克，桂林辣椒酱、麻油各少量。

制作方法

1. 将竹蔗、黄皮果叶、炸鱿鱼须、草果、八角、罗汉果、桂皮、二汤等料加入熬汤锅，小火熬 2 小时，待汤汁剩 1/2 时过滤成香料汤待用。

2. 将狗肉斩成 25 克重的小块，中火烧热炒锅，下狗块干煸出水分取出。姜片焯水，用油略炸出香味。

3. 中火烧热炒锅，下生油（200 克）、蒜蓉、豆酱蓉、腐乳、陈皮、狗肉、姜片，边炒边加生油炒透，加入料酒、香料汤、桂林腐乳、姜厚片、葱结、湿陈皮末、老抽、精盐、胡椒粉、白糖待沸，小火焖至干水熻软即成。

4. 将桂林腐乳、胡椒粉、白糖、生油、麻油等料综合搅拌成味酱，和桂林辣椒酱作蘸食酱料。

技术诀窍

1. 狗肉焖制时间根据肉质而定，以熟透至软为准，无须焖得太熻。

2. 调辅料的配合使用是关键，既可去膻除腥，又可增香。佐味各料的用量必须适度，否则气味凌乱，或喧宾夺主，掩盖狗肉主香。

品质标准

肉质红褐熻软，嚼食有劲但无筋韧，味浓香醇，众香料之气味与狗肉之香相生，皮软骨离，啖之鲜香扑鼻，回味无穷。

二十九、桂花茯苓糕

宋代大文学家黄庭坚有一首专门咏赞茯苓的《鹧鸪天》词："汤泛冰瓷一坐春，长松林下得灵根，吉祥老子亲拈出，个个教成百岁人。灯焰焰，酒醺醺，壑源曾未破醒魂。与君更把长生碗，略为清歌驻白云。"

茯苓又有"茯灵"、"不死曲"之称。唐宋时的中原食市就有"白茯灵粥"（杨士瀛《采珍集》）和"茯苓糕"（吴氏《中馈录》）等茯苓食品。黄庭坚被贬至广西宜山时，开馆讲学，四方求教人甚多。《宜山县志》有"宜山文化的发展，受黄庭坚的影响很大"的记载。茯苓之食据说为黄庭坚时代被带入广西，并很快在桂北一带流行开来。但因"茯苓糕"隔夜易发馊变硬，所以市上一般都是随产随销，工繁利薄。目前只有桂林等地仍以家庭式生产，推车沿街叫卖者已不多，但在传统的小店却常见，是"老桂林"人所钟爱的传统小吃。

南朝名医陶弘景说茯苓可"还神而致灵，和魄而炼魂，利窍而益肌，厚肠而开心，调营而理卫，上品仙药也"。汉朝褚少孙也说茯苓能"食之不死"（见《记事珠》）。从今天保健角度看，桂花茯苓糕实是一种不可多得的保健食品。

美食原料

（以 200 块成品计料）香粳米 7000 克，白茯苓粉 320 克，糕粉 300 克，一级干桂花 100 克，白糖粉 3000 克。

制作方法

1. 将米淘洗后浸泡一天，捞出晾干，分次放石臼上舂捣成米粉，过二号绢丝罗斗（60~80 目）。将粳米粉喷水 1 500 克，拌入白糖粉 1 000 克，用 40 眼铜罗斗筛一遍。

2. 桂花上笼用蒸汽"哈"蒸一分钟，使之出香味并湿润，将之舂成粉末，兑入茯苓、糕粉、白糖粉做成夹心料。

3. 用四格竹蒸笼，分别铺细竹筛一块，垫一层细棉布，安能拆装的四方木框（内长宽高分为 37 厘米、37 厘米、2 厘米）。用 16 眼罗斗装粳米粉均匀地筛入每只框内，粉至约 0.8 厘米厚时，再筛入夹心料，最后再筛入粳米粉。刮平整，拆去木框，上笼大火蒸 15 分钟，见糕呈白玉色，按之有弹性即熟。稍晾，用擦油的一木板复扣糕上，连笼翻身，揭去各物，再将每格糕横切成 7 长条，每条再切成 7 方块，共得糕 196 件。

技术诀窍

1. 此糕可根据成品档次在夹心料里增加核仁、松子、瓜仁、果脯料等，亦有加少量参粉、白术粉的，其营养价值就更高了。

2. 泡米后要及时制作米粉才新鲜，另外米粉亦需及时使用，否则易变馊。

3. 上框粉宜松不宜紧，要轻刮平拨。

品质标准

体玉白色，朴素无华，香润软绵，不粘牙，不掉渣，细腻适口。味清甜，有桂花香，糕冷不硬，粳米制作较糯米易消化。

三十、南宁粉饺

中国饺子历史久远。1959 年秋，新疆吐鲁番出土的唐代墓葬遗物中就有了饺子。在北方，有"好吃不过饺子"、"没有饺子过不成年"的说法。

南宁粉饺不同于北方饺子，亦异于广州的澄面皮"虾饺"，它是用粳米粉制皮的。据史料考证，南宁粉饺应是从古代食品"米粉菜包"发展而来，清代李化楠《醒园录》有此记载。民国时期南宁街的"天海酒家"和"万国酒家"皆有特色粉饺。以后又有"兴宁肠粉店"专营肠粉和粉饺，名声远传南宁方圆几百里。

南宁粉饺除面皮特别外，馅心亦颇具特色。馅料中加入清水马蹄，使其咸中带甜，质地爽脆，又具有肉的清鲜嫩滑。食用时佐以南宁特产黄皮酱，味酸甜而带有特殊的黄皮果香。从工艺看，南宁粉饺是北方饺子的一种演变，风味亦是为适应本地人的需要而不断改进的结果。在外地人眼中，壮乡粉饺就像一位身着民族服饰的壮族少女，在中国饺子的大家族中，显得格外引人注目。

美食原料

（以 300 碟成品计料）饺皮：粳米稀细浆 8000 克，特级生粉 400 克，精盐 50克，熟猪油 250 克；馅心：瘦肉粗末 12 千克，净马蹄（碎粒）2500 克，卤菇末800 克，葱花 2000 克，复制虾米末 800 克，生抽 600 克，精盐 250 克，味精 150 克，胡椒粉 20 克，生油 750 克，麻油 150 克，冷鲜汤 2000 克，湿生粉 400 克；配料：黄皮酱 1 200 克，鲜汤 1 800 克，姜葱蒜蓉 50 克，精盐 45 克，白糖 100 克，麻油 20克，湿生粉 15 克，熟生油 200 克，大红辣椒酱 800 克，干生粉 1100 克，芫荽800 克。

制作方法

1. 用大锅烧沸水 3500 克，冲入稀米浆中，慢慢铲动，当浆变稠时，铲出晾冷，加入特级生粉、精盐、熟猪油搅拌成纯滑粉团。

2. 在肉末中加入生抽、精盐、味精、胡椒扮、湿淀粉、冷汤搅拌起胶，再下马蹄粒、卤菇末、虾米末、葱花、生油、麻油拌成馅。

3. 在炒锅中下酱料、生油、姜葱蒜蓉爆料头，加黄皮酱、鲜汤、盐、白糖、麻油煮沸，用湿粉打芡，即成酱汁。

4. 将粉团挤成 8 克重剂子，撒干生粉防粘，擀成直径约 7 厘米的圆皮，放 15 克馅，捏成弯梳形，入笼蒸 5 分钟即熟。

5. 每碟装 5 只粉饺，淋酱汁一匙，用芫荽点缀，大红辣椒酱随客选用。

技术诀窍

1. 粉团中加少量盐以增加粉筋，不起调味作用，旧时有加四硼酸钠增韧的，现已禁用。

2. 粉浆与水量及浆的浓度有关，煮浆应灵活掌握用量，过多水难以成型，过少皮硬。

3. 肉末应逐次加汤搅打，以免"糊水"。

4. 粉饺包制应边紧中松，加温时才能兜至汤汁。

品质标准

粉饺透明玉白，淋浅黄色酱汁，用碧绿、鲜红两色点缀，形态美观。饺皮细滑爽韧，馅鲜美，味咸中带甜，质脆，汁酸甜开胃，黄皮酱香突出。

三十一、荔浦芋头糕

芋头糕原为壮族同胞在冬至节与春节期间制作的一种节日点食。其意与年糕同，皆为"年年高"之意。所不同的是，芋头糕是咸品，适应胃弱、又不爱甜食的人食用。逢年过节，合家团聚，一家大小共吃芋头糕，皆大欢喜，气氛喜庆。在壮家，芋头糕由妇女亲手制作，它是壮族妇女的聪明才智的结晶。

荔浦芋是一种"槟榔芋"，为广西古代 3 种著名芋头（另两种是"花芋"和"小香芋"）中最有名的一种。由于水土适生，品质优异，荔浦芋决非陆游《芋》诗描写的"莫消蹲鸱少风味，赖渠撑拄过凶年"。清代，荔浦芋曾因作为"贡品"入皇宫，一时成为天下名物。直至今日，提起广西荔浦芋，无人不晓。目前，种植荔浦芋成为荔浦发展地方经济的一大产业。

荔浦芋的芋肉粉酥软滑，香醇微甘，有槟榔花纹，据说有消痔散结之效，以之制成芋头糕，风味独特。自从荔浦芋成名的那一天起，荔浦芋头糕便从桂北不断地向八桂各地扩散，声名响及南方各地，成为人们喜爱的著名广西小吃。

美食原料

（以 120 碟成品计料）湿占米粉 6500 克，特级生粉 700 克，荔浦芋丁 5000 克，广式熟腊肉粒 1 000 克，广式熟香肠粒 500 克，虾米末 300 克，精盐 350 克，白糖 250 克，胡椒粉 10 克，生油 450 克；生抽王 500 克，熟生油 1 200 克，麻油 120 克，葱花 500 克，芫荽碎末 500 克，大红辣椒酱 1 000 克，鲜汤 1 3000 克。

制作方法

1. 将湿占米粉、生粉兑冷鲜汤（6000 克），加白糖、胡椒粉、盐（200 克）、生油（150 克）搅拌均匀成稀浆。鲜汤（4000 克）倒入大锅烧，冲稀浆（1 000 克），边冲边搅成稠糊，熄火。再搅入余下稀浆，即成生熟浆，舀出锅待用。

2. 大锅中火烧热，下油（300 克），倒入芋丁加盐（150 克）炒出香味，淋鲜汤（1 500 克）收干出锅，加腊肉粒、香肠粒、虾米拌成馅料。

3. 将生熟浆的 1/2 倒入 4 只长 48 厘米、宽 32 厘米、深 5 厘米的铁盘里，上笼蒸 15 分钟，撒入芋丁馅料，铺入余下生熟浆，再蒸 30 分钟即熟，出笼撒葱花、芫荽。将生盘糕纵向切成 5 条，每条切成 12 件，每碟 2 件。

4. 将生抽王、鲜汤、熟生油、麻油兑成汁分淋糕，放大红辣椒酱即成。

技术诀窍

1. 冲浆是技术诀窍，以有一半浆"糊化"、粉不下沉为准。

2. 此糕还可分多几层蒸制。味之特色出自荔浦芋，若改用其他芋头，风味稍差。

品质标准

芋味浓香，质松软起沙，糕滑润而有韧性，热食，味道较好，也可晾凉后煎食。

三十二、壮乡粉虫

一提起壮乡"粉虫"，初闻其名总以为又是吃什么令人毛骨悚然的"虫"类。其实这只不过是一种米制品。是壮族的一种传统食品。

粉虫始于明末清初，是"粉利"类中的一个花色品种。粉利是一种形似短粗面杆的米制品，旧时多为年货。粉虫却是"小暑大暑，有米懒煮"之时做的一种形似虫蛹的粉食，用料与粉利相同。

有首古老的童谣唱道："端午节，包凉粽，尝新节，搓粉虫，包得阿姐哈眼悃，搓得阿妹膝头痛。"这首儿歌生动地描绘了民间忙于做粉虫过节的情景：五月初五包凉粽是技术活，阿妹难以胜任，当然由阿姐承担；六月六搓粉虫是简单活，就该轮到阿妹了。一个小姑娘坐在矮凳上，膝盖倒扣一只平时淘米洗菜的圆竹箕，小手捏着小粉团搓呀搓，一只只酷似小虫蛹的带有螺纹"粉虫"，从阿妹手中不断落入盆中，满木盆粉虫看似活的一般。

六月六，新谷登场，壮家各户有用新米煮新米饭和做米粉的习俗，谓之"食新"。此时气候多是晴空丽日，村上石磨、木椿之声此起彼伏，房顶烟囱炊烟袅袅，一派祥和喜庆气氛。

粉虫进入城市后，很快受到城市居民喜欢。目前，桂中、桂南、桂西等地区的城市乡镇市场，皆有此食，而且常年供应。

美食原料

（60碟成品计料）粳米稀浆11 000克，特级生粉500克，黄皮酱1200克，鲜汤1 800克，姜葱蒜蓉50克，精盐45克，白糖100克，麻油20克，湿生粉15克，熟生油200克，芫荽（碎）300克，大红辣椒酱500克，生油400克。

制作方法

1. 用大锅烧沸水5000克，冲入米稀浆慢慢铲动，当浆变稠时改用小火，加快铲速，搅成粉团后铲出晾凉。然后分次加入生粉，搅拌到纯滑即成制"粉虫"的粉团。

2. 将竹筲箕翻扣在案板上，刷一遍油，取粉团约1.2克放箕背上，用手掌轻轻顺竹纹搓成一条两头尖而带螺纹的"粉虫"。逐一搓完后，淋少许油拌一下，撒入蒸笼大火蒸4分钟即熟。

3. 炒锅下油（200克）、姜葱蒜蓉炒香，下黄皮酱、鲜汤、盐、白糖烧沸，用湿粉调稀，淋麻油打芡成酱汁。

4. 粉虫装碟，淋酱汁、撒芫荽、放辣酱即可食用。

技术诀窍

1. 磨稀浆时米与水的比例为1：1，比例偏大或偏小皆会影响粉团质量。

2. 传统配方每千克加硼砂20克，以增加韧性，不用生粉，但硼砂有食嫌，上述配方安全实用。

3. 民间有用天然色素掺和粉团来做成五颜六色的粉虫的习惯，但餐馆饭店多不用或少用。

品质标准

晶莹透明，质软滑，弹性好，色嫩黄，味咸鲜酸回甜，有黄皮特殊清香，开胃消食。

三十三、壮家五色糯饭

具有浓郁民族特色的壮乡五色糯饭，是广西最为著名的传统风味食品，驰名全国各地以及东南亚一带，已载入《中国烹饪辞典》、《中国名食》、《中国传统食品》等典籍。

壮乡五色糯饭源于一古老传说。很久很久以前，5 位仙女下凡到壮乡，向妇女传授种苎麻、织锦布、制蜡染、做服饰和刺绣等技艺，从此，壮族妇女才有了独具特色的"壮饰"。每年三月三，壮族妇女身着盛装赶"歌圩"之时，总要感激仙女一番。为表达怀念之情，这一天早晨，已婚妇女们携带煮熟的猪头、鸡、五色糯饭和以纸剪成的人与马聚集到庙里，祭拜神灵，祈求上仙保佑她们平安得福。

如今在壮乡的主要城市，每年农历二月就开始有五色糯饭上市，直至过完端午节。但民间都喜欢自家制作，认为这样才"地道"、"正宗"。壮族人"三月三"节祭庙和清明节扫墓都有五色饭作祭品，祭神、祭祖完毕后，仍沿用老祖先"抟饭以食"的习惯，大食祭品，认为这样才能不忘祖恩。

染五色饭一定要用食用天然植物色素，既是为了美观和表意，也有一定的药用价值。其中所用的红兰草，在清代《侣山堂类辩》中的记载是"红花色赤多汁，生血行血之品"，以之染红色，寓意日子红火兴旺；黄饭花（或栀子）则具清热泻火、凉血解毒之功，用其染黄色（黄色为皇家之色）；紫蓍藤（或青黛）能清热解毒，用于染深绿色；枫叶对大肠杆菌有很强的抑制作用，以之染糯，墨黑光亮。

美食原料

香糯米 7000 克，鲜红兰草 150 克，鲜枫叶 1000 克，干黄饭花 100 克，青蒜叶（碎）250 克，葱花 400 克，生油 500 克，精盐 220 克。

制作方法

壮家五色糯饭

1. 将枫叶捣碎，加水 3000 克浸泡 3 天。倒入铸铁锅里烧至 60℃过滤。用枫叶汁水泡糯米 3000 克，待泡米水冷时，将汁水滤入原锅加温 60℃，再倒回锅中继续浸泡。如此再加温、再泡，反复 5 次，前后约 3 小时，见米膨胀黝黑时捞出沥干。另取红兰草切碎，加热水 500 克浸泡出色，榨滤色汁，加入 1 000 克糯米泡 4 小时，至米浅红色且外形膨胀即可捞起沥干。用黄饭花加水 700 克，小火煮出色水，过滤，取色液泡糯米 1 000 克，一般浸泡 4 小时才完全膨胀，呈鹅黄色时即可捞起沥干。将余下香糯加温水泡 4 小时。

2. 将上述 4 种糯米分摊在铺有纱布的笼里，大火蒸 15 分钟，开笼洒水翻拌一次再蒸 15 分钟，见软硬适度，熟透即可下笼晾冷。

3. 取炒锅加热，下油 300 克，到入糯米饭炒匀调入盐，加青蒜叶、葱花及少许油炒热即成。

技术诀窍

1. 以三江侗家"香糯"为上选，其他糯米气味色性稍差。

2. 浸泡时根据气温灵活掌握水温，切不可将米泡成糊状。

品质标准

饭呈红、黄、绿、黑、白五色相间或相杂，宛如一幅抽象的水彩画，超凡脱俗。五色中以黑为主，油亮泛光，颗粒分明，口感柔韧清香，色香味俱全。

三十四、玉米咸糯糍

对于糍粑，《周礼·天官·笾人》有"羞笾之实，糗、饵、粉、糍"之载，并注"玄谓此二物，皆粉稻米、黍米所为也，合蒸曰饵、饼之为糍……"《明宫史·火集》中说得更清楚："（三月）二十八日，东岳庙进香，吃烧笋鹅、吃凉糍，糯米面蒸热加糖，碎芝麻，即为糍粑也。"壮族有传统的"糍粑节"，说明"糍粑"自古至今在广西食用的普遍性。历千载演变，如今糍粑已发展成为千姿百态的品种系列。原料已不仅限于稻、黍，木薯、山药、红薯、芋头、葛根等块茎植物以及椰子、南瓜、甘笋、白藕、芒果、番茄、蚕豆等瓜果豆类，皆可作糍，此外还有以野艾、白头翁、芦荟、荠菜等蔬野入馅的。馅料味有咸、甜、荤、素或咸甜兼顾，荤素搭配；外形圆、扁、长、方、椭圆、三角等应有尽有；包装材料有蕉叶、苹叶、竹叶、桐叶等，色彩有红、黄、绿、灰、黑多种；味型有稻糯香、水果清香、野蔬幽香、薯类浓香等。吃法分煎、烙、烤、蒸、冷食，苗家传统糍粑烤后夹以糖馅或酸菜、腊肉同吃，类似于国外流行的"热狗"。

美食原料

（100 只成品用料）甜玉米细浆 1 800 克，生糯米干粉 1 000 克，熟猪油 200 克，五香头菜粒 500 克，猪前胛瘦肉粒 500 克，卤菇粒 250 克，虾米末 200 克，熟花生碎 300 克，葱花 150 克，姜、蒜蓉 10 克，生抽 15 克，味精 5 克，麻油 10 克，熟猪油 150 克，生油 25 克，湿生粉 20 克，料酒 10 克，生油 250 克，白糖 400 克。

制作方法

1. 烧沸水 1 000 克，加糖 400 克煮溶化，搅入糯米干粉冷却，加玉米细浆、熟油（200 克）配搅成粉团。

2. 将肉粒加生抽、湿粉拌起胶。头菜粒烙干，炒锅下油、姜蒜蓉、肉粒、加烹酒炒熟，晾凉后拌入头菜、虾米、花生、卤菇、葱花、麻油、猪油料成馅。

3. 粉团分成 100 份，包馅成圆饼状，上笼蒸熟，再用生油煎至两面焦黄即成。

技术诀窍

1. 用新鲜玉米粒磨浆，水量根据粉质灵活掌握，过多或过少水量皆影响成形。

2. 包制时用少量玉米粉以防粘，蒸笼应抹油，以防互相粘连。

3. 卤菇加工法：冬菇去蒂浸水回软，洗净泥沙，挤干盛品皿里，每千克菇放姜片 15 克、葱条 8 克、生鸡油 200 克、料酒 15 克、盐 20 克、二汤 400 克，蒸 1 小时，鸡油融化即成。

品质标准

具糖甜和糯香，成品两面焦黄香酥，外观油润软糯，馅咸皮微甜，有地道壮乡风味。

三十五、玉米饼

玉米，广西人又称之为"包黍"，营养丰富，还有许多药用价值。在广西"长寿之乡"巴马，百岁以上长寿老人甚多。这些寿星常年以玉米为主食，尤常吃玉米粥。海外也流行吃玉米饼，不过那是一种墨西哥式的薄饼。本文所介绍的玉米饼，是类似糍粑的本地常吃品种。此品用南宁市郊出产的一种甜玉米为主料，辅之面粉制成，味微咸甜而清芳。自从姜建国师傅首次在南宁饭店推出之后，玉米饼很快流入市面小摊，成为街头巷尾的热卖小吃。

美食原料

（以 160 件成品计料）新鲜甜玉米粒 7500 克，鲜黏玉米粒 2500 克，生粉 250 克，面粉 750 克；京大葱末 1 000 克，香葱（切碎）300 克，精盐 160·克，生油 1 000 克。

制作方法

1. 将黏玉米煮熟后用清水漂洗去外衣，与甜玉米一并打成稠浆。加精盐、生粉、面粉拌匀，再加入京葱末、香葱末略拌一下，即成生料。

2. 电煎锅开180℃预热，淋少量油淌匀，用手勺舀生料70克（要压紧压实）一勺一勺地排扣入锅中，边煎边按压成0.8厘米厚的圆饼。一面煎黄定型后才能翻煎另一面，并不一时淋少量油，将两面煎呈金黄色，直至熟透，铲入碟中即成。

技术诀窍

1. 玉米的选择至关重要，过老过嫩都会影响质量，忌用"苦尾"玉米。

2. 现做现吃，新鲜度是保质的关键。

3. 煎制时应做到大小、厚薄一致。

品质标准

成品色泽金黄清新，外酥脆，内软柔，有一股"炒鸡蛋"的自然香味，且玉米呈细颗粒状，愈嚼愈香。此饼朴素无华，有浓浓的乡土气息。

三十六、玉林牛巴

玉林是我国南方重镇，位于广西东南边陲。"玉林牛巴"是玉林传统风味名吃，它是用黄牛臀肉（俗称"打棒肉"）为主料，肉质细而有嚼劲，吃后满口生香，堪称地方一绝。《清异录》载，牛巴"赤明香，世传邝士良家脯也。轻薄甘香，殷红浮脆，后世莫及"。

传说南宋开庆年间，一个姓邝的盐贩子，在运盐途中牛被累死了。他舍不得将牛丢弃，便把牛肉腌起来，晒成牛肉干。回家以后，他把咸牛肉干放到大锅里煮，又辅以八角、桂皮等佐料焖烧，牛肉出锅后异香扑鼻，满室清香，左邻右舍闻香而至。主人便热情地请乡邻共同品尝，席间无人不称赞肉香味美。因于味道香美，牛巴逐渐成了一种人见人爱的风味美食。在今天，玉林人仍喜欢用牛巴来招待客人，以示主人对客人的尊重。结婚等喜庆日子，当地人更以聚餐共品玉林牛巴做最高享受。

美食原料

黄牛臀肉6000克，各式味料（白酒200克，精盐80克，酱油100克，白糖100克，味精50克，姜汁、蒜白、葱白各50克，小苏打20克，硝水10克），各种香料（八角、桂皮、花椒各50克，草果8个，沙姜、丁香、桂花各40克，橘皮

100 克，茅根 200 克），姜块（拍裂）2 块，蒜白（拍裂）100 克，浸发冬菇 100 克，清油适量。

制作方法

1. 黄牛臀肉洗净血污后用刀片成长 12 厘米、宽 6 厘米、厚 2 厘米左右的薄片，放在盆内，加各式味料，混合拌匀后腌渍 1~2 小时。

2. 取一簸箕，将腌制好的牛肉片一块块地摊在簸箕上，放在太阳下晒至七成干。

3. 将锅洗净，放入清油少许烧至八成熟，加进各种香料、姜块、蒜白、水发冬菇爆香，然后投入晒好的肉干用中火炒，待肉干回软，锅中无汁时，加入清油翻炒，盖上锅盖，改用文火慢慢煨制 1~2 小时。中间需按时揭盖翻炒，以免焦底。

4. 牛巴煨好后，拣去姜、蒜及香料，控去油汁晾凉，即可改刀切件上桌，或另配原料烹制成其他菜肴。

技术诀窍

1. 做牛巴最好选用黄牛臀肉，因为只有这个部位的牛肉最富有弹性和韧性，做出的牛巴才兼备爽口味，厚且耐嚼。

2. 炒制肉干用的清油宜选用未使用过的植物油，最好使用茶油或花生油。

3. 煸炒的过程，武火和文火的运用要恰当。

品质标准

色泽暗亮，气味醇香，肉质细而耐嚼，入口生香，令人回味。

三十七、桂林米粉

传说，秦始皇嬴政为了统一中国，派屠睢率 50 万大军征伐南越，紧接着又派史禄率民工开凿灵渠，沟通湘江、漓江，解决运输问题。南越少数民族勇猛强悍，不服秦王。秦军三年不解甲，武器不离手，可见战斗之激烈。由于南越地处山区，交通不便，秦军水土不服，加上粮食供应困难，大量士兵经常挨饿、生病。这些西北将士天生就是吃麦面长大的，西北的拉丝面、刀削面、羊肉杂碎汤泡馍馍，都是他们的美味佳肴。如今他们远离故土，征战南方，山高水深，粮食运不上来，人不可能空着肚子行军打仗，只有就地征粮，以解决食为天之大事。但南方盛产大米，却不长麦子，如何把大米演变成像麦面一样让秦军将士接受，史禄把任务交给军中伙夫们去完成。伙夫根据西北馇面制作原理，先把大米泡涨，磨成米浆，滤干水后，揉成粉团。然后把粉团蒸得半生熟，再拿到臼里杵舂一阵，最后再用人力榨出粉条来，直接落到开水锅里煮熟。同时，秦军郎中采用当地中草药，煎制成防疫药汤，让将士服用，解决水土不服的问题。为了保健，也是由于战争紧张，士兵们经常是米粉、药汤合在一起三口两口就扒完了。久而久之，就逐渐形成了桂林米粉卤水的雏形。后经历代米粉师傅的改进、加工，而成为风味独具的桂林米粉卤水。

桂林米粉卤水用了草果、茴香、花椒、陈皮、槟榔、桂皮、丁香、桂枝、胡椒、香叶、甘草、沙姜、八角等多种草药和香料熬制，这些草药全是专治脘腹疼痛、消化不良、上吐下泻的。这就难怪桂林长寿者都有爱吃米粉的嗜好了。

秦始皇统一南方后，到西汉元鼎六年建始安县（桂林城前身），之后近千年大量北方移民迁徙到桂林，包括许多像诸葛亮、韩信、陶渊明、周敦颐、李世民、赵匡胤等历史名人后裔，这些北方移民来到桂林，把米粉叫成"米面"，这种称谓，一直延续到抗战时桂林大疏散。

美食原料

米粉，八角，桂皮，干草，陈皮，鲜姜，香茅草，丁香，草果，小茴，花椒，党参，阴阳贝，罗汉果，枸杞，红枣，干葱头，生姜；精盐，酱油，糖色，料酒，鱼露，冰糖，味精，鸡精等；老母鸡，猪棒子骨，熟猪油，芹菜，香菜，青红椒等；脆皮，锅烧，炸黄豆，酸菜，青菜，葱，芫荽，辣椒酱等。

桂林米粉

制作方法

1. 老母鸡宰杀洗净，棒子骨敲破，一起与其他料混合放入汤锅中，加入适量的清水，用大火烧开后，撇净浮沫，转用中火熬成一锅原汤，捞出老母鸡、棒子骨待用。

2. 原汤倒入卤水锅中，另将各种香料用纱布包好加入，调入各种调料等，然后上火熬1小时左右，待充分入味后，冷却即成卤水。

3. 烧开水，略烫米粉，捞出装碗，加适量的卤汁浓汤水，再放上各式臊头，最后配上白汤水即可上席。

技术诀窍

1. 桂林米粉的精华在于卤水，卤水没有统一的配料秘方，不同的桂林米粉店做出的米粉味道也各有千秋。

2. 熬制卤水的火候要把握得当，否则得不到应有的风味。

3. 臊头各料的放置视个人的需要来灵活选择。

品质标准

粉质洁白、细嫩、软滑、爽口，汤味醇香，久吃不腻。

三十八、打油茶

打油茶是广西侗族、瑶族等少数民族的一种饮食，意为放茶、做茶、食茶，其主要原料是"阴米"。阴米都预先备制的，制法是将糯米拌油或粗糠后蒸熟、阴干，再用碓臼舂成扁状，去掉粗糠。打油茶时先将阴米拌河沙炒或油炸成米花备用。接着把配料花生、黄豆、芝麻等炒熟。配料没有定规，不同的民族有所差异，时鲜瓜菜、猪肝、虾米都可以放，还可以放些葱花、姜丝等味料。原料准备就绪后就煮茶水。放一把米在锅里炒到焦黄，再添上本地土制的上好茶叶炒拌几下加水煮沸，滤出渣子。把茶水倒进盛着米花等原料的碗里便是油茶。春节期间的油茶还要加两块手指宽的油煎糍粑。桂北地区喜欢在油茶中放入红薯。

油茶可称为侗族的第二主食。过去，人们不仅早餐吃油茶，每顿饭前都要吃油茶。油茶是招待客人的传统食品。特别是妇女往来，常聚于一起打油茶。吃油茶只兴用一只筷子。客人吃了油茶不还筷子，表示还要再吃；还了筷子，则表示多谢主人，不用再添了。

美食原料

红（绿）茶、花生米、玉米花、黄豆、芝麻、糍粑、笋干等各适量；盐、油、姜、葱、蒜等各少许。

制作方法

1. 炒香芝麻、笋干，油炸花生米、黄豆，爆香玉米花等待用。

2. 锅置火上加热，放适量食油，待油面冒青烟时，立即投入适量茶叶入锅翻炒，当茶叶发出清香时，加上少许芝麻、食盐、姜、葱、蒜等，再炒几下，即放水加盖，煮沸 3~5 分钟。

3. 将花生米、玉米花、黄豆、芝麻、笋干、糍粑等配料入茶碗，然后将油炒经煮而成的茶汤，捞出茶渣，趁热倒入碗中，供客人吃茶。

技术诀窍

1. 须选用土茶，即未经加工过的茶叶，不然，就会失"打油茶"的风味。

通常有两种茶可供选用，一是经专门烘炒的末茶；二是刚从茶树上采下的幼嫩新梢，可根据各人口味而定。

2. 沏茶需用佳泉水已为茶经之事，然打油茶又一特别之处是以肉骨汤代泉水，自然是茶味别出。

品质标准

味咸鲜香带辣，宜早点、夜宵，冬季食之尤佳。

三十九、黎家竹筒饭

黎家竹筒饭是海南黎族传统美食，用新鲜竹筒装着大米及配料烤熟而成。过去多于山区野外制作或在家里用木炭烤制，现经厨师在传统基础上改进提高，使之摆上宴席餐桌，声誉甚高，成为海南著名风味美食。黎家竹筒饭有野味饭、肉香饭、黑豆饭、黄肉饭4种，其中最佳的要数野味饭了。适合做野味饭的几种野味有鹧鸪肉、鹿肉、山鸡肉、山猪肉等。自古以来，黎族同胞上山狩猎或离家远行，都随身带上米和火石，以便能随时随地吃上味道香美可口又耐饥饿的竹筒饭。有时在山上猎获了野兽，便就地取材，将其瘦肉拌混在糯米中，再加上盐巴。砍下竹节就地烤制成美味的竹筒饭，带回家来给家人食用。

美食原料

山兰米500克，猪瘦肉100克，生抽10克，老抽3克，精盐5克，味精8克，清水500克，精猪油、五香粉少许，新鲜青竹2节。

制作方法

1. 山兰米洗后，浸泡半小时，捞起，加精盐、味精拌匀。

2. 猪瘦肉切成0.3厘米厚的肉片，用老抽、生抽、五香粉腌制，热锅过油，将肉片翻炒至熟，出锅待凉后，切成0.3厘米见方的肉粒待用。

3. 取新鲜青竹，每节锯开一端，洗净晾干，用精猪油抹拭竹筒内壁，将调好味的山兰米同瘦肉粒拌匀，分等份加进两节竹筒里，入适量清水（每筒约250克），然后，用干净布条捆扎封堵竹筒口，放进200℃的电烤炉中烤约半小时至熟，关电源继续在炉中烤干。

4. 取出成熟的竹筒饭，解除布条，锯成若干小段（每段长约6厘米），摆放盘中上席。

技术诀窍

1. 选用节距较长的新鲜青竹为好。

2. 把握烘烤的炉温及成熟度。

品质标准

竹节青翠，米饭酱黄，香气飘逸，柔韧透口。吃时，饮一口黎家山兰酒，咬一小口竹筒饭，慢品细嚼，趣味盎然。

四十、海南萝卜糕

萝卜糕是海南地方传统小吃，民间制法因地而异。但都须以黏米浆、白萝卜丝为主料，其他辅料可随意变化，可简，可繁，可蒸，可煎，也可先蒸后煎而食。

美食原料

黏米600克，白萝卜丝1750克，新鲜虾米50克，叉烧100克，五花腩肉150克，味精30克，食盐25克，白糖75克，胡椒粉、五香粉、香油、蒜头油、熟芝麻碎、葱粒、蒜蓉等各适量。

制作方法

1. 叉烧、虾米切成中粒，热油炒香待用。

2. 黏米淘净，用清水浸约30分钟后磨成米浆。

3. 五花腩肉切粒，用文火煎出少量油后投入蒜蓉爆香，再投入萝卜丝炒匀，加盖焖熟。

4. 然后徐徐倒入黏米浆，边倒边搅拌至六七成熟，加入其余调料铲匀，成为萝卜糕浆。

5. 将萝卜糕浆倒入已刷油的9寸钢方盘里，抹平，再均匀地撒上虾米粒和叉烧粒，上笼旺火蒸熟，取出待凉后切成30个方形块，加上香油、蒜头油、熟芝麻碎及葱粒，重新加温即可。

技术诀窍

1. 选用上等大米，采用水磨的方法进行磨浆。

2. 掌握萝卜糕浆的成熟程度，成黏度合适的糊状为宜。

3. 旺火蒸制，要蒸够，否则吃时粘牙。

品质标准

糕面红绿点缀，色泽鲜艳，萝卜味香浓，各味相济，入口鲜嫩。

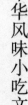

四十一、海南煎堆

煎堆，是一种地方风味小吃，华北地区称为"麻团"，海南人则叫作"珍袋"（海南方言）。海南风味小吃很多，较为独特的要算煎堆了。这是一种油炸米制品，色泽金黄，外形浑圆中空，口感芳香酥脆，体积膨大滚圆，表皮薄脆清香，而又柔软粘连，馅香甜可口。食用时，须用剪刀剪成小块或用手掰破分片。

在海南，元宵节时敬神祈福，老人贺寿，或是建房上梁，孩子满月招待客人，煎堆总是少不了的；久别家乡的侨胞归乡，也总忘不了尝一尝煎堆的美味。平常市面上卖的煎饼不过小拳头般大小，而在农历二月十五日军坡节期间，煎堆做得格外大，有的像篮球似的。据老人讲，古代在军坡节祭神用的煎饼还要大，煎堆小了神灵会发怒的。明末清初文学家屈大均在《广东新语》中已有记载："广州之俗，以烈火爆开糯谷，名曰爆谷，为煎堆心馅。煎堆者，以糯粉为大小圆，入油煎之，以祭祀祖先及馈亲友者也。"清末民初的一首《羊城竹枝词》也有"珠盒描金红络索，馈年呼婢送煎堆"之句，可见当时已有把煎堆作为年宵礼品之俗。据专家考证，煎堆就是由唐代以前的"煎鎚"演变来的。唐人王梵志有诗赞曰："贪他油煎鎚，爱若菠萝蜜。"

美食原料

糯米粉 500 克，白糖 100 克，生油 200 克。

制作方法

1. 取 100 克糯米粉用清水调拌，搓成粉团，放沸水锅里煮熟，捞出放在案板上，混入余下的 400 克糯米粉并加入白糖，拌匀后用手掌反复搓至有韧性和黏性（如太干硬，可加进少许热水再搓），即成糯米粉团。

2. 将糯米粉团分成两等份，分别揉圆，压平，捏成空心圆球状，留一小洞，往里充气后快速封口，即成两个煎堆坯。

3. 热锅落油，烧至 120℃时，将煎堆坯轻轻放进热油中，边炸边用长筷子翻动，使之均匀受热，炸至体积比原坯大一倍时捞起，待完全冷却后再用同样方法炸一遍，如此反复 3~4 次，使之膨涨至排球般大小即成。

技术诀窍

1. 煮 100 克糯米粉的芡一定要煮熟，否则后来炸的时候易开裂。

2. 炸制的油温不能太高，三四成热为宜。

3. 做的时候可以包入豆沙馅、莲蓉馅，也可以无馅。

4. 制作海南煎堆须精选新鲜糯米，入水浸泡5小时左右。然后再用石碾碾为米粉状，用筛子筛取精细部分，再用水搓成粉团，放进锅中煮熟，然后掺入余下的糯米粉用手搓擦，使其均匀，而后捏成拳头大小的空心米团子，加进馅料。

5. 馅料有花生糖、椰蓉、豆蓉、冬瓜糖果、椰子丝、芝麻、肉丁和冬瓜糖等，接着把芝麻撒在团子表皮上，放进油锅里炸，油最好是椰子油或花生油。油炸时，边炸边不停地翻动，使其厚薄一致，浑圆匀称，几分钟后捞起，凉一会再炸，如此3~4次，直到表皮金灿灿的。

品质标准

色泽金黄，体积膨大滚圆，皮薄酥脆，香甜可口。

四十二、海南抱罗粉

抱罗粉属汤粉类，其贵在汤好，汤质清幽、鲜美可口、香甜麻辣。抱罗粉的汤较甜，但是这是一种独特的鲜甜，甜而不腻，且甜中带酸、酸中带辣，其味妙不可言。

说得容易做起来就难了。据知，以前的抱罗粉汤通常是用猪骨和牛骨煮汤配制而成，但现在的粉汤则吸收了粤菜的上汤制法，用多种原料熬煮而成，其味较之以前的粉汤更加鲜美。用这种鲜汤冲调米粉条配上精制牛肉干、瘦肉丝、粉肠、花生仁、少许酸笋、酸菜骨、辣椒等配料，当然会使更多食客产生强烈的食欲。

一碗抱罗粉既可以充饥解渴，又是一种美食享受，且价廉物美，经济实惠，难怪抱罗镇附近的人们自古就把"上市去食粉"当作人生一大乐事；也难怪海南各地区，无论是省城还是各市县的人们，在食用早餐时都会首选抱罗粉。如果你是外地游客，有机会到海南来旅游的话，请您别忘了一定要品尝这里地道的风味小吃——抱罗粉。

美食原料

大米500克，清水1 000克，猪牛骨500克，炒花生米、炒芝麻仁（碾成碎末）、炒笋丝、炒酸菜、特制牛肉干丝、炒猪肉丝各适量，香菜、盐、味精、香油、姜葱等各少许。

制作方法

1. 粉条：用大米酌量淘净，清水浸泡，细磨成浆，装进布袋，挤出水分，将粉袋再放清水中浸泡，然后将粉团抖出，加入食油、香油和清水调匀成糊浆，装入压粉筒（筒底有多孔漏眼），用力将糊浆徐徐挤压，通过漏眼成线条落入沸水锅中，刚熟捞起，过凉水冷却，置竹笭中沥去水分即成。

2. 制汤：主要用猪骨、牛骨熬煮，汤滚时把浮沫除净，熬至骨味完全渗出，再调入适量食盐、味精增鲜即成。

3. 佐料：酌量准备炒花生米、炒芝麻仁（碾成碎末）、炒笋丝、炒酸菜、特制牛肉干丝、炒猪肉丝、蒜香熟油、香菜、葱花等。

4. 调配：抓一把水泡好的粉条（重约150克）于碗中，逐一加入适量佐料，打一勺滚烫靓汤浇过粉面，撒进少量胡椒粉即成，喜欢吃辣的，加一点辣椒则更起味。

技术诀窍

1. 掌握粉糊的稠度。

2. 粉条煮的时间不可过长，且刚熟后要立即投入冷水急冷。

品质标准

粉身洁白柔软爽滑，汤热味鲜，佐料奇香耐咀嚼，不膻不腻，鲜香略带酸辣，诱人食欲。

四十三、海南煎饼

海南煎饼又称"奇味千层饼"、"东山烙饼"，是近年发展起来的一种兼有海南特色、北方风味的面食。海南各地宾馆、酒店均有出品，很受欢食客迎，其中又以万宁县东山岭宾馆特制的"东山烙饼"最负盛名。

美食原料

精面粉500克，发酵粉10克，鸡蛋4个，精盐10克，味精5克，胡椒粉7克，蒜蓉75克，葱蓉50克，香料少许，精猪油适量。

制作步骤

1. 精面粉和发酵粉拌匀开窝，加入鸡蛋液，用30℃温水调开，反复揉搓成面团，用干净湿布盖住，静置15分钟，再搓一次，然后压薄，用长擀面杖擀成薄片（越薄越好，要均匀），然后用猪油涂面。

2. 把精盐、味精、香料、胡椒粉一起拌匀，均匀地撒在薄面片上，再把蒜蓉、葱蓉掺和一起，均匀地撒上一层。接着，将面片由外往里卷成圆长条，按25厘米长度切段，每段盘成圆团压薄，擀成1厘米厚度的圆饼。

3. 旺火烧锅，落油，至四成热度，放入生面饼，慢火煎炸，不断翻转，使两面均匀受热，起金黄色时捞起，挤出油分，按辐射状均等切块，装盘便成。

技术诀窍

1. 成团宜采用30℃左右的温水。

2. 擀制面片时要撒少许的干淀扮防粘。

3. 正确把握煎炸成熟的技巧。

品质标准

片薄层多，外酥内软，咸淡适口，香味奇特，诱人食欲。

四十四、海南椰子饭

椰子饭又名椰子船，在海南的文昌等地食用此种以椰子肉为底的船形小食品，是当地人民祈求幸福的象征，也是宴请贵宾和亲朋好友的上等佳品。椰子饭做法独特，风味别具一格，实为难得的天然食品。

早在《本草纲目》及食补的民间偏方中都有记载，椰子具有补肾壮阳、温中理气等功效。传统的椰子饭，是放在烧石灰的窑中焖制而成，制作流程烦琐。

美食原料

糯米250克，椰子2个（糯米和椰子的多少可以根据客人的多少来确定，虾仁、叉烧各100克，火腿10克，干虾米、湿冬菇各25克，精盐6克. 鸡油150克，蒜蓉25克，清水适量。

制作方法

1. 糯米淘净放入锅中，将椰子劈开或者从蒂部往下约1/3处锯开，把椰子水倒出，然后将椰肉刨蓉（注意，不触及黑皮），留下完整椰壳和一薄层椰肉待用；然后榨干椰子肉里的椰子油备用。用水泡软的湿冬菇、叉烧分别切粒；火腿剁蓉；虾米用清水浸软；虾仁（腌制过）飞水、拉油。

2. 热锅下鸡油，放蒜蓉爆香，落鲜椰蓉略炒，倒入大米炒匀，装入瓦罉内，加适量清水煮成饭，取出待凉。

3. 热锅下鸡油，将饭倒入略炒，再放入虾仁、叉烧粒、虾米、湿冬菇粒、味精、精盐炒匀，分别装入两只椰壳中（填满）加盖，上笼蒸约2分钟，趁热上席。

技术诀窍

1. 选择优质的上等的糯米，这样吃起来才有一种独特的香味。

2. 各辅料的加工正确，注重调味，味不宜过重。

品质标准

米饭乳白，饭中分布有各种颜色的配料，咸香适口，椰香味浓。

四十五、椰汁板子糕

椰汁板子糕是海南风味小吃，其主要配料板蓝叶是一种热带草本植物，其汁液深绿，有特殊的板蓝香味。归侨群众喜欢用板蓝叶配制食品，此糕在当地久负盛名。

美食原料

糯米 1 000 克，椰子 2 个，生粉 1 000 克，白糖 300 克，炼乳 250 克，精盐 5 克，板兰叶数片，生油适量。

制作方法

1. 将糯米淘净，清水浸泡 2 小时，细磨成浆；板蓝叶洗净，切碎磨烂，用洁白纱布包裹挤压出叶汁；椰子加工压出白色椰汁。

2. 米浆掺入生粉搅拌揉和至起筋，加入白糖、炼乳、精盐及椰汁一起搅拌均匀。然后分成两等份，将一份掺入板蓝叶汁，调成绿色；另一份调入椰汁呈白色。

3. 取平底蒸盘一个，盘底抹上生油，倒入一层白色米浆（厚约 0.6 厘米），上笼蒸 5 分钟至熟取出，再加入一层绿色米浆，再蒸 5 分钟，如此间隔反复蒸至第 8 层为止。

4. 将蒸熟的板蓝糕置通风处晾 30 分钟，使自然冷却后，放进保鲜柜内增加凉度，取出切成菱形小块，摆盘便成。

技术诀窍

1. 采用水磨的方法细磨糯米浆，制得的成品才够滑润爽口。

2. 掌握每层蒸制的时间及其成熟度，蒸不够易出现混层的现象，蒸得过头切形时易剥落。

品质标准

色泽绿白相间，层次分明，光滑洁亮，赏心悦目，椰香夹着特殊的板蓝香，诱人食欲，入口清爽，甜滑润喉，有清热、健脾、养胃的功效。

四十六、文昌按粑

文昌按粑又称"椰香粘软"，是海南地方风味小吃，出自著名侨乡、椰乡文昌市民间。用糯米粉加清水、生油搅和，揉搓成小团，用手按压成扁圆形，在滚水中煮熟，然后沾上碎粒状甜馅料便可吃用。

美食原料

糯米粉1 000克，生油25克，椰子1个，红糖300克，白芝麻仁50克，花生米100克，清水适量。

制作方法

1. 将干糯米粉堆放案板上开窝，加入适量清水拌匀，再加入生油，不断揉搓，使之柔韧有劲，再分成20等份，逐个揉成圆形，用手掌将其按压成扁圆状块件（坯体）待用。

2. 把椰子剥去外衣，破开硬壳，用特制椰子刨将椰肉刨出细粒椰蓉；花生米和白芝麻分别爆炒熟香，碾成粉末状。放入鲜椰蓉、红糖一起搅混和匀，便成馅料。

3. 热锅烧水至滚，放入坯体，用中火煮熟，捞起，逐个放馅料中沾上满满一层，随后便可进食或摆盘上席。

技术诀窍

1. 糯米团中加入生油和清水后要反复擦搓揉和。

2. 坯体要煮透，中途可介入少许的凉水，以防沾黏浑汤。

品质标准

香甜软糯，椰味十足，黏韧适中，制法简便，别具特色。

四十七、琼南伊府面

琼南伊府面是海南风味面食名品，最早出自海口老牌名店琼南酒家，曾以用料讲究、风味醇正而名噪一时，至今仍为海口市常见面条食品之一。

美食原料

精面粉500克，鸡蛋5个，枧水少许，鸡丝、鲜虾仁各50克，火腿丝、叉烧丝各20克，猪油75克，香麻油、精盐各适量，味精5克，上汤500克。

制作方法

1. 将精面粉和鸡蛋液、枧水等混合，同时再掺水适量一起揉成面团，再反复擀压，切出细丝状面条；将猪油置锅中烧至五成熟，放面条入油中慢火炸至刚熟，捞出压去油分即成"面饼"（每饼重约100克）。

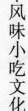

2. 鸡丝用蛋清、生粉、精盐腌制，加入几滴香麻油，用二汤将鸡丝滚至熟，捞起待用；将虾仁拉软油（油温四至五成热度），捞出控去油分。

3. 将上汤置锅中烧滚，放入面饼（约200克），调好味，慢火炒至收干时，加入猪油一拌匀，装盘（或碗）后加入鸡丝、虾仁、火腿丝、叉烧丝置面上即成。

技术诀窍

1. 全蛋和面时要求面坯质地均匀光滑有筋，和好的面团应放置片刻。

2. 控制面饼油炸时的温度及炸制的成熟度。

品质标准

色泽悦目，面身结实软滑，味道鲜嫩，营养丰富。

四十八、脆皮春卷

脆皮春卷是广东的特色风味名点。此点是以冷水面团制成的薄饼作皮（或以豆腐皮为皮），包以虾肉、韭黄、瘦肉和肥肉、鸡肉等原料制成的馅心，经过造型后，再以稀薄的脆浆糊经油炸熟而成的。脆皮春卷外观似"枕头"形，由于春卷裹上脆浆炸制，所以制品具有表皮酥脆、馅心软滑鲜香的风味特点，是茶肆和筵席中的常备点心品种。

美食原料

（以60个成品计料）面粉900克。生粉140克，面种125克，泡打粉15克，纯碱2.5克，瘦肉350克，肥肉150克，鸡肉100克，熟虾肉75克，生虾肉150克，湿冬菇50克，银芽300克，笋丝200克，味精10克，生抽、精盐各25克，白糖20克，二汤150克，叉烧50克，韭黄30克，胡椒粉1.5克，绍酒20克，花生油2750克（约耗500克）。

制作方法

1. 馅心调制：将猪瘦肉、肥肉、鸡肉、叉烧、冬菇均切成中粗丝；银芽洗净，用沸水焯过，冷却待用；韭黄洗净，沥干水分切段；将瘦肉丝、肥肉丝、鸡肉丝、虾仁上浆后，泡油；炒锅置于火上，将泡过油的物料加叉烧、冬菇、笋丝等一同下锅，加绍酒炒匀后，加入二汤及其他调味料烧沸，最后勾芡即可。待馅冷后加入银芽、韭黄拌匀即成为馅料。

2. 面团及春卷皮制作：面粉500克加精盐5克、清水400克一同调制成稀软有筋度的面团，静置1小时；将平锅置于火上烧热，将面团在平锅是轻揉后提起，待锅中面浆已干，边缘翘起即可揭起，将正面在锅中贴一下即成。

3. 脆浆糊的调制：取面粉400克、生粉100克、面种125克、生油175克、清水650克、盐5克、纯碱2.5克一同调成糊状，稍静置加入泡打粉调匀即可。

4. 上馅成形：取春卷皮一张，包入馅心30克，卷叠成枕头形即可。

5. 制品熟制：将生油倒入锅中，上火烧至约180℃时，把春卷蘸上脆浆糊下入油锅中，炸至色泽金黄即成。

技术诀窍

1. 制皮时平底锅不宜过热，擦油也不宜过多，以面浆既能粘在锅上马上变为白色、边缘马上翘起为好。

2. 制浆时应将面种用水捏溶后再与其他原料混合调制，要徐徐加入水，以防面粉生粒。要根据面种的老嫩程度来判定加入的碱量。如果碱不足则不松化；碱多则颜色焦黑。生油应在下碱后加入。

3. 炸制时油温不能过高或过低，要先用中上火后用中火，只有这样才能使制品色泽鲜明，而且质地松脆。油温过高会使制品上色过快；油温过低则影响制品成形。

4. 注意脆浆糊的调制。制品表皮过硬，炸制时易于松散，可适当加大泡打粉和油的用量或加大面粉的用量。泡打粉的量不宜过多，否则炸制时耗油及带苦味。

品质标准

色泽金黄，表面光滑膨松，口感酥脆鲜香。

四十九、豆腐花

"玳瑁应唯比，班犀定不加。天嫌未端正，满面与汝花。"从唐代陈黯这首《自咏豆花》诗可知，"豆花"至少已有一千多年的历史。

国内许多地方的豆腐花多以咸味为主，唯独两广和其他少数地区为甜食。不少北方人初到南宁来，对此深感惊讶，认为这"可能是广西糖多的缘故！"一旦久居，也跟本地人一样左一碗、右一碗照喝不误。之所以说是"喝"而不是"吃"，那是因为豆花一旦入口，便会自然滑入腹中。中医认为豆花"其味甘、性凉、益气和中，生津润燥，清热解毒"。特别是南方的夏天，酷热难熬，喝一碗清甜柔嫩的豆花，真是最惬意不过的事了。

广西豆花之优要数"山水甲天下"的桂林了，这里不仅水质好，而且所用甜味剂为当地产的桂花糖浆，其豆花入口甜凉，气味别具清新。

美食原料

（以 150 碗计料）一级黄豆 5000 克，熟石膏粉 200 克，油脚 50 克，黄糖浆 4000 克。

制作方法

1. 黄豆浸泡 10 小时至膨胀，捞出加水 10 千克，用自动分离磨浆机磨成豆浆。

2. 在锅内添水 15 千克烧沸，冲入豆浆，加油脚，轻搅动，待再沸后熄火，撇去浮沫，舀入瓦缸。

3. 将石膏粉兑水 300 克，分次点入热浆里，用木勺轻轻搅动，见起花（凝固现象）即用多层白布包着的木盖盖严。静置 10 分钟，见浆完全凝固，用漏勺轻压，除去部分水，即成豆腐花。

4. 用特制浅薄铜勺一面撇水，一面一片片地舀豆花入碗，每碗约 220 克，淋糖浆约 27 克即可食用。

技术诀窍

1. 选用豆粒饱满光亮的新鲜黄豆，弃去干瘪豆和次豆。

2. 泡豆与气温相关，注意不要浸泡过度，否则会反生失浆。

3. 豆浆与石膏比例要准确，过少不成花，过多则老化。

品质标准

色白质嫩，细滑无比，淋以糖浆，有蔗汁的香甜味，清润解渴，经济实惠。

第六节　西南地区风味小吃

西南，狭义的地域是指四川、云南、贵州三省，广义的说法还包括西藏、广西两地及湖南、湖北的部分地区。古代的西南，历来只是一个史名难觅的"荒服"殊域。上至《史记》的作者司马迁，下讫清代乾嘉众学派的名家泰斗，无不在其史书上将西南视为"蛮夷"。《尚书·牧誓》就有"庸、蜀、羌、髳、微、卢、彭、濮，皆西南夷"的记载。东汉班固《汉书·叙传》则谓："西南外夷，别种殊域。"宋范成大《桂海虞衡志》亦云："南方曰蛮，亦曰西南番。今郡县之外，羁縻州洞，故皆蛮地。"此外，诸如"镇南"、"南宁"、"平夷"之类的称呼在西南各地更是不胜枚举。

古代的西南是封闭的。从政治角度看，西南是远离中原的疆域，由于种种原因，长期与中原保持着不是治外和羁縻，就是教化与被教化的关系。从地理上看，西南北面的秦岭和大巴山脉的阻隔，缓和了汉文化的西南推进；东面巫山及沅水、乌江等重重障碍，削弱了强大的楚文化的西南冲击；南岭和武夷山脉拉开了西南与东南文化的距离；分布在这一地区的南北流向的数条大江河，虽沟通了本地区的内部联系，但却成为分隔本土与境外诸多地区的自然界限。因此，长期以来，在这里发生的所有文化现象，自然就成为人们知之甚少的"异类"文化，最多也只是封闭式象征的充满"图腾崇拜"神奇色彩的"山地文化"。

饮食，是生存的第一要素，其在这一地区发生的所有饮食事象——西南饮食文化，是西南经济文化的重要组成部分。基于历史的原因，对于这里的食文化缺乏史载和翔实的探究及考释，但自古至今，这一多民族聚居区的食源、食性、食涵、食俗、食风等所有食事，对整个中华民族文明的影响都是亘古遂深和日久旷远的。上述"山地文化"的相对封闭特性与多向交流的作用，正是影响西南食文化共性和个性形成的主要原因。西南小吃是西南食文化共性和个性的集中表现。受特定的地理、气候、物产、民族、宗教、文化的地域影响，这一地区古朴无华、食风奇异、民族气息淳厚、乡土韵味十足的西南小吃文化个性十分突出。

本章汇集四川、云南、贵州三省区的几十款特色小吃，是西南古老与现代饮食文化内涵的具体体现。该地区小吃的典型特征可以概括为"五食"、"三味"、"二性"。"五食"包括少数民族之食、粉食、饭粥之食、节庆与祭祀之食和茶食五类特色小吃；"三味"即辣、酸、鲜 3 种典型地方口味；"二性"是指这一地区小吃原料的广食性和小吃品种的变异性。西南地区的小吃特色可以概括为以下 7 点。

（一）少数民族饮食个性鲜明

全国有 55 个少数民族，西南地区就占了 30 多个。本节介绍的小吃中有近 70% 为少数民族的特色品种，如壮族的五色糯米饭、侗族的侗果、瑶族的大年粽、苗族的酸面汤、彝族的荞酥、白族的乳扇、傣族的香竹烤饭、仡佬族的灰团粑、藏族的糌粑等。这些小吃选料独特，制作工艺传统，品种包罗万象，并含有浓厚的民族食风色彩。从用料、加工、调配、熟制到食用方式，都融汇和饱含了 30 多个少数民族在食习、风俗、信仰、文化、经济、地域属性等方面鲜明的民族特色和丰富的文化个性。

（二）粉食占有突出地位

粉食，广义是指将稻、麦、黍、薯、菽等粮食加工成粉、浆或泥状后进行熟制或干制而成的非粒状食品，包括各种米粉、粉丝、糕、糍粑、饼食、汤圆、包子、馒头、面条、馄饨、饺子等；狭义是指用各种粮食制成的湿状或干状的米粉或粉丝食品，名气较大的如四川的川北凉粉、云南的过桥米线、贵州的花溪牛肉粉等。

这些粉食从原料看，以粳米或籼米为主，次有红薯、木薯、莲藕、高粱、黄粟之类的杂粮，辅以少量糯米、玉米、豆类、麦类等；佐食料以猪、牛、羊、鸡和部分水产肉类为主，兼用一些时蔬、笋、菌、菇、耳等；调料除油、盐、味精、酱油、醋、酒、姜、葱、蒜外，还使用具有浓厚地方风味的食酱，如黄皮酱、辣椒酱、腐乳酱、豆瓣酱、糍粑辣椒酱、海鲜酱、番茄酱、芝麻酱、花生酱、八珍酱等，并频繁使用芫荽、假蒌、八角、桂皮、豆蔻、丁香等香料和香菜增味提香，以此突出地方口味特色。从制作工艺看，西南地区的粉食主要有3类，一是以米磨浆，经摊浆蒸制成熟后切条、切块或卷包，分别叫扁粉、块粉和卷粉（又称肠粉）；二是将米加工成粉剂，以水调成粉团后成型，再经熟制（煮或蒸）而成的米粉，按形状分有圆粉、扁粉、粉丝、粉条、粉利、粉虫等品种，前3种有干湿两类之分；三是用一部分熟浆粉与另一部分生粉混合制作的生熟粉，以粉条多见。粉食，形式上干、湿、热、凉皆有，食法有蒸、煮、炒、焖等多种，口味鲜、辣、酸、咸、甜五味俱全。

自古以来西南就以稻米为主食，得天独厚的自然条件，造就了丰富的物产，原辅调料因此纷繁芜杂，加上独具地方特色的制作工艺的相互组合，形成了丰富多彩的西南粉食内容和特色的粉食文化。

（三）节庆与祭祀之食的厚重色彩

节日庆典和祭祀之食，在西南的饮食内容中占有不可忽视的位置，其对西南小吃的内涵组成、饮食风格、地方特色的形成及其发展产生重要的影响。在西南地区小吃中，这类食品的种类占有近30%的比例，其中以糕类、糍粑、米粽、饼食、汤圆和肉类小吃较为突出。如节日之食有瑶家大粽、紫米四喜汤圆、布依族灰水粽粑、白族大面糕、铜仁社饭、清明粑、壮乡五色饭、傣族油炸麻脆、纳西族麻补、仡佬族灰团粑、侗族侗果等。其中，肉类、粽粑、年糕、糍、饼类的大部分既是节日之食，同时又是祭祀的供品。如年糕是春节的食品，但几乎无一例外地作为祭神拜祖之物。又如"坨坨肉"是彝族人常常用来招待宾客的佳肴，但这种当着客人的面将牛或羊活活打毙（又称为"打牛"或"打羊"）而制得的肉食，同时却是"火把节"祭祀必不可少的供品。

节食和祭食的来源与农业发展、自然现象、图腾崇拜、宗教、民族、政治、历史、文化等因素有关。概括影响节、祭之食内涵的因素主要有三：一是民间传统节日、婚丧嫁娶和人生礼仪等民俗活动；二是原始宗教的迷信活动；三是宗教的影响。

（四）饭食与粥食的传统特色

粥食和饭食是西南地区各民族主食的两种重要形式。它们以小吃的形式出现，并在众多小吃中占有不小的比例，说明其已非一般的主食，而是在色、香、味、型、质上作了适性的调整、改变和提升。其中，饭食在以大米、糯米为主料的基础上，大都通过添加不同的辅料和调料来体现饭食种类的丰富多彩。在烹制方法上以煮、蒸、焖、炒等多见。这些饭食以糯米、粳米或籼米作饭基，加入荤料、素料或荤素混合料佐配，用各种调料进行调味、调香和调色，有的还作相应的造型装饰，品种具有变幻无穷的特点。

从种类看，粥品是稻食中仅次于粉食的大宗粒食之一，种类十分丰富。三省区中仅四川粗略统计，市面流行的粥食就不下百种。粥品小吃的一个共同特点是营养特性突出，口味以鲜为主，加入辛香料和香菜提香，品种应时随季而调，并有大量的药膳粥。粥品的丰富和流行，是因为市场迎合了消费者对小吃的经济、实惠、方便、适口和求变的饮食心理要求，并不断进行改良和创新的结果。

（五）茶食的少数民族特色

西南各族自古就有尚茶之俗，因而茶食乃是这一地区的日常饮食。本书录入的多款茶食，如侗乡"油茶"、苗族"打油茶"、大理白族"三道茶"、藏族"酥油茶"、佤族"苦茶"、仡佬族"香油茶"、怒族和傈僳族"漆油茶"等，能在一定程度上反映出三省区各民族的茶食文化面貌。

西南茶食的主要特点有五：一是所用茶叶以本地产的绿茶为多，茶的种类可应时而变，随地区和民族的不同而有所差异。二是制作方法和茶器大有考究。三是茶的佐食料是突出茶食特色的一大因素。如常加入的食料有炒货类的花生、芝麻、瓜子、核桃仁、黄豆、米花等，甜香酥类的糯米饭、粑粑、干粉卷、粉皮、芝麻饼、蜜饯、麻糖杆、酥饼、油果等，肉类有瘦肉、肉丝、炸肠子、猪肝、粉肠、炸虾子等。四是以油、盐、糖、辣椒、姜、葱、蒜、韭菜、花椒叶、藤叶、苦笋等调料，使茶食呈香、脆、酥、烟、辣、咸、甜、苦、涩等多种口味。五是茶食的食用仪俗有休闲特性，并蕴涵鲜明的民族性格和少数民族同胞的深厚情谊。

（六）"三味"的典型地方风格

西南地区小吃的口味是复杂的，辣、酸、鲜、咸、甜、麻、苦及其各种复合味应有尽有，其中以辣、酸、鲜三味最为突出。该地区的36个少数民族中就有近20个民族的饮食日不离酸辣。如侗族有"三天不吃酸，头晕打转转"的民谣，侗人甚至连祭祀都用酸品，其社祭的"三酸祭"就是典型的一例。其余的民族虽不嗜酸好辣成习，但平日的餐食中亦不避酸辣。从口味看，西南辣酸是一种复合味，酸辣中有咸、甜、鲜、香中的一种或几种味相和。就辣而言，有加鲜椒与干椒的火辣、花椒的麻辣、葱姜蒜的辛辣、酸椒与糟椒的酸辣、调酸甜后的甜酸辣、调香调味后的香辣和咸辣等。就酸而言，主要有果酸、醋酸、发酵酸、香酸、甜酸、辣酸等多种。在大多数情况下，西南地区的酸与辣常常是相成一体的，故往往两味合一。

西南民族嗜酸好辣的饮食习性，与本地区的气候、物产、生活习惯、经济发展等因素有关。一是这里的地理环境适应辛辣作物的生长，像牛角椒、朝天椒、鸡爪椒、皱皮椒、灯笼椒、五彩椒、花椒等随处可植，制辣原料十分丰富。二是西南地区酿醋的历史与酿酒一样久远。黔、桂、滇几千年前就开始酿酒，尤其是茅台酒的故乡贵州，自古就是我国产酒的源地，醋是酒进一步发酵氧化的产物，可以想象醋的产量之大，醋的大量生产为本地区嗜酸创造了条件。三是嗜好酸辣与三省区地处亚热带的高温高湿的气候环境密切相关。酸辣有刺激食欲、生津止渴、开胃消食、解困提神、杀菌防腐、除腥去膻等作用。生活在这一多湿瘴热的地带，汗蒸发量大，易疲劳困顿，饮食中调以酸辣，可解困提神和防瘴防病。再有，山区杂粮类淀粉主食量大，酸能水解淀粉，使之变成容易消化吸收的低聚糖和单糖。因此，多食用酸既可生津止渴，又可帮助消化。此外，还有习惯的原因，嗜好酸辣代代相传。

另外，凡食求鲜也是三省区民族风味小吃的一大风格。分析其饭、粥、粉食、汤品、茶食、糕点、糍粑、米粽、饼食、汤圆、面食等各类小吃，会发现诸食从选料、加工、调味到熟制，无不体现对鲜味的追求。所用稻米、杂粮、蔬果、禽畜水产肉类，皆讲究时鲜，多用姜、葱、蒜、芫荽等辛香料提香助鲜，并频繁使用含有大量氨基酸和蛋白质的鲜鱼、鲜肉、笋、菇、耳、菌和鲜豆芽等料强化鲜味，这在粥食、汤品和粉食中尤为突出。制作工艺以能较大限度地保鲜的煮、蒸法为多，烤、炸、烙、烧等易失鲜的烹法较少。西南小吃的鲜味特征与当地的"山地饮食文化"特性密切相关。地处大山丘陵，到处充满生机，生息在这一封闭的环境里，食必求鲜的饮食心理也是适应大自然的一种平衡需求。

（七）"二性"的区域特征

食物原料的广选性和小吃品种的变异性也是西南地区小吃的一个基本特征。在原料上，凡是该地区出产的可食之物，几乎无所不吃。动物食料中，畜、禽、水产、兽、蛙、鼠、蛇、蝉、虫、蚁、蝗、蛛、蚓、蝶、蛹、卵等概可入馔。如傣族有炒蚂蚁卵、蚂蚁酱、大蛐蛐酱、蝉蚱、竹虫、田鳖、蜘蛛，仡佬族的吃虫节有油炸蝗虫、酸蚂蚱、甜炒蝶蛹、蚜米泥鳅等。

西南小吃的广选性同样在植物性食物中表现出来。主食以稻米为主，玉米、红薯、木薯、麦、粟、芋头、豆等为次。蔬果除栽培品种外，野生类占有一定比例。如笋、荪、耳、菇、菌等山货和野菜、野藤及葛根、山药等根实的食用较多，桂皮、八角、茴香、豆蔻、茱萸、香草、草果、丁香、甘草、猴头、黄花等香料香菜的使用也比较频繁。直接食用野菜或在小吃中掺入野菜的例子不少，如嫩芭蕉叶、棕树嫩蕾和石上青苔，常常成为傣族同胞的桌上鲜，苗族用栎木果做成豆腐，黎族和京族以桄榔树淀粉作面糕，贵阳清明粑中加入"鼠曲草"，哈尼族的油炸麻脆中加入山豆根。侗果中加入甜藤汁等。在这里，植物性食料的广选范围比动物原料有更宽的天地，因为西南地区作为世界生物基因库而具有丰富和优越的食物资源的缘故。

西南地区小吃品种的变异性表现在原料交叠组合、工艺更变、调味出新和品种多异等几方面。在原料使用方面，主料变化不多，但是辅料与调料的更迭交错和多向组合，使品种变化无穷。在工艺方面，小吃历来做有章法，变无规矩，厨师按照人们的尚食习惯和自身经验随心所欲地制作，这也正是小吃能应时随季、因地因人而更的原因所在。

三省区小吃的变异性还体现在一个"异"字，异有与众不同和怪异之意，主要表现在用料、口味、色彩、外形包装、食俗等方面与其他地区有很大的差异。特别是饮食中融入许多山地民族的礼仪、禁忌、迷信和风俗的厚重色彩。如佤族人用"老鼠稀饭"、"酸臭牛肉"、"牛屎肠"来招待贵宾的旧习，简直有点不可思议。但这正是西南民族小吃的区域个性和风格所在，对此前面已有所述。

总而言之，西南地方小吃的变化和特异，不仅仅是经营者为适应消费者求味、求新、求异、求趣、求悦需求的结果，还有本民族在生活习惯、习俗、信仰、文化、经济、对外交流等诸多因素的共同作用。

一、川北凉粉

在四川，凉粉是一种极普遍的小吃，通常分为两种，一种是黄色的黄凉粉，一种是透明无色的白凉粉，两种凉粉风味迥异。前者滋味浓厚，后者则大多清爽滑嫩，黄、白凉粉各有好食者。但总的来讲，偏爱白凉粉的人居多。白凉粉中出名品种甚多，像成都的张老五凉粉、新都驼子凉粉、广汉黑风洞凉粉，以及各地的诸如王凉粉、李凉粉之类。无论到四川哪一个地方，都可以吃到色味绝佳的白凉粉。

川北凉粉自清末问世以来，以其独具红辣味醇、鲜香爽口的川味风格饮誉巴蜀，流传至今。原南充县农民陈洪顺悉心研究凉粉制作工艺，他选用新鲜白豌豆用小磨磨细，十分讲究搅制火候，所做凉粉质细柔嫩，筋力绵软，明而不透，细而不断，调料配味，更具匠心。不久，陈凉粉便名扬川北一带，"川北凉粉"的名声也不胫而走。至今南充市和成渝等地的一些凉粉店都仍以"川北凉粉"为招牌，生意兴隆，火暴不衰。

美食原料

白豌豆 1 000 克，红油 150 克，辣椒面、酱油各 50 克，盐 8 克，陈醋、冰糖各 10 克，味精 5 克，大蒜 30 克。

川北凉粉

制作方法

1. 将白豌豆去壳，用水浸泡后，磨成细浆，然后过滤去渣，沉淀脱水后即成豆粉。

2. 锅洗净，加清水烧开。下水豆粉搅匀，不停地用力搅动，约 20 分钟后，挑起牵丝，即表明已基本成熟。挑起挂牌，并见锅中间起小泡，则熟。此时立即舀入瓦钵内，冷却后即成凉粉。

3. 将辣椒面中加入酱油、冰糖等制成复制红酱油。

4. 制好的凉粉切成薄片或用旋刀旋成圆粗丝，装入碗内，分别加盐、蒜泥、复制红酱油、陈醋、味精，淋上红油即成。

技术诀窍

原料要精选，制粉比例要掌握好。

品质标准

香辣浓郁，细嫩鲜美。

二、龙抄手

龙抄手皮薄馅嫩，爽滑鲜香，汤浓色白，为蓉城小吃的佼佼者。龙抄手的得名并非老板姓龙，而是创办人张武光与好友等 3 个伙计在当时的"浓花茶园"商议开抄手店之事，在切磋店名时，借用"浓花茶园"的"浓"字，以谐音字"龙"为名号（四川方言"浓"与"龙"同音），也寓有"龙腾虎跃"、"吉祥"、"生意兴隆"之意。"抄手"是四川人对馄饨的特殊叫法，抄手的得名，大概是因为包制时要将面皮的两头抄拢，故而得名。

由于经营有道，广采众家之长，并精心作馅制汤，随即扬名蓉城，至今不衰。龙抄手为适应时令与顾客需要，有原汤、红油、清汤、海味、鸡汤和酸辣等品种。"龙抄手餐厅"位于成都市春熙路南段。

美食原料

抄手皮 100 张，猪肥瘦肉 500 克，生姜 10 克，清水 450 克，鸡蛋 50 克，胡椒粉 2 克，麻油 15 克，精盐 40 克，味精、料酒各 5 克。

制作方法

1. 制馅：猪肉按肥三瘦七的比例用刀背捶蓉去筋，加盐 25 克，生姜水分 3 次加完。用力搅动至水分被肉吸收后再加鸡蛋、胡椒粉、料酒、麻油、味精，继续搅动至呈稠浆状即代水打馅。

2. 包馅成形：取抄手皮一张，用竹筷一根将馅置放皮正中，对叠成三角形，再将左右两角尖向中折叠黏合（黏合处抹少许馅糊），成菱角形即为抄手生坯。

3. 定底味：将精盐 15 克、胡椒粉 1 克、味精 3 克均匀分在 10 个碗内，每碗加适量原汤。

4. 煮制：用旺火沸水煮制抄手。生抄手入锅后立即轻轻推转，以防粘连。待水再沸时加少量冷水，煮至皮起皱纹即熟。最后用漏瓢错出，倒入已定好味的碗中即成。

技术诀窍

1. 抄手馅一定要捶蓉，去筋，剁细。

2. 煮抄手时水要宽，但不能沸腾过烈以免皮烂。

品质标准

中华风味小吃文化典故

味咸鲜而清香，色洁白而素雅，形饱满似菱角，皮馅嫩而爽口。

三、麻婆豆腐

麻婆豆腐始创于清朝同治元年（1862），开创于成都外北万福桥边，原名"陈兴盛饭铺"。店主陈春富早殁，小饭店便由老板娘经营，女老板面上微麻，人称"陈麻婆"，当年的万福桥是一道横跨府河，不长却相当宽的木桥。两旁是高栏杆，上面是抓鱼，绘有金碧彩画的桥亭，桥上常有贩夫走卒、推车抬轿、下苦力之人在此歇脚、打尖。光顾"陈兴盛饭铺"的主要是挑油的脚夫。这些人经常是买点豆腐、牛肉，再从油篓子里舀些菜油要求老板娘代为加工。日子一长，陈氏对烹制豆腐有了一套独特的烹饪技巧，她所烹制的豆腐色味俱全，不同凡响，深得人们喜爱，陈氏所烹豆腐由此扬名。求食者趋之若鹜，清末就有诗为证："麻婆陈氏尚传名，豆腐烘来味最精。万福桥边帘影动，合沽春酒醉先生。"文人骚客常会于此，有好事者观其老板娘面上麻痕便戏之为"陈麻婆豆腐"。此言不胫而走遂为美谈。饭铺因此冠名为"陈麻婆豆腐"。据《成都通览》记载，陈麻婆豆腐在清朝末年便被列为成都著名食品。由于陈麻婆豆腐历代传人的不断努力，陈麻婆川菜馆虽距今已近150年，但盛名长盛不衰，并扬名海内外，深得国内外美食者好评。

麻婆豆腐选料十分讲究，豆腐要用细墩清香的"石膏豆腐"，辣椒要用"红辣椒"，花椒要用又香又麻的"背子椒"。牛肉要用净瘦肉。成菜后具有麻辣、香嫩、鲜香等特点，色泽红亮，豆腐嫩而有光泽，红黄色的碎牛肉末附在豆腐上，表面浮起一层红油，达到了色、香、味俱全的境界，是一款展现川菜麻辣风味的地方特色菜。

美食原料

石膏豆腐200克，净牛肉75克，菜籽油75克，郫县豆瓣酱、豆豉、蒜苗各15克，辣椒粉5克，花椒粉1.5克，酱油10克，精盐3克，味精1克，水淀粉25克，鲜汤150克。

制作方法

1. 豆腐切成1厘米见方小块，放在清水锅内加盐煮沸后捞出，放在冷水盆内浸泡去掉涩味。牛肉、郫县豆瓣和豆豉分别剁细，蒜苗切成2厘米长的段。

2. 炒锅置中火上，倒油烧热，放牛肉末，炒至变色，加盐、豆豉、辣椒粉、豆瓣、酱油再炒数下，掺鲜汤，下豆腐烧3~5分钟后，用水豆粉勾芡，放入蒜苗，淋上香油、味精、花椒粉，起锅即成。

技术诀窍

1. 豆腐要先用开水煮一次，去掉部分涩味。

2. 烧豆腐时要用小火慢烧才入味。

品质标准

色泽红亮，豆腐细嫩，牛肉鲜香，麻辣味浓。

四、夫妻肺片

早在清朝末年，成都街头巷尾便有许多挑担、提篮叫卖凉拌肺片的小贩。牛杂碎边角料特别是牛肺成本低，经精加工、卤煮后，切成片，佐以酱油、红油、辣椒、花椒面、芝麻面等拌食，风味别致，价廉物美，特别受到黄包车夫、脚夫和穷苦学生们的喜爱。20世纪30年代，在四川成都少城长顺街一带摆摊的郭朝华、张佃政夫妇，因其制作的凉拌肺片金红发亮、麻辣鲜香、风味独特，加之夫妻配合默契、和谐，更是给小摊带来生趣，一时顾客云集，小生意做得很是红火，顾客遂赠以"夫妻肺片"的美称。名声一大，经营亦随之扩大，即开始设店销售，牛舌、牛心、牛肚、牛头皮和牛肉代替牛肺。经过精心加工的心舌淡红，牛肚白嫩，头皮鲜亮，牛肉殷红，杂然拼摆，色彩斑斓，再以红油、酱油、香油、花椒粉、芝麻面、碎花生米等精美佐料相拌合，香味扑面而来，麻辣鲜香、油润爽口，一时声名远播。

美食原料

牛肉2500克，牛舌1个，牛心2个，牛头皮、牛肚各1000克，牛百叶2000克，芹菜1000克，花生仁250克，芝麻仁150克，大蒜100克，八角10克，肉桂15克，花椒25克，硝少许，食盐250克，醪糟汁150毫升，红腐乳汁100克，胡椒粉25克，酱油500毫升，味精10轴克，红油50毫升，豆豉50克，花椒粉150克。

制作方法

1. 将牛肉洗净血水，切成250克重的大块，用硝水100毫升（浓度0.5%）、食盐100克、花椒粉50克、八角10克、肉桂15克腌渍后。入煮锅加清水（淹没过肉块为准）煮沸，加入盐、香料袋（内装花椒25克、八角10克、肉桂15克）、醪糟汁、红腐乳汁、大蒜，改为中火（保持锅中小开）煮至肉酥，捞起。将煮肉的卤汁加酱油、胡椒粉、味精等调味料即成卤汁。

2. 将牛头皮燎去毛，加入沸水中煮烫 10 分钟，捞起刮去外层角质皮备用；将牛心用刀剖开，用清水冲洗净血污备用；牛舌洗净后，入沸水中煮一会儿，刮去外层粗皮备用；牛百叶洗净后用沸水煮熟备用。

3. 将处理好的牛心、牛舌、牛头皮、牛肚放入卤汁中煮至熟烂捞出备用。花生仁和芝麻仁分别炒熟，碾成小粒和粉状。

4. 把豆豉、酱油入锅煮（加少许水），倒入卤中。将卤煮好的牛肉、杂碎等物改刀，分别装盘，配上芹菜丝、淋上卤汁与各种调料，撒下花生、芝麻调匀即成。

技术诀窍

1. 所用的主要原料一定要煮软。

2. 红油要辣、花椒要麻。

品质标准

麻辣鲜香，细嫩化渣。

五、钟水饺

水饺为全国大众化的面食之一，北方人尤为钟爱，逢年过节常以水饺待客，食时佐以生蒜，欢快至极。据传 1893 年一位名叫钟燮生的小贩，在成都荔枝巷设小店经营水饺，因其选料精，调味妙，而受顾客喜爱，于是人们将之称为"钟水饺"。更特别的是，吃水饺重用红油，所以"荔枝巷红油水饺"之名也不胫而走。钟水饺与北方饺子的区别在于皮薄，饺子形扁，而重在调味。"钟水饺店"现位于成都市提督街。

美食原料

面粉 250 克，猪后腿肉 250 克，生姜、葱 25 各克，花椒 1 克，鸡蛋 1 个，酱油 100 克，红油辣椒 75 克，精盐、味精各 2 克，蒜泥 50 克，胡椒粉 1 克。

制作方法

1. 制馅：生姜拍松，葱挽结，用清水 100 克加花椒一同浸泡。猪肉用刀背捶蓉、去筋、剁细，置盆内加姜、葱、花椒浸泡水少许，继续搅拌，分数次加入，直到成稠浆状即成馅。

2. 制皮：面粉 220 克置案板上，加清水 100 克与面粉调拌均匀，揉熟成团。放置 10 分钟后再将之搓成直径约 3 厘米的粗圆条，用刀切成 6 克左右重的剂子 50

个，把剂子立置案板上，用手压扁，撒扑粉，用小擀面杖擀成直径为 5 厘米左右的圆皮即成。

3. 包馅成形：取皮一张，把馅放于皮中央，对叠成半月形，用力捏合边口，即为生饺坯子。

4. 煮饺子与调味：用旺火沸水煮饺。生饺入锅立即用勺推转，以防粘锅。水沸后加少量冷水，以免饺皮破裂。待饺皮起皱发亮即熟。用漏瓢捞出熟饺，放入 5 个碗内，淋上事先兑好的红油调料即成。

技术诀窍

1. 擀面皮时要求厚薄均匀，中间略厚，边沿略薄。

2. 制馅心时葱、姜、花椒水不能加得过急，应分几次加入，不能加得太多。

品质标准

皮薄馅墩，咸甜微辣，鲜香爽滑。

六、担担面

担担面为全国名面食之一，是四川的独特风味。它是由经营者挑着担子沿街吆喝叫卖的一种面食。一向荤素兼有，既有面条，又有"抄手"。标准的面担，是用硬木制作的，担的一头是操作台兼"储藏室"，放有面条、抄手皮、肉馅、蔬菜及各种调料。另一头是"灶披间"、小风箱，可现场煮面。川味面食中有名的"素面"、"素椒杂酱面"、"清汤杂酱面"、"红汤面"、"酸辣面"等，都可以在这副面担上做出来。此面现做现吃，锅沸面滑，调料齐全，经济方便。现在，成都市提督街有售。

美食原料

面条 500 克，猪肥瘦肉 200 克，豌豆尖 40 克，宜宾芽菜、红油辣椒各 25 克，化猪油 20 克，酱油 50 克，精盐 1 克，味精 1.5 克，料酒、食醋各 15 克，葱花 50 克。

制作方法

1. 制面臊子：猪肥瘦肉洗净，剁成碎米颗粒状，用化猪油将剁碎的肉粒炒散，加入料酒、精盐、酱油各适量，炒至微微吐油，酥香起锅，盛于碗内即成面臊子。

2. 定底味：用酱油、醋、味精、红油辣椒、芽菜末、葱花调好味分装于碗内，再每只碗内加入适量鲜汤即可。

3. 煮面：锅置旺火上加入水，待水沸后放入豌豆尖，煮至断生捞出放碗内；再将面条放入汤锅，煮至面条无硬心且不粘筷子时，捞入调料碗中，最后将面臊子分别舀在面条上即成。

技术诀窍

1. 面臊子要将水分炒干，微微吐油，酥香色黄。

2. 碗底调料醋不宜多，每碗可放少量熟化猪油。

品质标准

面臊酥香，滑嫩爽口，咸鲜微辣，香味浓郁。

七、三大炮

三大炮又称红糖糍粑，是四川有名的风味小吃。"三大炮"最初的出售形式是将一个大锅的糍粑放在炉子上保温，每来一客，由主人用手挑一些油脂在手心内抹擦，然后用手去扯糍粑，按每份将糍粑分成三大坨，丢入中间一个抹了油的方盘内，中间留出抹了油的"通道"，两边堆放6个黄铜食盘，糍粑经"通道"将黄铜食盘震得发出声音，同时也将方盘震得发空响，声若放炮。这种声响效果称乓、乓、乓"三大炮"，最后滑入一个大簸箕内，里面装了打磨成粉的黄豆粉。糍粑丢进去后裹上黄色黄豆粉，最后将3个"穿了衣"的糍粑放入盘内，浇上红糖汁，即完成"三大炮"的全部过程。

美食原料

糯米1 000克，红糖150克，芝麻50克，黄豆250克。

制作方法

1. 将糯米洗净，浸泡12小时，再淘洗后，倒入蒸笼中，用大火蒸熟。中途洒1~2次水，再蒸后翻出倒在木桶内，掺开水适量，用盖盖上。待水分进入米内，用蒿木棒舂成蓉，即成糍粑坯料。

2. 将红糖放入清水300克中，熬开成糖汁；把芝麻、黄豆分别炒熟，磨成细粉。

3. 将糍粑坯料分成10份，再把每份分成3坨，即用手分3次，连续甩向木盘，发出"乓、乓、乓"的声音而弹入装有黄豆面的簸箕内，使每坨都均匀地裹上黄豆面，装盘后再淋上糖汁，撒上芝麻面即成。

技术诀窍

关键在于掌握声响效果。

品质标准

糯米软糯，香甜可口。

八、赖汤圆

赖汤圆迄今已有百年历史。老板赖源鑫从 1894 年起就在成都沿街煮卖汤圆，他制作的汤圆煮时不烂皮、不露馅、不浑汤，吃时不粘筷、不粘牙、不腻口，滋润香甜，爽滑软糯，成为成都最负盛名的小吃。现在的赖汤圆，保持了老字号名优小吃的质量，其色滑洁白，皮粑绵糯，甜香油重，营养丰富。

20 世纪 50 五十年代，赖汤圆经改造成为国有饮食门店，继承了传统的制作工艺，生意更旺，蜚声海内外。为了满足更多的消费者品尝赖汤圆的愿望，赖汤圆特成立了汤圆心子加工坊，专门生产赖汤圆心子供应国内市场。1988 年，赖汤圆心子参加中华人民共和国商业部优质产品评选，获商业部颁发的"金鼎奖"，并荣获了天府食品博览会金奖。"赖"字牌商标被四川省人民政府评为"著名商标"，企业被成都市人民政府授予了"市级先进企业"称号。

美食原料

糯米 500 克，籼米 75 克，白糖 200 克，化猪油 175 克，黑芝麻 50 克，冰糖 100 克，橘皮 20 克，花生仁、核桃仁碎末各 30 克，面粉 50 克。

制作方法

1. 制粉浆：糯米、籼米一起淘洗干净，用清水浸泡 2 天（夏季浸泡时间可稍短一些，冬季浸泡时间可稍长些）。每天换水 2~3 次，以免发酸。磨浆前，再用清水淘洗至水色清亮，然后用石磨将浸泡后的米磨成细粉浆。再将粉浆装入布袋内吊干即为吊浆粉子。

2. 制馅：黑芝麻淘洗干净，去掉杂质、空壳，用小火炒出香味，压成粗粉加入面粉、白糖、打碎的冰糖粉、切碎的桔皮、花生仁和核桃仁碎末，再加入化开的猪油，和匀后搓揉均匀，放置案板上用滚筒压紧，切成 1.2 厘米的立方块约 50 个，即成馅心。

3. 包馅成型：吊浆粉子加入适量清水揉匀，即为皮坯。按 50 克 4 个皮坯来分，每个皮坯包入一个馅心，捏拢封口，搓圆即可。

4. 煮制：用旺火沸水煮制，待汤圆浮起，立即加入冷水，保持水沸而不腾，汤圆煮至翻滚两次后即熟，捞出装碗即可食用。

技术诀窍

1. 包汤圆时不能久搓，以免内部产生气体，煮时破裂、露馅。

2. 炒芝麻时要用小火，随时翻动，炒出香味后即刻断火，否则馅心有一定苦味。

3. 煮汤圆时水一定要宽，注意沸而不腾，以防破裂。

品质标准

不烂皮、不露馅、不浑汤，吃时不粘筷、不粘牙、不腻口，滋润香甜，爽滑软糯。

九、韩包子

韩包子是成都的风味名小吃，创办人韩文华于 20 世纪 20 年代开业于南打金街。饭店的前身为玉隆园，开业于 1914 年，以制售南虾包子著称。韩文华接手后在包子的做法上精心探索、实践，创制出"南虾包子"、"火腿包子"、"鲜肉包子"等品种，在成都饮食界一炮打响，名声不胫而走。后来，韩文华干脆专营包子，并将其店名更换为"韩包子"，生意越做越红火。从新中国成立前至今，韩包子在成都、四川乃至全国，一直享有经久不衰的声誉。一位外地游客曾在留言簿上写道："北有狗不理，南有韩包子，韩包子物美价更廉。"著名书法家徐无闻先生生前撰写对联一副盛赞韩包子："韩包子无人不喜，非一般馅美汤鲜，知他怎做？成都味有此方全，真落得香回口畅，赚我频来。"此联形象地描绘出韩包子的特色和它在成都名小吃中的地位，以及食客在品尝时的欢悦心情。

美食原料

面粉 500 克，半肥猪肉 150 克，鲜虾仁 50 克，酵母面 50 克，白糖 25 克，化猪油 15 克，酱油 10 克，胡椒粉、味精各 2 克，小苏打、精盐各 5 克。

制作方法

1. 将面粉加水与酵母面和匀，发酵后加白糖、化猪油、小苏打揉匀，放 20 分钟，和成面团待用。

2. 将半肥猪肉剁细、虾仁剁碎后加入白糖、酱油、胡椒粉、味精、盐拌匀成馅。

3. 将醒发的面团搓成条，下成每个 25 克重的剂子，压成圆皮。分别包入馅心，提花收口入笼蒸 15 分钟即可。

技术诀窍

1. 酵面里要加些白糖和猪化油才显松泡。

2. 由于馅心易散，包制较困难，最好将制好的馅心晾冷后使用。

品质标准

皮薄松泡，洁白悦目，馅多细嫩，味咸鲜回甜，爽口化渣。

十、酥饺

饺子源于古代的角子。早在三国时期，魏张揖所著的《广雅》一书中，就提到这种食品。据考证，它是由南北朝至唐朝时期的"偃月形馄饨"和南宋时的"燥肉双下角子"发展而来的，距今已有一千四百多年的历史了。清朝有关史料记载："元旦子时，盛馔同离，如食扁食，名角子，取其更岁交子之义。"又说："每届初一，无论贫富贵贱，皆以白面做饺食之，谓之煮饽饽，举国皆然，无不同也。富贵之家，暗以金银小锞藏之饽饽中，以卜顺利，家人食得者，则终岁大吉。"这说明新春佳节人们吃饺子，寓意吉利，以示辞旧迎新。近人徐珂编的《清稗类钞》中说："中有馅，或谓之粉角，而蒸食煎食皆可，以水煮之而有汤叫做水饺。"千百年来，饺子深受人民喜爱，相沿成习，流传至今。

饺子品种繁多，形状也千姿百态，各具风采。如钟水饺的豆荚形，蒸饺的小生帽子形，北方水饺的扁元宝形，锅贴饺子的半月形，鸳鸯饺子的盒子形，四喜饺子的大白菜形，酥饺的眉毛形，以及仿生金鱼形、玉兔形等，不胜枚举。适合制作饺子的面性也多种多样，如子面的水饺、三生面的锅贴饺、烫面的蒸饺、油水面加油酥面的酥饺等。

美食原料

油水面 400 克，油酥面 200 克，白糖 300 克，冰糖渣、橘红、熟面粉各 100 克，化猪油 150 克，清水 200 克，化猪油 2000 克（约耗 250 克）。

制作方法

1. 橘红切碎，加白糖、冰糖、化猪油、熟面粉、少量清水制成甜馅。

2. 油水面扯 20 个剂子，分别包入酥面，压扁，擀成牛舌形，由外向里裹成圆筒，用刀顺切一分为二，然后刀切面向外将其合拢，扭成麻花状，立于案板上。用手掌心向下按成圆饼状，按时不能伤着边沿，只用力于圆心，包上馅对合成半圆形，用双手拇指、食指轻轻压紧。

3. 将包好的饺子生坯轻轻放入已烧热的化猪油锅内，用微火炸熟起锅，在每个酥饺的顶缝中撒些白糖即成。

技术诀窍

包馅心时不能伤着边沿的花纹。

品质标准

酥纹清晰，外形美观，香甜爽口，色香味形俱佳。

十一、提丝发糕

提丝发糕是重庆传统名吃，因创于江北区"九江包席馆"，故又名"江北提丝发糕"。至于此食为何人何时所创，有待考证。发糕与古代的寒具（馓子）有相似之处，都是用面粉制团下剂制条油炸而成。不同之处是发糕用酵面下剂，擀薄卷筒搓成条，再切成丝蒸熟，抖散后再油炒而成。所以，它除了具有馓子色黄、质酥脆、味油香的特点外，还具膨松面和蒸制品的风味。

美食原料

发酵面1 000克，白糖300克，白芝麻40克，饴糖50克，蜜桂花15克，小苏打10克，熟猪油500克。

制作方法

1. 白芝麻入盆洗净，晾干，焙香，擀成泥。将发酵面放在案板上，加入饴糖和小苏打揉匀成团，盖上湿布，静置15分钟饧面。

2. 面团擀成薄片，刷上猪油80克，卷成圆筒状，再搓成1厘米粗的条，切成0. 1厘米宽的丝，入笼用旺火大气蒸七八分钟，取出趁热抖开，撕散成糕丝。

3. 锅上旺火，放入猪油，烧至五六成热时，下入糕丝，轻轻炒转，炒到油浸透糕丝后，离火，撒上白糖、芝麻泥、蜜桂花，用筷子轻轻拌匀，出锅即成。

技术诀窍

1. 酵面不要发得太老，发酵程度以松发中带有一定韧性为度。

2. 用旺火大汽一气蒸熟，出笼后用手轻拍，要趁热抖散。

品质标准

糕丝松散、色泽金黄；软绵带糯，香甜油润。

十二、蛋烘糕

蛋烘糕是成都随处可见的著名小吃。一个红泥小火炉，配上巴掌大的一个平锅，卖食者依街就市，边做边卖，一锅一个，动作一丝不苟。蛋烘糕来自民间，清代道光年间（1821—1851），在成都文庙街石室书院旁，有一姓师的汉子，拉纤糊口，其妻养鸡卖蛋维持家计。一天闻鸡鸣叫，忙去收蛋，谁料蛋已被淘气的儿子打破，师妻随即将破蛋拾起，放入发面和红糖内混为一体，然后入锅烘烤。烘熟后，丈夫随手取糕一尝，觉得气味香喷、软酥甜蜜，于是便支摊试销，生意果然不错，从此不再去拉纤，专做蛋烘糕。随后仿效者逐渐增多，出现了不少走街串巷卖蛋烘糕的小贩。后来此食工艺不断完善，并加上冰橘、玫瑰、枣泥、樱桃等甜馅心和以炒肉末为主，配上切碎的香菌、玉笋、虾米等料的咸馅心，品种多样。成都街头因此出现专卖此糕的小店。顾客在小店购食时，一般备有免费的茶水，久之此食便成了名副其实的茶食。由于蛋烘糕价廉物美，雅致实惠，抗日战争时期，许多大学内迁成都，此糕一下子就成为青年学生喜好的零食而风行于世。进入20世纪80年代后，蛋烘糕成为大众化的小吃名点，同时也成为高档筵席的席点。

美食原料

面粉500克，鸡蛋300克，红糖100克，白糖300克，蜜冬瓜、蜜玫瑰、蜜樱桃、橘饼、熟花生仁、熟芝麻、焙桃仁各50克，化猪油、面肥各50克，小苏打10克。

制作方法

1. 面肥用水化开，红糖、白糖入碗，兑入水溶化。面粉入盆，磕入蛋液，用糖水边拌边搅成浆。半小时后再放入面肥和小苏打搅匀。

2. 花生、芝麻、桃仁擀压成泥，后加入各种蜜饯、白糖，拌匀成馅。

3. 用特制的小铜锅（直径12厘米，边高2.7厘米，平底但中间略向上凸，边沿有两个用铁丝做的长形环耳）上火，待锅热（约60℃）抹上一层油，舀入面浆晃匀，加盖。待中部干后（约七成熟），放上熟猪油，置上馅心。最后用夹子从锅的一边提起，将糕夹折成半圆形，再翻过来烘成金黄色出锅即成。

技术诀窍

1. 面粉是主料，制浆对成品质量有较大影响。若面粉比例小，则包裹气体能力差，品质软塌不松泡，内部组织粗糙，出锅后很快回软。鸡蛋是此糕风味特点的主要原料，若加量过小，风味差，营养少；如过多，出锅后成品很快回软。红糖能使成品上色，面浆中的白糖和红糖比例为1：1，或红糖略多于白糖。若红糖用量少，成品上色浅；若使用量过多，成品色过深。

2. 调浆时应边加蛋液边搅，后加糖水和发酵浆时，亦是边加边搅，切忌一次加入和加得过快过急。面浆的稀稠亦很重要。过稀，发酵中保持气体力差，熟制时影响醒发速度，使坯底上色和表面面浆成熟不能同步；过稠，流动性差，入锅不易流平，口感不细腻。烘糕属嫩酵浆，一般发酵约1小时即可。

3. 忌冷锅入浆。当锅预热到60℃时，要用猪肥膘来回擦抹，除去杂质，再用菜油布匀锅底，形成一层薄薄的油层，再入浆。

品质标准

形如半月，色泽金黄，外酥内嫩，纯甜无渣，蛋香可口，果馅腻滑。

十三、卤肉锅魁

锅魁，是巴蜀一带沿街可见的一类名食，有混糖锅魁、鲜肉锅魁、麻辣兔丝夹锅魁、凉粉夹锅魁、卤肉夹锅魁等，具有价廉物美的特点，是各地区最受欢迎的小吃。卤肉锅魁中的卤肉是用猪腿肉条卤成，夹入刚出炉的白面锅魁里，热香可口，好吃又便宜，完全可以同当今西方流行的"热狗"媲美。作为一种具有中国特点的快餐食品，从目前市场情况看，该食是大有发展前途的。

美食原料

面粉1 000克，酵面200克，猪腿肉500克。小苏打10克，糖汁100克，清汤300克，香料、料酒、姜、葱各15克，精盐、花椒、胡椒各4克。

制作方法

1. 猪腿肉洗净，切成3指宽的条。锅上火，入糖汁，热时注入清汤、料酒、盐、姜、葱、香料、花椒烧沸，放入肉条，打去浮沫，用微火卤制至烂熟，至色红入味时，捞出切成片。

2. 面粉中加入酵面、小苏打、水揉匀，用温布盖住，静置两小时饧发。面团分成30坨，逐坨揉转，包上少许蘸油的酵面成饼状，再擀成直径约10厘米的生坯。

3. 鏊子上小火，放上生坯，烙至定型，翻面再烙，取出放入烤炉中，烘烤至心空溢香时即成熟，夹出。用刀从边沿切口，夹入烫热的卤肉片即可食用。

技术诀窍

1. 卤肉用较嫩的猪腿肉为宜。烹制时，将肉条入卤汁中，先用旺火煮开，再用缀火烧煮，以让卤汁充分渗透，使肉质入味。

2. 烙制生坯时以定型和刚熟过心为度，取出入炉烤制是让其熟透鼓起，达到酥脆溢香的目的。

品质标准

形美划一，色泽美观，外酥内软，卤肉咸鲜微麻，酥烂有嚼头。

十四、郭汤圆

在成都，与赖汤圆并驾齐驱的有郭汤圆。其店主郭永发在 20 世纪 50 年代在成都北门一带叫卖汤圆，所制汤圆色洁白、皮绵软、酥香爽口，为顾客所喜爱，人称"郭汤圆"。

"郭"字牌汤圆于 1990 年成为亚运会专利产品，同年又获天府食品博览会金奖，被成都市人民政府授予"成都名小吃"称号。

美食原料

糯米 500 克，籼米 75 克，白糖 150 克，红豆 300 克，化猪油 400 克。

制作方法

1. 将糯米、籼米淘洗干净，浸泡 30 个小时左右，中途换水 2 次，打磨前再清洗一次，用适量清水磨成稀浆，装入布袋内，吊干成吊浆粉。

2. 将红豆煮烂，用石磨磨细、吊干，倒出放入热锅中，加入白糖，分几次加入化猪油，用锅铲不停地铲动，一直炒到发干、吐油、返沙，倒在案板上。晾凉后用滚筒压细，加入适量化猪油，压紧，切成 1.1 厘米见方的小方块备用。

3，将吊浆粉子加适量清水揉匀，分成 30 坨。分别将馅心包入呈圆球状的汤圆生坯。

4. 在锅内加水烧开，放入做好的汤圆，煮至汤圆浮起，放少许冷水，保持沸而不腾。汤圆翻滚三次，至皮软即熟。

5. 食用时随上白糖、麻酱小碟，供蘸食用。

技术诀窍

1. 包汤圆时不能久搓，以免内部产生气体，煮时破裂、漏馅。

2. 煮汤圆的水一定要宽，并注意沸而不腾，以免破裂。

品质标准

色洁白，皮绵软，甜香油重，酥香爽口。

十五、苕酥糖

苕酥糖为川南一带特产，其历史可上溯到清代中叶，是人们春节常备甜食。后传至重庆，成为消费者喜爱的食品。其口味松脆、香甜，苕香味明显。本品可与米花媲美，但具有独特的风味。

红薯，又称甘薯、番薯、山芋。由于地区不同，人们对它的称呼也不同，山东人称其为地瓜，四川人称其为红苕，北京人称其为白薯，福建人称其为红薯。它的故乡是南美洲，16 世纪末传入我国。红薯营养十分丰富，是我国人民喜爱的粮菜兼用的天然滋补食品。红薯不仅是甜香益寿食品，还是一种祛病的良药。《本草纲目拾遗》说，红薯能补中、和血、暖胃、肥五脏。《金薯传习录》说红薯有 6 种药用价值：治痢疾和泻泄；治酒积和热泻；治湿热和黄疸；治遗精和白浊；治血虚和月经失调；治小儿疳积。《陆川本草》说，红薯能生津止渴，治热病口渴。

红薯生食脆甜，可代替水果；熟食甘软，吃在嘴里，甜在心头。它既可作主食，又可当蔬菜。蒸、煮、煎、炸，吃法众多，一经巧手烹饪，也能成为席上佳肴，如四川的红苕泥，黄红油亮，甜香可口；红薯蒸熟捣烂碾成泥与面粉掺和后，可作各类糕、包、饺、面条等。

美食原料

糯米粉 2000 克，苕泥 1 000 克，花生油 2000 克，白糖 1200 克，饴糖 800 克，熟芝麻 50 克。

制作方法

1. 将红苕洗净，蒸熟后去皮，趁热用擦筛擦揉成泥。

2. 在热苕泥中加入糯米粉用力揉匀（糯米粉与苕泥比例为 2：1），分成小团，上笼蒸一小时左右至糯米粉熟。

3. 将蒸好的粉团倒入石碓窝内舂捣，待米粉、苕泥充分融合，检视无颗粒、质细腻时，倒入簸盖内摊平（簸盖内须先撒一层熟糯米粉或抹一层植物油）晾干。

4. 将晾干的坯子切成大片后晾至不粘手、能折断时（不宜太干，以免碎裂）再放入 160℃左右的油锅中炸成金黄色起锅。

5. 将白糖、饴糖加水（水量为白糖的 40%）熬至糖温在 120℃左右时，加入炸好的茗酥片拌和均匀，取出切成长方形块状即成茗酥糖。

技术诀窍

掌握好糖浆温度，防止温度过低或过高。

品质标准

松脆香甜，茗泥味浓。

十六、味精麻花

味精麻花系重庆南岸食品厂吸取传统工艺而创制的。它的特点是造型小巧玲珑，口味鲜美香脆，下酒佐餐均宜。20 世纪 50 年代以来，一直深受群众欢迎，是麻花家族中的一枝新花。

美食原料

高精面粉 2000 克，花生油 1 000 克，芝麻 50 克，味精 10 克，小苏打 12 克，食盐 25 克，水 800 克。

制作方法

1. 将花生油 60 克与食盐、味精拌合均匀后加入面粉、小苏打和水，充分揉合成为有筋力的面团，静置半小时。

2. 将醒发的面团切条，用手搓成长条，并绞合搓制成股（搓成条、股时两手方向相反），沾上芝麻再扭成三股三旋（或四旋），成生麻花。

3. 将做好的生麻花放入 150～160℃的油中炸成橘黄色，捞出控油即成味精麻花。

技术诀窍

1. 做味精麻花时应边搓边炸，以保证质量。

2. 炸制时，油温以 150～160℃为宜，检视已松脆且颜色呈橘黄色时，即可起锅。

品质标准

香酥松脆，味精鲜香味浓郁，咸度适中。

十七、二姐兔丁

20 世纪 80 年代初，在成都市鼓楼街开设了一家私营饭店，女老板姓陈排行第二，所以大家都亲热地称呼她为"二姐"。该店经营的兔丁肉多骨头少，不加兔头，佐料加特殊的配法，鲜香可口，深受人们的喜爱。为发挥专长，突出特色，遂专营拌麻辣兔丁，取名为"陈记二姐兔丁店"，现已成为成都的名优小吃。

兔肉性凉味甘，在国际市场上享有盛名，被称之为"保健肉"、"荤中之素"、"美容肉"、"百味肉"等。每年深秋至冬末间兔肉味道更佳，是肥胖者和心血管病人的理想肉食。兔肉属高蛋白质、低脂肪、低胆固醇的肉类，质地细嫩，味道鲜美，营养丰富，与其他肉类相比，具有很高的消化率（可达85%），食后极易被消化吸收，这是其他肉类所没有的，因此，兔肉极受消费者的欢迎。

美食原料

兔子1只（约1 500克），酱油、豆豉酱各25克，白糖15克，芝麻油20克，红油50克，花椒粉10克，葱白100克，味精10克，熟芝麻30克，花生仁100克。

制作方法

1. 兔子洗净，将一锅水煮开，放入整只兔子与生姜片煮至水开3分钟，盖上锅盖、熄火，焖约半小时后捞起晾凉。

2. 将煮好的兔子去骨，切成2厘米见方的肉丁，装入盆内，加酱油、豆豉酱、白糖、芝麻油、红油、花椒粉、葱白、味精拌匀，盛入盘内，撒上碎花生仁和熟芝麻即成。

技术诀窍

1. 兔肉不能久煮，否则，越煮肉越绵老。

2. 煮兔子也很关键，兔子要放入冷水锅里用文火煮，水要没过兔身，煮熟后先别捞起来，等水放凉不烫手后才能把兔子捞出来，这样煮出来的兔子吃起来细嫩爽口。

品质标准

色泽红亮，形态饱满，麻辣适口，香嫩回甜，入口细腻、油润。

十八、棒棒鸡丝

棒棒鸡丝是四川名小吃。其源于民间，历史悠久，目前已有数百年的历史。"棒棒鸡"起源于明清以前四川青神县岷江边的汉阳小镇，厨师用农家土鸡为原料，将鸡煮熟冷却后，用木棒轻轻将鸡肉敲酥，拉成鸡丝，加麻辣调味料拌均食用，其味麻辣鲜香、肉质细嫩肥美，极受人们的欢迎，成为四川名小吃。因为此菜烹制时需用木棒敲打，故称"棒棒鸡"。其制作时用棒打，目的是为了把鸡的肌肉敲松，使调料容易入味，且食用时咀嚼省力。棒棒鸡如今发展到有廖记棒棒鸡、老胡记棒棒鸡、爽辣棒棒鸡等多家口味出众的棒棒鸡店。

美食原料

仔公鸡1只（约1 000克），葱白25克，酱油50克，醋20克、芝麻酱20克，花椒油3克、味精3克、辣椒油25克、香油10克、白糖10克。

制作方法

1. 仔公鸡宰杀开膛洗净后，斩去头颈、脚爪，入沸汤锅中煮熟（以断生为准），捞出放入凉汤或凉开水中浸凉，取出擦干水分，去骨，用小木棒将肉捶松（或用刀背拍松）后，顺筋用手撕成粗丝（鸡皮用刀切）。葱白洗净，切成与鸡丝相仿的粗丝，垫于盘底，上放鸡丝。

2. 用白糖、芝麻酱、味精、花椒粉、辣椒油、醋、香油调成味汁，淋于鸡丝之上，拌匀即成。

技术诀窍

1. 鸡肉煮至刚熟即可，不能煮过老。

2. 味要调正。

品质标准

肉质细嫩，麻辣咸香，味美爽口。

十九、鸡汁锅贴

鸡汁锅贴为重庆"丘二馆"于20世纪40年代创制的著名小吃，因用鸡汁制作馅心而得名。其饺底金黄、酥香，饺面绵软，馅心细嫩、鲜香，而风靡全川，在四川省内大中城市多有制作。成都还于20世纪50年代在总储待专门成立了"鸡汁锅贴店"，主营鸡汁锅贴。吃时配以炖鸡汤，风味突出，深受顾客欢迎。1990年经评定，该店的鸡汁锅贴被成都市政府授予"成都名小吃"的称号。

美食原料

特级面粉500克，猪前夹肉500克，鸡汤、熟猪油各100克，姜块、葱各50克，胡椒粉2克，味精5克，精盐、白糖、料酒、芝麻油各10克，葱50克。

制作方法

1. 将猪肉洗净剁蓉；姜拍破，葱洗净切成5厘米长段并拍破，与姜同用清水

100 克浸泡。肉蓉置盆内，加鸡汤用力沿同一方向搅动，至鸡汁全部被肉蓉吸收后，再加入味精、胡椒粉、白糖、料酒、芝麻油、葱姜汁，和匀即成馅心。

2. 将面粉用 80℃ 左右热水烫和均匀，置案板上晾凉后，再揉搓均匀成条，分成 10 个剂子，擀成圆形饺皮。

3. 在饺皮中包入约 15 克打好的馅料，对折成豆角形的饺子。

4. 取平锅置小火上，将饺坯整齐地置于平锅内，淋熟猪油 50 克，再洒入清水 100 克，盖上锅盖，并不断转动平锅，使其均衡受热。至锅内水将干时，再淋入熟猪油 50 克，盖上锅盖，继续煎 3 分钟，至饺底呈金黄色即可。

技术诀窍

1. 注意搅打馅料的鲜嫩度，分次加入汁水搅打至起胶即可。

2. 注意防止饺底焦煳，煎贴时要不断转动平锅，使之受热均匀，锅内水干后，会发出噼啪的炸声，应及时揭开锅盖，加入熟猪油，再煎贴至酥香起锅。

品质标准

底面酥脆，表皮软糯，馅心味鲜。

二十、缠丝兔

缠丝兔为四川省广汉市的特产，其制作工艺复杂，因采用麻绳缠绕的特殊加工方法，所以得名"广汉缠丝兔"。缠丝兔肉嫩味鲜，有特殊的烟香味，尤为适宜旅行野餐时食用。

美食原料

家兔 1 只，硝水 15 克，豆豉 200 克，酱油 50 克，白砂糖 25 克，花椒、五香粉、芝麻、白酒各 5 克，砂仁、豆蔻各 3 克，白胡椒粉 4 克。

制作方法

1. 选用 3～4 个月龄的健康肥兔，屠宰剥皮后去除内脏，洗净淤血，沥干入缸，加入硝水与五香粉，腌制 2～3 天，第 2 天翻缸 1 次，使其血水追出，腥气派出，并让盐味渗透进入肉中。

2. 兔肉取出晾干，将用豆豉、酱油、白砂糖、花椒、五香粉、芝麻、白酒、砂仁、豆蔻、白胡椒粉调成的汁液涂刷在腹腔内壁。

3. 将涂香后的兔子用细麻绳从头部缠起，循螺旋状缠到后腿。缠丝间距以 1.5～2 厘米为宜，要缠得均匀结实。缠丝造型为：前肢屈向腹侧，胸腹裹紧包扎；后肢尽量拉直，麻绳缠到后肢腕关节处收尾打结。缠好后吊在通风处挂晾24小时。

4. 把缠好的兔子放入熏炉内熏至有烟香味，取出洗净，去掉麻绳蒸熟即可食用。

技术诀窍

1. 腌制时，时间要掌握好，不可过咸。

2. 晾制兔子时，一定要晾干、晾透，否则易腐坏。

3. 熏制时，时间不可过长，否则颜色过深，影响美观。

品质标准

色泽红亮，味鲜肉嫩，香气浓郁。

二十一、灯影牛肉

相传，唐代著名诗人元稹在通州（今四川达川一带）任司马时，一天到一家酒肆小酌。酒菜中有一种牛肉片，色泽红润油亮，十分悦目，味道麻辣鲜香，非常可口，吃进口酥脆而后自化无渣，食后回味无穷，使元稹赞叹不已。更使他惊奇的是，这牛肉片肉质特薄，呈半透明状，用筷子挟起来，在灯光下牛肉片上丝丝纹理会在墙壁上映射出清晰的红色影像来，极为有趣。他顿时想起当时京城里盛行的"灯影戏"（现通称皮影戏，其表演时用灯光把兽皮或纸板做成的人物剪影投射到幕布上），两者何其相似，兴致所至，当即唤之为"灯影牛肉"。于是达川的这种牛肉干就以"灯影牛肉"之名盛传开来，成为四川的一种著名土特产。

灯影牛肉选料和做工都非常讲究。一头牛被宰杀后，只能取其腿腱肉、里脊肉十几块，共才十几公斤。用长片刀切成十分薄的肉片，配上注草、丁香草果及其他十多种香料，拌匀后将肉片铺在竹筲箕上，经曝晒去除水分，放进特制的烤炉中，控制温度烘烤至熟，装入用油纸衬里的竹筒或纸罐里，掺满纯香麻油，撒上少许花椒粉，密封而成。据记载，清朝光绪年间，达县城关大西街上一家店主名叫刘光平的酒店，所产灯影牛肉在当时最为有名。1935年，这家酒店用竹筒封装的灯影牛肉作为地方特产送到成都青羊花会展出，被评为甲等食品。

美食原料

黄牛肉500克，白糖20克，辣椒粉25克，绍酒、精盐、芝麻油各10克，五香粉5克，味精1克，姜、花椒油各15克，熟菜油500克（实耗150克）。

制作方法

1. 选用牛后腿上的腱子肉，去除浮皮保持洁净（勿用清水洗），切去边角，片成大薄片。将牛肉片放在案板上铺平面理直，均匀地撒上炒干水分的盐，裹成圆筒形，晾至牛肉呈鲜红色（夏天约14小时，冬天3~4天）。

2. 将晾干的牛肉片放在烘炉内，平铺在钢丝架上，用木炭火烘约15分钟，至牛肉片干结。然后上笼蒸约30分钟取出，切成4厘米长、2厘米宽的小片，再上笼蒸约一个半小时取出。

3. 炒锅烧热，下菜油至七成热，放姜片炸出香味、捞出，待油温降至三成热时，将锅移置小火灶上，放入牛肉片慢慢炸透，滗去约1/3的油，烹入绍酒拌匀，再加辣椒、白糖、味精、五香粉、花椒油颠翻均匀，起锅晾凉淋上芝麻油即成。

技术诀窍

牛肉要片得薄而大张。

品质标准

色泽红亮，麻辣干香，片薄透明，味鲜适口，回味甘美。

二十二、萝卜酥饼

萝卜酥饼是四川的著名酥点。此酥的馅心主料是萝卜，辅料为猪肉，用面皮包馅炸至起酥而得名。此饼的特点是主食、蔬菜、肉食结合，主副搭配，荤素互补，营养平衡。萝卜味甘美，具保健功能，元代许有香有诗赞曰："熟时甘似芋，生食脆如梨。老病消凝滞，其功值品题。"萝卜的食疗作用，民谚早有总结："秋天萝卜收，大夫袖了手"，"萝卜上了街，药铺不用开"，"冬吃萝卜夏吃姜，不劳医生开处方"，"十月萝卜小人参"等。近年研究发现，萝卜含有能消除亚硝胺和吞噬细胞的木质素。因此常吃萝卜可以防癌。

美食原料

面粉1 000克，萝卜700克，肥瘦猪肉300克，火腿50克，葱20克，化猪油2000克，食盐40克，胡椒粉、味精各7克，麻油、酱油各数滴，豆油、料酒各15克。

制作方法

1. 把萝卜洗净去皮，切成5厘米长的丝，加入盐搓拌，挤去水分。将火腿洗净，用开水泡软，切成粒。猪肉洗净，亦斩成粒。

2. 在锅内加些油，烧热下入肉粒，煸干水分，再下盐、料酒、豆油和胡椒粉，煸成金黄色起锅，置于容器内，加入火腿粒、萝卜丝、葱花、味精、麻油和酱油，搅拌均匀成馅心。

3. 面粉400克加入猪油160克，炒拌擦揉成油酥面团，然后按只重25克下剂。另取面粉600克加猪油120克和水240克，炒拌均匀，搓揉成水油酥面团，然后按只重35下剂。

4. 用水油酥面剂包入油酥面剂，擀成牛舌形，对叠后再擀长，由外向内卷成圆筒，搓揉成条，以手按成圆形，包入馅心，捏拢收口，按成鼓形。

5. 锅上火，注入油，烧至三四成热时，下包饼坯，炸至起酥、色微黄、心透即成。

技术诀窍

1. 注意水油酥与干油酥的比例，一般为水油酥占60%，干油酥占40%，两种油酥的软硬度要一致。

2. 注意水油酥面的面粉与水、油比例，每千克面粉掺油和水约600克，其中水占2/3，油占1/3。和面时，常将油与水同时加入面粉中抄拌，再搓揉成面团。

3. 炸时要用大锅装较多的油，使坯全部浸泡在油内，并有充分活动余地。油热后，逐个下锅，一般见坯呈金黄色时出锅。要用温油炸此饼，忌用勺搅动，只能晃动油锅，让其均匀受热。

品质标准

色泽金黄，外酥内香，滑嫩可口。

二十三、瑶家大粽

瑶家大粽，是居住在云南省元阳县一带的兰靛瑶族农民古代流传下来的一道独特食品。它的独特之处有二：一是食用季节与汉族不同，不在端午而在春节；二是它既是节点，又是节日交际往来互赠的珍贵礼品。春节互访拜年，共庆丰收，走家串寨此品必不可少，被拜访之家也必回赠此粽。百家之粽互相交流，在尝遍百味之中，互学他人烹饪技艺之长，这是瑶家饮食文化逐渐提高的根源所在。

此粽工艺、配料讲究。造型突破圆锥形、柱形格局，呈现三角锥状；它不用粽叶，而用碧绿芭蕉叶，既有清香，又宽大易造型；调辅料既用腊肉，又用鲜肉，还有奇特异香的木浆子枝。鲜香、腊香、清香、异香融为一体，故风味独特。

美食原料

糯米 1500 克，鲜猪肉 150 克，腊肥肉 50 克，木浆子树枝 3 节，食盐 15 克，草果面 6 克。

制作方法

1. 糯米淘洗干净，用清水浸泡 8 小时。鲜猪肉洗净，切成 5 毫米长、指头粗的条。腊肥肉洗净，切成略小于鲜猪肉的条。取香味浓郁的木浆子树枝洗净，断成 3 节 3 厘米长的段。将翠绿色的芭蕉叶洗净，用沸水烫软。

2. 将芭蕉叶铺在案上，放上全部糯米摊开，再放上鲜腊肉条、木浆子节、草果面、盐，包成三角锥状，用竹片捆紧。放入水缸浸泡 4 小时。

3. 铁锅上火，放入大粽，加足水，再用同样大的铁锅倒扣作锅盖，密封盖严，用旺火猛煮 4~5 小时即熟。取出去掉芭蕉叶，切片即食。

技术诀窍

1. 此粽体大，从糯米浸泡到成型再浸泡时要到位，以让米粒充分吸水涨发。

2. 煮时，要一次加足冷水，忌中途加水，煮时用旺火猛煮，方保熟透。

3. 以糯米为主，可加入部分籼米，减少腻感。

品质标准

大粽，体大壮观气派，造型别致，米香、肉香、草果香、木浆子香、芭蕉叶香，诸香融为一体，香味扑鼻，色泽淡黄有光泽，米粒软糯筋道，口感舒适，滋味咸鲜回甜，食后生津。

二十四、过桥米线

过桥米线是云南极富特色的名食。它源于滇南，已有一百多年的历史。1920 年，个旧人孙法到昆明，开设仁和园食馆，出售过桥米线，继后是昆明德鑫园餐馆专营至今。1989 年，此食获商业部优质产品金奖。20 年来，"过桥米线"声誉鹊起，仅昆明市区就有上百家餐馆出售此品。1990 年亚运会期间，昆明市饮食公司在杭州展销此食后，西子湖畔掀起过桥米线热潮。现已遍及北京、天津、上海、哈尔滨、沈阳、杭州、南京、石家庄、西安、成都等地。

过桥米线的起源传说较多，但最为人们津津乐道的是"过桥情"之说。清朝时，蒙自县城的南湖景致宜人，曲回的石桥延伸入湖心小岛。岛上景幽，有一位秀才常到岛上读书，其妻每天将饭菜送给丈夫食用。可是秀才因埋头苦读而忘了用饭，往往在菜凉饭冷之后才随便吃几口，身体日渐消瘦。其妻感到心疼，有一天，她用砂罐炖好一只肥母鸡，连罐送到岛上后，便回家做活。半晌，她去收拾碗筷，看见丈夫还在聚精会神地读书，饭菜丝毫未动，就准备拿回家去再热一热。当她的手摸到砂罐时，罐体还是烫乎乎的，揭开盖一看，原来鸡汤上覆盖着厚厚的一层鸡油，盖住了热气不外流，她喜出望外，催丈夫趁热吃了。从此以后，妻子就配米线随鸡汤给丈夫食用，使他逐渐恢复了健康，学业长进，功成名就。后来不少人家都仿效这种吃法，发现这种米线确实鲜嫩可口，一时间成为时尚佳味。味虽美，但无名，继而想起秀才之妻送食必过一座桥，于是便命名为"过桥米线"。

过桥米线之所以终成大气候，关键还在于它的不断发展：其一，海碗、主食、汤、菜、蔬、肉蛋的不断完善。其二，由日常用餐发展成"过桥宴"。其三，食用面不断扩大。不吃米线的，可食面条；回族忌猪肉，变化为清真过桥米线；吃斋的不吃荤食，出现素质过桥米线；其四，在昆明经营过桥米线的三大巨头，增以民族歌舞伴餐，使之达到了完美的境界。

美食原料

酸浆米线或人工蛋面 300 克，鸡胸肉、猪里脊肉、猪肚头、猪腰子、乌鱼肉、水发鱿鱼、油发鱼肚、瘦火腿、净鸡各 20 克，水发豆腐皮、白菜心、豌豆尖、韭菜、绿豆芽、草芽各 50 克，香菜、葱头、精盐各 10 克，味精、胡椒面各 2 克，鸡、鸭筒子骨熬制成专用汤 2000 克，油辣子 20 克，鸡油 50 克。

制作方法

1. 将鸡胸肉、猪里脊肉、鱼肉、肚头、腰子、鱿鱼、鱼肚、火腿、净鸡分别切成薄片。肚片、腰片、鱿鱼片、鱼肚片，焯水后入凉开水漂凉。上述 9 料，一料一碟铺整齐。

2. 将豆腐皮、白菜心、韭菜、绿豆芽、草芽、豌豆尖拣洗干净，焯水后入冷开水中漂凉，取出切成小段，一料一碟铺整齐。香菜、葱头拣洗干净，切成碎花，各装小碟。油辣子装一小碟。将上述 18 个小碟上桌。

3. 装米线的特制大海碗用沸水烫一下，米线用沸水烫过，入碗成梳子背形上桌。

4. 炒锅上火，入鸡油，待油温约七成热时浇入特制的大海碗（须先用开水烫过）中，迅及浇入沸开的用鸡、鸭筒子骨熬的鲜汤，约八成满。此时，鸡油浮在汤面上，盖住汤内热气，入盐、味精、胡椒面调味，立即上桌。

5. 碗内鸡汤上面盖着一层鸡油，温度约为170℃。吃时，用竹筷先挑入肉片入汤，搅散至变色时，再放入绿菜、豆腐皮，稍后撒入香菜、葱花，再挑入米线，稍

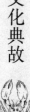

烫，先吃米线、肉、菜，最后方能喝汤。吃法是，挑一箸米线，拖入汤内，筷子一裹，裹住肉菜入口，箸箸如此，待米线食完，汤中各料和面上鸡油也基本食尽。此时喝汤，汤的温度已降到适宜入口。

技术诀窍

1. 米线宜用酸浆米线，含水分足，口感好。干浆米线口感差，如用，应提前半小时入清水浸泡。

2. 必用肉料一般是鸡肉、猪里脊肉、火腿和腰子，其他肉料可多可少，档次越高，用料越多。亦可加配鸽蛋或鹌蛋。

3. 必须做到四烫，即鸡油沸烫，鸡汤滚烫，米线现烫，装汤盛米线的碗装前要入沸水锅烫过。只有这样，方能保证所食各料烫熟。

4. 汤上桌，服务员要介绍吃法，防止先喝汤，以免顾客烫伤。

品质标准

此品是云南人吃鲜吃嫩的典型佳味，肉嫩菜脆，琳琅满目，五光十色，非常壮观，极有气派，鲜味十足，食后回甜，冬季进食，周身冒汗。

二十五、毫甩

毫甩是云南瑞丽傣族的风味小吃。"毫甩"是傣语，汉语是饵块之意。

毫甩主料与汉族不同：汉族用饭米，傣族用本地产软米，有黏性。其中以大白谷、毫糯细、毫安旺等品种的稻谷舂出来的软米最好。软米是傣族群众最喜爱和使用最普遍的主食。因质地黏糯，所以他们习惯于用手指捏成坨进食。

饵块虽以软米制成，但自玉米引入云南后，有的地方就改用玉米制作了，因其色泽金黄，得名"黄金饵块"。玉米饵块今已进入昆明超市，开始引起消费者的关注。另外，丽江的纳西族在祭天时，用小麦饵块，可见小麦饵块历史也是很悠久的。

美食原料

软米1000克，豌豆面200克，精盐、草果面、蒜泥各30克，味精10克，咸酱油、姜汁各100克，辣椒油200克，芝麻油40克，葱花、老缅芫荽各50克，肉汤2000克。

制作方法

1. 制毫甩：将软米淘洗干净，用清水浸泡1小时，捞入木甑中用旺火蒸熟成饭，趁饭热放入肢碓舂成泥，取出揉成长方形块，待凉后片成片，再切成丝。

2. 制稀豆粉：将豌豆面入盆，注入清水用筷调匀成浆。锅上火，注入水，待水温到40℃左右时，徐徐淋入豆浆，边淋边搅，煮熟即成稀豆粉。

3. 饵块入沸水锅中烫软，捞入碗内，兑入肉汤，放上调料，浇入稀豆粉，拌匀即可。

技术诀窍

1. 不可将豌豆面干品直接入锅，入锅时水温过高也不行，否则成条或成坨，外熟内干。淋浆入锅不可性急，淋入后应搅动和铲动锅底以防焦糊。

2. 饵块已是熟品，只需烫软即可，不宜久煮。

品质标准

此品白绿黄红相间，饵块细糯，豆粉泥化，咸辣适度，味道鲜美，清淡不腻，百吃不厌。

二十六、玫瑰米凉虾

玫瑰米凉虾是云南风味小吃。其中所用玫瑰糖，是用玫瑰花与红糖配伍糟制而成的。玫瑰花的食用，反映了云南食花的风俗。如玫瑰大头茶、玫瑰子姜、玫瑰子瓜、玫瑰糖等，这些用玫瑰花制成的风味食品，大都被引入菜点，既有花香，又具美味，让食者联想翩翩。带刺的玫瑰花，是小伙子追求姑娘得到爱情的畅想曲。玫瑰花色艳美丽，芳香诱人，但带刺，摘取不易，要有点不畏艰险的精神，方可得到姑娘的爱情。

米凉虾是用米磨成浆煮熟，趁热放入漏勺漏入凉开水盆中而成。因头大尾细形似虾，故而得名。

美食原料

上等白米500克，红糖300克，玫瑰糖100克。

制作方法

1. 将米淘洗干净，用清水浸泡半小时，放入石磨磨成浆，刮入盆中。红糖入锅加水，熬化成汁。玫瑰糖加开水调稀晾凉。

2. 锅上火，注入清水，旺火烧开，将米浆徐徐淋入，改用小火，边淋边用手勺搅动，防止糊锅，熟后注入澄清的石灰水，改用微火煮成糊状。取盆一只，注入凉开水，将米糊趁热放入铜漏勺，滴进水中即成米凉虾。

3. 顾客点吃，用铜漏勺捞出米凉虾，甩去水入碗，浇上红糖汁、玫瑰糖稀汁入味即可食用。

技术诀窍

1. 制米浆不发酵，放泡发时短，又不加冷饭。煮米浆，火候至关重要，先旺火，次小火，再微火，生米浆忌倾盆倒入，边淋边搅，并常铲动锅底，忌煳锅和过稠。

2. 食用时，如配加冰块或冰冷汽水，口感更好。

品质标准

米虾洁白，糖汁红艳，有光泽，溢有花香，鲜甜软嫩，入口冰凉，热感顿消。

二十七、紫米四喜汤圆

云南人喜吃汤圆，昆明民谣可证："楼高，高楼高，高楼底下卖元宵；元宵圆，元宵圆，元宵不圆不要钱。"此品为云南名厨王黔生师傅所刨，王黔生曾先后在中国驻法和驻美领使馆司厨10年，在使馆期间领略了黑色食品制作之道，回国后取云南特产紫米，配成四味，创出此品。

紫米在云南产于墨江、石屏、景谷、瑞丽等县。墨江县志《他郎厅志》已有记载："碎者煮之，其粒复续，故名接骨米。"元、明时已称为贡米。紫米属滋补佳品，其蛋白质比大米高，还含有人体所需的多种微量元素，具有补血益气、健肾润肝、健脑明目、延年益寿之食疗功效，在云南极受欢迎，目前已推出紫米全席。

美食原料

紫糯米粉300克，肥瘦火腿、黑芝麻、花生、莲蓉各100克，白糖300克，熟猪油60克。

制作方法

1. 火腿洗净蒸熟，切成碎丁。芝麻、花生分别焙香，分别擀成碎末。

2. 将火腿丁及猪油20克、白糖100克入碗，充分拌匀，制成10个馅心。将花生末与猪油20克、白糖100克拌匀，做成10个馅心。黑芝麻末与猪油20克、白糖100克拌匀，制成10个馅心。莲蓉分成10份。

3. 紫米粉入盆，加冷水充分拌匀，揉制成团，下剂40个。逐个按扁，将4种馅心分别包入面剂中，封口，搓圆。用4口锅把4种馅心的汤圆分别煮熟，取10个小碗，每一种馅心的汤圆各放1个入碗。

技术诀窍

1. 4种馅心有3种需加猪油、白糖，莲蓉配有糖，不必再加。

2. 分别煮熟是关键，装碗时要做到各味均有且仅有一枚，不可乱套。

品质标准

汤清澈见底，方显清爽，汤圆紫红，一碗四味，甜中回咸，香味浓郁，常作高档宴席名点。

二十八、肠旺面

贵阳肠旺面已有百余年历史。据传在清代同治年间（1862），贵阳今北门桥一带肉摊成行，桥头开有傅、颜两家面馆，常将猪肥肠和血旺做成面食，因到街上买菜的居民常到此用早餐，生意红火。两家为互争顾客而不断提高技艺，使肠旺面的风味不断提高，生意也逐渐在全城传开，并流传至外地。直至今日，肠旺面仍是风行各处的著名小吃。在贵阳，大众早餐仍首选肠旺面，只是偶有加鸡肉、大排等辅料或将主料换成米粉制成鸡片肠旺面、大排肠旺粉之类而已。肠旺面独树一帜的特色体现在其主料、辅料、调料及其色、香、味等典型风格上。

早期名气最大的苏肠旺，是将油炸肥肠改为文火炖肥肠，加入少许余熟的绿豆芽，取肥肠易嚼、豆芽嫩脆清爽之特性而独具特色。抗战时期发展的鸡片肠旺面，是把鸡肉煮熟切片，每碗放几片，并取鸡汤加猪骨和黄豆芽熬制，将之淋灌入面，风味鲜香无比。20世纪60年代，周恩来总理视察贵阳时曾品尝过肠旺面，并说"贵州山川秀丽，气候宜人，资源丰富，人民勤劳"。如今在贵阳星级宾馆、大小酒楼和街巷食摊，均能品尝到肠旺面。在北京的贵阳饭店、上海的黔香阁以及广州、深圳、成都等城市的贵州菜馆都有作为贵阳名小吃推出的肠旺面和肠旺粉。

在贵阳的食摊，顾客在品尝肠旺面时，可根据自己口味酌加盐、味精、酱油、醋、辣椒面、花椒粉、木姜油等调料，还可叫一碟泡酸菜、糟辣甜泡菜等小菜作佐食，或加上一个卤鸡蛋、卤豆干、煎鸡蛋等，价格实惠，风味更见特色。

肠旺面

近年来，肠旺面品种繁多，如鸡片肠旺面、鸡腿肠旺面、大排肠旺面、大肉肠旺面、辣鸡肠旺面及各式肠旺粉等，并在此基础上添加香菜、香葱、苦蒜、野薄荷、油辣椒、糟辣椒、烧青椒等调辅料，风味和品种更加多样化。

美食原料

面粉1 500克，鸡蛋15个，猪大肥肠750克，猪槽头肉或五花肉2000克，猪血旺50克，肠油和板油合炼的动化油1 500克，糍粑辣椒500克，甜酒酿50克，酱油10克、味精3克，姜30克，八角、花椒各15克，山奈10克，醋100克，盐50克，姜米、蒜米各20克，豆腐乳15克，葱花5克，葱50克。

制作方法

1. 用清水洗肠，将肠内外翻洗干净，取出黏附在肠上的肠油，加醋、盐反复搓揉，用开水略余后捞出再用盐、醋搓洗一次，去腥味然后切成约35厘米长段，将花椒、八角、山奈与肥肠入开水锅中煮至半熟，捞出切成4厘米长的肠片，再入锅，加拍破的老姜和葱搅拌，转沙锅内用文火煨炖至熟而不烂待用。

2. 将猪的猪槽头肉或五花肉去皮，肥瘦分开，均匀切成1厘米大小的丁，将锅烧热下肥肉丁，加盐和甜酒酿，合炒至肥肉丁呈金黄色时倒入瘦肉丁，炸出油后，用冷水激一下，迫出肉内余油，待肥肉丁略脆时，拉锅离火，再下醋、甜酒酿翻炒，然后调至火文炒15分钟左右，起锅滤油即成。

3. 将大肠油和脆膜油混和后下锅烧开，下辣椒炼至油呈红色，把豆腐乳加水解散，与姜米、蒜米一同入锅。至辣椒呈金黄色时泌出油，辣椒渣加水煮，使之煮出余油，再泌出油（辣椒渣不用），即成红油。

4. 将15个鸡蛋打破，放入1500克面粉内按揉成硬面团，然后压成薄片（又称杠子面），使之软细如绸缎（全过程操作的方法行内称"三翻四搭九道切"）。扑撒芡粉在杠子面后，将之折叠起来，切成银丝状的细面，或1厘米宽的面条，将之分成85克一份，逐次摆入瓷盘内，用润湿纱布盖好，即成人工鸡蛋面。

5. 锅内加水烧开，将面入锅内煮至翻滚（约1分钟），用竹筷捞出提高检查，看是否"撑脚"（成熟），如"撑脚"即用竹篓漏勺捞入碗中，加适量鸡汤，再用漏勺取生猪血旺50克左右，在面锅内略烫一下，盖在面条的一边，然后用竹筷夹肥肠四五片放在另一边，再放五六颗脆膜，淋上酱油、红油，撒上葱花、味精即成。

技术诀窍

1. 切好的面按每份85克挽成坨，整齐摆放在瓷盘内，用湿润纱布盖好，静置一会儿使碱性散失，行业上叫"跑碱"，这样的面条煮熟后方有脆性。目前不少食店使用面机压面条，其品质不如手工做得好。

2. 选用花溪辣椒，经去蒂、淘洗、浸泡处理后春蓉，用大肠油、脆臊油炼红油，比例为3∶4∶1。豆腐乳、姜蒜米经炼制，泌出油后加水煮渣，再出油，如此炼制的红油清澈红亮，略有乳香，辣而不猛，并有油而不腻的特点。

3. 制作鸡汤时一定要用土鸡，辅以榨菜、胡椒，味道就更鲜浓了。

4. 煮面时面锅要用大火保持沸水翻滚，放一坨面入锅煮约1分钟（一次只煮一碗），刚熟即装碗，若加一箸汆熟的绿豆芽更佳。

5. 血旺汆烫的老嫩以客人的喜好和食性要求为准。

品质标准

成品具有红而不辣、油而不腻、脆而不生的风味特色。面条细滑、清爽，有脆性。面黄、肠白、旺赤，红油覆面，翠绿葱花点缀其间，组成鲜艳的色彩。肠粑、旺嫩、面脆、辣香、汤鲜，茅嫩、臊酥香。

二十九、遵义豆花面

豆花面又称过桥面，是遵义独有的一种地方风味小吃。豆花面大约出现于20世纪初期，因豆花又名水豆腐，故豆花面又称豆腐面，是当地人喜食的素食佳肴。旧时遵义有些信奉宗教的人"吃斋"时常用豆花作素菜，有人偶然把豆花用作素面配料，发现风味极好，遵义豆花面因此产生，后经不断改进而逐渐流传各地，进而发展成为地方风味小吃。新中国成立前后，遵义豆花面馆很多，但在"文革"时期仅剩一家豆花面馆。如今豆花面风味特色和花色品种繁多，遍及遵义城的大街小巷，并分布在贵州的其他城市，甚至在成都、昆明、北京、上海、深圳等地均有不少专营遵义豆花面的食店。

遵义豆花面有四大特色：①面条如食指宽人工擀制，又称"宽刀面"；②用豆浆煮面条，以豆浆作面汤，豆浆清香浓郁；③用豆花作配料，其中豆腐以酸汤点制而成，口感绵嫩；④贵州人吃豆花时，用碟配油辣椒、酱油、油酥花生米、肉、蹄筋、葱花、蒜泥、姜末、鱼香菜等蘸食。除素食的豆花面外，目前遵义市上还相继出现了鸡丁豆花面、豌豆豆花面、鱿鱼豆花面、香菇豆花面、竹笋豆花面等新品种。

美食原料

面粉1 000克，鸡蛋4个，清水适量，含浆豆花（酸汤点制）1 000克，碱适量，酥花生米、熟鲜鱿鱼丁各 10 克，熟鸡肉丁 25 克，豆豉 5 克，鱼香菜（野薄荷）8 克，豆腐乳汁 4 克，辣椒油 15 克，花椒油 10 克，盐 25 克，葱花 10 克，姜米、蒜米各 15 克，酱油、香油、熟菜油各 10 克，味精 2 克。

制作方法

1. 将面粉加鸡蛋、清水、碱拌和均匀，调成面团，充分揉和后压成薄片，撒些面粉于面片上，然后折叠起来，切成 1 厘米宽的"宽刀面"，分成 75 克一堆，摆放在瓷盘内，用湿润纱布盖好待用。

2. 用豆浆和清水烧开，煮面条至翻滚熟透时捞入碗内，舀入含浆豆花盖在面条上。

3. 取一中碗，调入辣椒油、鸡肉丁、鲜鱿鱼丁、花椒油、味精，香油、酱油、姜末、蒜米、豆豉、腐乳汁、鱼香菜、葱花和酥花生米便可食用。

技术诀窍

1. 调制面团时要先加鸡蛋调成絮状，再根据实际情况调入盐碱水，从而控制面团质量。

2. 做好的面条需在润湿纱布下盖好静置，这样面条煮熟后具有一定脆性。

3. 豆花一定要用酸汤豆花。酸汤豆花绵软细嫩，口感好。

4. 制作辣椒时，最好选用绥阳县产的朝天椒，将之舂碎，在熟菜油中慢慢炼制成红油。

品质标准

豆花面清香爽滑，辣香鲜嫩，配以 各种肉菜，提鲜增香，风味独特。

三十、绥阳银丝空心面

"条条银龙游绿水，颗颗油珠泛玉波。阵阵清香扑鼻来，长长口涎牵线落。"生活中空心之物，不胜枚举，可这首诗赞扬的却是色如白银，细小如丝，丝中有孔的绥阳银丝空心面。

绥阳银丝空心面已有 200 多年的历史，清乾隆年间（1736—1795）就有面市。《心斋随笔》有"绥阳制作水面，极细者银丝面，其城中者尤佳。商人多贩运至湖南、湖北、四川，市者珍之"的记载。咸丰三年（1853），绥阳进士张昭在北京附近当县令，省亲返京时，带去空心面分送达官贵人，其中一大臣食后赞不绝口，问清其来历后，责成第三代空心面传人精制 10 挑（约 500 公斤）专献皇帝，空心面从此被誉为"贡面"。贡面在民间传为美谈，其手工制作技术因此在绥阳广泛流传，并成为当地不少农村家庭的致富行业。如今的空心面已成为绥阳人乃至遵义人、贵州人访亲探朋时必带的礼品。在遵义及贵州较有影响的饭店、宾馆，用空心面招待国内顾客和外宾，获得了一致的好评。

银丝空心面的制作工艺与众不同，由十多道手工操作工序组成，做工非常精细，细小的面条，自然卷曲成空心状的圆筒，故名空心银丝面。

洁白的银丝细面，每根面两端都有小如绣花针尖的小孔，此被中外贵宾赞叹为绝技，称之为巧夺天工的"艺术珍品"。空心面携带方便，食用也方便，用开水浸泡3分钟即可食用，因此又有"我国古老的方便面"之称。

美食原料

面粉1500克，清泉水750克，盐120克（冬季50~60克），鸡鲜汤150克，豌豆苗（或菠菜、白菜心）30克，酱油8克，醋5克，辣椒面15克，姜米、葱花各5克，熟菜油15克。

制作方法

1. 将面粉放入木盆，慢慢注入盐水，边加边搅和，直至揉匀揉透，软硬适度，然后将面团静置半小时，在案板上反复揉搓，再摊成2厘米厚的面皮。

2. 将面皮切成2×2.5厘米宽的条坯，进而将条坯揉为圆条，边揉边抹菜油，然后盘卷在簸箕内，盖上保鲜纸，静置半小时。之后再将之搓成直径约1厘米的条，边搓边抹菜油，再盘卷在簸箕内用保鲜纸盖好静置半小时。

3. 用两根小竹竿（长70厘米、直径为1.5厘米）固定在木方的眼孔上，竿距15~20厘米。将面条连拉带缠在两根小竹竿上，面条粗约0.5厘米，将之置木柜静置1小时后，两人各持一根竹竿，把面条拉成长至约80厘米。然后再放入木柜静置1小时后取出。两根竹竿分别插左晾面条木架上的小孔内，使面条成弧形。

4. 用手抹面，边抹边移动小竹竿的距离，使之逐渐伸为数米长的细面。另用小竹竿将面条轻擀轻刮，使面条再延长为细丝，同时将粘连的面条轻轻分开。面条风干后，平放在面案板上切成15厘米的长条，分500克一把，用白皮纸条拴住面条中部，用小铜夹子将粗细不匀的面条夹出即可。

5. 用旺火宽汤稍煮面条，捞起放在垫有己烫熟的豌豆苗上，舀入鲜鸡汤，加入调料即可食用。

技术诀窍

1. 调制面团时盐水要慢慢加入，边加边和，直至揉匀揉透，含水量约为50%，盐要根据季节而定，并先将盐溶解成盐液。

2. 操作中几次静置一定要到位。

3. 面条也可采用半机械化半手工操作制成。

4. 煮制时火要旺，汤宜宽，稍煮即熟，甚至用开水浸泡 3～4 分钟后即可食用。

品质标准

面洁白耀目，菜碧绿清心，油大汤宽，入口鲜美异常。如用清炖的鸡汤伴食，面的清爽、鲜香、细软、筋好的本味特性更加淋漓尽致地表现出来。

三十一、遵义羊肉粉

酒文化名城遵义在历史上曾盛产山羊，早在明代时遵义城就有羊肉粉面市。经历代的不断改进和提高，遵义羊肉粉成为著名的地方传统风味小吃，目前已遍及遵义城乡和贵州各地市州，在全国大中城市也有不少经营遵义羊肉粉的食店。

米粉是用大米加工的一种粮食制品，状如煮熟的粗粉条，分布于贵州、云南、湖南、广西、广东等地，云南称之为"米线"，广西称为"粉"，广东称之为"河粉"。新中国成立前，贵州农民不愿大量种植小麦，米粉食用量高于面条。新中国成立后，政府发展小麦生产，米粉食用量又低于面条。米粉在贵州的分布很广，有羊肉粉、牛肉粉、牛羊杂粉、猪肉粉、狗肉粉、辣鸡粉、豆花粉、红油粉、凉米粉等花色品种。在贵州米粉王国中，又以遵义羊肉粉味压群芳，独占鳌头。

羊肉富含蛋白质和氨基酸，还含有尼克酸、核黄素、硫安素及钙、磷、铁等成分。每 100 克羊肉含热量 334 千卡，比牛、猪肉高得多。中医认为，羊肝能明目，羊肚补胃虚，羊骨补虚劳，羊肉能安心止惊。尤其是隆冬季节，吃一碗热腾腾、辣乎乎的羊肉粉，有全身暖和之感。

美食原料

精米粉 125 克，带皮熟羊肉、熟羊杂各 50 克，羊肉原汤 100 克，猪羊混合油 20 克，酱油 8 克，盐 15 克，煳辣椒面 20 克，胡椒粉 3 克，花椒面 5 克，葱花 8 克，芫荽 12 克。

制作方法

1. 将去净肉的羊骨头洗净放入锅底，加清水烧开后，把备好的羊肉分数次下锅煮熟捞出（用小锅煮，保持汤鲜），晾至还有余热时，用纱布将羊肉包裹成长方

形，每包约为 1000～1500 克，并用重物压干后取出，切成大薄片待用。

2. 取精米扮用凉水淘散，去掉酸味，捞入竹丝篓内，放入开水锅中烫透，盛于大碗内，将羊肉片、羊杂碎盖于粉的上面，舀入原汁羊汤，加混合油、酱油、煳辣椒面、花椒面、盐、胡椒面、葱花、芫荽等即成。

技术诀窍

1. 遵义有"没有原汤不煮羊肉粉"的谚语，需选用肉质鲜嫩、肥瘦适中的带皮黑山羊肉。在清水锅中垫羊骨后，辅以干辣椒、生姜、陈皮等，文火炖汤并分数次加入，以保汤鲜。

2. 米粉有三种制法：将精米淘洗浸泡，用机械加工成米剂，再制成圆柱形或扁条状米粉条；或用磨浆—掺芡—蒸制—晾晒—切条的方法制得；也可用磨浆—掺芡—漏勺挤压—沸水烫熟的办法做成。

品质标准

羊肉片软而不烂，色泽红润，鲜香不膻。米粉雪白如玉，爽滑微韧。汤汁清澈，不浑不腻，原汤、原汁、原味的特点突出。各种调料提鲜增香，辣香味浓。

三十二、毕节汤圆

汤圆，又名元宵，是我国的节令食品，又是人人喜爱的风味小吃。农历正月十五晚上为元宵节，又名上元。元宵节吃汤圆的习俗始于东晋，盛于唐宋。在东晋，人们在正月十五吃豆糜加油糕，或白粥泛糕，这两种点心据说是汤圆的最初形式。据有关记载，在北宋的汴梁（今河南开封）和南宋的临安（今浙江杭州），汤圆就已发展为一年四季供应的风味小吃。

贵州汤圆内馅制作讲究，用十余种调配料制成，风味独特，其中以贵州东部的毕节市为起源地，约在抗战时期出现，有近六十余年历史。个小、皮薄、馅多、味异、质地细腻、香甜可口是其主要特点。传入贵阳后，深受贵阳人喜爱，并逐渐流传到贵州各地。

宋陈达叟《本心斋疏食谱》赞美汤圆："团团秫粉，点点蔗霜。浴以沉水，清甘且香"。"秫"是高粱的古称，用高粱做汤圆，为国内罕见，但毕节却继承了高粱制汤圆这一工艺。"沉水"是沉香煮的水。沉香是一种乔木，芳香馥郁，可以入药，有"主治气逆、喘息、呕吐、呃逆、脘腹疼痛"等功效。现在，以沉水煮汤圆的做法已罕见了。

毕节汤圆多用优质新糯米和高粱制成，并要求用粉质细腻柔软的吊浆粉作皮。馅子用火腿、五仁、引子（苏麻）、玫瑰、洗沙、冰橘、芝麻、桃仁、白糖、蜜枣等十多种原料做成。形状有圆形、扁圆形、桃子形、菱形、饺子形等。

美食原料

糯米粉1 000克，火腿馅、五仁馅、引子馅、玫瑰馅、洗沙馅、冰橘馅、芝麻馅、桃仁馅、白糖馅、蜜枣馅各50克，猪板油200克。

制作方法

1. 将糯米淘洗、浸泡后加工成水磨粉，用温水调匀搓揉下剂子。

2. 各种馅心用撕去筋膜的猪板油按透揉匀，包入汤圆皮后再做成圆形、扁圆形、桃子形、菱形、饺子形等形状。

3. 分锅煮汤圆，每碗10个，每种馅心各1个，每种形状各2个。

技术诀窍

1. 汤圆的主料是糯米，经淘洗、浸泡后用石磨磨成细浆，装入布袋中吊去水分而成粉剂，再由此制成粉皮。

2. 馅心制作严格，要求用猪板油揉匀以求醇香。

3. 形状打破汤圆的"圆"字，而有多种形状。熟制时小心操作以防煮破，用分开煮的办法可以防止串味和馅心成熟不均现象的出现。

品质标准

个头小巧，皮白糍糯，馅味各异，形状美观大方，口感清香甘甜，有浓厚的果香和肉香。

三十三、鸡肉汤圆

贵州是少数民族聚居的山区，许多民族地区自古即种植糯稻，以糯食为主食，所以糯米在民族小吃上的运用十分普遍。

古时称"水团"的"汤圆"，在贵州民间有"汤粑"之称。我国各地的汤圆，虽品种众多，但均为甜味，唯有贵州黔西南布依族苗族自治州的兴义鸡肉汤圆是咸鲜味的，因此风格独特，是贵州地方小吃中最具特色的一款。

鸡肉汤圆始创于清代末期，经四代传人的不断发展而成为今天的名小吃，其外形小巧玲珑，色泽雪白而晶莹光洁，糯米清香与鸡肉、猪肉、鸡汤、芝麻酱的鲜香融为一体，使之更加芳香馥郁，口感兼具糯软、细滑、清爽、油而不腻的特色。如今除兴义外，在贵阳、遵义、安顺等地皆可见此小吃，甚至在北京、上海、深圳、南宁等地亦有销售。

美食原料

糯米粉 1 500 克，鸡肉 200 克，猪肥肉 200 克，猪瘦肉 400 克。盐 100 克，胡椒粉 40 克，水芡粉、芝麻酱、鸡汤各适量。

制作方法

1. 选用上等糯米制成吊浆粉，取 500 克粉烫熟后与生湿粉揉匀下剂。

2. 用鸡肉、猪肥瘦肉混合剁蓉，拌入盐、胡椒粉、水芡粉搅打成馅。

3. 将鸡肉馅包入汤圆皮中，捏成小荔枝大小，入锅中煮透，舀入用沸鸡汤调散芝麻酱的碗中即可食用。

技术诀窍

1. 制皮要选用上等糯米制成的吊浆粉，或用机器加工的湿粉，取其 1/3 左右烫熟成熟芡，再与生粉进行生熟揉合，这样可使汤圆软糯不易破裂。

2. 制馅的鸡肉要用新鲜鸡肉，将之剁细去筋膜并搅打成"糁"状，才能使鲜味物质充分泌出。

品质标准

小巧玲珑，形如荔枝，表面晶莹光洁，肉馅细嫩，汤汁鲜美，味鲜香浓。口感糍糯、细滑、清爽，油而不腻。

三十四、沓臊馄饨

"好个老不管，开在小井坎，馄饨有八个，可惜是小碗！"这首顺口溜是解放前贵阳人对"老不管"饮食店的沓臊馄饨的赞誉。

馄饨在广东叫云吞，四川名"抄手"。三国时期，魏人张揖撰《广雅》称："馄饨，饼也。"我国古代面食通称饼。南北朝颜之推曰："今之馄饨，形如偃月，天下通食者也。"这说明馄饨在南北朝时期已普及各地。清代《古今图书集成·建康七妙》有"馄饨汤可以注砚"的记载，"建康"即今南京，描绘南京馄饨汤汁清澈，可以磨墨。此说虽有夸张，但说明汤的质量十分讲究。

贵阳馄饨的历史悠久，何时出现，已难考证。但其用料讲究，工艺精细，风味独特的制法，在同行中颇显特色，现在市面上流行的沓踏馄饨并不比当年"老不管"的沓臊馄饨逊色。

美食原料

精制面粉500克，鸡蛋10个，猪肉200克，金钩50克，桃仁30克，香油、酱油、胡椒粉、蔻仁、味精、猪骨、黄豆芽等各适量。

制作方法

1. 用精粉与鸡蛋揉匀擀皮，可擀120张。

2. 用猪肉、金钩、核桃仁剁蓉至泥状；加香油、酱油、胡椒粉、蔻仁、味精、鸡蛋调匀成馅；包入馅皮中即成馄饨。

3. 用猪骨、黄豆芽入汤锅中，加清水大火烧开，改小火煨汤，将滚烫的鲜汤冲入放有8克肉馅的碗中，将肉馅烫熟，再装入煮熟透的馄饨8个即可食用。

技术诀窍

1. 用精粉、鸡蛋制皮，要求皮薄、柔软、细滑。

2. 制馅的猪肉剔尽筋膜，肥瘦比例随季节变化，冬季4：6，夏季2：8，春秋3：7。每碗用馅约15克。

3. 制汤时用猪骨、黄豆芽煨汤，汤鲜味美，并略有黄豆芽的清香。

4. 以馅制臊，每碗约用8克馅沓于碗底，称"沓臊"。将滚沸的汤将其冲散烫熟，再入煮熟的馄饨，沓臊增加汤的鲜香，外臊内柔，别具风格。

品质标准

汤鲜，皮薄，馅香，鲜香扑鼻，风味独特。

三十五、布依族灰水粽粑

我国布依族人口约255万，其中97%居住在贵州的黔南、黔西南两个自治州和镇宁、关岭等自治县。布依族同胞把"春节"叫"大年"，"六月六"称"小年"。小年时间相对农闲，布依山寨家家户户都要在这一时候杀猪、宰鸡、包粽子，甚至杀牛祭祖，举族欢庆。妇女们串寨走乡"拜年"去，男人们则相聚寨中"议榔"（布依语，意为讨论制定寨规民约之类的事情），青年男女则成群结队去踏坡对歌，吹叶奏曲，送情求爱。

"三天不吃酸，走路打窜窜"的布依山乡同胞，淳朴善良，热情好客，"吃转转席"，"一家宾客全寨亲"，这些习俗体现这一民族的豪放秉性。灰水粽粑是这一民族餐席上常见的美食，布依人常以此款宾待友，或馈赠贵客亲朋。近年来，布依人把灰水粽粑推向市场，遍布贵州各地，深受市人喜爱，布依灰水粽粑因此声名

鹊起。

美食原料

糯米5000克，新鲜干秧苗1 000克，花椒碎150克，五花肉丁500克，盐、粽叶各适量。

制作方法

1. 在插秧苗时将剩余的秧苗洗净，捆成小把挂在竹竿或屋檐下晾干。使用时取下烧成秧灰待用。

2. 将糯米浸泡淘洗，与秧灰混合，倒入石碓窝中，轻轻磕至糯米表面沾上一层灰褐色，然后捞出筛去多余秧灰即得灰米。

3. 取灰米与花椒碎、五花肉丁、盐混合均匀。

4. 将粽叶洗净晾干，包入拌匀的灰糯米，以草绳捆绑成粽子，下锅煮至熟透即成。

技术诀窍

1. 晒秧苗时不宜捆得太紧，以晒至鲜干为好，发霉变色的不能用。没有秧苗，用稻草亦可。

2. 磕米时要轻，不得将米磕碎而影响风味。

3. 粽叶最好是用刚采摘的鲜粽叶，以求其芳香。

品质标准

色美味香，口感软而不黏，有弹性，无腻口感，有粽叶的清新芳香，容易消化。

三十六、花溪牛肉粉

花溪牛肉粉是最近几年风行的一种贵州地方著名小吃。地处贵阳市南部17公里处的花溪镇，是贵州著名的风景旅游区。每到墟集之日，这里是各少数民族群众下寨赶集的地方，吃一碗牛肉粉作中餐，已成为众多山民赶集的习惯。这种品味鲜香醇厚、分量充足而价廉的牛肉粉，吸引了来自四面八方的食客，并誉传各地。以至后来发展成为一大品牌，中南五省的各大城市都相继开有众多的连锁店。"花溪王"牛肉粉的汤质浓厚鲜香，米粉软脆而绵长，牛肉软硬适度，味美可口。店家一般都在桌上摆上煳辣椒、花椒粉、酱油、醋、大蒜等调料，随客人的喜好选配。一些地方还在粉中加入卤鸡蛋、牛筋、牛宝等料佐食，花溪王牛肉粉的品种因此更加丰富多彩。

美食原料

鲜米粉200克，牛肉100克，酸菜30克，混合油（包括油、牛油、化猪油）50克，煳辣椒、花椒粉、味精、鸡精、盐、酱油、醋、香菜、糖色、香料、原汁牛肉汤等各适量。

制作方法

1. 将牛肉洗净切大块入锅，煮至断生捞出。一半投入锅内加糖色、香料等卤到熟透，切大薄片；另一半切丁炖至烂熟。酸菜切碎片，香菜切寸长段待用。

2. 鲜米粉投入开水中烫熟，捞入大碗内，再将牛肉切片和牛肉丁、酸菜、香菜放于粉上，加入原汁牛肉汤、混合油、鸡精等即可。

技术诀窍

1. 牛肉要炖至软烂，吃时才会韧性适度。

2. 米粉要烫过心，但不要烫过度，这样才会爽口，否则过于软烂失口感。

品质标准

粉白汤褐，汤鲜肉香，滋味醇厚，辣中带微酸，米粉滑爽而有韧性。

三十七、酸汤面

贵州是一个多民族省份，擅长制酸，亦喜食酸食。有句民谣说："三天不吃酸，头晕打转转。"酸汤具有开胃健脾之功效。在贵州众多酸汤中，以苗家酸汤最为著名，其与众不同的地方是酸香丰富，有红汤酸、清汤酸、虾酸、肉酸、毛辣角酸、菜酸等多种。下面介绍一种简单易行、制作方便的西红柿酸汤面。此食加入的木姜油，由木姜子制得。其学名山苍子，又名山鸡椒，产于长江以南地区，状如花椒，味辛辣，有异香，贵州人常用作调味品。其花果均含芳香油，是生产食用香精和化妆品的重要原料，酸汤面加入此油，使面食香气别致，这正是本款面食特色之所在。

美食原料

干面条250克，番茄酱50克，白醋20克，红醋10克，鲜番茄50克，糟辣椒50克，鲜红青椒20克，瘦肉20克，木姜油5克，化猪油10克，精盐、酱油、葱花、姜末、蒜末、菜心各适量。

制作方法

1．将鲜番茄、鲜青红椒切碎；瘦肉切丝；菜心切段待用。

2．将锅烧热，放少许油，番茄酱炒香，下糟辣椒炒上色，再下姜蒜末炒出香味，掺入鲜汤打尽残渣，下鲜番茄、青红椒碎末，调入精盐、味精、白红醋、化猪油、木姜油等即成红色的酸汤。

3．另起锅烧开水，下入干面条煮熟，盛入大碗内，舀入酸汤，再加入烫熟的肉丝和菜心即成。

技术诀窍

1．面条要煮至粑软适度，为保持弹性，可在烫煮出锅时以冷开水冷却，洒入半匙生油拌匀防粘连。

2．酸汤的调制要依次进行，木姜油的用量适度。

品质标准

酸香味美可口，汤红面黄，柿、椒红艳、菜心鲜绿，色泽红亮滋润，入口酸中带辣，食欲为之一振，营养丰富。

三十八、咸八宝饭

"八宝"源于古代帝王的八枚印章。唐代以前，帝王印章共六枚，称为"六玺"。唐朝立国后，又增加了"神玺"和"受命玺"。宋徽宗改"玺"为"宝"。金兵入侵中原，宋王室南渡后，赵构特举行"八宝宴"，以欢庆偏安江南。从此，杭州饭馆便出现了以"八宝"命名的各种菜肴，很受欢迎，流行至今。

各类八宝菜肴，一般是指用八种珍味或配料而命名，但多属成品，久食生腻，后逐渐发展到甜品，如八宝饭、八宝粥。咸八宝饭是保山地区的传统名点，其起源应在明代中期后。随着江南移民的到来，汉族人口超过土著民族，在甜八宝的启示下，又转变为咸八宝，以区别于菜肴。此品突破唯用糯米的格局，配加山药、玉米，既减少了糯米生腻之弊，又伴生了营养互补之妙。

"山有灵药，录于仙方，削数片玉，渍白花香。"这是陈达叟在《玉迁赞》中赞美山药的诗句。自古以来，山药就是一种有益健康的滋补之品，有"滋补药中的无上之品"之说。其营养的最大特点是含有大量的黏蛋白，能预防心血管系统的脂肪沉积，保持动脉血管的弹性，阻止动脉粥样硬化过早发生，并使皮下脂肪减少，避免出现过度肥胖。

玉米的热量、脂肪、纤维素比大米和面粉高。其脂肪特点是，不饱和脂肪酸含

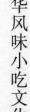

量较高，对动脉硬化症、冠心病、心肌梗死及血液循环障碍等疾病，有特殊疗效。

咸八宝饭

美食原料

糯米 250 克，熟鸡肉 200 克，干玉米、熟山药、水发冬菇、熟火腿丁、熟猪肉丁各 50 克，豌豆苗 100 克，姜米 20 克，葱花 10 克，精盐 8 克，味精 3 克，芝麻油 40 克，熟猪油 100 克，鸡汤 200 克。

制作方法

1. 将糯米、玉米淘洗干净，用清水泡透，沥去水分，入笼蒸熟成饭。

2. 鸡肉切成长 3 厘米、宽 2.5 厘米的薄片，铺满碗底。豌豆苗用沸水焯过，放入冷开水中泡凉。

3. 炒锅上中火，注入猪油，油温至四成热时，下姜米、冬菇煸炒，出香时下火腿丁、熟猪肉丁、熟山药煸炒。锅离火口，倒入糯米饭，玉米饭和盐 3 克拌匀，放入鸡片碗内码平。上笼用旺火蒸熟，取出扣入盘中，四周围上豌豆苗。炒锅上火，注入沸鸡汤，调入精盐、味精、葱花，滴上芝麻油，起锅将汁浇在鸡片上即成。

技术诀窍

1. 玉米受温，最容易被黄曲霉菌污染而发霉，发霉的玉米中含有一种强烈的致癌物质——黄曲霉素。因此，发霉的玉米绝对不能食用。

2. 煮山药时，忌用铁器或青铜器，还忌在烹调中反复加热或过分蒸煮，否则其营养会遭到很大破坏。

3. 此品档次高，全在配料和鸡汤。所以鸡肉切片至扣入盘中时，鸡片要大且在面上，方显其贵。

4. 入笼蒸制，要旺火猛蒸，一气呵成。

品质标准

此品糯米、玉米、山药营养互补，热量高，鸡肉、猪肉、火腿蛋白质丰富，滑嫩爽口，冬菇、火腿增香，全菜白、黄、红、褐、绿相间，色彩鲜艳，粑糯咸鲜，名副其实。

三十九、酸木瓜饭

酸木瓜饭，是云南楚雄傈僳族的风味饭食。木瓜，属蔷薇科海棠植物，为食用、药用、观赏的三用植物。"投我以木瓜，报之以琼琚。匪报也，永以为好也。"此诗表明，早在两三千年前的古代，人们还把木瓜作为表达和平和爱情的赠物。

木瓜是此饭的核心，它含有糖、有机酸和维生素等营养成分，还含有苹果酸、酒石酸、枸橼酸和丙酮等物质。食用木瓜，是云南各少数民族的一大传统。傈僳族用之做饭，多在夏、秋。夏秋天热，饮水多，导致胃酸稀释，导致肠道病菌生长繁殖，引起食欲不振，稍食油腻则消化不良。所以，夏季应吃些酸性食物，食用木瓜不仅能开胃助消化，还能增加胃酸浓度，杀灭致病菌。可见傈僳族吃木瓜饭是科学的。木瓜单食，奇酸难咽，与米配伍加以调味，进食可口。木瓜入药，浸酒服用效果显著，有舒筋活络、和胃化湿、舒肝止痛等功效。

木瓜做饭，在云南仅见于楚雄州傈僳族农村民间，考其原因，与居住环境有关。傈僳族居住金沙江河谷地带，气候干热，进食木瓜能使身体清爽。

木瓜入菜，白族有木瓜炖鸡；泸水县片马乡的怒、独龙、傈僳等族，常用木瓜蘸盐、辣椒面生吃，或切片泡入开水中饮用，还切成丝作为菜肴的配料，能解渴避暑。有的人还喜欢喝几口用木瓜加红糖酿制的木瓜醋，清凉神爽。

美食原料

生坯饭 1 000 克，熟透的酸木瓜 700 克，精盐 17 克，辣子面 30 克，姜末 100 克，芝麻油 50 克，熟猪油 100 克。

制作方法

1. 用鲜芭蕉叶把木瓜包严，入冷水中浸一下，取出埋入子母火中焐热。取出剥去煳叶，刮去瓜皮，挖去瓜籽，切成丁。

2. 锅上火，注入猪油，热时下姜末、辣子面、盐煸香，下入木瓜丁拌炒，再下米饭拌匀，出锅盛入碗中。上笼猛蒸至熟，取出淋上芝麻油即可食用。

技术诀窍

1. 酸木瓜奇酸，单吃难以下咽，所以用盐、辣子面调味以助食。但应注意盐与辣子面的用量，不宜过头。

2. 注意木瓜的加工顺序，忌不烧即用。因为烧后水分减少，酸味减弱，甜味上升。

3. 素烹宜用荤油（动物油），荤烹宜用素油（植物油）。

品质标准

此饭既具有浓郁的田园山野风味，又有开胃助食之效。咸辣酸香，白黄红相间，洁白居主，缀以黄红，与米汤佐食，风味独特。

四十、鲜玉米饭

鲜玉米饭是流行于云南农村的一道家常饭，说其为饭，实则为糕。选用刚登场的干玉米，经石磨磨成面，蒸前半小时用水拌和，使之既不成团，又不太松散，当木甑上汽后，用双手取其搓散，均匀地撒在米饭上面，厚度不超过 10 厘米，盖上草锅盖，以旺火猛蒸至熟。吃时，趁热撒上一小层糖末，划成块而食，甜嫩润口。人间美食农家有，此味城里无处觅。

玉米，又名包谷、御麦、珍珠米。原产于墨西哥，传入中国当在 1511 年之前。1511 年《颖州志》已有关于玉米的记载。时至当代，人们对玉米的营养价值有了新的认识，粗粮遂成为日常生活的保健美食。

玉米中含有一种特殊的抗癌物质——谷胱甘肽。该物质可与人体内的多种致癌物质结合，使其失去致癌性。玉米中含有的胡萝卜素被消化吸收后，可在身体内转变成有生理活性的维生素 A；而维生素 A 能够阻止、延缓癌前病变。据流行病学调查结果显示，维生素 A 或胡萝卜素的摄入量和肿瘤为负相关。胡萝卜素可预防肺癌、胃癌、食道癌、膀胱癌和结肠癌的发生。此外，玉米中还含有大量的镁，不但能抑制癌细胞的生长，而且能促进消化道的蠕动，增加胆汁分泌，从而有利机体内废物的排出。研究表明，镁确实具有防癌的显著效果，对活细胞起着"万能控制器"的作用。

美食原料

新登场的干玉米 2500 克，焙花生 100 克，焙芝麻 20 克，糖粉、糖稀各 50 克。

制作方法

1. 选用刚登场的干玉米用石磨磨成碎料，簸去皮，复磨成粉。临蒸饭前半小时，取粉入盆，洒入清水，揉拌成既不成团又不太散的粉面，静置饧发。花生去皮擂成粒。

2. 大铁锅内注入清水，以饭甑入锅后，饭甑外沿现出一水圈为宜。甑内应有一层米饭垫底，因米粒空隙大，利于蒸汽上升，将蒸汽传给玉米方能使之蒸熟。当

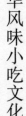

甑上汽后，双手就盆将玉米面搓散，分次均匀地布撒于米饭上面，形成一定厚度，以6厘米左右为宜，若超过10厘米，则难以成熟。然后盖上草锅盖，旺火猛蒸至熟。

3. 饭熟时，就锅揭去锅盖，趁着上升的热气，摊入糖稀，撒上糖粉、花生粒、芝麻，用刀划成块即可食用。

技术诀窍

1. 玉米磨面，以石磨为佳，钢磨热度高，影响粉的质量；揉面注意湿度，和好后饧发至关重要；入甑时双手搓散，忌紧实，否则汽透不上来。

2. 要用旺火大汽猛蒸，方保糕层熟透。

3. 用刚登场的干玉米，是因其含水分多，鲜度好。如用陈玉米，则应增加水分及饧发时间，但质感味道则欠一层。

品质标准

成品浑为一体，形、质、色、香，与糕无异。通体金黄，糕面洁白着黄；口感黏糯松软；滋味鲜甜似密，并溢出一股清香。

四十一、麻补

"麻补"是纳西语，意为米灌肠，是云南丽江纳西族民间的风味小吃。丽江的纳西族，古代有"花马国"之称。纳西族属古代氐羌族群，从西北迁徙而来，到达丽江后被美丽的玉龙雪山迷住了。定居后，由游牧变为农耕，但仍沿袭爱马、不食马肉之俗。过去的游牧民族皆喜食血肠，此传统被保留下来。由于饲养猪成为主要肉食，故而以猪大肠制成麻补也就顺理成章了。

此肠的制法与滇东北布依族的糯米肠相似，但又略有不同。布依族地处亚热带，临水而居，严冬制肠，速食为佳，开春后气温上升，不易久存。而纳西族地处滇西北高原，冬春气温较低，严冬制肠储存时间较长，发酵后风味特异，故此食在滇西素有盛誉。

此肠常在严冬宰杀年猪时制作。其时正是严寒低温，应天时而制，风味别致。在丽江，如客人来访，又距吃饭时间尚早，主人就煎制此肠，打上一筒酥油茶，请您吃"晌午"。紫红色的饭肠，中缀洁白，糯而带香。佐以喷香的酥油茶，润喉生津，美不可言。

美食原料

糯米 1 500 克，籼米 800 克，鲜猪血、猪大肠各 1 500 克，精盐 60 克，味精 10 克，五香粉 25 克，姜末 100 克。

制作方法

1．将糯米、籼米分别淘洗干净，在清水中泡 3～5 小时捞出，上笼蒸半小时即可。

2．猪大肠翻洗干净，除尽臭味。猪血接入盆内，经常搅动防止凝结。

3．就猪血盆放入糯米饭、白米饭（生坯饭，半熟品）、盐、味精、五香粉、姜末拌匀成馅，灌入大肠。至满时，扎紧灌口，肠表面扎眼，上笼旺火猛蒸 1 小时，熟后取出稍待片刻即可食用。亦可储存，需要时或蒸或煎或烤而食之。

技术诀窍

1．猪大肠内有粪便，除粪、洗净、除臭极为重要，可用豆面、食盐搓揉洗涤去污、除臭。

2．灌肠是造型食品，所以饭不宜蒸得太熟，熟而难灌。灌满扎紧后，要用衣针戳眼放气，这样蒸时不会破裂。

3．无鲜猪血，可用鸡蛋液代替。

4．蒸制时要用旺火大汽猛蒸，一气呵成将饭、肠蒸熟。

品质标准

麻补，整品如饭柱，表面光亮透紫红。切开后，紫红中着洁白，形圆；现吃有香味，口感软糯，嚼而鲜美，助饮清茶，风味别致。

四十二、考糯索

"考糯索"是傣语，是用糯索花命名的年糕。"考"为饭或粑粑，这里指的是粑粑。"糯索"是石梓花。

糯索花是傣族具有特殊文化特征和营养价值的食用花木。糯索花来源于云南石梓，是一种大乔木，3～4 月开花，花朵呈黄色，有香味。在盛花期，摘取鲜花晒干，碾成粉末，过傣历年时用花粉末、糯米、红糖做成粑粑，所以又叫"泼水粑粑"，具有节日喜庆和吉祥之意。

此点是每年泼水节待客或亲友互赠之品，常由傣族妇女下厨制作，制好后在节日期间由小卜给（姑娘）用背箩装着沿街分赠。礼尚往来，互赠品尝，评论谁做得好。因此，傣族妇女下厨烹制时十分认真。

傣族喜食糯食，以糯米为主做点心，品种很多，其共同特点都是柔软黏糯，浑为一体。傣族的这一食习恐与热带出产有关，如古老的石梓，因西双版纳生态环境良好，此树延生下来，故而食用此花，所以此品仅见于西双版纳州。

美食原料

糯米400克，花生仁、苏子各200克，芝麻、糯索花各100克，红糖200克，熟猪油50克。

制作方法

1. 将糯米淘洗干净，用清水浸泡两小时。捞出米带水入石磨，磨成浆，装入布袋压滤去水成吊浆面，晒干收存。

2. 锅上火，注入油，依次分别将花生、芝麻、苏子炒香，糯索花炒香，取出。花生去衣舂成碎粒，芝麻、苏子舂细。红糖切细。

3. 吊浆面入盆，加冷水和成稠糊，下花生、芝麻、苏子、红糖、花末拌匀。取青芭蕉叶洗净，入开水锅烫过取出，切成方块。用两层芭蕉叶把粉糊包成方块，蒸或煮熟即成。

技术诀窍

1. 制粉以吊浆面为佳，无吊浆面时干粉亦可，但口感欠佳。

2. 变质的吊浆粉色泽白如初，但煮熟后却呈红色，不能吃。因为它已受到一种名叫酵米面黄杆菌的污染。此菌一经加热即死亡，呈黄红色。但该菌释放的黄杆毒素A却留在米粉中。它属于细胞毒，能使人体细胞变性坏死，组织器官的功能减退。这种毒素的特点是耐热，水煮、油煎都不使之破坏。

3. 辅料应先焙香，再擂成粒（泥），以突出香气。

品质标准

此品状呈方形，色泽素雅，清香突出，软糯鲜甜，食用方便，配料考究，较之汉族年糕，别有一番风味。

四十三、夹沙荞糕

夹沙荞糕，是云南各族人民喜爱而又极富营养的一道大众化美食，用荞麦面与豆沙合蒸而成。

荞麦含71%淀粉、11%蛋白质和2.5%的脂肪。脂肪中多为油酸和亚油酸，其中油酸在人体内合成花生四烯酸，是降低血脂、合成对人体生理调节机能起着重要作用的前列腺素和脑神经的重要成分，故有调节、增强生理机能和平血、健脑之效。在所含的矿物元素中，其中镁的含量比大米高1倍多，能促进人体纤维蛋白溶解，使血管扩张、抑制凝血酶的生成，具有抗栓塞、降低血清与胆固醇的作用，对急性贫血性心脏病和高血压具有一定疗效。此外，其维生素的含量更高，如其所含的路丁，是其他粮食作物所不具备的，对老年人具有特殊的医疗保健作用。路丁和烟酸均有降低人体血脂和胆固醇的作用，是治疗高血压、心脏病的重要成分，特别是路丁，能有效地降低微血管脆性和渗透性，能起到保护和增进视力，预防脑溢血的作用。在世界上，荞麦已誉为"高营养的保健食品"。

美食原料

苦荞面14000克，面粉、豆沙各1 000克，焙芝麻100克，白糖粉1 800克，熟猪油50克，明矾、土碱各60克。

制作方法

1. 将土碱放入锅中，加清水烧开溶化；明矾入器，加热水溶化。

2. 荞面、面粉入盆，加清水搅拌均匀，注入明矾水搅匀；再加土碱水、白糖粉、熟猪油，继续搅拌成糊状。

3. 锅上火，注入水，架上蒸笼，笼底铺上白纱布，倒入2/3荞面糊，加盖蒸20分钟；抬出蒸笼将豆沙铺平在糕上面，刮平摊匀，再将余下1/3的荞面糊倒上摊匀，加盖入锅再蒸半小时，并在表层用竹筷插些气孔加速成熟。熟后将焙芝麻撒在表面上，取出晾凉后，切成菱形块即成。

技术诀窍

1. 荞糊调成后，宜用纱布盖住，静置让其饧发，使水分分布均匀。入笼时，注意操作顺序，摊沙贴糕要离火口，否则豆沙溢流，外形差，层次不显著。

2. 整糕厚度大，约为10厘米，所以蒸制时，火要大，锅内水量要一次加足，大汽猛蒸，方保蒸透。

3. 出售或出摊，宜就水锅架笼，略保热气，现吃现划。

品质标准

此品形大壮观，圆而立体感强，划成菱形块后形体美观；荞糕金黄，豆沙紫艳，层次清晰；有香甜气，吃后润喉，微带点苦味，清凉解热，有助消化，富于营养，食疗效果好。

四十四、荠菜饺

荠菜饺是云南的时鲜名吃，与江浙的"荠菜春卷"、"荠菜包子"同属一类。荠菜味美，有一定的食疗保健功效，民间有"三月三，荠菜当灵丹"的说法。

荠菜是野菜中的珍品。每年残雪融化、大地复苏之时，人们纷纷到田野采摘星星点点的荠菜尝其美味。《诗经·谷风》中有"准谓荼苦，其甘如荠"。宋诗人陆游吟其"日日思归抱蕨薇，春来荠美忽思归"。清画家郑板桥赞其"三冬荠菜偏饶味"。故《素食说略》评价其为："荠菜为野菜上品，煮粥作斋，特为清永，以油炒之，再加水煨尤佳。"

荠菜营养十分丰富，含有人体所需要的多种氨基酸、有机酸和糖类等营养成分。尤为可喜的是，它连花带果全株均可入药。一千三百多年前，南朝医学家陶弘景在《名医别录》中指出："荠菜，甘温无毒，利肝和中，明目益胃。"据现代医药学研究证实，荠菜中含有荠菜酸、胆碱、乙酰胆碱、芳香苷、配糖体等多种药用成分，具有利尿、解热、收缩血管及止血作用，能轻度扩张冠状动脉，降低血压，收缩子宫，对高血压、冠心病、荨麻疹、肾炎及月经过多等疾病有一定疗效。

荠菜食用方法很多，可炒，可拌，可烧汤，可制馅，既是家常蔬菜，也是筵席佳肴。以荠菜制饺，味道异常鲜美，清香扑鼻，鲜嫩爽口，常作席中珍点。

美食原料

面粉300克，荠菜叶、猪肉末各200克，皮冻50克，精盐6克，味精、胡椒面各3克，熟猪油300克。

制作方法

1. 将荠菜叶用热水稍焯一下，取出挤干水分，剁成末。将荠菜末、猪肉末、皮冻、盐、味精、胡椒面入碗，拌匀成馅。

2. 用部分面粉入盆，入热水拌和成烫面，随后将其余面粉和猪油分次揉入烫面中，揉成面团，盖上湿纱布，静置饧发约15分钟。

3. 将面团放在案板上，搓揉成条，下成小剂，擀成圆形薄片。用面皮包入馅心成薄片大馅饺，背上锁花（捏花），入笼蒸8～10分钟，取出装盘，随汁碟上桌。

技术诀窍

1. 皮冻是用猪肉皮煮至软烂后连汁带皮凝固而成。拌馅时，一是要将其稍切成小块；二是要现拌现包，否则皮冻溶化难包，更重要的是熟后汁水丧失。

2. 包制时，馅要居中，收口要严密，防止漏馅，失去美感。

3. 蒸制时，要用旺火大汽猛蒸。

品质标准

荠菜饺，形美划一，鲜嫩清香，微带卤汁，滑润爽口。

四十五、破酥包子

破酥包子是一种广泛流传于云南的风味独特的点心，有三百多年历史。相传清初，南明永历帝入滇，眼看大明江山大势已去，心情愁郁，整天提心吊胆，担心不久清军将攻打昆明，茶饭不思。随行御厨用宣威火腿切成碎丁，加入蜂蜜、料心包馅，蒸制成雪白的点心奉上。此品收口处着一红点，煞是醒目，馅心香气扑鼻，味道香甜醇厚。永历帝尝后连声称赞。此点时称"糖腿包子"。

光阴荏苒，转眼间便到了清末，糖腿包子由皇宫被引入官府，最后终于传至民间。1903年，王溪人氏赖八，在昆明翠湖大门附近开一少白楼，专门制作和出售这种包子。这种包子以烂面（大酵面）擀成皮，抹上猪油制成，所以熟后层次分明，称为"破酥包子"。由于该点的馅心用肥瘦适度的宣威火腿，配加白糖，熟后甜中带咸，酥软化渣，一时间，顾客盈门。不久，仿效之店骤起，遍地开花，遂成为名食。

美食原料

上白面粉200克，酵面、熟火腿丁、鲜猪肉丁各70克，冬菇丁20克，冬笋丁15克，熟猪油80克，白糖50克，甜酱油15克，咸酱油、葱姜末各10克，上清汤20克，湿淀粉30克，精盐、味精各2克，小苏打少许。

制作方法

1. 将熟火腿丁与白糖、面粉10克入碗，拌匀成甜咸馅。

2. 锅上火，下清汤、甜咸酱油、味精、葱姜末、盐，沸时下湿淀粉勾芡，倒入鲜猪肉丁、冬菇丁、冬笋丁，拌匀成咸馅。

3. 取面粉180克与酵面入盆，加清水和成面团，静置饧发。发起时加碱揉匀，擀开，抹上猪油，撒上面粉卷成长条，下剂分别包入甜咸馅和咸馅，捏制收口成形。在甜咸馅包子上点一红点，入笼蒸至封口处微开即成。

技术诀窍

1. 此点面团属大酵面，较软嫩，异于一般酵面。检验标准是当包子不慎落在

地上，即酥烂不成形。所以和面发酵是否到位，是工艺关键。

2. 兑碱是用碱中和酵面酸味，要求以闻无酸、吃不出酸为准。

3. 包时，馅心居中，接口封严但不宜过紧。蒸时，旺火大汽，一气呵成。

品质标准

此品选料认真，制作精细，馅心考究，层次分明，薄如蝉翼，柔软酥松，重油重糖，馅大量足，甜成适宜，油而少腻，尤受童叟欢迎。

四十六、都督烧麦

宜良烧麦，何以冠以"都督"二字？说来还有一段趣闻。

清宣统年间，宜良县城有一祝氏开了个映兴园，专售煮品、卤菜、烧麦，尤以烧麦驰名。一日，云南督军唐继尧来到宜良县城，晚上想吃夜宵，便进了映兴园点吃烧麦。烧麦上桌，盘中仅放了3个。当他尝后，拍案叫好，要再来一盘。祝老板应声道："不卖了。"唐问为什么。祝道："这是本店规矩，一人只卖3个，县太爷来也是如此！"唐不高兴又问为什么。祝氏指着门外拥挤的顾客说："你看那么多顾客，要让大家都吃点。"这时有识唐者悄悄对祝说："他就是唐都督，得罪不得啊！"祝氏猛然醒悟，破例让他吃了个痛快。从此，宜良祝家烧麦就被人称为"都督烧麦"。

祝氏烧麦的确是烧麦中的"都督"，品位之高犹如顾曲周郎，"羽扇纶巾"，十分儒雅。其馅心的主料需用小乳猪的肉做成，它不是浓妆艳抹，而是淡中包含滋味。其妙之处在于加盐不咸、蘸醋不酸、肉多不腻、馅心包含鲜汁。由于风味独特，做工精细，食客云集，精明的祝老板就此再使出每人限购3个的高招，生意更是火暴。

都督烧麦，状似石榴，不封口，馅心中精猪肉要比肥猪膘多一点，外加熟猪皮、火腿、冬菇、笋丁、葱花、猪油等拌匀成馅；蘸汁要用山西醋，酌加少许辣椒油、芝麻油、白糖、香菜末。

美食原料

面粉2000克，鲜嫩猪肉320克，熟猪肉600克，熟猪皮120克，鸡蛋5只，水发笋丝、火腿丁各60克，水发冬菇20克，干淀粉160克，精盐20克，味精、胡椒面、白糖各4克，熟猪油80克，葱花30克，山西醋150克，辣椒油、香菜末各50克，芝麻油10克，油汤100克。

制作方法

1. 将面粉放在案板上，中间扒个塘，磕入鸡蛋液，浇入油汤，抄拌均匀，揉成面团，搓成条。按每只重 32 克下剂，拍上干淀粉，用专用面杖擀成烧麦皮。笋丝入沸水锅中焯熟，取出切成末。冬菇切成细丝。

2. 鲜猪肉洗净，剁成泥，熟猪肉、熟肉皮剁成粒，三者入盆拌和，加入笋丝末、火腿丁、冬菇丝、葱花、盐、味精、胡椒面、猪油拌匀成馅。

3. 用面皮包入馅心，捏成长石榴花状，入笼蒸熟装盘。连同用醋、白糖、辣椒油、芝麻油、香菜末兑成的汁水碟一起上桌，用烧麦蘸吃。

技术诀窍

1. 制馅各料，属细腻的要制成泥状，是粒、丁、末、丝的不宜大。馅心与饺子馅区别较大，因其包时不封口，故含水分不多。

2. 擀制面皮要求较高，要用专用面杖。包制时，注意造型，收口要像石榴花状，故要露馅，但馅心必居中，不能露底。

3. 蒸时，用旺火大汽猛蒸。

品质标准

烧麦体比饺子大，但比包子小，下部圆饱鼓起，上部如茎，口开花，造型独特。馅心大，香气溢出，滋嫩含汁，甜鲜酸辣适口，风味独具。

四十七、鸭肉糯米饭

贵州是个多民族的高原地区，第五次人口普查结果显示，本区共居住着 49 个民族。过去这些民族群众绝大部分以糯米为主食，至今仍有一些少数民族以糯为主粮。在贵阳等城市的早餐结构中，糯米饭、粉、面列为"三大样"。在这里，食糯米饭相当于北方的包子、馒头。贵州的糯饭花色品种十分繁多，其中以黔西南布依族苗族自治州贞丰县的鸭肉糯米饭和排骨糯米饭最具特色。

贞丰鸭肉糯米饭约出现在 20 世纪 40 年代初，它是在出现于 20 世纪 20 年代的油渣糯饭的基础上发展而来的。新中国成立以后几乎没有什么发展。改革开放之后，随着餐饮市场的发展，该品经过改进而发展成今天的风味小吃。

《本草拾遗》记载，糯米有"暖脾胃，止虚寒泄痢，缩小便，收自汗，发痘疮"的作用。《本草纲目》说，鸭肉具有"补虚除客热，和脏腑，利水道，疗小儿惊痫"的功能。鸭肉糯米饭以其营养丰富、滋味香美、风味独特的特点而广泛流行于贵州城乡。

美食原料

优质糯米 2000 克，鸭子一只（约 750 克），猪油 75 克，盐 40 克，料酒 20 克，姜汁 50 克，土硝少许。

制作方法

1. 取经宰杀处理的鸭子整只，用盐 20 克、料酒、姜汁、土硝腌渍，入锅内煮熟，捞出沥干水分，用料酒抹遍身内外，入油锅中炸成金黄色出锅，晾凉后切薄片，即成香飘四溢的鸭肉臊子。

2. 选用优质糯米淘洗后浸泡 4 小时，用筲箕过滤，放入甑内大火蒸熟。

3. 净锅上火，下猪油烧热，把熟糯米饭放入锅内拌匀，均匀地撒入用 20 克盐兑成的盐水，不断铲动拌匀，然后把铁锅置于火盆上，用木炭头微火保温待食，或入市场出售。

4. 食用时，每碗舀入拌好的糯米饭 200 克，以及切为薄片的鸭肉 30 克，即可食用。锅底烤黄但未焦化的黄色锅巴，硬脆干香，铲上一块夹鸭肉片吃，也别具一番风味。

技术诀窍

1. 浸渍鸭子的时间视气温而定，夏天几小时就行了，冬天可浸渍 3~4 天。

2. 炸鸭子时最好用熟菜油，先炸背部，后炸胸部。

3. 蒸糯米饭时，如偏硬，可拨适量水后再蒸半小时左右。

品质标准

糯米饭洁白软润，软绵清香；鸭肉皮黄酥脆，肉质细嫩，入嘴满口生香。

四十八、铜仁社饭

地处国家级风景区梵净山附近的贵州省铜仁市，自古以来，方圆百里皆有在"春社日"吃"社饭"的传统习俗，至今仍保持这一遗风。据《铜仁光绪府志》载："三月清明前后数日，剪白纸挂于祖墓上，谓之挂清；若服未阕者，先于社日扫墓，以野菜和饭祀之，谓之社饭。"铜仁古代社日祭祀的习俗，发展为今天社日以社饭祭祖，内容竟没有多少更改。每年的立春后第 5 个戊日为春社日，家家必备春宴扫墓，或全族聚群宴，仪式隆重，场面热烈。外地亲朋好友若适逢此时来访，可参席社饭。

每年春回大地，万物复苏，生机盎然，这时用于做社饭的重要原料——鲜嫩苗壮的青蒿和野葱正满山遍野，是制作社饭的大好时机。吃社饭，在一定程度上表达当地人缅怀故人、寄希望于未来的情愫。

美食原料

籼米 1500 克，糯米 1 000 克，腊肉 400 克，青蒿 500 克，野葱 350 克，盐、菜油各适量。

制作方法

1. 青蒿嫩芽洗净切细，挤去部分苦汁，用茶油入锅烧热，炒青蒿至色黄出锅，再次挤去苦水。

2. 野葱用茎叶，洗净切成葱花。

3. 腊肉洗净切成豆大的颗粒。

4. 籼米经淘洗后，入沸水锅中稍煮片刻，捞至筲箕中滤去水分，与用温水浸泡过的糯米连同腊肉丁、青蒿、野葱、盐拌匀，松散地舀入甑内盖好，用猛火快速加热至冒大汽半小时后即成。

技术诀窍

1. 青蒿要 2 次挤出苦水，以减轻苦涩味。非季节或偏老葱蒿，味涩味浓，不宜采用。

2. 煮籼米饭要蒸到恰到好处，不生不熟，比平常煮的甑子饭稍硬即可。

3. 蒸制过程中火要旺，一气呵成。

品质标准

青蒿、野葱有特殊的馨香，且黏附于饭表，气味渗透其中；腊肉香味浓郁，脂光泽润；两种米饭混合，色泽晶莹透明，油而不腻。

四十九、遵义黄粑

黄粑又名黄糕粑，因色泽深黄而得名，广泛分布于贵州各地，其中以遵义虾子镇所产的黄粑最为著名。黄粑源于民间，随着民间交流的扩大，工艺被不断改进，演变成今天的名小吃。

在遵义，家家会做黄粑，人人爱吃黄粑，还以此作为礼品馈赠亲朋好友，甚至在贵州各地，挑担穿街串村卖黄粑的小贩比比皆是。

美食原料

大米、糯米各 5000 克，黄豆 1 000 克，斑竹笋壳或叶数张，绳子 1 段。

制作方法

1. 将大米磨成粉待用。

2. 将糯米用热水泡涨后蒸成糯米饭待用。

3. 黄豆浸泡后用水磨成豆浆。与米粉和糯米饭充分混合拌匀，搓揉成团，然后捏成 2000 ~ 4000 克重的长方块。

4. 将斑竹笋壳或叶用温水泡软洗净，以之包粑块，用绳子扎紧，上笼中大火蒸 8 ~ 10 小时，再微火保温 8 ~ 12 小时，取出晾冷即可冷食。此外，该品也可蒸食、炸食、煎食、烤食或烙食。

技术诀窍

1. 黄粑甜味来自豆浆、米粉、糯米饭三者中的部分淀粉转化成的糖类。因此，三物比例亦有讲究，如需增加甜味，可在混合拌匀时加入适量红糖。

2. 用斑竹笋壳或叶包捆蒸熟的黄粑，熟后有清新竹香。如无斑竹笋壳或叶可用苞谷叶或芭蕉叶代替，效果相似。

品质标准

色泽深黄，剖面晶莹闪亮，滋润香甜，软糯爽口，竹香清新。如用炸、煎、烤、烙、炒等食法，还具有外酥内糯的特点。

五十、清明粑

"江边踏青罢，回首望旌旗。"这是唐代诗人杜甫在《绝句》中描写有关踏青的诗句。我国古代有清明踏青、扫墓的习俗，此风沿袭至今。

清明粑是贵州地方的一种祭食，用清明菜与糯米加工而成。其中，清明菜是当地人在仲春至清明前后到野外采集的一种名为"鼠曲草"的野菜。其特有的草香是组成清明粑清香的主要成分。

清明粑的制作历史已有一百余年，新中国成立前后贵州各地就有许多专营点。早期的清明粑做成月饼形状，馅心有火腿、洗沙、玫瑰、白糖等品种，食时用平锅放少许猪油，微火煎成两面微黄，香脆清甜可口。如今，贵州各地的清明粑品种随馅心的不同而纷繁复杂，口味和形状也多种多样。本款是众多品种中较普遍的一种。

美食原料

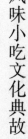

糯米 5000 克，清明菜 500 克，白糖、引子各适量。

制作方法

1. 选用上等糯米经淘洗后浸泡 4～6 小时，滤去水分待用。

2. 清明菜选用嫩芽和花蕾，经清洗去渣处理后待用。

3. 将糯米与清明菜混合入甑蒸熟，倒入石碓窝或特制木槽中，用木棒舂成蓉状，并分成若干块，每块约 100 克。

4. 将清明粑蒸软后，包入白糖馅心，再蒸或煎，也可在蒸熟或煎熟后裹上一层白糖或引子食用。

技术诀窍

制作清明粑还有两种方法可以选用。

1. 把糯米磨成粉，洒适量清水，至米粉润湿而松散，与清明菜蒸熟后舂成蓉状。

2. 在糯米中加少许籼米混合，加水磨浆，入布袋吊干或压干（含水量约为 30%），与清明菜一起蒸熟，用白布包裹置之案板上，再捣蓉成粑或舂蓉成粑。蒸制时吊浆粉因含水量重，要分成不规则块状，要留出空隙并用清明菜隔开，使之通气。

品质标准

此粑具有清明菜幽香和糯米清香，口感脆甜而有嚼劲。

五十一、绵菜粑

贵州山奇、水清、洞特、民族多，旅游资源十分丰富。绵菜粑是地处国家级风景区梵净山附近的土家族、苗族、侗族三地区和南州、湘西等地最典型的名小吃之一。尤其是在端午节、中秋节和重阳节，绵菜粑是这些地区家家户户用来款待亲朋好友的必备食品，也是走亲访友常带的馈赠礼品。

"矮蒿生陂泽中，二月发苗，叶似嫩艾而岐细，面青背白。其茎或赤或白，其根白脆。采其根茎，虫熟菹曝皆可食，盖嘉蔬也。"这是《本草纲目》对白蒿的有关记载。白蒿在贵州又名粑粑蒿，是绵菜粑的主料之一，味略微苦而草香幽郁，这是绵菜粑风味之特色所在。

美食原料

糯米 2000 克，籼米 3000 克，白蒿 1 000 克。白糖、芝麻、猪油、花生碎、桃仁、桂圆、肉末、豆腐、酸辣椒、盐、味精、半肥瘦腊肉、盐菜、绿豆、红糖、高粱叶（或桐子叶、玉米叶、芭蕉叶）等各适量。

制作方法

1. 糯米、籼米分别清洗后用温水浸泡2～4小时，捞起混合后滤干，置石碓窝中舂成米粉，然后过筛得细粉待用。

2. 白蒿清洗去杂质，入沸水锅煮约半小时，捞出用清水冷却并沥干水分，切成细末，再入锅煮沸，加入1/3的米粉翻铲拌匀，打成茨状，然后掺入其余米粉，慢慢滚粉揉搓成面团，而后分成120～150克重的剂子。

3. 用白糖、芝麻、猪油、花生碎、桃仁、桂圆等炒制糖馅。另用净锅置中火加热，下肉末、酸辣椒、豆腐、盐、味精等炒制成肉馅；再将腊肉煮熟后，取猪油、白糖、红糖炒与之制成腊肉馅。

4. 将剂子捏圆压扁，包入各式馅，外包一层高粱叶（或桐子叶、苞谷叶、芭蕉叶），上笼蒸约1小时即可。

技术诀窍

1. 糯米与籼米质地不同，需分开浸泡，糯米为2小时，籼米4小时。

2. 舂米粉时需分次筛细粉，可用机器加工，用时过筛。

3. 白蒿味带苦涩，需作去苦处理，方法是经烫煮后多漂洗几次。

4. 先用1/3的米粉打成熟粉，再与其余生粉调合，揉搓成团，这种做法可使粉团软硬适度，如果全用生粉制团，质地过硬，而用全熟粉制团则过软。

品质标准

质感绵软柔糯，具有白蒿、高粱叶特有的芳香；馅子各具品质标准：肉馅鲜美可口，腊肉馅味厚醇浓，洗沙馅细腻甜香，糖馅甜味厚重。

五十二、布依族褡裢粑

褡裢粑是贵州布依族同胞在每年农历七月十五的中元节祭祀祖先的一款点心。其原型是二百多年前用当地盛产的芭蕉做成的普通糍粑，后发展为用芭蕉和糯米蒸熟后加红糖制成的甜味糍粑，后经多次改进成为今天的褡裢粑。现在，布依族同胞除中元节外，在逢年过节、宴宾访友时，也制作这种风味独特的褡裢粑。

褡裢粑的得名与布依族同胞喜欢带的褡裢有关。每逢节日走亲访友，或出门赶集，布依族同胞的褡裢里都装着糍粑点心作礼品或午餐，久而久之，这种糍粑的名称就和褡裢连在一起。

美食原料

糯米 5000 克，土芭蕉或香蕉 60 个，熟芝麻 750 克，红糖、白糖各 1 500 克，猪油、芭蕉叶适量。

制作方法

1. 糯米用 20℃温水浸泡 2～3 小时，用筲箕沥干水分，再用石磨磨成粉待用。

2. 将芭蕉或香蕉去皮，与熟芝麻混合，置石碓中舂成蓉状，加红糖、猪肉丁、白糖拌合均匀即成馅心，取其中一半放入米粉中搅和成芭蕉面团。

3. 取芭蕉叶去梗，切成 40 厘米长、20 厘米宽的长方形，擦洗干净后在里侧抹一层薄猪油防粘。取 100 克芭蕉面团揉成饼状，包上 125 克芝麻馅心，压扁后以芭蕉叶一半包裹，另一半再包同样大的一个，两者隔开呈如意形，分层放入蒸笼，旺火蒸 1 小时左右即成。

技术诀窍

1. 用石磨磨粉时，要求浸泡后的米要晾干一些，以免粘连成团。若用机器加工，要求亦然。

2. 熟芝麻与芭蕉混合舂蓉时，建议先将芝麻舂成粉末再与芭蕉一同舂蓉，品质更佳。

3. 蒸制时，粑叠放宜有空隙，层与层之间留有蒸汽通道，以免影响成熟。

品质标准

色泽酱黄，香甜细嫩，具有芭蕉果和芭蕉叶的特殊香气；热食软滑细腻，冷食清凉甜润，烙食口感香脆。

五十三、碗耳糕

碗耳糕因形如小碗又有边耳而得名，又称"碗儿糕"。儿童最喜欢食用，取其谐音，又名"娃儿糕"。

贵阳碗耳糕约出现在清代，兴盛于 20 世纪 80 年代，当时贵阳经营此品的商户较多，以南京街（今中华北路）83 号店的最驰名，群众美称之为"南京街的碗耳糕"，还因此流行过一句"南京街的碗耳糕——蒸大了"的歇后语。1984 年，该点心被评为贵阳市风味名小吃。

如今贵阳的碗耳糕，早已由人工磨浆改为电磨磨浆，进行大批量生产。除保持传统风味品种外，还有加白糖雪白的制品，也有改用高粱制成紫红色的或用荞麦制成黑灰色的制品风味各异，品种繁多。在贵阳市大小餐馆和食摊的早茶夜市，皆可见到此点。

美食原料

大米 3000 克。红糖、食用碱各适量。

制作方法

1. 选用优质大米淘洗干净后，浸泡 4~6 小时，换水磨成米浆。

2. 将部分米浆在净锅内加热成熟芡，离火倒入剩余米浆混和均匀，待熟芡无结块时，慢慢发酵至表面起大泡后，根据醒发程度旋碱中和，再与经溶解、过滤、去杂质的红糖水拌合均匀，注入蒸笼模型中，以大汽蒸七八分钟即熟。

技术诀窍

1. 加熟芡时，要搅和均匀至无结块，使成品弹性好，有绵韧劲，不腻口。

2. 红糖沙泥重，需经用清水溶解、过滤、去杂质处理，以免影响风味。

3. 掌握好气温与发酵的关系，夏天发酵时间短，冬天可适当加温搅和。发酵结束后，施适量碱中和，去除发酵酸味，突出糖的甜味和大米的清香味。

品质标准

色泽金黄，个大蓬松如海绵，富有弹性、韧性、绵性，清爽利口，滋润不腻，甘甜清香。

五十四、兴义刷把头

兴义刷把头因外形酷似洗锅用的刷把而得名。该点始创于清代，流传于贵阳、兴义等地，是贵州的典型地方风味之一。据兴义刷把头第四代传人郑光清介绍，该点由其曾祖父自江西迁到兴义定居时所制，以后代代相传，从未间断，直至今日。

"烧买"或"烧麦"之名，早在元代就有记载，早期在江南最为流行。在明代，江南称烧麦为"纱帽"。民国初年出版的《嘉定县续志》有"纱帽以面为主，边薄底厚，实以肉馅，形圆如纱帽，故名"的记载。后因"纱帽"与"烧麦"谐音，讹传为"烧麦"。"刷把头"是"烧麦"在贵州兴义的地方叫法，贵阳则称之为"石榴卷"（其外形如石榴，内馅粗颗粒如石榴子）。1984 年，兴义刷把头被评为贵阳风味名小吃。

美食原料

精面粉 500 克，鸡蛋 3 个，猪瘦肉 500 克，熟猪油 150 克，干竹笋 1 000 克，菜油 50 克，芡粉 100 克，盐、酱油、胡椒粉、味精、醋、香油、干辣椒、原汁鸡汤各适量。

制作方法

1. 将干辣椒摘洗干净，烤脆舂成辣椒面，放入小碗内，加少许冷水调湿，把烧至六成热的熟菜油倒入辣椒碗中，边搅边调匀。

2. 把干竹笋煮透切碎，用开水氽两次，再放冷水中反复冲洗，至无异味后滤干水分，用猪油、盐、味精将竹笋炒出香味，盛于碗中。

3. 猪瘦肉剁蓉待用。

4. 将面粉纳盆，打入鸡蛋，加冷水、盐调匀揉软，分成 120 个剂子，搓成圆形后再压扁，擀成中厚边薄的荷叶状。

5. 将 4 克肉馅和适量炒好的竹笋放于面皮中，捏拢收口呈刷把状，用旺火蒸 5~6 分钟即可出笼。

6. 把鸡汤放入碗内，加酱油、味精、胡椒粉、葱花、香油、红油、辣椒面兑成味汁即可食用。

技术诀窍

1. 如在馅心中加入金钩，其味更加鲜美。

2. 汤汁中可加蒜泥，调成蒜泥味更美。

品质标准

辣香软绵，舒适爽口，面皮微黄清香。

五十五、都匀冲冲糕

冲冲糕源于黔南布依族苗族自治州独山县，有百余年历史，以其制作方便、价廉物美的特点广受当地人的喜爱。

制作冲冲糕的工具是用棕树木制成的，分为隔板、蒸笼、木棒三大件。其中，隔板略小于锅口，将之架于蒸锅口上，起密封和支撑作用，板面根据能容纳小蒸笼的个数来钻气眼；蒸笼形如腰鼓，一般高约 10 厘米、直径 6 厘米。以中间穿上无数小孔的铁板作甑底，用时只需将笼罩在隔板气眼上即可。另外，木棒是固定在隔板的一边上的，主要用于取出蒸好的冲冲糕。

美食原料

籼米 3000 克，糯米 2000 克，芝麻、红糖、花生各适量。

制作方法

1. 将籼米、糯米混合淘洗干净，滤起置筲箕内，用纱布盖上，饧几个小时磨成粉，揉搓静置片刻。

2. 芝麻炒香，与花生用盐炒脆，去盐去皮舂成面，红糖舂成粉。

3. 将米粉舀入蒸笼的小木笼内，撒芝麻、红糖、花生面后，盖上笼罩蒸熟透。揭盖取糕即可。

技术诀窍

1. 米的饧发和米粉的静置是保证质量的关键。

2. 舀入小木笼内的是湿粉，控制好蒸制时间很重要。

品质标准

质柔软香甜，色淡黄中偏红，地方味浓厚，口感有韧性。

五十六、烧饵块

在昆明众多经济实惠、味美方便的风味小吃中，以烧饵块最为有名。一般人以之作早点，只需花一两元钱，是其他早点的一半。

过去的烧饵快，是把饭舂成泥后，放在案上擀成圆薄片。近年来改为两头半圆的椭圆形片，以顺应夹食油条的需要。

烧饵块常在摊上现做现售。铁网架下置一火盆，燃着栗炭火，上置饵块片。饵块片被加热时，体积膨胀变厚，至两面皮色稍黄或局部发焦和皮脆内软时，抹上酱料，对折后即可进食。但抹酱很有讲究，酱分甜、咸、辣、香多种，放在烧架摊前。甜的有甜酱油、甜面酱；咸的有咸酱油、黄豆酱、路南卤腐汁；辣的有什锦酱、邱北辣椒油；香的有芝麻酱、花生酱等。摊主按客人喜好抹酱：顾客若无要求，摊主即按规矩，第一道抹上咸酱油，第二道抹甜酱油，第三道抹辣椒油或甜面酱，第四道抹上芝麻花生酱，然后对折后递给顾客。

美食原料

饵块片 10 个。油条 10 根，咸酱油、辣椒油、黄豆酱、卤腐汁、甜酱油、芝麻酱、花生酱、甜面酱各适量。

制作方法

1. 放上火盆，燃烧栗炭，架上铁架，备一扇子；成摞的饵块入竹框，盖上纱布。咸酱油、辣椒油、黄豆酱和卤豆腐调配成咸辣酱，甜酱油、芝麻酱、花生酱、甜面酱调配成香甜酱，置一旁待用。

2. 根据所需，将饵块放在烧架上，上下翻烤，至两面呈黄时，抹上酱。如夹食油条，将一根烧热的油条对折放在饵块中间，再抹上些酱，用饵块裹住油条，装入小塑料袋中。食时手持袋，从开口处往下吃，边吃边卷塑料袋。这种吃法避免了汁受热外流污染衣物之弊。

技术诀窍

1. 昆明烧饵块与省内其他地区的相比，只是酱汁不同，但以昆明的风味最为适口鲜美。近来有的食摊还备鲜嫩的蔬菜供成品夹食用。

2. 饵块烧热后，抹上酱后即溶化，吃时要讲究方法，折底向下，哪里流汁吃哪里，否则酱汁会弄脏衣服。

品质标准

此品嫩黄，貌不出众，而口感甚佳，软糯鲜香。吃辣，咸辣够味；吃甜，甜而不腻，非常爽口。配吃香茶，美不可言。

五十七、石板粑粑

石板粑粑是云南省贡山县独龙族与怒族的古老食品。古就古在以石板当锅，摊入面浆烙成制品；古就古在他们未进入农耕前，曾用桃椰（又称砂糖椰子、糖树）髓心提取的淀粉（"桃椰粉"），与鸟蛋液拌成糊状，放在烧热的石板上烙食。

在贡山县丙中洛乡拉筒附近，出产一种属水成岩之类的石板。当地人用这种石板辅地、砌墙、作瓦，钉钉不裂，切片不碎。以之作锅，火烧不坏，水浇不裂。将之置于火塘三脚架上烙粑粑，即使不抹油，也不会有煳锅现象，烙出来的粑粑特别膨松，味道也特别香。

此粑仅见于云南省怒江民间，以石当锅，属石烹制品，古韵十足。此品继用桃椰粉作主料之后，以荞粉加糖粉制粑是两民族进入农耕时代后食用漫长的一种重要食物。随着独龙族、怒族社会生产力的发展，目前用料又进一步扩大到小麦粉、稻米粉、鸡蛋等，品位有了很大提高。作为一种极富地方特色的食点，其一经问世便受到顾客的青睐，成为一方名食。

美食原料

甜荞粉 1 000 克，红糖 100 克。

制作方法

1. 红糖用刀削成末，入盆与荞面拌匀，用清水 500 克拌成糊状，稍饧。

2. 将专用石锅刷洗干净，架在火塘上的铁三脚架上，待石锅温度达150℃时，把荞面糊舀在锅内摊平，使其厚薄均匀，面光圆平，烙熟即成。

石板粑粑

技术诀窍

1. 制面糊时，一是要搅拌均匀，使其吸足水分；二是要让红糖充分溶化，与面糊充分拌合。

2. 烙饼时，如烙后即吃，注意厚薄要一致，稍薄一点；亦可烙成较厚的饼，定形后埋入火塘子母火中焐熟，取出吹打去灰再吃，干香硬脆，又是一番风味。

品质标准

此品状圆，较薄，面光亮，软糯可口，风味香甜，如再蘸以蜂蜜，滋润香甜，配饮烤茶，焦香宜口。

五十八、石屏烧豆腐

本款小吃所用的豆腐，是一种长宽约3厘米、厚约2厘米的形似正方形的专门制作的豆腐。因其最初产自云南省石屏县而名。

据石屏县志记载，明代初年即有石屏豆腐生产，清末选为贡品。此为烧制之品，色泽青灰，质地细密，清香鲜美，柔软而有筋骨，入油膨化，食之香酥松软，而且营养价值很高。

到石屏吃此味，最热闹的地方要数文庙对面的文成街口，但见青烟袅袅，火星炸响，一个个烧豆腐摊前围坐着一圈圈人，吃着黄灿灿、香喷喷、烫乎乎的烧豆腐，谈笑风生。南来北往，客过石屏，对烧豆腐的美味总是念念不忘！

烧豆腐最初盛行于石屏，后来很快延伸到逮水、个旧、蒙自、开远，乃至红河州各县、镇、集市，现滇南、滇中、滇西、滇东北等交通沿线，每到夜晚，处处可闻烧豆腐香。石屏豆腐现已名冠全滇。

美食原料

石屏正方形豆腐一框，熟菜籽油、甜酱油、咸酱油、卤腐汁、煳辣子面、花椒油、香菜末、薄荷、椒盐、干辣子面、味精各入盛器。

制作方法

1. 摆摊：置一摊桌，一边放上火盆和豆腐框，一边放上油碗及调味品；在摊桌旁边，摆上几张矮桌矮凳。

2. 烧制：将栗炭放入火盆烧燃，架上铁条网架，铁架烧热后抹上菜籽油，摆上豆腐，边烘边翻动，底面翻过来时再抹点油，讲究的则抹上鸭油，因豆腐受热，油量浸入，食之更香糯。待两面烤到呈金黄色并有泡鼓起，按食者所要数目入盘上桌。

3. 食法：一种是将甜咸酱油、卤腐汁、花椒油、香菜、薄荷，煳辣子面入碗，兑成调味汁水，用烧豆腐蘸汁而食；另一种是用烤豆腐，蘸吃由花椒、盐、辣子面、味精等配制的干品作料。调味品可按各人爱好配制。

技术诀窍

1. 性急吃不着热豆腐，故烧制要认真，色黄发泡香味方能溢出。

2. 在逮水等地，烧豆腐摊同时配售煮米线，并有清酒、饮料等，食用非常方便。

品质标准

食者落座，报给食数，眼观烧烤，闻香诱发食欲，夹一块豆腐蘸汁入口，细品慢尝，喝一口酒，品香出味，周而复始。酒兴来时，划拳喝令，腐饱酒足，扬长而去。

五十九、遵义鸡蛋糕

遵义鸡蛋糕是黔北名产，问世已有百余年历史。相传鸡蛋糕最初由一姓周的商人创制经营，而后逐渐成名。1902 年，在贵州开创印制业的田玉亭，带领人员赴日本学习印刷技术并购设备。其间，专程回遵义准备 250 多公斤鸡蛋糕作为礼物，深受日本人喜爱。此事传至贵州时，竟使遵义鸡蛋糕因此声名远传。杨成武将军的《伟大的转折》中有"鲜红的橘子，松软的蛋糕，装潢古朴的茅台酒"的记载，并提及时任红军团长的耿飙，在离开遵义途中对未能吃上遵义鸡蛋糕而深表遗憾一事。如今的遵义鸡蛋糕，作为旅游食品和休闲小食品中最大的一宗，广泛分布于贵州城乡各地，是早餐和宴席上必不可少的品种。在遵义，鸡蛋糕生产多数用机械化流水线生产，以打蛋机打蛋，用隧道式远红外线电炉烘烤，生产效率高，卫生品质好。也有一部分用传统手工操作的，从风味看，两类产品差别不大。鸡蛋糕的传统烘烤方法，是用拗锅和铜制蛋糕盒子制成。其过程是先用小磨香油抹盒子，再舀入搅打均匀的浆料，加热烤熟，出炉后再挑去糕耳，上香油增香即成。

美食原料

鲜土鸡蛋500克，精面粉300克，白糖200克，香油30克。

制作方法

1. 鲜鸡蛋搅打成泡沫浆，顺序加入白糖、香油、精面粉，再搅打成松软糊状。

2. 倒入模内，放入特制烤炉中烘烤10～15分钟倒出即可。

技术诀窍

1. 传统工艺的蛋、糖、粉比例，在冬天为1∶1∶0.4，夏天为1∶1∶0.5。

2. 鸡蛋必须新鲜，手工制作中要先搅打蛋白，使之充气成泡后，再与蛋黄混合，再搅打至2～3倍原液体积时，加入其他料搅浆，这是保证糕质松软可口的关键。

品质标准

外表油润，质地松泡，细腻柔软，口味香甜清爽。色泽深黄，小巧玲珑，富有弹性，断面金黄，蛋香浓郁，容易消化。

六十、恋爱豆腐果

恋爱豆腐果又名烤豆腐果，是贵阳地方小吃中的一朵奇葩，以其独特的风味和极富传奇的历史，每天吸引成千上万的食客。民间有"没吃恋爱豆腐果，等于未到贵阳街"的说法。

抗战期间，贵阳是西南后方重镇之一。1939年2月4日，贵阳被轰炸后，全城警报频传，跑警报的一些青年男女，常相聚在当时经营烤豆腐果的张华丰夫妇的店铺里以躲避空袭。日子久了，其中还真有不少因此结为眷属的，这成为当时街谈巷议的佳话。于是烤豆腐果便有了"恋爱豆腐果"的美称。

据说，这种豆腐果为张庆夫妇在偶然中创制。盛夏的一天，张氏夫妇发现他们未卖完的豆腐很快变质了，为挽回损失，他把豆腐切成小块，用火烘烤至半干，加入调料稍作加热处理，没想到别有风味，将之卖于顾客，竟深受好评。张氏于是再对工艺进行完善，形成沿用至今的恋爱豆腐果的制作工艺。时间飞逝几十年，恋爱豆腐果风味依旧，成为贵州人食之最爱。

如今，在贵州各地市井，均可见恋爱豆腐果摊点；在地方的各类宴席中，也经常可见恋爱豆腐果"萍踪"。

美食原料

豆腐500克，食用碱、煳辣椒面、酱油、香油、姜末、葱花、折耳根末、味精等适量。

制作方法

1. 豆腐划切成2厘米×3厘米×5厘米的块状，入碱水发酵。

2. 灶内点燃锯木屑，上置网状铁皮，将发酵的豆腐置铁皮网上两面烘烤。

3. 调煳辣椒面、酱油、香油、姜末、葱花、拆耳根末、味精等为蘸料。

4. 将烤至松泡鼓胀的豆腐果划破一边表皮，灌入蘸料即可食用。

技术诀窍

1. 发酵时碱水不宜太浓，发酵至略有臭味时为宜。此为技术关键，发酵未熟，风味未成；发酵过度，臭恶难闻，甚至不可食用。

2. 烤时可用木炭，但火不宜大。

3. 味料中还可加入酥黄豆、香菜等辅料。

品质标准

表皮微黄，体内洁白，薄皮松泡鼓起，口感细嫩欲滴，具煳辣椒浓郁辣香。食之辣、香、嫩、烫交相共激，食欲大振，常食可驱风散寒。

六十一、威宁小荞粑

贵州乌蒙山麓的威宁彝族回族苗族自治县，盛产甜荞和苦荞，产量之多和质量之好，居全省之冠。荞麦，属低产粮食作物，生长期短，不耐霜，春秋均可播种，常见甜荞和苦荞两大类，含有丰富的营养成分，其蛋白质、氨基酸、维生素和矿物元素含量，远远高出普通麦稻，并具有一定的保健作用。

威宁县的民族兄弟善用荞麦制作荞饭、荞饼、荞酥等食品。在以荞为食的历史长河中，创造了风味独特的荞酥、荞凉粉、小荞粑三大民族传统小吃。每逢春节，县城绝大多数居民都要制作小荞粑，作为招待贵宾的传统美食。小小县城的大街小巷，竟有上百家个体户经营小荞粑。到威宁的外地人，品尝小荞粑，有助于了解民

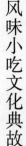

族风情，并纠正对苦荞粑的苦涩难咽的偏见。

美食原料

甜荞 1000 克，威宁火腿馅、肉馅、素馅、白糖、酱油、毕节甜醋、葱花、大蒜、煳辣椒面、猪化油、熟菜油等各适量。

制作方法

1. 荞麦用水淘洗，飘去杂质，晒干后用石碓舂去壳毛。优选后磨 3 次，筛出细粉待用。

2. 用温水和面，揉匀后擀成薄如纸的圆片。

3. 3 种馅心，均用猪油和熟菜油混合炒制，加白糖、酱油、甜醋、葱花、大蒜、煳辣椒面做成熟馅。

4. 馅包入皮中，捏成锁边的牛耳状，每只约重 100 克。

5. 用熟菜油抹锅，锅底渗入少许清水，加热后，将小荞粑洒上清水，贴于锅边。加上木盖，过 20～30 分钟烙孰起锅.

技术诀窍

1. 磨粉时分 3 次，第 1 次粗磨去皮；第 2 次细磨，筛去细壳和颗粒，得又细又白的精粉，又名头粉，为小荞粑的优质原料；第 3 次再细磨，筛出细粉为二粉，质稍次，头粉二粉可混合用，也可分别用。

2. 咸宁火腿馅由火腿丁加竹笋玉兰片制成；肉馅为肉丁、豆腐丁、干盐菜制成；素馅则是用豆腐丁、干盐菜制成的。

3. 和面的水温很关键，以 15℃的温水为好，切勿用冷水或过热的水。

品质标准

底面金黄，皮粑质松，火腿馅厚味，肉馅时鲜，素馅清淡，三馅合一，入口生香，甜、咸、辣、鲜、香相生，味道更加丰腴厚实。

六十二、小卷粉

小卷粉是云南省开远市的独特小吃，故又称开远小卷粉。实际上，此粉除盛行于开远外，还有河口县等地。

开远、蒙自、屏边、河口地处昆河线上，亦是滇越铁路经过之地。开远、河口气温高，炎热，蒙自、屏边气候温和，较之偏凉。同一线上，为何此品在蒙自、屏边无售？笔者在翻阅中外饮食文化交流史时，意外找到答案。

中国的春卷传入越南后变成"察佐"，外观形色，成熟法不变。但春卷传入越南以后，不用面皮，而用米粉皮；馅心则用生瓜、腌薄荷、藠头、米粉和莴苣，与春卷完全不同；蘸汁则大相径庭，以糖、橙汁、鱼露、蒜、辣椒制成。这与越南人尚醇正清淡的口味相适应。越南的"察佐"反过来传入河口、开远后，变成了"开远小卷粉"，皮仍是米粉皮，但馅心则变为猪肉、暴腌菜（即水腌菜）、鸡蛋、淀粉。开远的甜藠头是云南名产，但此品却不用，蘸汁则完全不同，改为吃椒盐，以适应开远人尚辣口味。综上所述，开远小卷粉是中国春卷传入越南后变为"察佐"，而"察佐"反过来又传入开远后的演变品，其根还是在中国，其原型还是中国春卷。至于其有与越南相似之处，实因两地热带气候及地处河谷的一衣带水的地理趋同性所致。

美食原料

上等白米 200 克，猪五花肉末 100 克，暴腌菜 50 克，鸡蛋 2 个，湿淀粉 150 克，精盐 5 克，花椒面 2 克，味精 3 克，花生油 1 000 克（耗 150 克）。

制作方法

1. 将白米拣去沙粒、杂质，淘洗干净，入盆用清水浸泡两小时。取米带水入石磨磨成浆。暴腌菜切细入器。鸡蛋液、湿淀粉、盐 1 克入碗，调成稀糊。

2. 锅上火，热时下肉末煸出油，下暴腌菜、盐 2 克、味精拌匀入味，成熟时入碗做馅心。花椒面、盐 2 克入锅炒合成椒盐，入碟。

3. 用一只两头无底的圆桶，一头用细箩筛扣紧，靠边留一指粗的气孔；另一头置于开水锅中，舀一勺米浆放在筛上刮平，上盖，约半分钟蒸熟，取出放在拌上熟油的盘内，放上肉馅，卷成筒，一切两段。

4. 锅上中火，注入油，至五成热，将卷粉挂上蛋糊，入锅炸呈微黄色，捞出控净油分装盘，随椒盐碟上桌，蘸吃。

技术诀窍

1. 制粉：米淘洗后要用冷水浸泡后才能磨浆，磨时捞出米不必控去水，应以米带水入磨，这样米浆方细腻，含水分均匀。炸制时，挂蛋糊要均匀，口要封住，防炸时漏馅。

2. 制馅时，肉、腌菜要剁细，调味不宜过咸，因吃时要蘸椒盐。

3. 蒸粉皮时，米浆要平又均匀，蒸出的粉皮才会厚薄一致。

品质标准

状如春卷，色泽淡黄，外脆内软，椒麻鲜香，口感微酸。摊前坐食，餐炊一体，吹壳子闲聊，风情别致。

六十三、鸡蛋米浆粑粑

鸡蛋米浆粑粑由白米磨成浆，放入平底锅烙成两个粑粑，中间夹入一个鸡蛋再煎制而成，是昆明街头巷尾食摊常见的味美价廉的著名小吃。

粑粑是云南方言，北方叫饼。粑粑在云南早已由满足生理需要，上升到满足心理追求。在昆明的民谣《婧调》中就有："什么团团团上天，哪样团团海中间，什么团团街前卖，哪样团团妹跟前？""月亮团团团上天，荷叶团团海中间，粑粑团团街前卖，镜子团团妹跟前。"月亮、荷叶、粑粑、镜子，四团顺口成章，反映了"民以食为天"的哲理。

美食原料

上等白米 500 克，冷饭 50 克，鸡蛋 10 只，白糖 200 克，植物油 150 克，明矾 10 克。

制作方法

1. 米淘洗干净，用冷水浸泡两小时，捞出米带水放入石磨，加上冷饭磨成浆，入盆兑入明矾、白糖搅拌均匀溶化。

2. 特制平底锅上风炉烧热，用净纱布蘸油抹遍锅底，舀入米浆，端锅一晃，使米浆均匀地遍布锅底，盖上锅盖，至底面烙黄时取出。依此法再煎一个，至底面烙黄时，用手铲将此粑翻身，磕入鸡蛋一个，盖上已煎熟的粑粑（白色面朝下，贴住鸡蛋），煎至蛋白呈黄色时，用手铲将粑粑翻身，然后取出折成形如半月的饼即可。

技术诀窍

1. 米磨浆以石磨为佳，营养素不易损失，口感细腻。磨时，起加速发酵作用的冷饭必不可少，它可使成品疏松。

2. 煎时，只煎一面，黄时即熟。要抹以清油，防止粘锅。

品质标准

形如偃月，黄白相间，松软糯化，入口即化，香甜微酸。

六十四、油炸麻脆

油炸麻脆是云南省墨江县、红河县哈尼族、傣族群众过春节或待客的名小吃。

由糯米饭、熟芋头、熟魔芋、熟地瓜与山豆根汁同入石礁，舂成泥后造型而成。

本品所用山豆根，系山中一种藤树之根，形扁平似四季豆，表面有须根，面呈绿色，下部灰白，肉质白色，无味无毒，将之舂细，取用其汁，既起黏合凝固作用，又起保持一定水分及造型时不致碎断的作用。

本品所用主辅料均系含淀粉多且又有黏性之料，舂成泥后成为一团，擀成片风干后，要剪成动物形状，必然脆裂不成形。加入山豆根汁后，能改善这一特性，这就是山豆根的奥妙所在。

此品由于用料特殊，仅见于墨江、红河一带农村民间。常在腊月时集中烹制，供春节亲友互访待客之用，是节日小吃。客人来访多是在家用餐，当客人来时，现炸此品，五颜六色，呈现喜庆气氛，配上一杯酽茶，供客人吃晌午之需。

美食原料

糯米 6000 克，红芋头、魔芋各 500 克，地瓜、甘蔗汁各 1000 克，红糖 700 克，山豆根 200 克。

制作方法

1. 将芋头、魔芋、地瓜刮洗干净去皮，煮熟后取出，放入石礁舂成泥待用。山豆根洗净，煨至软烂，过滤取其汁。糯米淘洗干净，入饭甑蒸熟成饭。红糖捣成末。

2. 糯米饭入地瓜礁中，加入山豆根汁拌匀，边舂边加入红糖末、甘蔗汁，舂饭成泥。取出放在案板上，揉成团，下剂擀成薄片，待刚风干时，用剪刀精心剪成蟹、鸡、鸭、鱼、猪、牛、羊、狗、马、鸟等飞禽走兽之状，用线串成串或放入陶罐收存。

3. 食用时，用小火温油炸至泡脆即成。

技术诀窍

1. 辅料必先煮熟，特别是芋头、魔芋，熟后可除去植物碱，消除涩性。

2. 成泥时，亦可用模具压制成形。

3. 炸时火不宜大，慢炸方能炸透。

品质标准

形状各不相同，栩栩如生，色彩鲜艳，突出节日气氛，滋味异香，甜而酥脆，配饮酽茶，回味绵长。

六十五、炸洋芋粑粑

炸洋芋粑粑，是云南街头巷尾常见的方便小吃。其由洋芋泥与面粉糊拌匀，舀入勺内下油锅炸制而成。

洋芋，即土豆，原产南美洲，传入我国后发展很快，一是它的产量高，二是由于它的营养丰富，有"地下苹果"、"十全十美的食物"之称。所以它是一种很好的营养保健品，在其含有的 23.7% 的干物质中，淀粉为 17.5%，蛋白质 1%—2%，无机盐 1%，此外还含有极丰富的维生素 C、维生素 B_1、维生素 B_2 和维生素 B_6 等。近年来的医学研究表明，洋芋对某些疾病有特殊的预防功能和明显的治疗效果。美国康纳尔医疗保健中心的文森生教授认为，每天的饮食中加上一个洋芋，能降低血压和调整血中的胆固醇比例；另外，它含有丰富的 B 族维生素，有防衰老作用。

洋芋用于面点，多与面粉配伍做成各式饼，精致的可上席，如金钱洋芋饼。在农家，每当收获之时，拣出那些个小如拇指大的洋芋洗净后，生舂成粒，入锅油煎成饼，充作度荒之食。城镇里流动的摊贩，常将洋芋连皮烧烤，边烤边刮皮，熟后让食者蘸辣子面吃；或煮熟后去皮，再经油煎而售。

值得注意的，洋芋含有一种各为"龙葵素"的毒素，主要存在洋芋芽和发青的皮肉里，所以不要吃发芽或皮发青的洋芋。洋芋长时间在阳光照射下，不但会使皮色变绿，而且还会大幅度增加龙葵素的含量。所以洋芋不宜久晒，常存放应避光通风阴凉处。

美食原料

洋芋 1 000 克，面粉 200 克，精盐 40 克，葱花、花椒面各 20 克，辣子面 30 克，熟茶籽油 1 000 克（耗 150 克）。

制作方法

1. 洋芋洗净，入锅煮熟去皮，捞出放在案板上用刀塌成泥。洋芋泥入盆加入精盐 30 克、葱花拌匀。面粉入盆，注入清水调成稀糊。

2. 大铁锅上火，注入油，烧至六成热时，把手勺在油锅里涮一下，把面糊舀入手勺，旋转晃成底坯，放上洋芋泥；用另一只手勺按成窝形，上面再覆以面糊，旋转封满，下油锅炸至洋芋粑粑自然浮起，色呈金黄，外表香脆即捞出控去油，撒上花椒面、辣子面、盐即可食用。

技术诀窍

1. 洋芋要煮至软烂，用刀塌时要塌至细腻，不能有粒、块。

2. 花椒面、盐可入锅炒合后拌入辣子面，便于随后操作。花椒以鲜品为佳。

3. 炸制时注意手勺的操作顺序：将手勺入油锅一涮，可使面糊舀入后不粘勺；在另一只手勺将洋芋泥按成窝形后，即抬高勺，再浇面糊旋转封满，这时粑粑已定型，再放入油锅炸至浮起。

品质标准

此品属休闲小吃，食者站临摊前，目视摊主操作，现炸现食。粑成凹状，色泽金黄油亮，外酥脆里稍软，油香扑鼻，麻辣鲜香，可口味美。

六十六、摩登粑粑

摩登粑粑是原名，后改名为凤翥麦饼。此饼为何有二名？先从原名说起。此饼冠上"摩登"二字，是因其有一段趣闻。

新中国成立之前，昆明有个富有的大老板，他的第三个妻子名叫杨凤芝，相貌出众，聪明伶俐。一天老板带着她去打猎，突遇大雨，饥饿难忍。杨凤芝疼爱丈夫，便到一牧家求食。牧家端来一碗牛奶让她充饥，又拿出面粉。杨顺手接过牛奶放在灶上，忙着和面，不慎将牛奶碰翻在面粉中。不想由此竟烹饪成佳点，老板品尝之后，觉得味美回甜，奶香四溢，美美地夸了她几句。

3年后，老板患病身亡，妻妾瓜分财产，杨凤芝分得最少，为求活路，她把财产当掉，在昆明凤翥街置房开店，出售麦饼。由于她做出的饼子黄灿灿、香喷喷、软松松，很好吃，加之她穿着讲究，店堂内外打扫得干干净净，待客又热情，童叟无欺，深受顾客欢迎。因此，人们就将此饼称作"摩登粑粑"。和气生财，生意越做越红火，麦饼店很快发展起来，自己当了老板。新中国成立初期，公私合营，店归饮食公司管辖，"摩登"一词，与劳动人民当家作主相悖，所以改名叫凤翥麦饼。

该饼包括淡饼、包心饼、串糖饼、黄油饼、鸡蛋饼、鸡蛋火腿饼6种，一直在原址经营。20世纪90年代昆明旧城改造，拆去该店。饮水思源，为发扬这一品牌，近年一些饭店，如端仕楼餐饮娱乐公司等又将此品种经营起来。

美食原料

上白面粉1 000克（20个计量），牛奶100毫升，白糖100克，奶油、熟菜籽油各50克，发酵粉5克。

制作方法

1. 面粉倒入面案，扒塘，下牛奶、白糖、发酵粉、冷水拌匀，揉成软面团，盖上湿纱布，静置饧发。面发起后，搓成条，下剂子20个，按扁呈圆形，抹上奶油。

2. 平底锅上中火，锅热后抹上熟菜籽油，下入饼，待两面煎黄出锅即成。

技术诀窍

1. 配方要准确，面粉应占80%，白糖、牛奶各占8%，外加4%的奶油，如此煎熟的饼方奶香突出，泡软可口。

2. 和制面团时加入白糖、发酵粉、牛奶，所以要揉匀，经饧发后，一来让面发起，二来让白糖溶化。

3. 煎饼用中火，慢煎至黄，溢香熟透。忌用旺火，否则皮焦煳，心夹生。

品质标准

饼如鼓状，大小均匀，两面金黄有光泽，受看。奶香四溢，口感松软，香甜适口，耐吃。

六十七、丽江火腿粑粑

丽江火腿粑粑是云南丽江纳西族粑粑中的精品："丽江粑粑鹤庄酒，剑川木匠到处有"，这是滇西的民谚。进入20世纪80年代，丽江粑粑外出闯天下，已到周边地区和春城昆明安营扎寨，名声大震。

火腿粑粑是丽江粑粑发展到高层次的品种。往上追溯，最初是火烤粑粑，是将光面饼焙制一面定型后，再用烧热的石块烙熟。这种粑粑叫作石烤粑粑，是石烹时期的产品。沿袭到古代后期，丽江成为商城，马帮进出康定、迪庆、西藏作交易，沿途人烟稀少，山高谷深，气候恶劣，此品便成为干粮。随后，在石烤粑粑的基础上，发展出了锅焖粑粑。即将光面饼放入凸底铁锅，焙制一面定型后，取出饼，就锅注入少量冷水，将烙制定型饼翻扣在水上，用粑粑封住水面，盖上锅盖，待水汽干饼即熟。这种水焖粑粑，是水烹时期之物。由此可见，丽江粑粑虽小，但其发展过程演绎出了中国烹饪发展的石烹、水烹、油烹三大阶段。

石烤、水焖、油煎是丽江粑粑的统称，进入当代，石烤粑粑已少见，油煎粑粑则独霸丽江县城大研镇餐饮市场，水焖粑粑则在纳西族民间久盛不衰。水焖粑粑成熟后成窝状，凸面稍带脆，凹面似发酵饼，光亮、泡软，食后回甜，又不上火，难怪在当今油腻过多的情况下，此饼极受居家欢迎。

美食原料

二级面粉500克，熟火腿末150克，焙芝麻、白糖、瓜子仁、桃核仁各50克，小苏打、大碱各1.5克，熟猪油200克，熟菜籽油10克，温水350克。

制作方法

1. 面粉入盆，小苏打、大碱用温水溶化后倒入面粉中，加温水和成稍软的面团，盖上洁净湿纱布，静置半小时（热天）饧面。将白糖、芝麻、瓜子仁、核桃仁末入碗，拌成馅。

2. 取大理石石板，抹上菜籽油。将面团揉后搓成条，均分成只重80克的面剂，搓成圆条，再擀成扁圆形长条，抹上猪油，撒上火腿末。用手从一头拉长，卷紧成圆筒状，再将两头搭拢，用掌心轻轻按扁，包入馅心，收口捏紧，用掌心轻轻按一下成生坯。

3. 平锅上火，注入猪油，热时放入生坯，徐徐煎至呈金黄色即熟出锅。

技术诀窍

1. 面粉不宜过精，面团不宜过硬。

2. 煎制时，以中小火为宜，注意手法。

品质标准

色泽金黄，表面酥松，多层相叠似千层饼，外酥脆，里软嫩，喷香，甜中有咸。

六十八、象耳粑粑

象耳粑粑又名风吹粑粑，是临沧地区傣族的传统小吃，傣语叫"考章"。大象是傣族吉祥与幸福的象征。古时最先驱象于田，踩灭杂草，踏化泥质，再行播种，史称"象耕"。随后又作交通工具，傣王配鞍而骑，是威武的象征。尔后驯化作战争工具，曰"象战"。清初南明晋王李定国为保永历帝，也曾驯象而战。傣族与大象"情深义渔"，傣族群众为了表示对大象的崇敬，创制了象耳粑粑。因粑粑又薄又大，干品经油炸后风都可以吹走，故又名风吹粑粑。

象耳粑粑实则就是晾干了的糍粑，与腾冲的风吹粑粑同名，但有所不同：前者用糍粑泥揉擀成片，晒干后油炸而食，口感甜脆酥化；后者是用粳米饭春成饵块片，上火烤后抹上辣椒、麻油而吃，软糯香辣。此品多作零食，除吃本味外，亦可

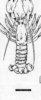

配香茶佐饮，减少炸品上火之弊。

美食原料

上等糯米 1500 克，蔗糖 500 克，植物油 1000 克（耗 200 克）。

制作方法

1. 将糯米淘洗干净，用清水浸泡 2 小时，捞出放入木甑蒸熟成饭。将饭倒入石碓，舂成糍粑泥，取出入案加入白糖搓揉均匀，擀成薄片，用手拉扯成象耳状晒干收存。

2. 食用时，锅上火，注入油，三成油温时下象耳粑粑炸泡即成。

技术诀窍

1. 舂饭成泥，是个难活，既苦又要巧，须二人操作，一个踩碓，一人脱下米泥入碓，反反复复，直舂至泥化无粒。

2. 炸时，因粑薄大，油要多，火宜小，慢慢炸泡，方能酥脆。

3. 亦可在火塘边慢慢烘烤而食。

品质标准

加白糖配制，洁白如雪；加红糖配制，黄中略红。形似象耳，又大又薄，口感甜脆，入口酥化。

六十九、仡佬族灰团粑

仡佬族是中国西南地区历史悠久的民族之一，居住在贵州省遵义市的道真、务川两个仡佬族苗族自治县及附近的正安、绥阳、仁怀等县市，人口约 45 万，占全国仡佬族人口的 98%。仡佬族喜糯食，好酸辣，常以"供粑"作供食或作馈赠礼是这一民族典型的食习。

仡佬同胞受邻近民族影响，把"春节"、"三月三"、"六月六"、"七月十五"、"吃新节"等其他民族的节日也当作自己的节日。每年的农历十月初一，是仡佬族的"祭牛王"节，灰团粑是这一节日的重要食物。仡佬同胞先将特制的灰团粑挂在牛角上，为牛祝福，然后再取下烹食。

美食原料

籼米 5000 克，糯谷稻草灰 100 克，猪油适量。

制作方法

1. 将干净糯谷稻草烧成灰，放入垫有双层纱布的筲箕中，下置一盆或锅，用开水冲草灰，反复几次，滤得灰水待用。

2. 将淘洗干净的籼米放在灰水中浸泡一小时，用石磨磨成灰米浆，入净锅中煮至半熟时离火冷却。

3. 用手将浆团捏成长约10厘米、宽约6厘米、高约4厘米的粑团，置竹蒸笼内，大火蒸透后取出晾干即成灰团粑。

4. 用菜刀切薄片，在抹有猪油的净锅中快速煎炸，根据口味投入调料烹制成各式灰团粑。

技术诀窍

1. 磨灰米浆时，水要适量，水过多或过少皆影响粑团成形及其软硬度。

2. 捏制灰团粑时大小不限，可根据人口多少，以一餐能吃完为宜。

3. 灰团粑不同于其他灰粑粑及年糕，必须用籼米制作，不可用糯米或粳米。

品质标准

色淡黄，质韧而爽脆，软硬适中，弹性好，不粘牙，香气十足。

七十、贵阳豆腐圆子

"赢得芳香四方溢，白玉入油壳似金。煮豆烯萁千年事，隔桌呼酒忆古今。金豆入磨转蟹黄，坡仙知味流涎长。俯见维雏牵衣儿，指说雷家圆子香。"

这首未名诗，对贵阳雷家豆腐圆子的赞誉可谓淋漓尽致。豆腐圆子最初由谁创制已难寻考，只知道其经雷家四代相传，工艺屡经改进，是深受广大群众喜爱的贵州地方风味小吃，曾被评为首届中华名小吃。

1960年，周恩来总理视察贵阳时曾品尝过豆腐圆子，并对其味大加赞赏。如今贵阳的豆腐圆子专卖店遍布大街小巷，零散摊点更是难以计数。此食在国内不少城市设的贵州菜馆中，皆列为贵州特色小吃。

美食原料

酸汤豆腐500克，盐20克，碱15克，花椒粉10克，五香粉（八角、山奈、茴香、桂皮、草果）12克，煳辣椒面、酱油、香油、胡椒粉、味精、葱花、折耳根等各适量。

制作方法

1. 将盐、碱、花椒粉，五香粉放入盛豆腐的盆中，用手使劲揉蓉，至带粘性，加部分葱花拌匀入泥。

2. 将揉成蓉的豆腐泥，用 3 个指头轻轻捏拢成索，用食指、无名指并拢轻轻压扁，摆于盘中，每只重 20 ~ 30 克。

3. 净锅上火，下油烧热至五六成油温，分批放入炸成褐黄色，起锅热食。

贵阳豆腐圆子

4. 食用时，将圆子用竹刀划一刀口，填入用煳辣椒面、酱油、香油、胡椒粉、味精、拆耳根末、葱花兑成馅汁供蘸食。

5. 圆子还可以做汤菜，将圆子一剖为四，在汤菜快起锅时倒入，稍煮片刻即成。

技术诀窍

1. 黄豆经淘洗、浸泡、滤浆、烧浆、点酸汤、凝固等工序，制成酸汤白铁豆腐。制作过程中黄豆浸泡 6 小时（冬天浸泡 12 小时），换清水磨浆，放适量生菜油脚渣滤浆，除去豆腥味，用酸汤作凝固剂，使豆腐洁白、细嫩、清香。石膏豆腐因有涩味，缩性大，在此不宜使用。

2. 在捏制圆子时，用力不宜过大，否则壳不脆，质不匀。

品质标准

形状扁圆如鸡蛋或圆球，外壳褐黄，质酥脆细嫩，入口飒飒脆响，内瓤洁白，五香料之馨香四溢，蘸汁吃味更显滋美。

七十一、侗果

侗果是侗族人在传统节日时祭祀的常用供品，同时也是待客茶点，流行于黔东南苗族侗族自治州的黎平、榕江、从江、锦屏、剑河等县。经长时间不断的改进提高，目前已发展为当地苗、瑶、水、汉等民族家喻户晓、人人爱吃的名点。

在每年的"三月三"节，侗果是当地的侗族群众必设之食。节前，侗家姑嫂、妯娌、婆媳、母女们便开始三五成群地加工侗果。加工侗果必须用野生植物的甜藤作为增甜剂，使其具有藤的自然芳香。《本草遗拾》中有将"甜藤捣汁，和米粉作糇饵食，甜美、止泄"的记载。这说明甜藤作点历史悠久。侗族继承此食的传统方法并将之发扬光大，使之流传至今，成为闻名遐迩的名食。

如今的侗果多数为家庭制作，还未见在商场大量柜售。大凡品尝过侗果的人无

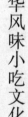

不对其风味称口赞绝，如能将侗果开发为商品，大量生产，使之广泛供应市场，必将对地方经济起积极作用。

美食原料

糯米 1 000 克，甜藤汁、茶籽油、红糖、酥黄豆面、熟芝麻等各适量。

制作方法

1. 秋收后采取甜藤，将之割碎后反复捶打，脱去外层皮毛，再用重锤锤烂后，以石碓舂至泥状，取出用清水浸泡一夜，过滤取汁。

2. 米淘洗干净，浸泡一夜，蒸熟成糯米饭。

3. 边舂糯米饭边加甜藤汁，直至成甜藤糍粑。

4. 糍粑在簸箕内晾一两天，至半硬半软状态，将之切成指头大小的丁状，拌上黄豆面，摊晾在室内通风干燥处阴干，用坛子和塑料密封储存。

5. 干糍粑丁在油锅中炒至半胀，放入茶油锅中炸至膨胀，几秒钟后，如白石头子般的干糍粑丁纷纷漂浮，胀至状如猕猴桃大小，色呈酱黄时，捞出沥油。

6. 红糖与水 3：1 比例入净锅，小火熬化，边搅边熬，熬至糖液起丝，将上述炸制原料分批入锅，铲动翻滚，俗称"穿糖衣"。取出料，放在备有熟芝麻的簸箕上，迅速翻转滚匀，使之表面均匀粘上芝麻，即成侗果。

7、侗果晾凉后用坛子或塑料筒密封储存，随吃随取，保持酥脆。

技术诀窍

1. 甜藤秋后易采取，具有酥松与增甜的作用，如用糖水替之，成品干硬而不松软。

2. 做成干糍粑后要密封保存，否则会发霉变味。

3. 制作前要先炒后炸，以使之膨松。

4. 熬糖、炒糖丝时火候很关键，嫩则不黏，老则发苦。

品质标准

外形膨胀松泡，剖面如丝瓜瓤，外香内酥，芳甜爽口，芝麻馨香馥郁，酥、脆、甜俱全，地方特色浓厚。

七十二、小锅卤饵

在昆明小吃中，最令人回味的要数以前端仕街翟永安的小锅卤饵了。

翟永安，云南玉溪州城金家营人，幼年丧父，家境贫寒，随母亲到昆明谋生，拜一卖饺面的四川人为义父，学到一手烹调技艺。20世纪20年代初，翟永安在藩台衙门菜市上第一个摆摊售卖小锅煮品。原来的玉溪小锅煮品质量并不太高，通常只罩点豆腐而已。翟永安用余肉、焖鸡、鳝鱼、叶子等罩帽，加上腌菜、豌豆尖、韭菜等配底，使小锅煮品色、味俱佳。后又经过不断研究改进，终于形成了一种具有地方特色的美味小吃，广为食客称道。其在昆明的玉溪同乡，因此竞相仿效经营，一时发展有数十家之多。

1938年藩台衙门市场拆除，翟永安迁到端仕街继续经营。端仕街虽然偏僻，但"酒好不怕巷子深"，大批食客仍然追踪而至，使一条小小的端仕街，竟以小锅煮品而知名。就在这一时期，翟永安又在原有的基础上，创造了小锅卤饵铗、卤米线、卤面，并加罩脆膜、鲜豌豆等，使小锅煮品由煮升华到卤，发展为高档美食。虽日高档，但价廉物美，老少贫富均宜，早、午、晚餐，无不门庭若市。甚至有富裕人家，乘飞机用保温盒将其带给居港亲友尝此美味。

翟永安的小锅煮品之所以能赢得如此盛名，首先是烹煮技术精到，火候及下料先后都有考究；另外，便是选料认真：一锅浓酽的筒子骨汤是必不可少的，猪肉是精选的鲜嫩小公猪肉，饵铗是官渡冬吊米春成，米线为复兴村纳家榨的，用威远街"丁腌菜"家的腌菜，张官营的韭菜、豌豆尖，酱油必用玉溪上等酱油。

新中国成立后，翟的店铺归昆明市饮食公司所属，仍名永顺园沿袭制售。旧城改造后，部分食馆兼售此品，但质量下降。20世纪90年代中期，由翟永安的堂弟翟永平在滇池路创办端仕楼餐饮娱乐公司，将小锅卤饵铗列为看家品种之一。

美食原料

饵铗150克，鲜猪肉丝7克，水腌菜、豌豆尖各10克，熟鲜豌豆米5克，精盐、味精各1克，咸酱油2克，甜酱油4克，肉汤15克，红油3克，熟猪油20克。

制作方法

1. 将饵铗切成7米长、2~3毫米粗的丝。水腌菜剁细，豌豆尖洗净。

2. 特制小铜锅上中火，注入猪油，下饵丝，浇入肉汤、腌菜、肉丝、咸甜酱油，用碗翻扣在锅中当锅盖。听到滋滋响声时，汤汁已快收干，取出碗，加入盐、豌豆尖，翻拌，下豌豆米、味精拌匀，淋入红油，出锅装盘。

技术诀窍

1. 此品选料至关重要，有的料今已不复存在，但在选用上尤以鲜嫩为佳。

2. 火候至关重要，焖制时要全神贯注，防止汁未吸干，名卤非卤；或是汁全干出现粘锅，甚至煳锅。

3. 切饵丝注意刀法，不宜过长过一粗，否则将影响入味。注意调味料比例。

品质标准

此品配料巧妙，色彩金红之中着碧绿，非常悦目。油汪汪，红润润，香喷喷，粑糯糯，咸鲜之中微带甜。

七十三、大救驾

江南有"大救驾"油饼，云南腾冲有"大救驾"饵丝。前者救了赵匡胤，后者救了朱由榔，一个是宋朝开国皇帝，一个是明亡后的流亡皇帝。说来都巧合，赵匡胤起兵反唐，被追入安徽寿县，饿急了，要吃不要命，抓起饼摊的饼就吃。追兵到了，要抓吃饼人，卖饼大娘抢先发话："这是俺崽。"赵胆大，索性对着官兵嬉皮笑脸地大嚼起来，瞒过了追兵。后赵匡胤当了大宋皇帝，下令寻找卖饼大娘，终未找到，就御赐寿县油饼为"大救驾"。

清初，吴三桂打进昆明，桂王朱由榔仓皇逃往滇西。逃至腾冲，天色已晚，住在一个靠山的村子里，主人炒了一盘饵铁让其充饥。这位落难皇帝本是深宫弱质，又经数月来的长途奔波，历尽生活的艰辛和劫难，饥不择食，只见其食饵铁如食山珍海味，遂言"真乃大救驾也"！从此，腾冲炒饵铁名声远扬，应誉改名为"大救驾"。

其实，"大救驾"并没有救了永历帝的命，他终被吴三桂勒死于昆明。但是，腾冲饵铁的美味从此家喻户晓。腾冲铁，择米极严，得选用本地名叫"牛屎谷"、"白肚襄"、"白禄手"等大米为原料。用泥炭下层深井中的净水煮熟成饭，入脚碓舂成泥，取出用手搓揉成筒状、薄片、圆个等形状，质地细糯，洁白纯净。以城东南近郊的胡家湾村所产名气最大。

腾冲饵铁最突出的特点是"筋骨"好，煮之不烂化，质地细腻，食之可口，在云南享有美誉。20世纪80年代初，此品在昆明光华街应市，后又开了分店，并带动腾冲菜进入昆开店，生意红火，成为昆明人公认的最佳饵铁。

美食原料

饵铁200克，鲜猪肉50克，火腿、菠菜各20克，番茄30克，鸡蛋1只。葱白段、糟辣子各15克，精盐3克，咸酱油10克，味精1克，湿淀粉5克，熟猪油300克（耗60克），肉汤250克，酸菜50克。

制作方法

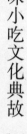

1. 将饵块先切成大片，再切成菱形小片。鲜猪肉洗净，切成薄片入碗，加盐1克、湿淀粉调匀码过。火腿切成薄片。番茄烫后去皮，切成小块。酸菜切丝。菠菜拣洗干净，切段。

2. 炒锅上火，注入猪油20克烧热，下饵块片，稍炒使之回软，入盘。锅上火，下猪油280克烧热，下肉片过油划散，倒入漏勺。

3. 锅上火，注入猪油40克，下葱炒香，下番茄、菠菜煸过，下火腿片、鸡蛋、肉片，再下糟辣子、味精、盐2克、酱油、肉汤50克，最后，下饵块，拌炒均匀，装盘。酸菜和肉汤200克煮成汤入碗，同时上桌配吃炒饵块。

技术诀窍

1. 注意区别与卤饵块的不同：此品是炒，不是卤。用料既有相同的，如饵块和猪肉，又有不同的，如此品用火腿和鸡蛋等。

2. 注意烹制和调辅料投放的先后顺序。生者先放，熟者后放。

3. 肉片过油前用芡，要用手抓过，使之片片着浆，过油色变成形即可。

品质标准

此点红、绿、白、黄相映，色泽油亮；饵块形美，细糯滑润，筋骨好，鲜香甜美，油而少腻；配以腌菜汤，腻感顿消，食后舒适。

七十四、肉饵丝

此品出自云南省巍山县，故名巍山肉饵丝。在大理白族自治州内各县广为流传，今已进入昆明，口碑甚好。

云南人喜爱饵块，尤其是在春节期间，腊月底家家户户都要舂饵块。明代杨慎在《南诏野史》附录的滇南月节词（渔家傲）中，就有"腊月滇南娱岁晏，家家快块雕春盘"的美咏。清道光年间，昆明人朱绶在《咏春斋诗稿》中，也有赞誉曰："门换新联户换朱，还春饵块备香厨。华堂草舍春都到，碧绿松毛砸地铺。"

云南饵块，是我国南方主食大米的独特之品。在云南，各地均有饵块名品，昆明有官渡饵块，逮水有香米饵块，大理的饵块花样繁多，腾冲的饵块更是独享盛誉。

美食原料

饵丝1000克，猪后腿肉（肘子或五花肉亦可），500克，精盐30克，味精10克，胡椒面5克，姜3克，草果2个，葱花15克，肉汤400克，熟猪油50克（耗

50克），咸酱油4克。

制作方法

1. 将猪腿残毛拔净，清洗后烧焦，放入温水中用刀刮去焦层。将净猪腿放入沙锅中，注入清水，上旺火煮开，去浮沫，下姜块、草果，改用小火煮透心，捞出晾凉，在肉皮上抹酱油上色。

2. 炒锅上火，入猪油，至六成热时，下猪腿炸至肉皮呈棕红色，捞出入盆，撕成小条。

3. 饵丝入沸水锅中热烫，使之回软，捞出装入10个碗中，放入盐、味精、胡椒面，冲入肉汤和原汁汤，盖上猪腿肉，撒上葱花、淋上明油即可食用。

技术诀窍

1. 此品所用猪肉需带肉皮，因肉皮含胶质黏稠腻化，口感好。但以猪腿、肘子为佳。

2. 烹制猪腿是关键，一要将皮面烧焦，除净异味，刮去焦层，毛根净除；二是入沙锅煮时，先旺火后小火，让其煮透，打净浮沫，突出真味；三是肉皮要上色油炸，至色棕红，增加美感。

3. 肉汤宜用好汤，以突出此品风味。

品质标准

饵丝雪白，肉质红艳，相衬得当；肉嫩糯，饵丝筋道，汁浓少腻，味醇鲜美。

七十五、火腿鸡杂饵丝

火腿鸡杂饵丝是云南鹤庆白族民间清明上坟时必吃的传统佳点。此点用料考究，烹制精细，调味独到。

"云南十八怪，粑粑叫饵块。"说起云南饵块，其实是古而非怪。

"饵块"二字的"饵"字的读音和用料与古代相同。"块"字，今训诗学家许嘉璐先生说，是因声求义，即"块"之意；饵舂压成块，故名"饵块"。一些古籍介绍饵块的制法，就是把稻米放在鬲中蒸熟，然后取出捣烂成泥，制成饼状食品。在用谷物制作的食品中，大体分为粒食和粉食两类。粒食最古老，粉食居后。粉食泛指谷物磨成粉后再制作成食。而云南的饵块却介乎于两者之间，它是先将食米蒸熟成饭，再放入石碓舂成泥，取出搓揉成块状。从这一制作过程看，饵块应是从粒食到粉食的过渡阶段，究其原因是在石磨未发明前即已存在。所以说，云南饵块虽古但不怪。

美食原料

饵铗 100 克，糍粑 40 克。火腿 20 克，鸡杂 30 克，精盐、味精各 1 克，胡椒面 0.2 克，咸酱油、葱、姜、辣子面各 2 克，甜白酒 20 克，熟猪油 30 克。

制作方法

1. 鸡杂、葱、姜洗净，分别切成丝。饵铗、火腿、糍粑分别切成丝。

2. 炒锅上火，注入猪油，热时下葱姜丝煸出香味，下辣子面，至出味时放入火腿，略炒出香；下鸡杂，至变色时下甜白酒拌炒；下饵丝、糍粑，拌炒均匀；下酱油、盐、胡椒面和适量开水，焖至水干，撒入味精即成。

技术诀窍

1. 注意操作顺序，出锅前，要收干水分后再撒入味精。

2. 注意调味品比例，辛辣料入锅前要先煸出香味，才下其他料。

3. 甜白酒，系指甜酒醪，连汁带糟。

品质标准

主辅料浑为一体，白中着红有光泽；饵丝、糍粑细腻无渣，火腿、鸡杂回味绵长；香味扑鼻，咸甜微辣。

七十六、锅巴油粉

锅巴油粉，是云南省南涧县彝族风味小吃，已有上百年历史。此品是在云南民间煮制豌豆粉的基础上，变一次成熟为两次成熟，把制皮（锅巴）与制粉（稀豆粉）分开烹制，然后合而为一食。故成品层次明显似千层粉，属云南豌豆粉中的上品。

美食原料

豌豆 5000 克，烫韭菜、香菜末、姜蒜汁各 250 克，精盐、芝麻油各 100 克，菜籽油 200 克，咸酱油 120 克，醋、面酱、油辣子各 300 克。

制作方法

1. 将豌豆筛拣去沙粒杂物，先磨成瓣，簸去皮，用 1/3 的豆瓣磨成粉；2/3 的豆瓣用清水泡发（换水 2 次），捞出掺水磨成浆，用纱布过滤，去豆渣，豆浆入盆，取部分豆浆加干粉，调成糊。

2. 锅上火，抹上油，舀入糊摊开，用木片刮拉成锅巴，用手揭下来，入器晾凉。

3. 将豆浆加盐水、清水调成清浆。锅上火，注入清水，水温40℃时，徐徐淋入清浆，顺一个方向搅动，用小火煮熟成油粉。

4. 将湿纱布铺在簸箕上，舀一瓢油粉摊平，盖上一层锅巴，依次顺序操作至锅巴铺完，最后盖上一层油粉即成。切一块锅巴油粉，再切成片条入碗，放入麻油、油辣子、醋、酱油、面酱、香菜、韭菜、姜蒜汁拌匀入味，凉吃。

技术诀窍

1. 制锅巴与做油粉，既用豌豆干磨成粉，又湿磨成浆，分别制作，注意操作顺序。烙煮时忌焦煳。

2. 注意调味品比例和卫生，以酸辣口味为主。

品质标准

此品粥皮合一，层显色黄，土而壮观，立体感强，软糯细腻，入口即化。锅巴绵韧，耐嚼香酥，粉软嫩滋润，酸辣鲜香，别有风味。

七十七、鸡豆凉粉

鸡豆凉粉是云南丽江纳西族的风味小吃。此品与云南其他地区的豌豆凉粉比较，区别只限于是用鸡豆。鸡豆是丽江特产，颗粒与绿豆一般大小，呈扁圆形，色淡绿，质与豌豆相似，但比豌豆细腻味香，煮成粉，色泽灰白带褐。

丽江坝子是世界历史文化名城，风景秀丽，四方街区，河水纵横，溪溪流水昼夜不停，两岸绿柳成荫，古老的石板路面光滑油亮，古香古色的建筑，仿佛把你带入一个古老的世界。东巴的洞经音律，缭绕于上空，游客如梭，漫步观景，有身临世外桃源之感。走累了，坐下来，择一临水的鸡豆凉粉店，叫上一壶酥油茶，取一叠丽江粑粑或一碗凉粉，细品慢赏，悠然自得。

凉粉入肚，热气顿消，并透出丝丝凉意，喝上一碗酥油茶，凉气消除，阴阳平衡，神清身爽，再用粑粑配吃凉粉，美不可言。

美食原料

鸡豆面1 500克，绿豆芽200克，焙花生仁100克，精盐10克，咸酱油50克，醋、姜、蒜汁、香菜末各80克，花椒面、油辣子、芝麻油各30克，味精5克。

制作方法

1. 花生擂碎，去皮。绿豆芽洗净，焯熟。豆面入盆，注入清水调化。锅上火，注入清水、盐，至水温40℃时徐徐淋入豆浆，边淋边往一个方向搅动，防止煳锅，至无生豆味即熟，舀入盆内冷却即成鸡豆凉粉。

2. 取凉粉划片或切条入碗，放上豆芽、花生、酱油、醋、姜蒜汁、花椒面、油辣子、香菜末、味精、芝麻油，拌匀入味即食。

技术诀窍

1. 制粉，先要用冷水将干粉调成浆，再徐徐淋入水锅内，水宜温水，如水温过高，则成坨。淋入浆后要不停地搅动，防止煳锅焦化。

2. 花椒要用新椒，方可突出香麻味。花生要经生焙过再擂碎，香味方逸出。

品质标准

成品红黄白绿相间，酸辣麻香俱全，软糯而有弹性，热天进食可消暑。

七十八、虎掌金丝面

虎掌金丝面，是以鸽蛋和面粉擀成皮迁徙，切成丝，然后与虎掌菌配炒而成的地方佳点。

虎掌菌主要分布在云南省楚雄彝族自治州的部分山岭。菌体特殊，无盖无柄，表面长满一层纤维茸毛，并有明显的花纹，形似虎掌，学名胶质刺银耳。其分为黑、黄两种，以黄者为珍。

用虎掌菌做成的菜点，蝇、蚊都不敢叮。为何？这要从它的诞生说起。

相传，明朝的建文帝，名叫朱允炆，是朱元璋的太孙。他当皇帝的第一件事就是削弱藩王的兵权。这一招就捅了其叔父朱棣的马蜂窝，朱棣起兵造反，夺了皇位，史称永乐皇帝。建文帝身披袈裟，来到了武定府的狮山上当和尚。朱棣派出心腹追踪其下落，建文帝为躲避追踪，常出游滇西。一次，他到南华传经，被刺客认出，寺庙中的禅单法师设素席招待建文帝，内有一道虎掌鸡丝。刺客闻知后买通了厨子，就在此菜中下毒药。可是建文帝吃后，却安然无恙。刺客和厨子大吃一惊，原来是天上的黄虎星下凡，听到刺客要毒杀建文帝，就变成虎掌菌，让采菌人采去把刺客下的毒药给消除掉。从此，凡是黄虎星走过的地方，其脚印就长出虎掌菌。

神话毕竟是神话，但它反映了老百姓对菩萨心肠的建文帝的颂扬。建文帝出走云南，一直受到沐英的三儿子沐晟的保护。郑和七下西洋就肩负着捉拿建文帝的使命，但是南辕北辙，当然捉不到，故建文帝能安然住持狮山。

美食原料

面粉300克，虎掌菌40克，鸽蛋10个，肥瘦火腿80克，韭菜薹30克，精盐5克，胡椒面2克，鸡清汤50克，熟茶籽油120克。

制作方法

1. 虎掌菌用水浸泡涨发，拣去杂质洗净，晾干水分，切成细丝。火腿洗净，切成细丝。韭菜薹掐去质老部分，洗净切成段。

2. 将面粉置于案板上，扒成塘，鸽蛋磕破，液入塘内，拌和均匀。用擀面杖压成团，反复擀薄，抖上淀粉，折叠，切成细丝，再抖上淀粉，入盘。

3. 炒锅上火，注入清水烧开，下面条，稍煮翻身捞出，用熟菜籽油20克挑拌粘上油。

4. 锅上火，注入油，下火腿丝炒香，再下虎掌菌丝煸炒，随后下韭菜薹、面条翻炒。鸡清汤、盐、胡椒面入碗调匀，烹入锅内，翻炒均匀入味，装盘即成。

技术诀窍

1. 面条擀制要细，有如金丝，入沸水锅中一焯，断生捞出。捞出后要用油拌之，防止粘连。

2. 面擀成片，切成丝，都扒上干淀粉，以防止黏结。

3. 入锅合烹时，生料先入锅炒煸，熟料、脆嫩之料后下锅，这样各料成熟度方一致。

技术诀窍

成品面条橙黄、火腿白红、菌灰褐微黄、韭菜薹碧绿，非常鲜艳；茵香味浓郁，脆嫩腴滑，在其韧嫩的胶质中，含有丰富的胞外异多糖，有较高的营养价值；面务细腻，脆嫩郁香，十分高雅，属难得的美味。

七十九、大理三道茶

大理三道茶是云南洱泡地区白族待客的极品。

"以茶为礼"，是白族人民重情好客的习俗。每当客人临门，安座后，主人立即敬上糖果、蜜饯、糕点、瓜子、香烟，接着主人要为客人烹制三道茶。

说起三道茶，历史可上溯千年。唐樊绰《蛮书》记载："茶出银生城界诸山，散收无采选法。蒙舍蛮以椒姜桂和烹而饮之。"意思是说，唐代南诏就以配有椒、姜、桂等作料的茶敬献来客。明代徐霞客游大理时，对这种品茶方式作了较完备的记载："注茶为玩，初清茶，中盐茶，次蜜茶"。

　　三道茶演变至今，第一首是苦茶，第二道是甜茶，第三道是回味茶。有借茶喻世、寓意哲理的道理，即先苦后甜，苦尽甘来，回味人生，百尺竿头，更进一步。三道茶确实有较高的艺术价值，品后给客人留下诗情画意的感觉。难怪大理州政协原副主席杜乙简为此题词："雪月风华杯里趣，诗书画艺笑中吟。"

　　三道茶均以烤茶为基调，所不同的是：头道茶，不加调配料，饮本味；第三道茶，要在茶水中加入花椒数粒、生姜片、蜂蜜和桂皮末，特别讲究的还要用松子仁和核桃片做成一只欲飞蝴蝶，漂在茶水中。下面侧重介绍第二道茶，即"牛奶乳扇核桃茶"。

　　美食原料

　　苍山绿茶40克（以10人计），乳扇10对，核桃仁200克，鲜牛奶1000克，红糖300克。

　　制作方法

　　1. 红糖切成末。用小推刨把核桃仁推成细片。用筷子夹住乳扇，放在栗炭火旁烤成卷筒状，揉碎。

　　2. 将洗净的沙罐放在栗炭火边烘干水分，至底部有点发白时，放入茶叶；用手抖动茶罐，边抖边观其色泽变化。一般要上下抖动100次，故名"百抖茶"。待嫩茎发泡成蚂蚱腿状，冲入少量开水，至水泡到罐口，如绣球花状，不能溢出。这时有的主人还要绘声绘色地唱"落！落！落！"调，情趣横生。当主人向烤茶罐冲开水时，罐内会发出"噼啪"和"滋滋"响声，所以又称之为"雷响茶"。待泡沫往下落时，再冲进开水待用。

　　3. 牛奶入锅煮沸，放入红糖末，分成10份入杯，加入核桃片、乳扇片，注入茶水上桌供食。

　　技术诀窍

　　1. 烤茶实为功夫茶，要认真细致，茶忌焦，泡忌溢，落时注开水置火旁保温即可。

　　2. 红糖杂质多，可事先加工成糖水过滤，再收汁成浆。乳扇亦可成卷放入边泡边食。

　　品质标准

　　乳白泛黄，乳香、奶香、茶香一起溢出，沁人肺腑，甘甜如蜜，略有丝丝回味。烤制讲究，情趣横生，其乐融融，赏心悦目。

八十、漆油茶

漆油茶是云南省怒江州怒族、傈僳族群众自饮或待客的名饮品。居住在怒江一带的怒族、傈僳族，与西藏察隅地区接壤，食俗受藏族影响，对藏族的酥油茶情有独钟。但怒江地区河谷一带地处亚热带，不产牦牛和酥油，而产漆蜡。因此，他们以漆蜡代替酥油，制成漆油茶，又香又解渴，既富含营养又具民族特色。

漆油，是从漆树果实中榨出来的油脂，呈蜡黄色或灰褐色。与猪油、菜籽油混合冷却制成固体油脂，又名漆蜡。漆油是怒族、傈僳族的食用油脂。

此茶独见于怒江大纵谷少数民族。云南各地均有漆树，但未见用其籽榨油食用，傈僳族除用漆油烹茶外，还有漆油和酒、漆油煮甜酒鸡蛋之食，这些都是当地产妇补虚的上等补品。

美食原料

绿茶 5 克。漆油 50 克，核桃仁 30 克，芝麻 20 克，精盐 5 克。

制作方法

1. 芝麻焙香。桃仁用开水烫后去皮，焙香，捣碎。

2. 陶罐上火，注入水，沸后下茶叶。

3. 用特制茶筒，下漆油、桃仁、芝麻、盐，冲入烫茶水，手持木塞上下来回抽打，直至漆油与茶水水乳交融，倒入碗即饮。

技术诀窍

1. 配料还可再加入焙花生末和鸡蛋泡液，品位更高。

2. 陶罐上火时应冲入冷水，否则罐会被烧裂。

3. 搅打时，用力应均匀，方法要对，否则茶水喷出。判断成品标准为茶水是否与漆油融为一体。

品质标准

茶汤水乳交融，色乳白，香气四溢，滑润爽口，味咸鲜，口感好。

八十一、糌粑酥油茶

糌粑酥油茶，是云南省迪庆州藏族的两道名食，因其食用配套，往往连在一起。糌粑，是藏语，意为青稞炒面，是把青稞炒香，磨成面，和以酥油茶汁，用手指捏成坨而食。

酥油是用牦牛之乳经提炼除去奶渣后凝固而成的油脂。酥油茶，是藏族人民每天不可缺少的饮料，有"饭可以一天不吃，茶却不能一天不喝"之喻。所以《中甸县志稿》记载："但一见酥油茶，即如见其父子兄弟夫妻师友，其胸中已悦乐，若一人口，则其辛苦忧郁恐怖疑惑完全冰解，如饮我佛甘露焉。"

酥油茶为何有此神奇之效？这是因为茶对高原牧民的身体健康具有特殊的效用所致。饮用一碗滚烫的酥油茶后，热量骤增，能保持体温，仿佛觉得油腻顿除，脾胃自清。藏族群众主食是牛羊肉和糌粑，这些食物都是酸性食物，被消化后会产生一定量酸，出现胃酸过多，易于上火便秘、疲劳倦怠等不适症状。牧民在很少进食碱性食物的情况下，大量饮茶后，茶中生物碱能中和胃酸，使体内保持酸碱平衡。再者茶的芳香油，能够溶解脂肪，消食解腻，有助消化。另外，高原牧民体内水分丢失过多，在缺氧的情况下，尿量比平原地区高出一倍多，牧民正是用大量饮茶来保持体内水分的正常代谢。

藏区缺少蔬菜和水果，但他们并不患维生素缺乏症，其原因就在于经常性地大量饮茶，从茶叶中吸取维生素。因此，在那狂风怒吼、滴水成冰的大冷天里，什么都比不上待在家里喝几碗酥油茶甜蜜。甚至有人说："当你身体欠佳而卧榻不起时，喝上一碗浓茶，便能解毒疗疾，消病去邪。"此说表明，茶在人类日常生活中的地位和作用。

除了藏族喜食酥油茶外，在云南，与迪庆州接壤或同处迪庆州的其他民族，如普米族、纳西族、白族、怒族、傈僳族乃至汉族都喜吃此品。

美食原料

砖茶10克，鸡蛋1个，核桃仁、芝麻、麻籽各15克，精盐5克，酥油10克。

制作方法

1. 将核桃仁、芝麻、麻籽焙香，舂成泥。将鸡蛋磕破，蛋液入碗，调化。砖茶入茶壶，注入清水，烧开成茶水，保持微沸状。

2. 将特制酥油茶筒洗净，放入酥油、盐、芝麻、麻籽、桃仁、蛋泡，冲入热茶水，上下来回提打木塞，打至水乳交融浑为一体，倒入木碗即饮，佐食糌粑。

技术诀窍

1. 亦可再加入焙花生泥，如吃甜可加红糖或白糖。

2. 搅打时，用力应均匀，方法要对，否则茶水喷出。标准是茶水、蛋泡和酥油融为一体。

品质标准

茶汁乳白，乳香、茶香、黑仁香齐出，入口滑润，咸鲜腻化，味美非常。

八十二、怪噜饭

怪噜饭，是最近几年贵阳夜市摊上出现的名食，目前酒店宴席之中亦常见。由于此食口感独特而营养丰富，价钱实惠，越来越受到当地人的普遍喜爱。贵州的怪噜饭是在蛋炒饭的基础上演变而来，它是根据客人的喜好，在饭中添加肉末、腊肉丁、青菜、折耳根或芹菜、葱花等辅料制成的，口味由原来的糟椒香型，逐渐转为豆瓣酱加糍粑辣椒的复合型，突出香辣厚味的黔食风格。

美食原料

大米饭 150 克，鸡蛋 2 个，糟辣椒、豆瓣酱、糍粑辣椒、盐、葱花、芥菜末、姜末、折耳根末、白菜、腊肉香肠或肉末、味粉、猪油等适量。

制作方法

1. 锅烧热，放少许油，倒入打散的鸡蛋炒熟，加入糟辣椒、豆瓣酱、糍粑辣椒炒出香味与色泽。

2. 倒入芹菜末、姜末、折耳根、腊肉末、白菜末炒香，加入米饭翻炒，调入盐、味精、葱花搅匀即成。

技术诀窍

炒饭的油用量要适中，饭要炒至火候后方加入各种辅料，再进一步翻炒，直至芳香溢出。

品质标准

多种菜与饭合一，口味丰厚，口感香辣，色泽艳丽，营养丰富。

八十三、鸡辣角

"贵州人有一怪，辣椒也是菜。"贵州菜的主要特点是香辣酸突出，即使是水饺这类常食，都离不开以煳辣椒作蘸汁。人们日常食用的酸辣料，皆有食品厂生产的多种品牌。这里介绍的鸡辣角，就是将干辣椒微煮后，用石钵春成像糍粑那样的辣椒泥末，再加入大蒜和老姜春成蓉，与仔公鸡一起烹调的小吃。贵州过年有烧辣子鸡的习惯，这一点在其他地方少见。贵州辣子鸡可冷吃，也可热吃，前者称冷吃鸡辣角。鸡辣角作为小吃，可下酒送饭的菜肴，或拌入面食中作佐食，或作调味料使用，十分方便。

美食原料

干辣椒500克，仔公鸡1只（约1500克），姜块、大蒜各100克，色拉油或菜籽油300克，鲜汤适量。

制作方法

1. 将干辣椒微煮，加入姜块、大蒜入石钵中，春成粑状辣椒。仔公鸡宰杀，剖腹、洗净，带骨剁成小指头大小的丁待用。

2. 锅烧热，下色拉油烧至七成热，下粑状辣椒和鸡丁同炒，渗入适量的鲜汤，边烧边炒至水分快干时，将鸡骨块分离，直至熟透后即成。

技术诀窍

粑状辣椒一定要春成蓉，鸡要剁成小丁，火力要小，慢烧慢炒，这样鸡、辣椒才融合成为一体。冷却后再吃，效果更佳。

品质标准

香辣浓烈而不燥，仔鸡脆滑，色泽红润诱人，味特鲜美回香。

八十四、卤猪脚

卤猪脚，又名状元蹄。相传清朝时，青岩古镇后生赵以铜，为上京赴考，常温功课至深夜。一日，忽觉肚中饥饿，便信步走到北门街一夜市食摊，点上两盘卤猪脚作消夜，食后对其味赞不绝口。摊主上前道："贺喜小爷。"赵问："何来之喜？"摊主不失时机道："小爷，您吃了这猪脚，定能金榜题名，"蹄"与"题"同音，好兆头，好兆头啊。"赵听后大笑，不以为然。不日，上京赴考，果真金榜题名，高中状元。回家祭祖时，重礼相谢摊主。此后，卤猪脚便被誉名为"状元蹄"，成为赵府名食，后经历代家厨相传，扩至民间至今。

制作卤猪脚，需选农村饲养一岁左右的猪的蹄，取十余种名贵中药入味，经文火温煨，精心卤制，吃时再辅以青岩特产双花醋调制的蘸汁，入口肥而不腻，糯香滋润，酸辣味美。历来，凡到古镇游览者，皆以品尝此蹄为快，并对此美味赞不绝口。如今，"游青岩古地，品青岩美蹄"，已成为当地的一种旅游文化现象。

美食原料

猪蹄5000克，冰糖1000克，料酒500克，八角、三茶、小茴香、草果、甘

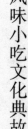

草、丁香、冠仁、沙姜，罗汉果、砂仁、花椒、桂皮、白芷等，老姜、大葱、盐、鸡精、鲜汤、煳辣椒、双花醋、姜末、葱花等各适量。

制作方法

1. 将猪脚烧尽余毛，使皮至焦黄，然后浸泡，刮净焦皮，清净污物，一剖为二，入开水锅焯透，捞起冷却待用。

2. 烧热，下冰糖炒成糖色，渗入鲜汤，加入料酒、鸡精、老姜、大葱等，将八角、三茶、香叶等以布包扎入锅，投入洗净的猪脚，用小火慢炖3~4小时即成。

3. 取碗加入煳辣椒、双花醋、姜末、葱花等，制成蘸汁，随卤好的猪脚一起上桌即成。

技术诀窍

卤制猪脚时，一定要掌握其成熟后的软硬度，太硬难啃，太烂别无形失味。当地人卤制时常加入几个干椒以辣促味。

品质标准

色红褐，皮充盈泽润，质酥软，味醇厚，肥而不腻，酸辣中显鲜，肉香、调料香十足，食肉啃骨，回味无穷。

八十五、三合汤

三合汤是贵州省黔西南布依族苗族自治州安龙县的地方风味小吃，流行于兴义、兴仁、贞丰等县市。因以糯米、白芸豆、猪脚3种主料烹制而成，故名三合汤。

黔西南地区峰峦叠翠，河流纵横，兼有桂林山水和云南石林风光之美。安龙县地处盆地，平坎较多，水田依依相连，阡陌纵横。居住在这里的布依族和苗族群众有着悠久的历史，他们喜欢以糯米饭为主食，并用糯米制作风味小吃。清代雍正五年（1727年）安龙置南笼府，根据《南笼府志》记载，早在明代本地就有黄壳和红壳两种糯稻，颗粒饱满，色白脂丰，米质优良。安龙也盛产芸豆，质地优良，洁白性糯，当地常以此制粑作菜肴。三合汤就是这两种物产加上猪脚组合的美食。

据传，南明的一位大臣正用午餐，忽接差报上朝，匆忙中用肉汤泡饭赶餐赴朝。退堂后，顿觉腹中饥饿，回味午餐之食尚觉味存，于是，嘱咐厨师照此制作，饭食竟美味无比。自此，这位大臣常食三合汤，并增添葱、醋、胡椒粉等改善风味。大臣因常以此食宴待客人，三合汤很快被仿效而流传至上层之家，并慢慢传入民间，成为地方著名风味小吃。如今的三合汤，主料、配料、调料均有改进，是当地人早餐常用的大众食品。除用猪脚外，也有用蹄膀（肘子）、排骨和鸡丝替代猪脚的，并加入鸡汤，味更鲜美。

美食原料

糯米、猪脚各 100 克，白芸豆 30 克，脆臊、酥肉、油酥花生米、熟鸡丝各 50 克，盐、酱油、醋、煳辣椒面、葱花等各适量。

制作方法

1. 糯米经淘洗、浸泡、过滤、蒸熟为糯米饭。

2. 猪脚刮洗干净，白芸豆淘洗干净，一同入锅，加入清水，大火烧沸，小火炖至软烂，放盐入味。

3. 将糯米饭放入碗，盖上炖好的芸豆，再舀入炖汤，放入脆臊、酥肉、花生米、熟鸡丝、炖猪脚，以及酱油、醋、胡椒粉、煳辣椒面、葱花即成。

技术诀窍

1. 蒸制糯米饭不宜过火，以汤泡后饭粒容易散开为宜。

2. 猪脚要刮净毛桩，反复洗弃污物，最好能用火稍作烧制，泡水去焦皮。

3. 芸豆要去尽沙泥，淘洗几次。

4. 猪脚可用排骨、炖鸡块等代替，还可以加入鸡汤等。

品质标准

主料香糯柔绵，具芸豆幽香，脆臊、花生酥有焦香。放醋提味不显酸，加辣椒以适应地方口性，突出香浓味厚的贵州特色，汤汁亦香不减鲜。

八十六、鸡煮菜稀饭

鸡煮菜稀饭为水族特色风味小吃。水族主要居住在全国唯一的水族自治县——贵州省黔南布依族苗族自治州三都水族自治县，人口约 35 万。水族民风淳朴，热情好客，不论远亲近朋，或是非亲非故的陌生人，只要踏入家门，均待为上宾。

鸡煮菜稀饭，是水族的鸭煮菜稀饭、香猪煮菜稀饭等多种粥食中最有特色的一种，是最先用来作招待宾客的垫底饭，故又称迎宾饭。吃完此饭后，才开始安排正餐。按照民族习惯，一般将鸡煮熟后分成八块，主宾食头，尾作礼品送给主宾带走，其余部分由主人依宾主尊次分配，不足时多杀鸡，剩余部分主人享用。

美食原料

土公鸡1只（约1250克），大米1000克，新鲜时蔬300克，盐、味精适量。

制作方法

1. 将土公鸡宰杀，热烫拔毛，去内脏，清洗干净。

2. 米要淘洗干净。

3. 新鲜时蔬洗净切碎末。

4. 将公鸡入锅，注入清水，大火烧开，去沸沫，改小火炖至半熟时，撒入大米，随后将鸡取出，斩成八块，再入锅中煮，至大米烂成稀饭时，撒入菜叶末、盐、味精即成。

技术诀窍

1. 水要一次性加足，中途不可再加水。

2. 八块为头尾、两翅、两胸、两腿。

3. 撒米时从鸡头撒至鸡尾，表示友好。

4. 由主人先把鸡分给客人，再依尊次分别舀稀饭给客人食用。

品质标准

粥味鲜美，鸡肉香嫩，时蔬碎末点缀其间，色彩艳丽，席间融入民族食俗，主勤客尊，风味更加别致。

八十七、茶食

茶食是贵州省黔西县羊声镇的一种传统名特食品。有朋自远方来，常以此佐茶食用，故名"茶食"。此外，此食常作馈赠亲友礼品。

野懒豆根又名野小豆根或野山豆根，多年生藤本植物，叶与懒豆叶、小豆叶相似，地下块根如桔梗，泡食，味甘，有生豆浆味。放入野懒豆根，起助发酵、增甜和增加黏性作用。茶食不放糖，具有清香、微甜、酥脆、易消化的特点。因有懒豆根的黏性作用，茶食不开裂变硬，易加工为各种花样。

美食原料

糯米5000克，野懒豆根20克，熟米粉子、色拉油各适量。

制作方法

1. 选用洁白上等糯米，淘洗干净，放入沙缸内浸泡40天，捞出晾干，舂成湿粉面。

2. 湿粉团捏成每只重约250克的粑粑，放在大铁锅里，煮熟捞起，再置特别木槽或石碓窝内，以木棒翻搅至提起时呈现白色透明的银丝状，放入捣蓉的野懒豆根，搅匀后捞起。

3. 案板上撒熟米粉子，铺上刚捞起的粑粑，晾至半干，用擀面杖擀为薄片，剪成各种花卉、动物形状，涂上食用色素，晒干后用绳串连即可出售或留用。

4. 食用时，先将油烧至三四成热，茶食入热油中浸泡 10 分钟左右，捞入漏勺内，用沸油反复淋浇至体积膨胀 10 倍以上，色泽微黄时捞起，即可装盘佐茶食用。

技术诀窍

1. 浸泡糯米时需 3 天换一次清水。

2. 米与野懒豆根比例为 250：1（重量）。

3. 擀至薄片时，透明度高者即为上品。

4. 炸时需先预热浸透。

技术诀窍

清香、脆酥、微甜，易消化，佐茶食，有清热解毒、健胃滋补之功。

八十八、侗乡油茶

贵州的许多民族，皆有食用油茶的习惯，在众多的油茶中，贵州省黔东南侗族苗族自治州的侗乡油茶，独树一帜，它融合有浓郁的民族风情和民族习俗，特色鲜明。

黎平县的侗族同胞几乎每天早上都要吃一碗油茶。每逢红白喜事或节日庆典，对宾客的到来，侗家人必以油茶盛情招待。侗人热情好客，去侗乡作客，一进门，主人就会先敬一碗甜米酒，再敬一碗油茶。食时只给一枝筷子，表示茶后还要请吃饭。若给一双筷子，则表示宾客不受主人欢迎。

侗乡油茶的种类很多，按红白喜事分为"生日茶"、"婚嫁茶"、"敬老茶"、"庆贺茶"、"分忧茶"；按食用时间分，有早上的"早晨茶"、中午的"半日茶"、下午"夜背茶"、和晚上的"夜头茶"；按原料分为"粑粑茶"、"糯饭茶"、"米花茶"、"苦笋茶"、"黄豆茶"、"花生茶"、"包谷茶"、"肉丝茶"、"肠子茶"等。其中，肠子茶又分为鸡肠、鸭肠、猪肠等。本品所用的野茶叶，俗名母猪藤，多年生草木植物，味苦涩，是民间中草药，具有清热解毒、消炎去肿、补气助食、提神醒酒等作用。

美食原料

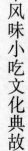

糯米 2000 克，大米 1 000 克，野茶叶 50 克，茶油、酥黄豆、酥花生、盐、酱油、葱花、姜米各适量。

制作方法

1. 取糯米 1 000 克浸泡淘洗，蒸熟，舂成蓉状为糍粑，晾干后切成薄片即为糍粑片。

2. 取糯米 1 000 克，蒸熟后晾干成阴米，放入茶油锅，炒炸为金黄色的米花。

3. 取大米 1 000 克，磨成浆蒸成粉皮，晾干后切成长 3 厘米、宽 0. 6 厘米、厚 0. 3 厘米的薄片，用茶油炸成淡黄色。

4. 锅内放少许茶油烧热，放入茶叶，煸炒后冲入清水，烧沸为紫黑色的茶水。

5. 取碗放糍粑片、米花、粉皮、酥黄豆、酥花生，冲入沸茶水，再放盐、酱油、葱花、姜末即成。

技术诀窍

1. 米花与汉族米花类似，但有区别，侗米花没有透心，只酥透 2/3，既脆又香。

2. 连年过节或宴贵宾，油茶内加一小汤匙肠臊，侗语称"杰骞"，意为肠子茶，制肠臊可用鸡、鸭、猪肠，洗净切成节筒状，佐用茶油、盐、辣椒面，炒至刚熟即可。

3. 各地加工方法大同小异，配料的品种数量有多有少，还有的用菜油、猪油、肉丝、肉汤、炒米花、茶叶、野茶的一种或多种配佐。

品质标准

酥、脆、香、糊、涩、咸众味共生，感觉滋味特别有天地，加上主人热情好客，更是回味无穷。长期食用油茶，可以顺气舒脾，提神益身，帮助消化，增强食欲。

八十九、道真香油茶

"碗碗油茶香喷喷，男男女女都能饮。不吃油茶没精神，吃了油茶有干劲。"这是流传于仡佬族聚居的黔北遵义市道真仡佬族苗族自治县的顺口溜。油茶是当地居民每日必不可少的饮料。

倘若你有机会到道真作客，定能品尝到这香喷喷的香油茶。仡佬油茶约起源于清道光年间，据传当地一个大财主，用佣人做的这道油茶戒掉了大烟（鸦片）瘾，而后逐渐传入平常百姓家。

仡佬油茶有多种食用方法，以用芝麻饼、苏麻饼、麻糖杆、蜜饯、米粑、包谷粑、包谷泡团子等佐食最为常见。地道的乡土风味吃法，往往还配以花生、瓜子、玉米、米花，有油茶煮鸡蛋、汤圆、泡饭等。

美食原料

茶叶 500 克，猪油、清水、油渣、食盐、碎韭菜、花椒叶、芝麻、花生、黄豆等各适量。

制作方法

1. 芝麻、花生、黄豆分别炒、炸酥香，捣成细面。

2. 用猪油爆炒茶叶后，加清水熬煮，待水微干时，用木瓢揉细成茶羹。

3. 根据饮量及浓淡程度加水煮沸，加入猪油、油渣、食盐、碎韭菜、花椒叶、芝麻面、花生面、黄豆面即可。

技术诀窍

爆炒后加水量不易过大，便于制茶羹。芝麻、花生、黄豆炒制得度，忌过火生焦味。

品质标准

提神醒脑，能戒烟，鲜香可口，解渴生津。

九十、威宁荞酥

"黔西、大方一枝花，威宁、毕节苦荞粑。"这是一句赞美贵州省威宁彝族回族苗族自治县的传统名点——荞酥的古老民语。

威宁属高寒山区，盛产苦荞、甜荞，常以荞粑为主食。苦荞味苦，但用苦荞粉精心制作的荞酥却甜美芳香，为众多黔点中的佼佼者。

荞酥的出现已有六百多年历史。相传明太祖朱元璋曾把云南王安光的正命夫人奢香认作义女，明初袭其夫蔼翠贵州宣慰使职。1368 年，朱元璋过生日，奢香就用苦荞面做一种寿糕送"干爹"，但是她连续做了 49 天也没有成功。于是她的厨师丁成久就替她制作，最后做成了每个重达千公斤的荞酥，面上有九龙围着一个"寿"字，意为"九龙捧寿"。奢香把荞酥进贡朱元璋，他尝后连声称赞之为"南方贵物，南方贵物"。

威宁荞酥历经十几代人的继承和发展，在用料、制馅和工艺规格方面皆有不断改进和提高。新中国成立后，其规格统一定型为个重125克，分圆形、扁方形两种。精制礼盒包装分为250克、500克和什锦3种。什锦盒内一般装10个，品种分别为威宁火腿、玫瑰、洗沙、水晶、桃仁、冰橘、瓜条、苏麻、椒盐和姜油等多种。

威宁荞酥以其民族食品的独特风格，多年来畅销省内各地。20世纪80年代初至今，还远销云南、四川、湖南、广西、广东等地，声誉极好。

美食原料

苦荞细粉1 000克。红糖粉、熟菜油、猪油、熟苦荞粉、白糖、鸡蛋、白矾、苏打、白碱等各适量。火腿、玫瑰、洗沙、水晶、桃仁、冰橘、苏麻、瓜条、椒盐、姜油等各适量。

制作方法

1. 荞细粉加入红糖粉、熟菜油、猪油、鸡蛋、白碱、苏打、白矾混合，用搅拌机搅匀，静置一天发酵后作酥皮。

2. 用猪油、白糖、熟苦荞粉和火腿、苏麻、玫瑰糖等其他辅料搅匀制成馅。

3. 将酥皮擀薄成圆形，包上馅心，放入木模压制成形，入炉烤熟即可。

技术诀窍

1. 荞酥形似月饼，不同的是荞酥在制皮中需静置饧发一天。

2. 制皮用的荞粉约为成品重量的1/3。

品质标准

形如矩形，美观大方，色泽金黄，质油润香甜，酥软可口，是营养丰富的精致饼点。荞粉的蛋白质高于大米和糯米、富含碳水化合物及多种维生素和微量元素。苦荞碱性较重，有健胃、消火、降压的功能。

第七节　西北地区风味小吃

西北地区包括陕西省、甘肃省、青海省、宁夏回族自治区和新疆维吾尔自治区，地形以高原、山地为主，纵横的山脉和河流之间，分布有大量的盆地和少量的谷地及平原。本区以温带大陆性气候为主，夏热冬冷，日夜温差大，降水量少，空气干燥，属干旱和半干旱地区。主要农作物有小麦、棉花、谷子、糜子、胡麻、玉米、青稞、水稻、荞麦等，同时畜牧业比较发达，肉食资源十分丰富。

西北地区的汉族餐饮食文化因深受当地多民族饮食的影响而呈多元混合状态。如在三秦饮食文化圈内传统的汉餐面点早已与清真面食融为一体。如臊子面、水晶饼、牛羊肉泡馍、锅盔等是回汉的大众品种；新疆的炒面、拌面、抓饭、馕等也早为天山南北的汉族群众所接受；汉餐中的油条、特色蒸包、臊子面、各种炒菜也为广大穆斯林群众所喜爱。因此，西北的饮食是伊斯兰饮食与汉餐饮食千百年来融合发展的结果。

借鉴地理文化地域的分类方法，根据气候、物产、民族、宗教、经济、文化等地域差别，我们可以将西北饮食划分为三大饮食文化圈：以陕西、宁夏为代表的三秦饮食文化圈；以甘肃兰州、临夏、西宁为中心的陇青饮食文化圈，以新疆天山南北维吾尔族饮食为代表的天山饮食文化圈。

天山饮食文化圈内著名的地理特征是"三山夹二盆"。北陈阿尔泰山，南盘昆仑山系，横亘中部的天山把新疆分成南北两半，南边为塔里木盆地，北边为准噶尔盆地，素有南疆、北疆之称。天山南北河流交错，湖泊众多，为工农业和牧业提供了充足的水源。新疆地处欧亚大陆桥中部，又具有特殊多样性的自然条件，非常有利于东、西方动植物品种的交流与繁殖。在这里温带作物齐全，粮食作物以小麦、玉米、水稻为主，占粮食总量的90%以上。此外，还有高粱、大麦、谷子、大豆、豌豆、蚕豆等。经济作物有棉花、油菜、甜菜、麻类、烟叶、药材等。常见的蔬菜品种有白菜、菠菜、芫荽、甘蓝、胡萝卜、青萝卜、番茄、洋葱、辣椒、茄子、黄瓜、葫芦瓜、芹菜、韭菜、大蒜等20多个品种。瓜果有葡萄、哈密瓜、西瓜、苹果、香梨、杏、桃、石榴、樱桃、无花果、巴旦杏等数十种。畜牧业中以绵羊最多，其次是马、牛、山羊、驴、骆驼、骡和牦牛，其中以阿勒泰大尾羊和伊犁细毛羊最为优良。另外，还有其他丰富的动植物与鱼类资源。这些为造就天山区域丰厚饮食文化提供物质条件。

陇青饮食文化圈地处黄河上游的青藏高原腹地，这里共同生活着汉族、回族、东乡族、撒拉族、土族、藏族、蒙古族等民族，属大陆性高原气候，冬寒夏凉，日照长，雨量少。粮食以小麦、青稞为主，其次还产大量的杂粮，如豌豆、蚕豆、荞麦、玉米、糜子等。油料作物中以胡麻的产量最大，其次还有油菜籽和芝麻。高原地区特有的地理环境和气候条件，造就了大量的蒙古小尾羊、山羊、牛等畜牧产品，为这一地区的特色饮食提供了丰富的物料资源。

三秦饮食文化圈包含陕西、宁夏及甘肃部分地区。宁夏与陕西都属温带大陆性

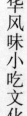

气候，黄河呈"弓"字形贯穿这一区域，为本区的农牧业提供了丰富的水源，这里富产小麦、玉米、荞麦、高粱等农作物。陕北与宁夏的牧业发达，小尾蒙古羊、山羊、牛、马等是主要的畜牧产品，还有黄土高原产的黄小米、糜子、高粱、大麦等都是三秦饮食品种的特色原料。

秦汉时，新疆始称"西域"，天山南北的各民族在丝绸之路的扩展下相互交流，东西方的饮食文化因此交融汇合，为这里饮食的发展奠定基础。时至唐朝，这里的饮食文化交流达到了空前的鼎盛时期。如今的西安名吃中，如牛羊肉泡馍、葫芦头泡馍、臊子面、甑糕、石子馍、芝麻烤馕、维吾尔的酥点、酥饼等都是在这一时期形成的。

从唐朝后期至元朝，随着伊斯兰教传入中国，清真饮食得到很大发展。7世纪中叶以后，从陆路来长安的穆斯林商人，在经商的同时也带来了各自地区的清真菜点，如回族的油旋饼、油香、馕、馓子等就是这一时期传入的。从海路来到广州、泉州等地的回族先民，也同样带来了许多面点与菜点。回族中的甜点"哈鲁瓦"、饪饦等在当时的长安就非常流行。至元朝，回族民族已经形成，清真面食与饭菜在融合了汉餐品种的基础上，进一步向多样化发展，如《居家必用事类全集》记载的回族清真食品就有"设克儿匹剌"、"糕糜"、"秃秃麻食"、"哈耳尾"、"卷煎饼"、"酸汤"、"八耳塔"、"古剌赤"、"海螺丝"、"即你匹牙"、"哈里撒"、"河西肺"等丰富品种。这些品种主要流行在陇青饮食文化区和以长安为中心的三秦饮食文化圈内。唐代中期以后，维吾尔族的祖先已定居在天山以南，以前的游牧生活逐步地向农业生活过渡，面食品、米食品、烤馕等逐步占据了饮食生活的主导地位，并不断吸收汉族饮食品种和烹饪方法，在遵照伊斯兰食规前提下，充分地发展自己的饮食文化。

隋唐时期，汉餐饮食主要以长安为中心，品种花样繁多，如胡饭、胡饼、煎饼、羊羔肉、蒸饼、汤饼、馄饨、饺子（扁食）、元宵（汤中牢丸）、五色饼、七返糕、金铃炙、玉露团、小品龙凤糕、打糕、不朵、糕糜、兀都麻（烧饼）、口涅（馒头）、萨其玛、三勒浆（酒名）、麻花、肉夹馍、花色点心及饮料等。

明清时期，沿海回族西迁定居甘肃、青海、宁夏等地，西北的三大饮食文化圈逐步形成，饮食文化也逐渐明显。以三秦汉、回风味为主体的饮食结构逐步形成，注重用烙、烩、蒸、煮、焖、先烙后焖、先烙后煎等烹调方法，擀、扯、拉、叠等操作技法多见，并善于运用明火烤、石子烙等较原始的烹饪方法。突出咸、酸、辣等味，主料中较多地运用玉米、荞面、豆类、糜子等多种粗粮。

元代以后逐步形成的陇青饮食文化圈，呈现以回族为主要饮食特征的回汉复合特色。宗教主体是伊斯兰教，这一地区的东乡族、撒拉族、保安族、土族、藏族、蒙古族及相当一部分汉族也深受伊斯兰回族饮食文化的影响。其特点表现在多用炸、绘、煮、烙、焖等烹调方法和使用擀、叠、搓、拉等操作技法。典型的传统食品有馓子、油香、花花、锟馍、烙饼、花卷、粉汤和肚、肠、头、肝、肺、蹄等羊杂碎，面点原料中具有高原的特点的青稞、豌豆、小麦、胡麻、香豆子、姜黄等占有很大比例，口味上以咸酸为主，兼顾辣味。

天山饮食文化圈形成以维吾尔族饮食为典型代表，哈萨克族、回族、柯尔克孜族、塔塔尔族、乌孜别克族等民族饮食共同发展的饮食结构。使用馕坑、烤肉槽原始的烹饪工具，运用明火烤制馕品、肉类、包子类等特色品种，并辅以煮、蒸、炸、炒等烹饪方法。以羊肉为主馅的点食品种很多，另外薄皮包子、曲曲、那仁、新疆盘馕、拉条子、炒丁丁面等面食特色浓厚。口味上以咸鲜为主，兼顾酸辣，白胡椒、黑胡椒、香豆子、孜然粉、花椒、姜黄等调味料的应用很普遍。

一、西安大肉饼

西安大肉饼是一种历史悠久的传统食品，距今已有100多年的历史。此品是在唐代段公路《北户录》里记载的"白肉胡饼"的基础上演变而来的，现今仍保持着原有的风味特色。

美食原料

精粉565克，碱面2克，肥瘦猪肉300克，葱花150克，大红袍花椒面3克，精盐5克，菜籽油175克。

制作方法

1. 先将500克精粉倒入盆内，加入碱水和适量的温水搅成面絮，再加水和成软面团，揉搓均匀，饧置。

2. 炒锅置旺火上，倒入菜籽油25克烧热，将炒锅离火，陆续倒入面粉65克，边倒边搅至面粉与油调和均匀，制成酥面倒入碗中。

3. 将饧好的面团搓成长条，下成10个剂子，再搓成长约16.5厘米的条，全部搓完后，在上面抹一层油，叠放起来，使面回饧。

4. 把肥瘦肉剁碎加花椒面2.5克、精盐3.5克搅拌均匀成饼馅，把剩余的花椒面、精盐混合成椒盐面。

5. 取面剂一个放在案板上，先用手指压平，再用小面杖擀成长 23 厘米、宽 10 厘米的片，然后取饼馅 15 克放在面皮的一端摊平，再用 15 克葱花放在馅上，撒椒盐面少许，随即将馅包住；在皮面的一端抹一层酥面，这时用右手拿起包馅的一端，趁着手劲边抻边卷（抻得越薄越好）；卷好后用左手握住卷，用右手捏住下端，稍扭后向上一顶，放在案板上，用手压成中间薄、四周厚、直径 10 厘米左右的圆形饼坯，依次制完。

6. 在三扇鏊里加入菜籽油烧热，再放入肉饼坯，烙烤至上色发脆时翻个，当两面焦黄时即可。

技术诀窍

1. 面团和得要软，每 500 克精粉吃水量约为 300 克，面团要揉匀有劲。

2. 调馅时不加液体调味料。

3. 边抻边卷时，边要整齐。

4. 烙烤温度要适宜，一般为 160℃ 左右。

品质标准

色泽金黄，外皮酥脆，层多馅香。

二、西安猴头面及猴耳朵面

猴头面及猴耳朵面创制于 1923 年。最初，店主赵光奎在西安市端履门开设小吃馆，出售肉类煮馍和面食小吃，就餐者多是公职人员和市铺商人，赵光奎为适应这些人的需要，在揪面的基础上，采用不同的操作方法，创制了猴头面和猴耳朵面。这两种面入锅后久煮不烂，光滑筋韧，佐以鲜肉臊子，更是鲜香隽永，很受群众欢迎。

精粉 1 000 克，净肥瘦猪肉 300 克，鸡蛋 1 个，韭黄、菠菜各 40 克，水发木耳 20 克，姜末 4 克，菜籽油、精盐各 50 克，醋、酱油各 100 克，味精、绍酒各 6 克。

制作方法

1. 将肉切成黄豆大的丁，水发木耳切碎；炒锅内放入菜籽油 20 克，旺火烧热，加入肉丁煸炒约 1 分钟，放入姜末、绍酒、酱油、精盐再煸炒几下，加入肉汤或水，放入水发木耳，改用中火烧至肉烂时为止，即为臊子。

2. 将炒锅烧热，用油擦亮，将鸡蛋摊成蛋皮，切成 3.3 厘米长、1.6 厘米宽的片；把韭黄洗净切成 1 厘米的段；菠菜择洗干净，入开水中焯过，切成 1.5 厘米长的条，同放一碗中为菜码。

3. 将面粉放入盆内，取 10 克精盐用清水 200 克化开，倒入盆内将面和成面絮，再加水 200 克和成硬面团，再加水调软，揪成 10 个面剂，搓成长约 10 厘米的条，抹上油饧置。

4. 制猴头面。锅内加水 2500 克，用旺火烧开，取面剂一个，用手扯成如毛笔杆粗的长条，松缠在左手腕上，用右手的食指、拇指、中指捏住面头，稍用力揪成三角形的面片，其状如猴头，甩入开水锅里，照此法揪完。煮熟后用漏勺捞入碗内，放上菜码，再浇上臊子，加入味精即成。

5. 制猴耳朵面。取面剂一个，用手拍扁，再扯成 1.3 厘米宽的扁条，缠在左手腕上，用右手的 3 个手指捏住左手腕上的面头，边捏边揪，甩入开水锅里，即成带有窝形的小面片，形状如猴耳朵，煮熟后吃法同猴头面。

技术诀窍

1. 和面时，加水应分次进行，并且要揉匀揉透，不能伤水。

2. 制臊子时，加入肉汤或水以没过原料为好。

品质标准

造型生动，绵筋滑韧，汤鲜味浓。

三、西安小笼蒸饺

西安饺子历史悠久，风味独特，西安解放路饺子馆和德发长饺子馆于 1984，年创制出西安饺子宴，人们称它为"神州一绝"、"千古风味"。西安饺子品种多、花色各异，小笼蒸饺是西安饺子中的一个代表品种。

美食原料

精粉 450 克，生猪肉 100 克，熟猪肉 200 克，鲜韭菜 500 克，香油 75 克，甜面酱 25 克，绍酒、五香粉各 1 克，精盐 5 克，姜末 3 克，味精 2.5 克。

制作方法

1. 将熟猪肉切成绿豆大的丁，放入锅内加 50 克香油、2 克精盐、味精、绍酒，小火煸炒约 1 分钟盛出。

2. 将生猪肉剁碎，将韭菜择洗干净切成末。

3. 将生、熟猪肉末倒入盆内，加入余下的香油、味精、五香粉、精盐及姜末、酱油、甜面酱、韭菜，搅拌均匀成馅心。

4. 用滚开的肉汤将 300 克精粉烫成面絮，其余精粉用温水搅成面絮，然后将两块面团揉和在一起，用湿布盖好饧面。

5. 饧好的面团搓成长条，下成 60 个剂子，将每个剂子擀成圆薄皮。

6. 将每个圆皮分别加馅，捏成月牙形饺子，每 20 个装入一个特制的方形小笼内。

7. 蒸锅烧开，放入方形小笼，用旺火蒸 10 分钟成熟即可。

技术诀窍

1. 烫面的肉汤一定要滚开，防止烫面夹生。

2. 两块面团和到一起，要揉匀揉透。

3. 蒸制时间不宜过长，防止破底漏汤，影响口味。

品质标准

皮光柔，馅松软，味足厚，形状整齐，鲜香隽永。

方形小笼：是用桐木或桦木制成的 26 厘米见方、5 厘米高的小方笼。

四、泡泡油糕

泡泡油糕又名菊花油糕，是陕西名点。据说唐朝尚书左仆射（即宰相）韦巨源曾用此糕宴请皇帝。此点是以烫面包入黄桂白糖馅制成糕坯，放入油锅中炸制而成的，因色泽乳白、表面膨松并有隆起的松泡而得名。

美食原料

精粉 1 000 克，熟猪油 250 克，白糖 350 克，黄桂酱 10 克，玫瑰酱 30 克，核桃仁 40 克，熟面粉 10 克，花生油 2000 克（约耗 275 克）。

制作方法

1. 将白糖、黄桂酱、玫瑰酱、熟面粉、核桃仁放在一起，搅拌均匀即成黄桂白糖馅。

2. 将清水 800 克放入锅内烧开，加入熟猪油，用勺子搅化开后，将面粉倒入锅内，立即改用小火并不断用勺子将油面拌匀。面烫熟后从锅中取出，摊放在案板上晾凉，将 250 克凉开水分次加入面团中，反复搓匀搓透即可。

3. 将烫好的面团揪成 20 个剂子，用手拍成片分别包入黄桂白糖馅，收口捏严，按成扁圆形即为糕坯。

4. 在平底锅内加入花生油，用旺火烧至 130℃左右时，下入包好的糕坯，用筷子拨动至糕坯上面慢慢冒气时，将油糕推至锅边，炸4~5分钟即熟。

技术诀窍

1. 和面时将水、油、面的用料比例掌握好。

2. 调制面团时注意水、油、面的投放顺序，并要掌握好火候的大小。

3. 凉开水要分次加入，并且面要搓匀搓透。

4. 炸时注意油温。

品质标准

色泽乳白，表面膨松，犹如轻纱，绵软酥干，味香形美，入口即化。

五、臊子面

臊子面又名"嫂子面"，是陕西关中风味食品之一。此品是以面粉、猪肥瘦肉、鸡蛋、木耳、黄花、豆腐等为原料制作而成的。由于面条薄、有韧劲、油水多、光滑并带酸、辣、香味而闻名，是当地过节、喜庆日和待客时必食之物。

美食原料

精粉1 000克，猪肥瘦肉500克，鸡蛋1个，水发木耳、水发黄花各50克，豆腐150克，蒜苗100克，水淀粉100克，盐15克，酱油150克，姜末20克，葱15克，碱10克，辣椒油30克，红醋500克，细辣椒面30克，五香粉10克，味精5克，菜籽油300克。

臊子面

制作方法

1. 将10克碱用温水兑成400克左右的碱水。在精粉中加入碱水拌成麦穗状，再揉成面团，盖上湿布饧20分钟左右，再用擀面杖擀成1.6毫米厚的薄片，切成3.3毫米宽的细条。

2. 将木耳洗干净切成小片，黄花洗净切成段，豆腐切成丁，蒜苗洗净切成段，猪肥瘦肉切成3.3毫米厚、2厘米见方的片，鸡蛋打在碗里待用。

3. 炒锅内放入150克菜籽油，旺火烧热，加入肉片煸炒至七成熟时，依次加入酱油适量、五香粉8克、姜末20克、精盐5克、红醋250克、细辣椒面搅拌，使之入味均匀，煨约10分钟即成臊子。

4. 锅内放菜籽油 150 克烧热，下入豆腐、黄花、木耳、稍炒一下作为底菜。将打散的鸡蛋摊成蛋皮切成象眼块，和切成段的蒜苗作为"漂菜"。

5. 锅内添肉汤（清水）1500 克，用旺火烧开放入余下的精盐、红醋、味精，汤开后先倒入辣椒油，再用水淀粉勾芡，即成酸汤，汤始终要保持开沸状态。

6. 将锅内加适量的水，待水开后下入切好的细面，待两开后点上少许凉水，熟时捞在水盆中，划散分装 10 只碗中，先放底菜，再放肉臊子，浇上酸汤，然后放上"漂菜"即可。

技术诀窍

1. 和面时要掌握吃水量，并且要揉匀揉透。

2. 切面要快、准，以细些为好，且要均匀。

3. 制作臊子时，掌握好各种料的比例，注意口味。

4. 装碗时，要少捞面多浇臊子。

品质标准

面条细长，薄厚均匀，臊子鲜香，红油浮面，汤味酸辣，油大光滑，筋道爽口。

六、安康窝窝面

安康窝窝面是陕西风味名点。此品是以面粉、海参、鱿鱼、玉兰片、香菇、猪肚、猪肉、鸡蛋等制作而成的。其面形浑圆，漂浮碗内，如点点浮萍。此点选料精，制作细，取料多样，广受食客欢迎。

美食原料

精粉 250 克，水发海参、水发鱿鱼、水发玉兰片各 50 克，水发香菇 40 克，熟猪肚、鲜猪肉各 50 克，鸡蛋清 3 个，水淀粉 50 克，熟猪油 100 克，精盐 25 克，姜末 10 克，绍酒 15 克，韭黄、葱花各 50 克，鸡汤 2500 克，香油 15 克，味精、胡椒粉各 5 克。

制作方法

1. 在面粉中加入两个鸡蛋清，再加入清水和成面絮，再陆续倒入清水 75 克揉成面团，盖上湿布饧 10 分钟左右。

2. 面团饧好后搓成比筷子略粗的长条，然后切成 6.6 毫米大小的丁，用手掌搓圆，再用筷子头轻轻在中间压成凹形，入开水锅，旺火煮熟捞出晾凉，沥干水分后用香油拌匀待用。

3. 将水发海参、鱿鱼、玉兰片、香菇、熟猪肚分别切成 6.6 毫米大小的丁。再将鲜猪肉剁成泥放入碗中，加入水淀粉、鸡蛋清 1 个、精盐 15 克、绍酒 10 克搅拌均匀，上笼用旺火蒸约 10 分钟成肉蛋糕，取出切成 1 厘米见方丁。韭黄切成 6.6 毫米长的段备用。

4. 炒锅内放熟猪油 75 克，用旺火烧热，下入姜末、葱花煸炒，再下入海参丁、鱿鱼丁、玉兰片丁、香菇丁和猪肚丁，加绍酒 5 克、精盐 10 克、鸡汤 500 克烧沸，下入肉蛋糕丁，盛入沙锅中即成臊子。

5. 炒锅内放入鸡汤 2000 克，用旺火烧开，加入臊子，待锅开后加入煮好的窝窝面，待开沸时撒入胡椒面、韭黄、味精、淋入 25 克熟猪油，分别盛入 10 只碗内即成。

技术诀窍

1. 面团加水和蛋清，要揉匀揉透。

2. 搓条粗细要匀，切丁时大小要一致。

3. 煮窝窝面时间不宜过长。

4. 制作臊子时，掌握好各原料的比例及投放顺序。

品质标准

汤清味鲜，取料多样，形态美观，红绿相映，别具特色。

七、浆水面

浆水面是陕西地区民间大众化的夏令特色食品。此品是以浆水浇入面条，淋上调料而制成的。该品汤清利口，酸香提神，是夏季传统的消暑食品。

美食原料

精粉 1100 克，醋曲 50 克，芹菜 500 克，姜片、花椒粒、精盐各 10 克，辣椒油 12 克，碱面 7 克，香菜末适量，菜籽油 40 克。

制作方法

1. 锅内加水 2500 克，放旺火上烧开，一手持擀面杖，一手撒入面粉 100 克，边撒边搅，搅匀烧开。把醋曲和洗净沥干的芹菜加入搅匀，倒入陶瓷盆缸里，盖上纱布，放在室温 25℃ 以上的房间里发酵 3 天，见汤呈乳白色、有发酵味时，即成"浆水引子"。将"引子"倒入大瓷缸中，每隔 1 天倒入面汤或开水 1 500 克，反复

3 次，然后再发酵 2 天即成浆水。

2. 将精粉 1 000 克加 400 克清水及 7 克碱面，拌成麦穗状再揉成面团，饧 10 分钟，然后擀开，擀成 1. 6 毫米厚的片，折叠后切成细面条待用。

3. 将发酵好的浆水 2000 克盛入锅内，烧开后放入盐 10 克，倒进盆里晾凉。然后勺中放入菜籽油烧热，投入花椒粒和姜片炸香捞出，将油倒入浆水盆中，即为调好的浆水。

4. 锅中加水烧开，将面条煮熟捞在 10 只碗内，浇上调好的浆水，淋上辣椒油，撒上香菜末即可（如吃热浆水，可将浆水烧热后浇在面条上）。

技术诀窍

1. 面团和得要硬，擀片要薄。

2. 发酵浆水时，可放在阳光下晒，气温在 30℃ 以上时发酵较快。

品质标准

面条光滑筋道，汤清利口，酸香提神，别有风味。

八、三原疙瘩面

三原疙瘩面是陕西风味名点。此品是用疙瘩面配上肉臊子、酸汤制成的，其味酸辣可口，颇具西北风味。

美食原料

精粉 500 克，猪前槽肉 400 克，猪腿骨 250 克，葱花 100 克，姜末 10 克，碱面 10 克，醋 200 克，酱油 100 克，精盐 20 克，大料、桂皮各 3 克，绍酒 20 克，胡椒 10 克。

制作方法

1. 将 500 克精扮加碱面和清水 200 克搅拌均匀，揉成面团，盖上湿布饧 10 分钟左右，擀成约 1. 6 毫米厚的片，再折叠用刀切成 3. 3 毫米宽的细面条待用。

2. 将猪前槽肉切成米粒大的丁。炒锅放中火上加热，倒入肉丁干煸至水分出净，烹醋少许，加入绍酒 20 克、大料 1 克、桂皮 1 克、姜末和精盐各 10 克、葱花 50 克及适量的肉汤或清水，改用小火煨约 2 小时，即成肉臊子。

3. 在锅内加醋，再加入 500 克水，用旺火烧开，下入猪腿骨煮 30 分钟，加入余下的酱油、精盐、葱花、大料、桂皮及胡椒，用旺火烧开后，改用小火烧约 30 分钟，即成酸汤。

4. 锅内加水，烧开后下入切好的细面条，煮一开便捞入冷水盆中，然后每100克水面用筷子在盆内卷成球形，即成疙瘩面。将疙瘩面放在开水锅中涮一下，放入碗中，另用小碗盛半碗肉臊子，再盛一碗酸汤，连同辣椒油小碟一同上桌，由食者自行调制食用。

技术诀窍

1. 和面要硬，并要揉匀饧透。

2. 刀要快，下刀要准，面条要均匀。

3. 煮面时间不宜过长。

品质标准

面形如疙瘩，富有韧性，面条细匀，酸辣可口，鲜香不腻。

九、清汤牛肉面

清汤牛肉面即兰州牛肉面，是甘肃的著名食品，已有一百五十多年的历史。此品是将面团抻成不同形状、不同粗细的面条，煮熟后浇上牛肉和汤制成的，其面色、香、味、形俱佳，深受人们喜爱。

美食原料

精粉1500克，牛肉、白萝卜各500克，骨头750克，牛肝150克，花椒35克，草果5克，桂皮2.5克，姜片5克，菜籽油50克，味精2克，精盐50克，酱油10克，胡椒粉3克，香菜、蒜苗、大葱各25克，灰水35克，辣椒油15克。

制作方法

1，将牛肉、牛骨头洗净，放入清水中浸泡4小时捞出（血水留用），放入温水锅中，用大火烧沸，撇去浮沫，加入用纱布包好的花椒、草果、姜、盐，用小火煮约5小时，肉熟透后捞出晾凉，切成1厘米见方的小丁待用。

2. 牛肝切成小块放入另一锅里按上述方法煮沸后，将汤澄清待用。将萝卜洗净切片煮熟，蒜苗、大葱切成末节，香菜切成小段待用。

3. 将煮牛肉、牛骨头的汤撇去浮油，加入泡肉的血水，大火烧开，撇去浮沫，加入调料包（将余下的调料用纱布包好），再加入澄清的牛肝汤及少量的水，烧开后撇去浮沫，加盐、味精、胡椒粉和萝卜片，改用小火煨制即勾肉汤。

4. 将面粉1 500克加900克清水和成麦穗状，再揉和均匀，然后加入35克灰水，揣和均匀。案子上抹上少许菜籽油，将面揪成250克重的面剂，揉成条，上面盖上湿布稍饧。然后根据每个人的喜好，分别拉成粗细不一的面条，下入沸水锅中，煮熟后捞入碗内，浇上牛肉丁和肉汤，加入香菜、蒜苗及辣椒油即成。

技术诀窍

1. 面团和得要软，不能伤水。

2. 加入灰水时，如浓度高则少加，浓度低则多加，掌握好用量，并要不断揣匀揣透。

3. 煮肉和调汤时，调料的投放要适量，防止口味过浓。

4. 抻拉时用力要匀，达到所需的面条形状后，直接下入沸水锅煮，见沸后马上捞出，防止粘连。

5. 肉汤要保持微沸状态，维持一定温度。

6. 灰水：即蓬灰水（用莲灰溶解的水）。蓬灰主要产于西北，系戈壁荒原上所产的一种碱蓬草，干后大量放入坑中，用火烧，析出一种液体凝结于坑底，呈不规则的块状，即为蓬灰。其为灰色或灰绿色，与碱的用途相同。西北人多用做面食，如制抻面、饼子等，可中和酸味，并具较浓郁的碱香味。

品质标准

面条柔韧，滑利适口，汤鲜味美，牛肉软烂，咸酸麻辣。

十、韩城大刀面

韩城大刀面又称大刀面，是陕西渭河北部地区的特色食品。此品种是将硬面团反复用木杠压制、揉光，用大刀蹾切而成的。此品种一次可擀制 5000～10000 克面粉，适合大批生产。

美食原料

精粉 5000 克，碱面 80 克，猪五花肉 1 600 克，葱花 400 克，姜末 100 克，酱油 400 克，绍酒 100 克，香菜 200 克，精盐、菜籽油各 60 克，味精 40 克。

制作方法

1. 将猪五花肉洗净去皮切成 1 厘米见方的丁。锅内加菜籽油旺火烧至 200℃时，倒入肉丁煸炒，至水分出净时，加入绍酒、酱油、精盐、姜末炒一下，加少许汤改用小火煨炖约 1 时至肉烂后，再加葱花、味精盛入盆中，即成肉臊子。把香菜切碎备用。

2. 把碱面用清水 400 克化开，倒入面粉中搓匀，再加温水 1200 克搓成面絮，用木杠压成硬面团后，盖上湿布，饧约30分钟。再将面团放在案板上用长擀面杖压平，擀成1.7毫米厚的薄面片，撒上一层干面粉，提起擀面杖，边抖展边反复折叠成宽约26厘米的面片层，然后用特制的大刀置放在面的右端，右手执刀柄，左手按住叠好的面，右手提刀一起一落，刀身自然向左移动，即成宽约3.3毫米的细面条。

3. 锅中加清水烧开，下入面条煮沸，淋入冷水，再沸时，捞出面条分装在50只碗内，浇上肉臊子，撒上适量香菜即成。

技术诀窍

1. 面团要硬，用木杠应反复压匀，饧面时间要长。

2. 案板置放应里面低、外面高，坡度为15°，以便于操作。切面时刀要快，下刀要准。

3. 煮面时，锅要大、水要宽、火要旺、动作要迅速。

品质标准

面条细长不碎，口感筋道，鲜香味美。

十一、炒炮竹面

炮竹面是新疆风味食品之一，因成品形似炮竹而得名。此品是以精粉、羊腿肉为主要原料制作而成的清淡可口、色鲜味美的面食品。

美食原料

精粉500克，羊后腿肉200克，土豆、青椒、芹菜各100克，胡萝卜50克，洋葱75克，菜籽油100克，精盐15克，味精、胡椒面各2.5克。

制作方法

1. 将面粉放案板上，中间扒一个坑，将250克清水加7.5克盐和匀倒入面粉中，拌匀揉成面团，搓成长条下成10个剂子，将每个剂子搓成长4～5厘米的条，摆放在案板上，抹上一层油，饧15分钟左右。

2. 将饧好的面剂逐个抻成长条，再用刀切成3厘米长的炮竹形的段，下入已烧开的清水锅中煮，熟时捞出放凉水中，投凉后捞出控干，加少许油脂拌匀待用。

3. 将羊肉切成片，土豆削皮洗净切成丝，青椒摘蒂去籽，洗净切成丝，芹菜洗净切成丝，胡萝卜洗净切成丝，洋葱切丝待用。

4. 将炒锅放火上，加入75克菜籽油烧热，先放羊肉片和少量洋葱煸炒，再把土豆丝、剩余的洋葱丝、青椒丝、胡萝卜丝和盐、味精、胡椒面等下入锅内煸炒，炒熟后加入煮好的炮竹面翻炒两下即可。

技术诀窍

1. 搓条时要搓圆，并且要搓紧搓实，保证形状。

2. 抻面剂时用力要均匀，保证条的粗细一致。

3. 炒面时，煮好的面加入锅中翻搅两下即可。防止炒制时间过长，造成面发黏，影响口感。

品质标准

成品形似炮竹，面质柔软，清淡可口，羊肉无膻气且鲜香，外形美观。

十二、大荔炉齿面

大荔炉齿面是陕西省大荔县的传统风味面食。此品种是以面粉、猪五花肉、鸡蛋、豆腐、笋瓜等多种原料制作而成的。

美食原料

精粉 500 克，猪五花肉 100 克，鸡蛋 1 个，豆腐及油炸豆腐各 50 克，笋瓜 100 克，水发黄花 40 克，水发木耳 5 克，水发粉丝 100 克，醋 10 克，咸面酱、酱油各 20 克，精盐 30 克，碱面 3 克，香菜 20 克，五香粉 3 克，蒜苗、大葱各 50 克，辣椒油、花椒油各 10 克，菜籽油 50 克。

制作方法

1. 将面粉倒在案板上，取精盐、碱面各 30 克放在碗中，用清水 30 克化开，加入面粉中，随即倒入 170 克清水，将面拌成麦穗状揉搓成团，盖上湿布饧 15 分钟左右。

2. 将面团分成两块，每块揉光揉圆，用手掌旋转按压，再擀成椭圆形薄片，先由下向上对折成半圆形，再由右向左横着折一下，揭开，在折痕处用刀划成两片，按照原来折叠的形状分别放置，再用刀从离边约 1.5 厘米处切一刀，然后每隔 1.3 厘米宽切成连刀条，上边沿不要切透，将原折起的双片揭开成单片即为炉齿面。

3. 锅内添清水 500 克，放入洗净的猪肉，用旺火煮沸至五成熟时捞出，切成 1 厘米大的丁；大葱切成 6 毫米长的段；豆腐、油炸豆腐、笋瓜分别切成 1 厘米大小的丁；水发黄花切成 1 厘米长的段；水发木耳摘成小片；水发粉丝截段。

4. 炒锅内加入菜籽油烧热，下入葱段炸香，下入肉丁急速搅炒至出油，下入豆腐丁、油炸豆腐丁、笋瓜丁，加精盐 15 克和咸面酱、酱油、五香粉，继续搅炒，倒入煮肉汤，放入黄花、木耳、粉丝，烧开后出锅即为臊子。

5. 将鸡蛋打散，摊成蛋皮，切成 1 厘米大小的象眼片，香菜；蒜苗洗净切成 1 厘米长段待用。

6. 取炉齿面放开水锅中煮熟，捞入 5 个碗中，加入盐、醋、酱油少许，浇上臊子，撒上蛋皮块、香菜段、蒜苗段，最后淋入辣椒油、葱花油即可。

技术诀窍

1. 注意面粉的吃水量，面团要略硬一点。

2. 擀片用力要均匀，刀切时注意尺寸，并且要迅速，不能连刀或粘连。

3. 制作臊子时，注意各种原料的投放顺序。

品质标准

面条柔光滋润，臊子香辣味浓。

十三、油泼箸面

油泼箸面又称香棍面，据传已有二百多年的历史，是陕西省西安市的传统风味名点。此品以煮熟的面条加调味料，泼入烧热的菜籽油制成，因其面条粗细均匀、形似筷子头而得名。

美食原料

精粉 500 克，精盐 40 克，熬制酱油、熬制醋各 80 克，辣椒面 15 克，青菜叶 100 克，菜籽油 80 克。

制作方法

1. 将精盐 10 克用温水 200 克化开。把面粉放在案板上，中间扒一个坑，将盐水加入揉成面团，然后揣水调节软硬度，揉至面团光滑后，揪成 150 克重的面剂，搓成条，抹上油，放置饧 10 分钟左右。

2. 将饧好的面剂搓成长条，用两手捏住两头，徐徐向外抻拉，然后用右手将面的两头捏住提起，左手食指、中指伸入中间弯折处再向外抻拉，如此反复 2 ~ 3 次，即成粗细如筷子头的箸面。

3. 将箸面投入开水锅中，用旺火煮熟。先在碗内放适量的精盐、熬制酱油、熬制醋，再捞入面条拌匀，将青菜叶洗净放在上面，加上辣椒面，将菜籽油烧至

270～280℃时，泼在辣椒面上即成。

技术诀窍

1. 和面动作要迅速，不能伤水。

2. 面要揉匀饧透，方能抻拉自如。

3. 浇油时，油温要高。

品质标准

面条粗细均匀，形如箸头，光滑筋韧，香辣爽口。

十四、窝窝面

窝窝面是甘肃风味食品。此品是用带窝面丁煮熟，加臊子汤制作而成的。

美食原料

精粉100克，鲜猪肉、豆腐、水发木耳，水发黄花各25克，水发香菇15克，葱花5克，蒜苗、菠菜各10克，湿淀粉25克，酱油、香醋各10克，姜末、甜面酱、草果、花椒、胡椒粉各2克，精盐、辣椒油各5克，香菜10克，鸡汤200克。

方法

1. 精粉加水和成面团，稍饧后搓成细条，用刀切成1厘米大小的丁，再撒上铺面，用双手滚搓成圆球形，用较细的竹筷在中间捣一个窝，即成窝窝面生坯。

2. 将鲜猪肉切成小粒，将水发木耳撕成小片，水发黄花、水发香菇、豆腐切成小丁，蒜苗、菠菜切成小段，香菜切成末待用。

3. 将沙锅内加油烧热，将肉下锅中煸炒，加入甜面酱、精盐、酱油、花椒、姜末、草果、胡辣粉和味精继续煸炒，炒好后加入鸡汤，木耳片、黄花丁、豆腐丁、香菇丁、葱花、蒜苗段及菠菜段，烧沸后用湿淀粉勾芡，做成臊子汤。

4. 锅内加水烧开，下入窝窝面生坯煮熟，捞出投入臊子汤里，分装成4碗，调上辣椒油、香醋、香菜末即可。

技术诀窍

1. 面团要硬一些，每500克精粉吃水量为200克左右。

2. 搓条要匀、细、紧。

品质标准

光滑利口，色泽鲜艳，汤汁浓郁，酸辣鲜香，形态美观。

十五、汉中梆梆面

汉中梆梆面是陕西省汉中地区传统风味小吃，因小贩常在晚间挑担、敲梆沿街叫卖，故名"梆梆面"。

美食原料

精粉 1 000 克，生姜 100 克，葱花 200 克，猪油 40 克，酱油、醋各 200 克，菜籽油 100 克，精盐 20 克，辣椒面 40 克，胡椒粉 10 克。

制作方法

1. 将精粉加入清水 400 克，和成硬面团。饧 15 分钟后擀成薄片，切成宽约 1.3 厘米的面条生坯。

2. 将生姜捣成蓉，加入凉开水制成姜水汁；将勺置火上，加入菜籽油烧热至 120℃时，加入辣椒面制成辣椒油；酱油、醋分别用锅烧沸待用。

3. 取 10 只碗分别调入适量的酱油、醋、辣椒油、生姜水、葱花、精盐、胡椒粉待用。

4. 将切好的面条放入开水锅中煮沸，先将面汤舀入 10 只碗内，再捞出面条放入各碗中，浇上猪油即成。

技术诀窍

1. 面团和得要硬一些，并要饧好。

2. 擀片要薄、匀，越薄越好，切条时刀要快，下刀要准，保证宽窄一致。

3. 煮制时间不宜过长。

品质标准

面条薄匀，口感筋道，口味酸、咸、麻、辣、香。

十六、爆炒面

爆炒面是深受新疆各族人民喜爱的面食品种之一。此品是以面粉、羊肉等为原料制作而成的。因面的成形方法不同，又冠以不同的名称。如将面拉成粗条后再改刀切成小丁煮熟爆炒，叫爆炒丁丁面；将面揪成指甲盖大小的片煮熟爆炒，叫爆炒蝴蝶面；将面拉成粗条后再改刀切成寸长小节煮熟爆炒，叫爆炒炮仗子。

美食原料

精粉 200 克，羊肉 120 克，菠菜 75 克，熟清油 50 克，精盐、酱油、辣椒各 10 克，葱花 20 克，蒜末 5 克，辣椒 10 克，醋 5 克，花椒面 2 克。

制作方法

1. 将羊肉切成丝；菠菜洗净切成段；辣椒去蒂去籽，切丝侍用。

2. 将面粉加淡盐水和成面团，盖上湿布饧面，再稍揉，搓成细长条，切成段，然后下入沸水中煮熟，捞出放凉水中投凉，再沥干水分待用。

3. 锅内加入熟清油烧热，放入羊肉丝煸炒，加辣椒丝、花椒面、酱油炒匀，再加葱花、菠菜段、盐、蒜末和煮熟的面段炒匀，将面、菜拨放一边，倒醋烧开，再与面、菜拌匀即成。

技术诀窍

1. 面团要硬，细长条要匀、紧，刀切后才能保证形状。

2. 炒面时火要旺，用急火快炒法。

品质标准

形状整齐，浓香鲜美，筋道爽口。

十七、羊肉朵面片

羊肉朵面片是青海西宁的传统风味之一。此品是以精粉、羊肉、蒜苗、白萝卜等为原料制成的。

美食原料

精粉、羊肉各 500 克，蒜苗 15 克，白萝卜 20 克，香菜、酱油各 5 克，菜籽油 50 克，姜末 1 克，精盐 15 克，花椒面 3 克，葱花、辣椒油、醋各 10 克，羊肉汤 1500 克。

制作方法

1. 将羊肉切成小丁；白萝卜洗净切成小方块；蒜苗、香菜择洗干净，切成段待用。

2. 将精粉加入少许盐和清水和匀，揉成光滑面团，揪成 100 克 1 个的面剂，分别搓成长条，表面抹上菜籽油，放入盆内，盖上湿布饧 10 分钟左右。

3. 锅置火上，加入菜籽油烧热，下入羊肉丁、葱花、姜末煸炒，再加入精盐、酱油、花椒面炒至入味，加入羊肉汤烧沸，撇去浮沫，放入白萝卜块，烧至熟烂成料锅。

4. 将饧好的面团，抻成长条，用手揪成 2 厘米见方的朵面片，投入烧热的料锅内，盖上锅盖，稍焖片刻，再撒上香菜段、蒜苗段出锅装碗。

5. 食用时，可根据个人口味调以醋、辣椒油即成。

技术诀窍

1. 面团要揉匀揉透，不能太硬，每 500 克精粉吃水量为 250 克左右。

2. 面片揪的大小要一致。

3. 煮面片的时间不宜过长。

品质标准

面片厚薄、大小均匀一致，口味鲜香浓郁。

十八、乾州锅盔

乾州锅盔是陕西风味名点。此品是以发酵面团经烙烤而制成的。它看起来好看，吃起来酥脆，闻起来香浓，携带方便，又耐储藏，因而久负盛名。

美食原料

精粉 9500 克，酵面 500 克，碱面 50 克。

制作方法

1. 将精粉 9500 克、酵面和溶化后的碱水放入盆内，加温水 4000 克和成面团，放在案板上用木杠边压边折，并不断地分次加入精粉，反复排压，直至 2000 克精粉加完，至面光、色润、酵面均匀时即可。

2. 将面团平分成 10 个剂子，逐块用木杠转压，制成直径 26 厘米、厚约 2 厘米的菊花形圆饼坯。

乾州锅盔

3. 将三扇鏊用木炭火烧热，把饼坯放于上鏊，此时火候要小而稳，使饼坯进一步发酵和最后定型，更主要的是使饼坯的波浪花纹部分上色。然后将饼坯放入中鏊（中鏊是一面火，火力较旺，鏊内放一铁圈，把饼放在圈上）烘烤，5～6 分钟后，取出放另一平鏊上，用小火烙烤，要勤翻、勤转、勤看，做到"三翻六转"。烙烤至颜色均匀、皮面微鼓时即熟。

技术诀窍

1. 和面时根据季节不同掌握发酵面、碱面的用量。冬季酵面为 500 克，碱面为 50 克；夏季酵面为 250 克，碱面为 25 克；春、秋季酵面勾 350 克，碱面为 35 克。

2. 压面时，每次撒面不宜过多，应分多次撒入，并要压匀、压光。

3. 木杠转压时用力要均匀，保证饼坯花纹一致。

4. 烙烤时应注意温度，如果温度过高，易造成外焦里不熟，影响成品质量。

5. 三扇鏊：是陕西省餐饮业用来烙烤面点的一种铁制炉鏊。它以木炭为燃料，直径约 40 厘米，分上鏊、中鏊、底鏊，故称"三扇鏊"。上鏊鏊面向上，中鏊鏊面向下，底鏊周围用耐火泥砖砌 16.5 厘米高的边，成凹形烘炉，下设木炭炉。

品质标准

香浓可口，边薄中厚，表面膨起，馍瓤干酥，层次分明，形状好似一朵大菊花。

十九、时辰包子

时辰包子又称渭南时辰包子，是陕西名点。此品始于清乾隆年间，当时渭南县城南村张师傅制作的包子特别鲜美，食客络绎不绝，每日时辰（上午九点）一过，这种包子便买不到了，因此人们称之为"时辰包子"，一直流传至今。

美食原料

精粉 1250 克，面粉 75 克，猪板油 750 克，大葱白 650 克，精盐 15 克，特制调料面 15 克，碱面 7.5 克，储存 3 年的陈菜籽油 200 克。

制作方法

1. 将猪板油的油皮撕去，切成 6.6 毫米见方的小丁，加入精盐、特制调料面拌匀，再加面粉、菜籽油各 75 克，继续搓拌至面粉裹匀油丁即成油馅。

2. 将大葱白洗净，再用快刀切成薄片，放在油馅上，然后加入菜籽油 87.5 克，将馅拌匀待用。

3. 由于一年四季气温的差异，和面也应随气温的变化，采用不同的调制方法。

（1）春、秋季节，和面时用 875 克酵面、60℃水和的水调面团 375 克，加入碱量为 6.25~7.5 克，揉匀即可。

（2）夏季气温较高，用酵面、水调面团各半，加入 7.5 克碱，用凉水和好揉匀即可。

（3）冬季气温较低，用酵面1125克，剩余的面粉用70℃左右的热水和成水面，加入碱面7.5克，一起揉匀即可。

4. 成形

将调制好的面团搓成长条，下成50个剂子，将每个剂子按拍成圆片，逐个包入馅心3克，用两手将皮边向上一拢，将馅包严捏紧，成"僧帽"形生坯。

5. 熟制

将笼屉上刷菜籽油，然后摆入生坯，待锅水沸时，将屉放入锅内蒸25分钟成熟即可。

技术诀窍

1. 调馅时，掌握好各种原料的比例。

2. 随季节变化，酵面发酵的程度不同，可适当调整碱量。

3. 包时要捏紧，防止熟时油脂流出。

4. 注意蒸制时间。

5. 特制调料面制法：

①原料组配。花椒16.5克，桂皮、八角各3.5克，小茴香1.5克，荜拨、草果、砂仁、豆蔻、丁香各1克。

②制作方法。将以上各料混合研磨成面即可。

品质标准

皮薄匀称，小巧玲珑，呈金黄色，香气袭人。

二十、宝鸡豆腐包子

宝鸡豆腐包子属于素包子的一种，是陕西风味名点。此品已有三百多年的历史。相传康熙四十二年（1703），康熙皇帝西巡时路经陕西宝鸡，一位告老还乡的阁老曾用豆腐包子招待他，康熙吃得非常高兴，特奖给制作此包子的段家包子铺三角龙旗一面，从此宝鸡段家豆腐包子声名大噪，一直流传至今。

美食原料

精粉800克，面肥200克，嫩豆腐3000克，大葱150克，姜末5克，味精15克，五香粉7.5克，菜籽油150克，辣椒面50克，食碱7.5克。

制作方法

1. 将水豆腐上笼用大火蒸40分钟，出笼晾凉后切成小丁，放在盆里，大葱择洗干净切成葱花，放入豆腐丁内，加姜末，精盐、味精、五香粉和菜籽油搅拌均匀成馅心。

2. 用温水将面肥泡开，加入面粉、食碱和成面团，揉匀揉透，搓成长条，下成 40 个剂子，将每个剂子用手压成圆皮。

3. 将每个圆皮分别包入 80 克馅心，捏成 16~18 个褶纹的灯笼状包子生坯。

4. 将包子生坯摆入蒸笼内，蒸约 10 分钟即熟。食用时，用手把包子底一捏，包子口自然张开时，灌入辣椒油，味道更加鲜美。

技术诀窍

1. 将豆腐蒸透晾凉后再调馅，防止馅过稀。

2. 根据天气的冷暖调节发酵面团时面肥的用量；掌握好用碱量。

3. 用手压皮时皮要略大一些，便于包捏成形，提褶要匀。

4. 要掌握好成熟时间。

品质标准

形状整齐，色泽洁白，油辣浓香，清素味鲜，不少于 16 个褶。

二十一、羊肉大包

羊肉大包属西北地区风味食品。此品以发酵面团包上羊肉馅蒸制而成，其味浓鲜香，深受人们的喜爱。

美食原料

精粉 400 克，面肥 100 克，羊肉 500 克，大葱白 100 克，香油、酱油各 50 克，盐 4 克，味精 1.5 克，姜末 8 克，碱 5 克。

方法

1. 将葱白去皮洗净切成葱花；羊肉洗净，切成碎粒。

2. 将羊肉碎粒放盆内加盐搅拌，再分次加水约 150 克，并用筷子顺一个方向搅拌，搅至肉末变黏稠时，再分次加入酱油、盐、味精、姜末，边加边拌，最后加入葱花和香油拌匀成馅。

3. 将面肥用开水泡开，加入精粉揉匀发酵，待面团发起时加入碱，揉匀揉透成为光滑面团。

4. 将面团搓成长条，下成 10 个剂子，逐个按扁擀成圆形皮。

5. 将每个面皮分别包入馅心，捏成提褶包子生坯。

6. 将包子生坯间隔摆在屉内，用旺火沸水蒸20分钟左右即熟。

技术诀窍

1. 调馅时，注意各种调味料的投放顺序。

2. 碱要加准，并且要揉匀揉透，防止"花达碱"。

3. 蒸时掌握好成熟时间。

品质标准

松软色白，馅心鲜香，味浓不膻。

二十二、一捆柴

一捆柴是甘肃风味食品。早在明清时，兰州大饼就已闻名遐迩，品种多达数十种，一捆柴就是其中之一。此品以酵面加水面调制后，经加工成形后烤制而成。

美食原料

酵面、精粉各500克，碱面10克，菜籽油150克，姜黄粉5克。

制作方法

1. 将300克精粉用温水和成面团，加入酵面及碱面揉匀，再慢慢分次加入200克精粉，反复叠揉，揉匀揉透，至面团光滑滋润后稍饧。

2. 将饧好的面团揪成10个剂子，分别将每个剂子搓成扁圆形，擀成大小一样的长方形片。

3. 在每个面片上分别抹上油和姜黄粉，然后卷起呈圆筒形，用刀从中间横切成两半，每部分再纵向切5刀，排齐后再刷一层油，用竹筷子从中间稍捏捆，即为生坯。

4. 将生坯放烤盘里，入烤箱烤成金黄色成熟即可。

技术诀窍

1. 酵面、水面、干面粉、碱面必须揉匀揉透，方能保证成品质量。

2. 擀成长方形片时，薄厚要均匀一致。

3. 刀切时，刀要快，下刀要准。

4. 烤制时掌握好炉温，温度以200℃左右为宜。

5. 一捆柴原先是放入铁鏊里烤烙成熟，现既可放入烤箱中烤熟，也可蒸制成熟。

品质标准

形状整齐，色泽金黄，酥松暄软。

二十三、石子馍

石子馍是流传于陕西农村的一种古老食品，它历史悠久，又兼有原始的制作方法，是一种风味独特的食品。石子馍的历史可以追溯到石器时代；到了唐代，演变为"石鏊饼"；到了清代，随着秦人宦游江南，石子馍也涉足舍陵，被称为"天然饼"。此品常被用来馈赠好友、招待嘉宾。

美食原料

精粉300克，酵面200克，熟猪油50克，碱面5克，精盐7.5克，鲜花椒叶10克，菜籽油50克。

制作方法

1. 将精粉加水和匀，加入酵面揉匀，再加入精盐、碱面、熟猪油、鲜花椒叶拌匀，揉匀揉透成光滑面团。

2. 将面团搓成长条，下成5个剂子，将每个剂子分别擀成直径为12厘米、厚约7毫米的圆形饼坯。

3. 锅中加入洗干净的小青石子加热，并加少许油拌匀，当温度达到140℃时，将烧热的石子用手勺舀出一半，再将另一半石子摊平，放入饼坯，在上面盖上舀出的热石子，将馍夹在石子中间上焙下烙3~5分钟，用手勺将石子扒去，然后将馍翻过来再烙10分钟即可成熟。

技术诀窍

1. 应根据季节变化掌握水面和酵面的比例，夏季水面和酵面的比例为3:1；春秋季水面与酵面的比例为2:1；冬季水面与酵面的比例为3:2。

2. 饼坯不能擀得太厚。

3. 烤烙时，石子温度要掌握好，防止烙煳。

4. 烙时动作要快，防止上面的石子温度降低。

品质标准

表面凹凸不平，油酥咸香，口味独特，携带方便，经久耐藏。

二十四、烤馕

馕是新疆各少数民族喜爱的主要面食之一，已有两千多年的历史。远在汉魏时代，长安的集市上就已出现了来自西域（今新疆一带）的烤馕。"馕"字源于波斯语，流行在阿拉伯半岛、土耳其等中亚、西亚地区。维吾尔语原先把馕称为"艾买克"，直到伊斯兰教传入新疆后，才改称为馕。烤馕的制作方法和汉族的烤饼很相似，都是在精粉中加入盐水和面肥和匀揉透烤制而成的。

美食原料

精粉 500 克，面肥 50 克，精盐 10 克，芝麻 30 克，葱花 50 克。

制作方法

1. 精粉中加入面粉、精盐、清水和成面团，揉匀后稍饧。

2. 将饧发后的面团揉匀下成 6 个剂子，将每个剂子揉成馒头状，然后用中间粗的擀面杖将面剂擀成中间薄、四周厚、直径约为 20 厘米的圆饼，撒上少许芝麻、葱花即为生坯。

3. 馕坑烧热至手可伸入，用干炭将火压住，堵住通风道口，将圆饼扣在馕托上，洒少许盐水，贴入馕坑内壁，将馕坑口盖压，烤 10～15 分钟，然后揭盖、打开通风口逐个取出即可。

技术诀窍

1. 掌握好面团软硬度，每 500 克精粉吃水 225 克。

2. 面饧发时间不宜过长。

3. 烤制时掌握好温度和时间。

4. 馕坑：是用土坯砌就的一个深窟，内用泥抹光，下设通风口。将窟烧红，馕擦盐水即可烤制。另外也可将馕置于烤炉内进行烤制。

品质标准

形状整齐，色泽金黄，干香酥脆，久藏不变质。

二十五、西安油酥饼

西安油酥饼又名千层油酥饼，是陕西名点，素有"西秦第一点"之美名。此点是用面粉加植物油经烙烤制作而成的。据传此饼在唐朝的长安曾风靡一时，千余年来流传不衰。

美食原料

精粉 500 克，标准面粉 80 克，碱面 2 克，花椒盐 10 克，菜籽油 150 克。

制作方法

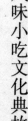

1. 在勺内加入 50 克菜籽油，用旺火烧热后，将勺端离火口，陆续倒入标准面粉中，边倒边用擀面杖搅拌，直至面粉与油拌匀即可。

2. 用温水 150 克将碱面化开。将精粉倒入瓷盆内注入碱水，先拌成面絮，再倒入 30℃的温水 50 克揉成硬面块，然后将温水 30 克用拳头边蘸边在面块上用力扎压，使水分全部渗入面内，揉至光滑时将面取出放案上，先用两手拍叠，揉搓成椭圆形后再进行盘揉，即左手侧立，虚拢面团，右手掌向下用力由里向外，再由外向里反复揉搓约四五次。再分揪成 10 个面剂，然后将面剂逐个搓成约 15 厘米的条，抹上油，用布盖好。

3. 取面剂一个放案上压扁，用小擀面杖擀成宽 10 厘米、长 30 厘米的鱼脊形的片，抹上约 10 克的油酥面，撒上花椒盐 1 克，然后右手将右边的面头拾起向外抻拉一下，抻拉至约 90 厘米长，再将抻开面片的 2/5 处回折三四折，每折长约 20 厘米，再由右向左卷拢。卷时，右手将面剂微向右下方拉长，左手拇指与食指将面剂边向宽处拉扯，此时右手则陆续向左卷进拢，边卷边在面片上抹油，最后收卷成蜗牛状即成饼坯。

4. 在三扇鏊的底鏊内倒入菜籽油 50 克，用木炭火加热，待油温达到 220℃时，用手指将饼坯压成直径约 7 厘米的圆饼，逐个面向下排放在底鏊内，底鏊火力要均匀，上鏊火力要集中，鏊中温度达到 150℃时饼坯才能烘起。待 3 分钟后，揭开上鏊，给酥饼淋上菜籽油 50 克，达到火色均匀、两面金黄即成。

技术诀窍

1. 调制面团时，要严格按照操作程序进行。

2. 抻拉时用力要均匀。

3. 盘卷时用力要轻。

4. 烙烤时掌握好温度。

品质标准

色泽金黄，层次鲜明，脆而不碎，油而不腻，香酥适口。

二十六、三原金线油塔

三原金线油塔又名千层油饼，是陕西名点。此品是以精粉与猪板油制作饼坯经蒸制而成的，因其层多丝细，提起似金线，落下似松塔而得名。

美食原料

精粉 500 克，标准面粉 200 克，猪板油 400 克，五香粉 5 克，精盐 10 克。

制作方法

1. 将 500 克精粉先用少许温水拌匀，揉成硬面团，然后再分次蘸水约 250 克调软揉匀，盖上湿布饧 5 分钟左右。

2. 将猪板油撕去油膜，剁成油泥，与五香粉、精盐搅拌均匀成板油泥。

3. 将面团擀成约 1 厘米厚的长形面片，涂上板油泥抹平，然后将面片卷起，再擀成约 1 厘米厚的片，顺长向切成约 3.3 毫米宽的细丝。将细丝用手拉长，在右手食指由中指上盘绕成圆塔形（每 45 克为一个），共制 20 个油塔生坯。

4. 将标准面粉和成面团，擀成两片薄面片，一片铺在笼屉上，将油塔生坯整齐地摆放在上面，另一片盖在油塔坯上面，旺火蒸约 30 分钟成熟即可。

5. 下笼后取掉上面盖的面片，每两个油塔放在一起作为一合，用手略抖使其蓬松，放在盘里，食时配以葱段、甜面酱，其风味更佳。

技术诀窍

1. 掌握好面团的软硬度，注意调制方法。

2. 面团擀片时，厚薄要均匀一致。

3. 板油泥一定要抹匀、抹平。

4. 刀切时，下刀要准、快，精细均匀，不能连刀。

5. 面丝用手拉长时，注意用力要匀；盘卷时，右手盘，左手推，要盘紧。

品质标准

板油泥渗入面团内，松软绵润，油而不腻，层多丝细，状如金线。

二十七、西安萝卜饼

西安萝卜饼是陕西名点。此点是以油酥面团包上火腿萝卜丝馅，采用烤烙成熟法制成的，因其形、色、味俱佳而深受人们的喜爱。

美食原料

精粉 700 克，白萝卜 150 克，火腿 50 克. 五香粉 25 克，精盐 15 克，熟猪油 300 克，猪板油 100 克。

制作方法

1. 将白萝卜洗净削去外皮，切成约 4 厘米长的细丝；火腿去皮后切成 4 厘米长的细丝；把猪板油撕去油膜，切成黄豆粒大小的丁，加入萝卜丝，火腿丝、五香粉、精盐拌匀成饼馅。

2. 将 350 克精粉加猪油 75 克、温水 100 克和匀揉透成为水油面，盖上湿布饧约 10 分钟。

3. 将余下的 350 克精粉加猪油 175 克、温水 25 克和成油酥面。

4. 将水油面和油酥面分别揪成 28 个剂子，将皮面擀开放上酥面，用手按平，将皮面对折，反复折叠 3 次，再擀成椭圆形，在面片的一端放上馅心，然后由右向左卷起，盘成直径约 5 厘米的螺旋形饼坯。

5. 将生坯放入三扇鏊中，加熟猪油烙烤 10 分钟成熟即可。

技术诀窍

1. 掌握好面团的软硬度，两块面条的软硬度要一致。

2. 盘饼要紧。

3. 烙烤时温度不宜太高，应保持在 120℃ 左右，也可用电饼铛烙制成熟。

品质标准

酥脆可口，色、形、味俱佳。

二十八、富平太后饼

富平太后饼是陕西风味名点。此饼相传有两千多年的历史，其制作技术一直保留到今天。此饼选用精粉和猪板油为主要原料，通过和面、制油泥、搓条、卷油泥、涂蜂蜜，放鏊锅中烙烤制成。

美食原料

精粉 800 克，酵面 200 克，猪板油 400 克，精盐 30 克，碱面 4 克，大料、花椒、桂皮各 2 克，蜂蜜 5 克，菜籽油 50 克。

制作方法

1. 将猪板油撕去油膜切成丁；把大料、花椒、桂皮加水熬成 100 克调料水。将板油丁用刀背拍砸成泥，拍砸时将盐及 100 克调料水分次加入，制成油泥即可。将蜂蜜用少许水调开待用。

2. 将精粉倒入盆中，加入酵面、碱面及温水拌匀，然后揉成软面团，盖上湿布，饧 30 分钟即可。

3. 将面团分成 2 个面剂，用手将面拍平，在案上抻拉成 6.6 毫米厚的长方形面片，在面片上面抹一层板油泥，然后从右向左卷起呈圆柱形，搓成长约 66 厘米

的条，用手按扁回叠三折，再搓成 50 厘米长的条，揪成 5 个剂子，分别将剂子竖起，在手中旋转五六次后，用拇指压住顶端，边旋转边向下按，如此转五六次后，用手将其拍成直径约 6.6 厘米的圆饼，即为生坯。

4. 在饼坯上抹以蜂蜜，放入烧热的三扇鏊中或烤箱中烤烙约 15 分钟成熟即可。

技术诀窍

1. 面团要略软一些，不能太硬。

2. 饧面时间应根据季节温度掌握，防止温度过高，发酵过头，影响质量。

3. 盘卷时注意方法。

4. 掌握好成熟温度，温度应在 150℃左右。

品质标准

金黄酥脆，层次分明，柔软可口，油香不腻。

二十九、西安糖栳栳

西安糖栳栳是陕西名点，是西安传统回民小吃，用"木模"制成。此品历史悠久，唐朝韦巨源《食谱》中有"八方寒食饼"用"木范"制作之说，"木范"即今天的木模。此点因状如栳栳而得名。

美食原料

精粉 250 克，红糖、菜籽油各 100 克，核桃仁 15 克。

制作方法

1. 取精粉 25 克，加红糖、切碎的核桃仁、菜籽油 15 克搓匀成糖馅。

2. 将精粉 225 克放案板上，将菜籽油 75 克烧热倒入精粉内，随即浇入开水 75 克烫面揉匀。

3. 将面团揉匀搓成长条，下成 10 个剂子，将每个剂子拍扁，分别包入糖馅，将收口捏严后装入木模中压平。磕出后即成栳栳生坯。

4. 取 5 克菜籽油涂抹烤盘，将生坯有花纹的一面朝上放于烤盘内，然后放入预热的烤炉中。5 分钟后待栳栳表面上色时翻个，再淋入 5 克菜籽油，继续烤 5 分钟，至两面颜色均匀成熟即可。

技术诀窍

1. 面团要烫匀，不能夹生，并将水、油、面揉匀揉透。

2. 包馅收口要严，防止熟制时流糖。

3. 烤制时温度以 200℃ 左右为宜。

品质标准

造型美观，皮酥馅香，甘甜味美。

三十、甑糕

甑糕又称黏糕，是陕西风味名点。甑在原始社会后期就已经出现，以后又逐渐出现了铜甑、铁甑、木甑。甑糕则由中国古代用甑蒸制的"粉糍"演变而来，是用糯米和红枣置铁甑上蒸制而成的。

美食原料

糯米 10000 克，红枣 5000 克。

制作方法

1. 将糯米用水浸泡 3~4 小时，待米心泡松用清水淘洗两三次，放竹筛中沥去水分待用。

2. 把红枣皮缝中的泥灰冲洗干净，再用清水泡 1 小时左右。

3. 桶子锅加半锅水放地炉上，再将专用的甑糕锅置桶子锅上，锅内放入铁箅，先将泡好的红枣 1 000 克铺在铁箅上，将铁箅的空隙盖压，上面铺上糯米 3200 克，米上再铺一层红枣 1400 克，枣上再铺米 3200 克，反复铺层，至枣 4 层、米 3 层即可。这时将桶子锅与甑糕锅的连接处用布封严，再用干净的屉布盖，揭去盖在上面的湿布，给蒸锅内浇洒清水 6000 克，再将湿布盖好，盖好锅盖，旺火蒸，35 分钟后，仍用前法浇入清水 5000 克，用此法共浇水 3 次后，改用小火蒸几分钟，将桶子锅与甑糕锅的连接处的封口布揭开，向锅内注水 15000 克，仍在连接处将布盖好，用小火将锅烧开，改用微火蒸 3~4 小时即可。

技术诀窍

1. 米要泡涨为好。

2. 枣铺铁箅上时，要铺平铺严，防止米粒漏下。

3. 掌握好蒸制程序和时间。

4. 铁甑：形似圆筒，底部有许多透气的小孔，置入鬲或一大口锅上蒸制食物，现在西安的甑糕就是用这种铁甑蒸制而成的。

5. 桶子锅：用铁铸成的直径为 80 厘米、深为 66 厘米，上下一样粗，形状如桶的锅，用作煮肉、蒸甑糕、炖汤之用。

品质标准

枣香扑鼻，绵软黏甜，营养丰富。

三十一、西安糍糕

西安糍糕源于三千多年前西周时期的"糗饵粉"，糗同糍，是指在糯米粉内夹入豆沙馅（古时叫豆屑末）蒸成的糕饼，在西周时，这种食品专供王室食用及祭祀用。到了宋代，史籍中已有"糍糕"的文字记载。近百年来，西安糍糕一向肩挑叫卖，以后由回民专营，在制作方法和使用原料上都有很大发展，已成为百姓喜爱的食品。

美食原料

糯米 2500 克，红小豆、红糖各 1 000 克，黄桂酱 200 克，玫瑰酱 100 克，熟芝麻 250 克，菜籽油 150 克，碱面 2 克。

制作方法

1. 将糯米淘洗干净，铁锅内加水 3000 克，用旺火烧开，倒入糯米，改用小火焖煮，边煮边将米搅动，约 1 小时后，米成糊状再改用微火。用锅铲将米糊抹平，加盖焖 30 分钟，把锅底的米翻上来抹平，再焖 30 分钟。将米糊铲出放在案上，用木槌来回砸压，使米粒完全碾碎成米粉团后，摊在案上待用。

2. 把红小豆淘洗干净放入开水锅里，加碱面少许煮 2 小时。豆煮烂后捞入竹筛中晾凉，放在瓷盆上，先用手掌将豆子搓开，再用凉水过滤，沉淀 1 小时，滗去水分，装入布袋中，将水沥干制成豆沙。把桃仁切碎，连同红糖和豆沙一并倒入锅中，用小火翻炒至红糖熔化，放入黄桂酱、玫瑰酱搅拌均匀即成豆沙馅。

3. 案上抹一层油，取糯米团一块，搓成条，下成约 50 克重的剂子，分别包上豆沙馅，压成直径 6. 6 厘米、厚约 2 厘米的圆形饼，撒上少许熟芝麻即成糍糕。糍糕有两种吃法：一种是包好后凉吃；一种是包好后用油煎热再食用。

技术诀窍

1. 煮米糊时要掌握好火候，火不要旺。

2. 砸米糊时在木槌上可抹少许淡盐水，以防止粘连，并能增强粉团黏性。

3. 包制时收口要严。

4. 制作豆沙馅时，煮豆要旺火烧开小火焖煮；擦沙时要用水不断冲洗，提高出沙率；炒沙时注意火候大小，防止炒煳。

品质标准

绵软黏甜，豆沙清香，形状整齐。

三十二、羊肉抓饭

羊肉抓饭，维吾尔语叫"波糯"，是新疆风味食品。此品选用粳米、羊肉、洋葱、胡萝卜、羊油、盐等制作而成，相传有一千多年的历史。现在的抓饭种类较多，根据用料不同有素抓饭、甜抓饭、鸡丝抓饭等。

美食原料

粳米500克，羊肉400克，胡萝卜200克，葡萄干40克，羊油100克，葱丝15克，盐12克，味精3克。

制作方法

1. 粳米用清水淘洗干净，放冷水盆中浸泡1~2小时，见粒稍涨捞出控水待用。

2. 羊肉洗净切成2厘米见方的丁，胡萝卜削皮切成细丝，葡萄干用温水洗净待用。

3. 锅放在火上加入50克羊油，烧至220℃时，下羊肉丁和部分盐，快速煸炒至肉丁达到六七成熟时盛出。将原锅放回火上，加入羊油50克烧至220℃时，投入胡萝卜丝和余下的盐，煸炒至半熟，放入葱丝、味精翻炒后盛出待用。

4. 另起一锅上火，加入500克水，旺火烧开，加入泡好的粳米和炒好的羊肉丁、胡萝卜丝等，待锅开时，用铲翻拌均匀，小火烧8~10分钟至米粒涨开、米汤收净时，用筷子插几个眼，撒上葡萄干，盖上锅盖，用小火焖15~20分钟即可。

技术诀窍

1. 米要浸泡至米粒松涨为好。

2. 焖饭时掌握好火候，防止煳锅。

品质标准

松软清香，鲜咸不腻。

三十三、牛羊肉泡馍

牛羊肉泡馍又称牛羊肉糊饽，是著名的陕西风味食品，它是由战国时期的羊羹演变而来的。其选料严，烹制精，香醇味美，食法别具一格，赢得了中外食客的赞誉。

美食原料

羊肉（牛肉）5000克，全羊骨架（全牛骨架）3000克，水发粉丝1 250克，蒜苗1 000克，桂皮5克，草果10克，大红袍花椒40克，小茴香90克，干姜5克，良姜25克，八角20克，精盐200克，明矾0. 75克，熟羊油300克，精粉1 800克，酵面200克，碱面10克。

制作方法

1. 将精粉加入酵面、碱面及清水揉成面团，盖上湿布饧10分钟左右。将面团下成20个剂子，揉匀收圆，擀成直径约7厘米的圆坯，再用擀面杖打起棱边，放三扇鏊中烘烤约10分钟，即成饦饦馍。这样烙制的饦饦馍，不仅酥脆甘香，而且掰碎后入汤不散。

2. 将羊肉切成约2500克重的块，投入清水中洗去血污，再换水浸漂2小时，将肉上污垢刮洗干净，再放水中浸漂1小时，待肉色发亮即可。将骨头放水中浸泡1小时，换水再泡1小时，冲洗干净，砸成20厘米左右长的段。

3. 大铁锅内加水约1 2500克，旺火烧开放入骨头，加入明矾，旺火熬煮30分钟后撇去浮沫。把桂皮、草果、花椒、小茴香、干姜、良姜、八角装入布袋内，扎紧袋口放入锅内，旺火烧2小时后，将肉块皮面向下摆放在骨头上，煮3~4小时后加入125克精盐，用肉板压上，加盖改用小火，保持肉锅微开，约炖12小时即可。

4. 揭开锅盖，取出肉板，撇出浮油，将铁肉叉从锅边插入锅内，将肉略加松动，左手拿直径为40厘米的平面竹笊篱，右手拿肉叉，肉块皮面向下耢起，翻扣在肉板上。

5. 根据顾客的要求，取饦饦馍由顾客用手小心掰成蜜蜂头大小的碎块，放入碗内由服务员将碗送入厨房。煮好的肉由肉案师傅根据顾客选定的不同部位逐碗配好，每份100克分别装入碟内再由服务员连同馍碗端回桌上，逐人逐碗核对，称为"看菜"，有个别人想多吃肉的，也可再要一份肉同煮，称为"双合"。

6. 煮馍方法有3种（所用辅料、调料相同）。

（1）干泡。要求煮成的馍，碗内无汁。其煮法是炒勺内放入原汤汁及开水各500克烧开，放入精盐3克，倒入肉块约煮1分钟，再倒入馍块、水发粉丝25克及蒜苗段少许略加搅动，将汤陆续撇出约250克，然后加入绍酒、味精各少许，用旺

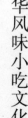

火煮1分钟，淋入熟羊油5克颠翻几下，再淋入熟羊油5克颠翻几下，如此二三次，盛入碗内即成，要求肉块在上，馍块在下。

（2）口汤。要求煮成的馍吃完后仅留浓汤一大口。其煮法与干泡相同，只要求汤汁比干泡多一些盛在碗里时，馍块周围的汤汁似有似无。

（3）水围城。这种煮法适用于较大的馍块。其方法是先放入汤和开水各750克，汤开后下入馍和肉。盛入碗里时，馍块在中间、汤汁在周围。

另外，还有碗里不泡馍、光要肉和汤的，称为"单做"。

技术诀窍

1. 肉和骨一定要多次浸泡，将血污浸去。

2. 煮肉时要掌握好火候。

3. 饦饦馍块要大小一致。

4. 煮馍时掌握好汤汁和开水的用量。

品质标准

味浓汤鲜，馍筋光绵，不膻不腻，食之耐饥，老幼皆宜。

三十四、黄面

黄面是新疆风味食品。此品是用精粉以蓬灰水拌成面团后抻拉成细面条煮制而成，因成品色黄，故名黄面，因可浇汁凉吃又称凉面。

美食原料

精粉2500克，西葫芦750克，菠菜250克，鸡蛋8个，芹菜50克，食用碱25克，蓬灰水55克，湿淀粉10克，辣椒粉20克，芝麻酱15克，醋、大蒜、精盐各25克，菜籽油75克。

制作方法

1. 将西葫芦削去皮、挖去籽、切成丝；菠菜摘洗干净切成段；芹菜去叶切成段待用。

2. 将大蒜捣成泥，加凉开水稀释成蒜泥汁；芝麻酱加凉开水稀释成芝麻酱汁；锅内加菜籽油烧热，倒入辣椒粉中成辣椒油待用；锅中加入菜籽油烧热加入芹菜段、精盐炒熟待用。

3. 将勺中加清水旺火烧沸，加入西葫芦丝煮熟，加入精盐、打入鸡蛋液，下入菠菜，烧沸后用湿淀粉勾芡成卤汁。

4. 将精粉加入食用碱、淡盐水和好，再加蓬灰水边揣边揉至面光滑有拉力。案板上抹油，放上面团盖上湿布稍饧。

5. 将饧好的面拉成细条投入沸水锅中煮熟，捞出，用凉水投凉沥干，拌少许清油摊开。

6. 食用时将面装盘，浇上卤汁，再调上醋、蒜泥汁、辣椒油、芝麻酱汁，并放上芹菜即成。

技术诀窍

1. 和面时注意面、碱、淡盐水和蓬灰水的用量，面团要略软些，每 500 克精粉吃水为 300～325 克，并要揉匀揉透。

2. 面条煮制时间不宜过长。

品质标准

面条整齐不碎，口感筋道，色泽黄亮。

三十五、饦馍馍

饦馍馍是宁夏风味面食，相传已有三百多年的历史。此品是用面、糖或其他馅心制成的烙饼，是节日待客、馈赠亲友的佳品。

美食原料

精粉 500 克，菜籽油 150 克，碱面 1.5 克，豆沙馅 200 克。

制作方法

1. 将 500 克精粉加入菜籽油、碱面和 100 克清水和成面团，揉匀饧 10 分钟左右。

2. 将饧好的面团揉匀，下成 5 个剂子，将每个剂子分别包入豆沙馅，擀成圆饼，放饼铛中烙熟即成。

技术诀窍

1. 和面时，各种原料要混合均匀，要揉透。

2. 烙制时温度不宜太高。

品质标准

成品色泽黄中泛红，味香可口，形状整齐。

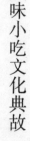

三十六、一捧雪

一捧雪是甘肃著名的风味小吃。相传明嘉靖年间，奸相严嵩父子不择手段掠夺奇珍异宝。当时有个叫莫怀古的人，祖传一玉杯，夏盛酒自凉，冬盛酒自温，更为稀奇的是，以此杯斟酒后，杯内立见雪花飞舞，呼曰"一捧雪"。严家为夺此杯，逼得莫氏夫逃妻亡。近代兰州厨师深恨此事，就用糯米、豆沙、白糖制作食品，取名"一捧雪"。

美食原料

糯米 250 克，豆沙馅 150 克，白糖 175 克，熟猪油 30 克。

制作方法

1. 将糯米用水沟洗干净，把锅中加水 500 克，白糖 75 克烧开，倒入糯米煮焖，以半吃水又不夹生为宜，然后离火焖片刻，放入 25 克猪油搅拌均匀。

2. 在大碗内抹猪油，放入豆沙馅，将煮好的糯米放豆沙馅上压平，上笼蒸 40 分钟左右，取出，翻扣在盘中，撒上白糖即成。

技术诀窍

1. 煮米时不宜煮烂，以半吃水不夹生为好。

2. 豆沙馅要铺平。

品质标准

形状整齐，白里透红，黏糯香甜。

三十七、清真油旋饼

清真油旋饼又称油旋子，俗称花子抖皮袄，是回族、撒拉族和东乡族同胞日常食用的面食，尤其在回族同胞的餐食中更为常见。油旋饼的食用与回族先民惯用的传统油香有一定联系，它是汉族面食与清真面食相互融合补益而形成的一种典型的清真面食，因其是在制作过程中在面坯内加油旋转压制而成的，故而得名。全国各地的回族群众几乎都有食用油旋饼的习惯。传统的油旋饼制作销售一般是在沿街门面上置一大型吊炉，现做现烤现卖，顾客购买时可以根据自己喜好选择，趁热食用。除传统方法外，目前也已采用电烤炉和铁饼铛进行烤制或烙制，更加方便卫生，而且易于控制炉温。

在回族人口较多的西北地区，油旋饼的制作非常普遍，品种五花八门，如葱油旋饼、姜黄油旋饼、香豆粉油旋饼、羊肉丁油旋饼、椒盐油旋饼等。食用时一般都配有相应的汤食，如余汤、粉汤、稀粥、汤饭、小菜、茯砖茶等，这种搭配使油旋饼更加多样化。

美食原料

（以10个油旋饼计）精面粉1 000克，发酵粉5克，小苏打1. 5克，盐10克，清油100克，香豆粉10克。

制作方法

1. 将面粉900克置于盆内，拌入发酵粉，按面粉重量的55%的比例加入温水约500克，调制成面团，在30℃下静置饧发2小时，待面团膨发后兑入小苏打，揉搓均匀，再略饧10分钟使之充分发酵。

2. 用50克清油拌上100克的面粉及10克盐，调成油酥面馅心。将揉好的面擀开成厚度为0. 5厘米面片，抹上油酥馅心和香豆粉，从一边卷起码直，使其直径为5~6厘米，然后用刀切成10个等量的面剂。将每个面剂用双手扣住并旋两圈，放置在案板上用杆擀成直径8~10厘米的小圆饼坯，再用两手拉长，制成长13厘米、宽6~7厘米的长片形饼坯。

3. 待平锅烧热后，刷一层油，然后将长方形饼坯逐个摆入锅内，下烙上烤，先用中大火，后改用小火，10~15分钟后见饼坯两面呈金黄色时即可。

技术诀窍

油酥面与面饼的起酥工艺是本面点制作的核心部分，此饼抹油时要用干油酥馅心。干油酥馅心经抹、卷、压、擀等工艺制成坯料，在此过程中一部分油脂随着这些机械动作的作用而融入水调面团的坯料中，然后烤制，干油酥在高温的作用下迅速起酥，使面坯的膨松面团之间起层次，并有油润之感，而且这一酥层较不加干油酥面的面坯的酥层间隙略大，所以油酥感更强。

品质标准

1. 成品呈金黄色，表层酥性呈圆形或椭圆形，食用时外表脆黄，内部绵软。

2. 香豆粉和油脂的香味浓郁，口感外脆内软，回味无穷。

三十八、葱花馕

葱花馕是烤馕制品的一个新品种，因含葱花且形似葱花饼而得名。自改革开放以来，各地饮食文化在新疆地区的融合与交流，使本地区的饮食得到进一步发展，面食品种不断推陈出新。维吾尔族的烤馕制品，也在这种发展中得到了繁荣丰富，葱花馕即是典型的一种。

葱花馕的品种因烤制工具和调味料的不同而有所差异。如在调味料的使用上，除放葱花外还可以加入香豆粉、花椒粉、辣椒面等调料，使葱花馕的口味呈多样化。在烤制工具方面，除选用传统的馕坑外，还可选用电馕坑、电烤炉、微波炉等进行烤制，所得成品的色观和口味略有差异。食用葱花馕时一般配有酒饺和菜品同食，并常佐以茶饮。

美食原料

（以 10 个中号馕计）精面粉 2000 克、大葱 200 克、发酵粉 10 克、盐 20 克、植物油 100 克。

制作方法

1. 将面粉放入盆中，加入发酵粉、入清水揉匀揉透，调成面团，在 25～30℃ 下饧发 40 分钟左右。

2. 将饧发的嫩面团揉一遍，使之成为圆团，然后用擀杖擀成直径为 50 厘米的大圆片，再撒上盐和葱花，淋上植物油，用手抹匀。

3. 从一边卷起面团然后捋直，用刀切成每个约 300 克重的湿剂，将剂口用两手按着，旋转 2～3 圈，然后擀成直径为 25～30 厘米的馕坯。

4. 馕坑内架无烟煤或木柴，将馕坑烧热，待见余火时，堵住馕坑下面的进风口，向馕坑内壁上撒上一些盐水，稍停 3～5 分钟，将制好的圆饼生坯反扣于拓包之上，在馕坯的背面再撒上一些盐水，用拓包将馕坯贴入馕坑内壁。贴完后，盖住通风孔，焖烤约 10 分钟左右即可成熟，用小尖钩钩出馕置于盘中即可食用。

技术诀窍

1. 此馕表面不需扎上网点，因为葱花馕的酥皮都是外露的，馕中的气体很容易散发出来。

2. 葱花馕的大小一般以直径为 20～23 厘米为宜，不易做得太大。同一批馕大小厚薄应一致。

3. 馕坑烧好后，在贴馕坯时，因其背面有酥层存在，不像一般的馕那样易贴上，所以馕坯背面应多洒一些盐水，以利于操作。

品质标准

1. 葱花馕烤好后，表层呈螺旋纹状，表面和背面皆呈淡黄色，闻之葱香浓郁。

2. 食用时，外层酥脆，内部暄软，咀嚼时筋道感强，热食时风味尤为独特。

三十九、岐山臊子面

岐山臊子面是臊子面中的精品，故有"西府面食一绝"之称。

臊子面是在唐代"长命面"的基础上发展而来的。据《猗觉寮杂记》中记载："唐人生日多俱汤饼，世所谓'长命面'者也。"相传北宋年间，苏东坡任凤翔府节度判官时，特别爱吃这种面条，并且写下了"剩欲去为汤饼客"的诗句。到了北宋末年，城市的肉铺已有专门加工的臊子面出售。

传统的岐山臊子面为手工擀制，料精味美，其特点可用薄、筋、光、煎、稀、汪、酸、辣、香九个字概括。薄、筋、光是指面条之质；煎、稀、汪是指汤水温度高，面少汤多，油和肉要多；酸、辣、香指调味之美。岐山臊子面与一般面条不同，薄如蝉翼，细如丝线，滚水下锅，莲花般翻转，成熟后捞到碗里像一窝银丝，浇上臊子汤，只吃面条不喝汤。关中西府人每遇婚、丧、喜事或逢年过节，都用臊子面款待宾客。

关于岐山臊子面的由来，相传在很早以前，岐山某地一位农户娶了一个媳妇，聪明伶俐，贤惠能干，精于烹调。一天，她做了一顿面条，光滑细薄，调料多样，汤汁浓香，醇美可口，全家食后无不称赞。年幼的小叔尤其喜欢，经常哭闹着要吃嫂子擀的面条。后来小叔长大后当了地方官员，经常邀请同僚到家里作客。当客人饱餐其嫂做的面条后，皆异口同声地夸赞此食鲜美无比。从此"嫂子面"便出了名，传扬开来，各地争相仿制。由于方言中"嫂"与"臊"是谐音，天长日久，"嫂子面"变成"臊子面"，一直延续至今。

岐山臊子面以县城照壁背后面馆为代表，该馆开业于明嘉靖末年（约在1566年以前），历经四百余年，先后入馆从业者百余人，个个技术娴熟，多系本行名手。1900年庚子之变，慈禧太后携光绪皇帝驻跸西安期间，在品尝了照壁背后臊子面后，大加赞赏，赐"龙凤旗"一面。

在岐山，女人以能擀长面为本领，否则视之为家耻。新媳妇过门的第二天上午，为验新娘擀面功夫，专门设有一个擀面的隆重仪式，客人上席后，新媳妇亲自上案擀面，以显能耐，擀得好者可博得满堂赞声，差者则被认为是件丢脸的事。所以凡家有女儿，从7岁起，母亲便授其技艺，搭凳子在案前学习擀面。

美食原料

（以 10 碗计）精面粉 1 000 克，带皮猪肥瘦肉 500 克，鸡蛋 1 个，水发木耳、水发黄花各 50 克、豆腐 150 克，蒜苗、韭菜各 100 克，盐 30 克，酱油 150 克，姜末 20 克，葱 15 克，碱 5 克，辣椒油 30 克、红醋 500 克、细辣椒粉 30 克、五香粉 10 克、味精 3 克、菜籽油 300 克。

制作方法

1. 用 400 克的温水加入 10 克碱兑成温碱水，再将温碱水加入面粉当中，先将面粉拌成麦穗状，再揉成团，反复多揉几遍，盖上湿布饧 20 分钟左右。再用擀面杖擀成 0.16 厘米厚的大薄片后，切成 0.33 厘米宽的细丝。

2. 制底料与漂菜。将豆腐切成 1 厘米见方的丁，黄花菜切成 0.6 厘米长段，木耳撕小。锅内放菜籽油（10 克），油热后，下豆腐、黄花、木耳煸炒一下，作为"底菜"。鸡蛋磕入锅内，打散，摊烙成鸡蛋皮，切成 1 厘米大小的菱形片，韭菜、蒜苗、葱切成 0.6 厘米长段，作为"漂菜"。

3. 制臊子。将带皮生猪肉切成 0.33 厘米厚和 2 厘米大小的片。炒锅内放入菜籽油 125 克，用旺火烧热，加入肉片煸炒至七成熟，依次加入酱油、五香粉 8 克、姜末 20 克、盐 5 克、红醋 250 克、细辣椒粉搅拌，使之入味均匀，然后小火煨约 10 分钟即成臊子。

4. 制酸汤。锅内加入清水 1500 克，用旺火烧开放入余下的精盐、红醋、味精，汤开后倒入辣椒油，即成醋汤。汤应保持微沸状态待用。

5. 煮面与调面。锅内加水 6000 克，用旺火烧开，下入面条，煮至沸腾后，点入凉水少许。煮开后，捞入冷水盆中，划散，然后用笊篱捞出，沥净水，分别将面条装入 10 只碗中，先放入底菜，再放入肉臊子，每碗分别浇上醋汤，然后放上漂菜即可。

技术诀窍

1. 面团的调制与擀制。调面时应注意面团的含水量应掌握在 40% 左右，切制时的粗细必须符合标准，以利于煮制时间的准确掌握。

2. 煮面与调面。面条的煮制过程经历了煮面—过凉—浇淋汤—成品这几个过程，面条在水汤中的受热温度也经历了 100℃—25℃—70℃—80℃—70℃—75℃ 这几个温度的变化。面条结构在这几个过程中经历了膨润熟制—回缩冷凝—二次膨润—中温成品的多次更变。因此面条中的淀粉极易"老化"。其原理是面粉吸水膨胀，受热后产生糊化，淀粉分子在温度逐渐降低时，分子间又自动地由无序态排列成有序态，相邻分子间的氢键又逐步恢复原状，失去与水的结合作用，从而形成致密且高度晶化的淀粉分子束，面粉中的蛋白质溶胶则在降温和乙酸的作用下与凝胶相互转化，这样熟制的面条经冷水冷凝后，再浇沸汤进行二次膨润时，其变化过程、速度及膨胀体积都与第1次不同，速度变化较慢，体积变化较小，成品的臊子面食用时，则筋韧感也较为强烈，滑爽适口。

臊粒均匀大小都要一致，熟粒以0.6~0.7厘米见方为宜。

"漂菜"的量不宜太大，以漂浮量占碗内汤口表面的1/2为准。

品质标准

面条细长，薄厚均匀，臊子鲜香，红油浮面，汤味酸辣，面条口感筋道爽口，表观油润光滑。

四十、那仁

那仁又称纳仁，乌孜别克语译名，是乌孜别克族、哈萨克族和柯尔克孜族民间风味面食，在新疆的清真风味面点中极具代表性。此面食的出现是当地农耕文化与草原文化相结合的产物。传统的乌孜别克族、哈萨克族和柯尔克孜族以牧业为主，其肉食来源主要为牛羊，面食在历史上是他们的饮食珍品。因为他们很少从事农业生产，面粉制品自然稀少，制作方法也较简单，成品也相对粗糙。那仁饭便其中一种。经过历史演变，今天的那仁面食已经变得很精致了，品种也逐步丰富起来。那仁最早流行于新疆的伊犁、塔城、喀什等地，如今在乌鲁木齐等许多地方已是屡见不鲜。

据传说，古代居住在叶尼塞河流域的柯尔克孜人以部落群居为主，过着集体游牧和狩猎生活，一般平民只能食肉饮奶，根本吃不到面食，只有汗王、贵族和有功的大臣才能吃到面食。有一年，一个柯尔克孜汗王统领着一队士兵外出打仗，被敌人围困在山谷之中，整整40天无法出去。最使汗王着急的是部队所带的干肉和奶干越来越少，宰杀战马食用，缩减士兵的饮食，使部队的战斗力下降，士气低落，人心不稳。汗王于是将自己的面粉拿出来给士兵吃，但汗王的面粉怎能够几千人食用呢？厨师们经过商议后，决定将面粉调成面团，擀成很薄的面片，和肉片一起煮成几大锅，送给士兵们吃。虽然一大锅汤水中，面片和肉片寥寥无几，但士兵们因从未吃过面食，加之腹内饥饿，一个个吃得津津有味。饱餐之后的士兵，非常感谢汗王对他们的关怀，斗志倍增，士气高昂，一鼓作气冲破了敌人的重重包围，转败为胜。为了纪念这一战争胜利，汗王特别降旨，下令有条件的地方大种农作物，每

当国家打了胜仗，全体部落都以食用面片和肉片汤以示庆贺。此食后逐步演化成现代的那仁饭，又称手抓肉片面。

那仁属饭菜合一的面食品，目前已为新疆的广大穆斯林群众及部分汉族群众所钟爱，每当家中来客，一般都做那仁饭以示尊重。那仁既可作正餐的主食也可作为小吃，品种有传统那仁、菜式那仁、熏马肠那仁等。

美食原料

（以 5 人就餐量计）特级粉 500 克，连骨羊肉 1 500 克，酸奶疙瘩 100 克（或瓶装酸奶 200 克），洋葱 100 克，花椒粒 1 克，胡椒粉 3 克，盐 15 克，番茄 1 个，青椒 2 个。

制作方法

1. 将连骨羊肉剁成大块，放入凉水锅中加热，沸腾时撇去浮沫，放入花椒粒和盐，煮熟后捞出，稍晾平铺于大盘之中。

2. 面粉中加入盐 8 克，用温水调制成面团。面团的含水量约为 40%，揉匀饧透后，将面团擀成大圆片，厚度为 0.1 厘米，下开水锅中煮熟，捞出过凉水，置大盘中待用。

3. 将番茄切成片；青椒切成指甲大的片，洋葱切成片，两者放入滚开的羊肉汤中略焯；三者一并置入盆内，再加入盐、胡椒扮拌均匀，平铺于面片之上。

4. 将酸奶疙瘩用温水泡开，搅匀成酸奶糊，或将制好的瓶装酸奶浇于菜的周围即可。

技术诀窍

1. 羊肉必须凉水下锅，一般只放花椒粒与盐，再不加其他任何调料。羊肉一般选用 1 岁左右的羯羊肉为好。冷水煮制，水温缓慢升高，肉制品慢慢吸收热量，逐渐向内传，使之成熟。若在开水中下肉，则肉制品表面遇热，蛋白质迅速吸热凝固，形成一层阻热层，不利于内部肉质的成熟，另外也不利膻味的去除。

2. 面片的煮制时间以水开 3 分钟为准，煮的时间不宜过长。面片煮熟后，捞入 10 倍面量的凉水中冷却，注意水不宜太少。

3. 面片的宽窄、薄厚均匀一致，不能带有夹生面，羊肉的煮制以酥烂不脱骨为准。

4. 焯青椒片和洋葱片时，以肉汤煮沸后焯 5 秒为准，时间不宜过长。焯后过凉水，以保持青椒的颜色与洋葱的脆感。

品质标准

面食口感滑爽筋道，鲜香不腻，突出羊肉特有的浓香，且没有羊肉的腥膻味。汤微带酸味，青椒与洋葱味清淡微辣，脆嫩入口，色彩白、绿、红三色相间。

四十一、曲曲

曲曲是维吾尔语，即汉语的"馄饨"之意。曲曲形状近似于汉餐中的饺子，又非饺形；似汉餐中的馄饨但非馄饨，吃法以汤食为主。曲曲的出现，是汉族饮食文化与清真饮食文化相结合的产物，其带有汤面、饺子等浓厚的汉餐文化特征，在新疆的回族、维吾尔族中广泛流行。

包制成形的曲曲半成品，整体规格为2～2.5厘米见方，如红枣大小，沿边有一层花纹，看似小巧玲珑，活像一个工艺品。餐馆为了招揽顾客，常将曲曲包好，整齐地排在托盘中，置于橱窗内，供前来就餐的食客随时前去观赏点食。

曲曲作为穆斯林群众的面食制品，在新疆非常流行，特别是在中小清真饭馆中，曲曲是一种地道的面食名品，尤以回族的清真饭馆多见。传统的曲曲做好时，一般配有一把长柄木匙，用此木匙食用不会烫嘴。食用时一般辅以油香、花卷、小菜、馕等品种。根据馅心配比的不同，曲曲又可以分为羊肉曲曲、牛肉曲曲、鸡肉曲曲等几类，其中以羊肉曲曲流行最广。

美食原料

（以成品5碗计）面粉500克，肥瘦羊肉200克，洋葱100克，熟羊尾油丁50克，香菜50克，孜然粉5克，番茄100克，盐20克，羊肉汤2000克。

制作方法

1. 面粉中加入淡盐水，调制成略硬的面团，饧制约20分钟，再揉一遍，使面团充分饧透。

2. 将面团分成两块，揉圆后用擀面杖擀成圆形大薄片，然后用刀改成3～3.5厘米见方的方形薄片待用。

3. 羊肉、洋葱剁碎，调入盐、胡椒粉、孜然粉拌匀成馅。

4. 左手拿薄片，右手打馅，折起一角包入馅心，然后余下的两边角向内弯曲捏压在一起，另一角留出，整齐地摆入盘中。

5. 将羊肉汤加入锅内，烧开，加入包好的曲曲，煮沸后点一次凉水，再煮沸，加入盐、番茄、大葱、胡椒粉、香菜和熟羊尾油丁，成熟后连汤及菜一起盛入碗内即可。

技术诀窍

1. 汤一定要调正味，盐不能放太多，较一般单纯的肉汤时要淡一些，给人以一种清爽之感。

2. 坯片的厚度应在 0.08～0.1 厘米之间，厚度超过 0.1 厘米则坯皮偏厚，不宜成熟，影响口感。

3. 包制时注意手法得当，叠压准确不脱口。若坯皮发干时可蘸点水叠压，大小一致均匀。

4. 包制技法非常重要，馅心要少，捏制要紧，大小均匀一致，保证煮出后曲曲的形态不发生变化。

5. 煮制时以水开两分钟为限，煮的时间不宜过长，防止皮脱露馅。

6. 羊肉汤烧开后，加入番茄片、熟羊尾油丁等，以汤开即可，不能长时煮汤，香菜一般最后放入。

品质标准

羊肉汤鲜味浓郁，汤中红、白、绿几色相间，给人以悦目之感能引起人们的食欲。曲曲口感筋道，馅心油香，味甜中微带胡椒的辣味。热时食用。吃曲喝汤，血液循环加快，周身发热。

四十二、羊肠面

羊肠面即以灌制的羊肉肠调制的凉拌面，是青海回族著名风味面食。回族有善烹各种羊杂的习俗，如羊的头、蹄、肠、肺、肚、肝等。新疆的回族、维吾尔族善于将羊肠衣与羊肺制成米肠子和面肠子，熟制后再切片拌调味料食用。生活在新疆南部山区的柯尔克孜族人则善于制作一种名为牛奶羊肺的食品，其制法是将鲜奶加湿淀粉和调味料调匀后灌于羊肺内，熟后切成块拌调味料食用。羊肠面是这些食品中最有代表性的一种。

羊肠面所用的面条为提前做好的凉面，先将凉面抓入碗内，然后在面上铺一层芹菜、菠菜和萝卜片，最后加上两种羊肠和羊头肉、蹄筋等，再用勺舀上滚烫的羊肉汤，多次反复地冲浇碗内的羊肠面与辅料，直至熟烫入味。食用时再根据个人口味加入盐、醋、辣油、蒜汁等调味料。

美食原料

（以 10 份中碗羊肠面计）精面粉 1500 克，净羊肠 500 克，羊心、肥瘦羊肉、熟羊肉各 200 克，羊肺 1 副、豌豆粉 200 克、精盐 60 克、醋 50 克、蒜汁、辣子油各 100 克、葱末、蒜末各 50 克、姜末 30 克、萝卜、蒜苗各 100 克、味精、速溶蓬灰各 10 克，植物油 50 克，羊肉汤 5000 克，香菜 30 克，调料包 1 个。

羊肠面

制作方法

1. 制面条。精面粉按 55% 的比例加入盐水（含 10 克盐），调制成较软的面团，饧上 20 分钟，再加入蓬灰水，揉和均匀。将揉好的面团下成小剂搓成条，滚上植物油再滚上干粉，依次抻拉成直径为 0.12 厘米的细面条，下沸水锅中煮 2.5～3 分钟，熟后捞出，拌上熟植物油待用。

2. 制羊肠。先将羊肠用盐、醋清洗两遍，用清水漂洗干净，然后将羊心、羊肉剁成碎块，加入盐、葱末、姜末、蒜末混合，灌入羊肠中（留一半待用），尽量装实挤紧。将另一半羊肠加入豌豆粉和水调制的面糊，灌入后用细绳扎紧口，将灌好的肉肠和豆面肠放入水中煮 60 分钟，使其成熟，待晾凉后切成斜刀片。萝卜改刀成 2 厘米见方的菱形片，蒜苗切成末，熟羊肉切成 0.15 厘米厚的片。

3. 制羊肉汤。将羊肉汤加入锅内烧开，再加入装有花椒、茴香、桂皮、生姜、胡椒等的调料包，再加入盐和 1 000 克水，煮约半小时，使味料进入汤中（也可直接加入此类粉料）。浇淋前，在羊肉汤内加入味精。

4. 装碗浇淋。将面条分成 10 份装入碗内，上面铺上熟羊肉片、肉肠片、豆面肠片、萝卜片、蒜苗末，用沸汤反复浇淋 4～5 遍，每一遍舀满汤后要静置 5～10 秒钟，使原料充分吸收热量，如此反复浇淋完后，再舀上一碗羊肉汤，在汤内调入香菜末和蒜苗末。在浇淋好的热羊肠面内加入盐、辣子油、蒜汁、醋等调味料，食用时拌匀。

技术诀窍

1. 面的拉制与兰州牛肉面相同，即以盐水调制面团，放蓬灰水进行拉制。此面易拉的原理见前述相关部分。一般来说，调入蓬灰水的面团应在 12 小时内将面抻拉完毕，若蓬灰面团静置时间过长，或经过多次抻拉后面条未能拉成，说明这种面团可能僵化，已僵化的蓬灰面团一般无法再拉制成形。

2. 肉肠与面肠的灌制也是关键，为了使肉肠灌制后更易于固形，也可在灌肠时加入一部分湿豆淀粉，这样通过淀粉受热糊化后产生的胶体将肉馅凝固住，则效果会更好。另外，灌制豆面肠时，注意豌豆粉与水的比例，一般使豌豆粉加水后呈稀糊状，灌肠后，豆面肠受热凝固成熟而成形。

品质标准

1. 羊肠面中肉肠与豆面肠风味各异，肉肠肉香浓郁，豆面肠则甜糯适口。

2. 面条筋道滑爽，酸辣适中，色呈细丝淡黄。萝卜片口感清脆，羊肉汤和香菜、蒜苗等混合的复合香突出。

四十三、灌汤包饺

灌汤包子和灌汤蒸饺合称灌汤包饺，是主副食结合的大众化快餐食品，经济实惠，营养丰富，深受中外旅游者的喜爱。

灌汤包饺是由汉代的"笼饼"演变发展而来。《长安客活》记载："笼饼，亦曰炊饼，今之蒸卷、馒头、包子、兜子之类是也。"唐代开元年间，曾任三元县尉的陈藏器，在他编写的《本草拾遗》中记述："麦末（面粉），味甘无毒……和醋蒸包。"宋元时也有"水点心"、"水明角儿"的称呼和制法记录。到了清代，灌汤包饺更为流行。《邗江三百吟》记载："春秋冬日，肉汤易凝。以凝者灌于箩磨细面之肉，以为包子，蒸熟则汤融而不泄。"还指出，汤包的特点是"到口难吞味易尝，团团一个最包藏，外强不必中干鄙，执热须防手探汤"。尽管汤热有可能烫嘴，但人们还是要"冒热"品尝，以饱口福。

陕西各地城乡都有灌汤包子和灌汤蒸饺。随着餐饮技术的发展，制冷设备已在城乡普及，过去只能在春、秋、冬吃灌汤包饺，现在四季均可品尝了。目前较为著名的品种有西安大华饭店的灌汤包饺、西安贾三包子店的清真牛肉灌汤包子、西安小方汤包店的小方汤包等，它们都曾荣获陕西省优质产品奖。其中，小方汤包在1997年12月的"首届全国中华名小吃认定"评比中，被评为"中华名小吃"。

灌汤包饺的食用方法是，左手持勺，右手执筷，在包饺上轻轻咬破一个小口，把汤倒在小勺里，将包饺放入盛有酱油、香醋、油辣子的味碟中蘸味品尝，然后将汤一饮而尽。此食法动作优雅，文明有趣，又不烫伤舌唇。

根据灌汤包饺制作原理，可以制出虾肉灌汤包饺、三鲜灌汤包饺、四鲜灌汤包饺、蟹黄灌汤包饺等多个品种。

美食原料

（以 10 个灌汤包成品计）精面粉 80 克，碱面 0.5 克，生猪肉 80 克，酱油 4 克，香油 8 克，白糖 1.6 克，葱、姜各 4 克，胡椒粉 0.16 克，味精 0.08 克，绍酒 8 克，猪肉皮 1.2 克。

制作方法

1. 制面皮。面皮有两种，一种是发酵面团与水调面团按 7：3 的比例揉合饬制而成，面团的含水量约为 50%；另一种是烫面和水调面团按 1：1 比例调制而成，含水量为 50%。

2. 制皮冻汤。先将生猪皮洗净，再投入开水锅中汆 10 分钟，然后清洗 1 次，剔干净皮上的毛，刮净油脂，投入绞肉机中绞碎。置锅中，加入清水煮至皮丁软化、汤汁成胶质时，再加入盐、葱、姜等制成皮冻汤。

3. 制馅心。选用猪后臀肉，用专用的绞肉机，绞成细而不糊的肉末，放入盆内，加入酱油、味精、胡椒粉、香油搅匀，再加入皮冻汤、绍酒、葱、姜和少量水制成馅心。

4. 制皮、包馅和熟制。按每个 50 克下湿面剂，再下成 3 个小面剂，将每个小面剂搓圆按扁，擀成直径为 8 厘米的皮坯。每个小笼装上 5 个包子，分两笼蒸制。上笼大火 15 分钟蒸熟，出锅时小笼用盘托着直接上桌。

技术诀窍

1. 从面团特性看，用水调面与发酵面混合后制成的皮，属于半发面团，以此蒸制出的成品，皮坯有一定的蓬松性，口感效果绵软。用水调面与烫面制成的皮坯，因烫面在烫制过程中使用 100℃ 的开水，温度较高、与面混合后温度也不低于 60℃，这是淀粉发生溶胀形成溶胶和蛋白质发生变性而胶凝的温度，所以形成的面团黏性大，可塑性好，与水调面团混合后，具有良好的延伸性和可塑性，成品口感黏糯。

2. 馅心制好后需要打入一部分清水或骨头汤，以肉馅能持住水为准。使用皮冻时，需将皮冻先捏碎，再打入到肉馅中，使水、汤、肉、冻互相包容形成胶体状馅心，这样更有利于包制。

品质标准

1. 由于汤包的馅心属汤汁类馅心，整个包体形状为扁圆形，上部有菊花形的褶纹。

2. 汤包皮薄筋软，馅心鲜嫩，直径为 6～7 厘米，高度为 3 厘米，汤包外皮口感柔嫩。

四十四、秦镇米面皮

秦镇米面皮又叫面皮子、米皮子或关中米面皮子，是陕西户县秦渡镇著名的传统米食小吃。

户县秦渡镇素有"沣京盛地、襟带镐京"之称，位于沣河岸边。这里是西周王朝京城沣、镐之地，土地肥沃，物产丰富，盛产稻、麦、豆等农作物。秦镇面皮就是用大米面或小麦面混合制成的面皮子，有两千多年的历史。从古至今，此地经营面皮的店家很多，而且世代相传，在关中一带影响很大，因而在群众中有"乾州锅盔歧山面，秦镇面皮绕长安"的口头禅流传。关于面皮的来历，可延追溯到秦朝。

相传，秦始皇嬴政在位时，有一年关中大旱，沣河缺水，户县秦镇一带的水稻久旱枯黄，眼看就要失去收成，百姓们心如火燎。可此时官府还要催纳贡米，无奈，百姓们只好在田里挖井浇地，费尽艰辛，好不容易才结出稻穗，可是到收割之后，碾出的米粒小而干巴，根本无法向皇家纳贡。大伙正在发愁时，有个叫李十二的，用这种米碾成米面蒸出面皮，大伙儿吃后，个个称奇。于是李十二带着面皮和纳贡的人一起来到咸阳。秦始皇见贡米又少又差，传旨问罪，李十二急忙奏道："皇上恕罪，此米虽差，却能制出佳肴，今日奉上面皮，望万岁御品。"秦始皇吃了面皮，觉得其味甚美，颇感稀奇，于是赦免了众人，并让李十二天天蒸上几张面皮供他品尝。后来，在一年的正月廿三，李十二不幸去世，秦镇一带的百姓为了纪念他，在每年这一天，总要蒸些面皮以示怀念，此俗一直延续到今天。

秦镇面皮中，较有名气的要数药王楼下的"皮铺子赵家"和城隍庙前的"秃雁娃"皮子，两店均有百年以上的历史。如今，在"皮铺子赵家"第三代传人赵克宽老人的指导下，第四代传人继承了米面皮传统经营特色，以严格择料和考究的工艺而享有较大的名气。

美食原料

（以 10 碗计）大米 1 000 克，盐、食醋、辣椒油各 20 克，绿豆芽 200 克，芝麻酱 70 克，熟菜籽油 40 克，蒜末水 50 克。

制作方法

1. 制浓米浆。把大米用清水淘洗干净，放置瓷缸中，加入凉水浸泡 2 天，捞入石磨中，徐徐加水磨成米浆。取米浆于盆中加入盐 5 克，然后再加入沸水 1 000 克烫开，再加凉水制成浓米浆。绿豆芽淘洗干净后，用开水焯过待用。

2. 蒸制。将干净的湿布铺在笼上，摊上厚约 0.6 厘米的浓米浆，摊平，上笼用旺火蒸 10 分钟即熟。取出晾凉，给每张面皮抹上少许熟菜籽油，摞叠起来，然后再用长 40 厘米的直平刀切成 0.3 厘米宽的细条。

3. 调味。食用前将米面皮分装成 10 碗，调入绿豆芽、精盐、芝麻酱、食醋、蒜、辣椒油拌和后即可。

技术诀窍

1. 磨米浆。首先，大米浸泡后，磨浆时注意掌握加入凉水的比例，加水量一般是干米的 160%。其次，要准确掌握磨浆的粗细度，目前大多采用电动磨浆机，通过控制磨浆的速度与时间来控制浆的粗细度。若磨出的浆太粗则蒸出的米皮易断裂且口感差。

2. 米面皮筋拉性的强弱与大米所含的直链淀粉与支链淀粉的比例有关。直链淀粉含量低的大米，膨胀率低，米皮黏性强；反之，直链淀粉含量高的大米膨胀率高，米皮黏性差。一般籼米直链淀粉含量高于粳米，因此籼米制成的饭较松散，黏性也差，粳米则正好相反。另外，大米中蛋白质含量也影响米饭的松黏程度，蛋白质含量越高，则其制品黏性越大，反之则越小。

品质标准

1. 成品大小厚薄均匀一致，筋拉性强，色泽洁白如玉，有大米的原有香气。

2. 食用时口感爽滑，味道鲜美，辣糯适口，风味突出。

四十五、栗蓉糯米糕

栗蓉糯米糕是用专用栗子面调制成的米糕，又叫江米栗子糕、栗蓉糯或栗子面糕，是商洛地区著名的传统风味小吃。此糕有历史可考。

《清稗类钞》记载："栗糕，以栗去壳，切片晒干，磨成细粉，三分之一加糕米粉拌匀，蜜水拌润，蒸熟食之，和入白糖。"清代文学家袁枚在《随园食单》中亦称："煮栗极烂，以纯糯粉加糖为糕，蒸之，上加瓜仁，松子。此重阳小吃也。"《红楼梦》中也曾提及"桂花糖蒸栗粉糕"。由此可见，栗蓉糯米糕清朝时在民间广为流行。

栗子又叫大栗、板栗或毛栗，属山毛榉科植物。在陕西，栗子主要产于秦岭、大巴山一带各市县。在西安半坡遗址中，已发现早在六千多年前的栗子。据统计，陕西现有 40 多个品种的栗子。西安的寸栗在唐朝就已闻名天下，该栗形大如蛋，粒饱满，味沙甜，10个栗子摆成行约有33厘米长，故而得名。唐代宫廷名食"栗蓉糕"的主料用的就是这种栗子。

目前，栗蓉糯米糕在陕西商洛和西安地区较为流行，以汉族食者群为主。品种可以据原料变化出核仁栗蓉糕、玫瑰栗蓉糯米糕、山楂栗蓉糯米糕、蛋黄江米栗子糕、火腿栗蓉米糕等多个品种。

美食原料

（以10份计，每份两块糕）栗子500克，糯米粉550克，绵白糖900克，生板油250克，香草香精3滴，红绿樱桃粒各10粒。

制作方法

1. 将糯米粉放入锅中，小火加热，炒至呈淡黄色即倒出晾凉。

2. 将栗子去壳，加入清水上火煮30分钟，至成熟时取出，用擀面杖压细，加入绵白糖375克，充分擀压拌和均匀，擦成板栗馅。

3. 将生板油切成1厘米见方的小粒，倒入锅中加100克清水，加热至水干油出后，捞出油渣，然后把锅移离火炉使温度降至50℃，再往锅内加入白糖500克、熟糯米粉100克、香草香精3滴，拌和均匀后即成半固体的糖油馅。

4. 将熟糯米粉置于案板上，中间挖一坑，加入25克白糖拌匀，再加入开水220克冲粉，搅和后用掌擦匀使其成团，再用模具将之压成0.5厘米厚的长方形片，在片上铺一层制好的栗蓉，厚度约为1厘米，再铺一层1厘米厚的糖油馅心，最上面再加上一层米粉面片，用模板压实后，用刀切成长5厘米、宽3厘米的长方形条块或相应大小的菱形块，共切出20块，每两块装一盘，然后在糕块上点红绿樱桃各一即成。

技术诀窍

1. 糯米粉经炒制熟化后，再经加水揉搓，由于糯米粉内含大量的支链淀粉，所以加水受热后黏性较大，加之受糖水的作用，面团的黏糯柔软性较大，易于擀皮成形。

2. 栗子成热后加入糖粉擀压，若栗子面较干不易与糖粉融合，可以在栗蓉馅上淋一些水，使糖粉融化后再与栗子面充分融合。

3. 拌糖油馅时，一定要注意其黏稠度，根据其浓稠度适当加入熟米粉，使其馅心易成形而不流散。

4. 成品大小规格：长为5厘米、宽3厘米，厚度为3~3.5厘米。

品质标准

色形美观，柔软香甜，清凉爽口，食之有沙口感，饱腹感强。

四十六、哲阔

"哲阔"是藏语，汉语为"大米汤"之意，是青海的一种藏族传统食品。青藏地区地处高原，主要粮食作物有青稞、玉米、小麦、土豆和其他杂粮，几乎不产大米，所以传统的藏族饮食中，大米制品被视为上等珍贵之物，只有在逢年过节或喜庆筵客时才能见到。

农业区的藏族群众一般日食3餐，农忙时食4~5餐，上午吃糌粑和酥油茶，中午从简，晚上则以面食为主。而牧区的藏民，奶类、肉类和糌粑是他们的三大主食品，偶有面粉和大米，蔬菜和水果则少见，没有严格的就餐时间。但在城镇定居的藏民饮食内容则相对丰富多彩，除糌粑和酥油茶外，大米、白面及蔬菜都常见，肉类也很丰富。哲阔是其中常见的一种早点主食。

除了藏族外，当地的汉族同胞也喜食哲阔，目前青海西宁及周边藏族居住区较为流行此类食品。

美食原料

（以10小碗计）粳米500克，酥油100克，红糖100克，蕨麻50克（干），清水5000克。

制作方法

1．先将粳米捡去杂物用清水洗两遍。蕨麻同样去除杂物并用清水洗净，而后将其用清浸泡2小时。

2．锅中加入清水5000克，放入洗净的粳米和蕨麻，用大火烧开后，改用小火炖煮40分钟，使之呈粥样时加入酥油、红糖，再煮10分钟即成，把粥分装入10个小碗内。

技术诀窍

1．粥在煮制过程中，淀粉发生溶胀和糊化作用。淀粉颗粒在常温下不溶于冷水，仅能吸收40%~50%的水分。经煮制受热后，其中可溶性直链淀粉逐渐吸收水分而体积增大，原来的螺旋结构伸展成直线状结构，并大量吸收水分。当体积增大到极限时，淀粉颗粒就发生断裂，直链淀粉开始由淀粉颗粒内部向水中分散，体积也随之增大很多倍，而且支链淀粉仍以淀粉残粒的形式保留在水中，淀粉颗粒胀润后在水中形成大量的溶胶，即形成黏性胶状米粥。

2. 蕨麻是青藏高原的一种特产，又名人参果或仙人果，藏语称"戳玛"，属多年生草本植物，成株高 10 厘米左右，根圆柱状，须根细而多，生长在高原的山坡草丛中，一般秋季采挖。蕨麻中含有大量的糖类、蛋白质、脂肪、胡萝卜素、钙、磷、铁等成分，特别是含糖量为野菜之首，煮制或生吃均有甜味，与大米混合制粥，味甜且富含营养。

品质标准

色泽淡红，有蕨麻和酥油特有的芳香。味甜有黏性，蕨麻口感香甜绵软。

四十七、粉汤饺子

粉汤饺子是宁夏回族群众传统的风味食品，因在制好的粉汤中下入成熟的饺子而得名。此品目前在宁夏、甘肃的以兰州和临夏为中心的回族聚居地区及青海的回族居住区比较流行。最具代表的当属宁夏银川的粉汤饺子。

从粉汤的渊源上看，它是一种典型的清真饮食文化与汉族饮食文化交流融合的产物。清真饮食素以牛羊肉为主，特别是羊肉，是西北地区回、维、东乡、撒拉等信仰伊斯兰教民族的最主要肉食。粉汤饺子是汉餐中的凉粉巧妙地加入到羊肉汤中产生的一个新品种。

粉汤饺子中的凉粉，最早是汉族民间夏季传统风味食品，流行于河北、河南等地。北宋的汴梁（今开封）已有"细索凉粉"。《东京梦华录》中记载，将水烧至 90℃，放入白矾，倒入泡好搅匀的绿豆粉做的淀粉，煮制糊，放凉即成水晶糕状。切成豆腐块大小，放入凉盆中，卖时用铜片旋成薄片放碗中，撒上麻酱、醋、酱油、芥末或蒜末汁和胡萝卜丝，食之清凉爽口。这段话详细记录了凉粉的制作工艺和食用方法，与今之凉粉几乎完全相同。

粉汤就是将凉粉切成菱形块，投入煮好的羊肉汤中再回锅一遍，加入多种调料做成的。而粉汤饺子，则是在制好的粉汤中加入煮熟的小饺子，然后再调味、撒上香菜末、蒜苗末等辅料即可。

美食原料

（10 个中碗计）生熟羊肉各 300 克，羊肉汤 5000 克，绿豆淀粉 50 克，面粉 800 克，鲜小茴香 200 克，大葱、香菜各 50 克，姜、蒜各 30 克，花椒粉 5 克，酱油 10 克，陈醋、精盐各 50 克，水发木耳、水发黄花各 100 克，白矾 1 克，菜油 30 克。

制作方法

1. 制饺子。将生羊肉剁成末，小茴香洗净后切成细粒。羊肉末放入盆中，加入盐、酱油、姜末拌匀，再加入茴香粒，调制成羊肉茴香馅。取面粉入盆，加入淡盐水，再按43%的比例加入水。面团调好后，饧约20分钟，再揉两遍，按每50克湿剂量下8个小面剂，逐个擀皮，包上羊肉茴香馅，摆好待用。

2. 制粉块。锅内加入开水约1 000克，加入明矾和5克盐，豆粉用凉水化开成豆粉液。将其搅匀后徐徐倒入煮开的锅中，用擀面杖不停地搅动，待粉液黏稠熟透后，舀出置于小盆内，自然冷却8小时左右，即成粉块。用刀蘸上凉水，将大粉块改刀成1.5厘米见方的方块或相应大小的菱形块。

3. 辅料处理。将熟羊肉切成0.15厘米厚的片，木耳洗净后撕成小片，黄花菜洗净后切成2厘米长段。葱切成粒或末，姜剁成末，蒜切片，香菜切末。

4. 调粉汤。将羊肉汤放入锅内烧开、先下木耳与葱花略煮，再下熟羊肉片和粉块，加入盐、花椒粉、葱粒、姜末、蒜片、陈醋，调正味后，将煮熟的羊肉茴香饺子捞入粉汤内，撒上香菜即成扮汤饺子。

技术诀窍

1. 制粉块。绿豆的淀粉干物质含量达85%以上，当将调成的豆淀粉液加入开水中时，淀粉颗粒在大量热水中能迅速糊化形成溶胶，在水中微开并拌随着搅动的情况下，形成的溶胶更进一步充分溶融，经过冷却后，则溶胶形成带有弹性的黏块，筋韧性强不易断裂。另外，这种粉块蓄热能力强，热不易散发出来，所以粉块在汤中加热后食用时有烫嘴感。

2. 包制饺子。粉汤饺子所用的饺子较一般的要小，50克粉和得的面可下8～10个小剂。擀制时饺皮大小一致，中间略厚，要注意包制的手法与技巧，要求折纹、大小、重量尽量一致。饺子煮制时，八成熟即可，因其加入扮汤后不需再煮。

3. 每碗粉汤饺子应有饺子15～18个。

品质标准

1. 粉块黏糯热烫，筋道感强，粉汤内辅料丰富，羊肉汤味鲜浓，饺子大小均匀一致，羊肉和茴香味浓郁。食后饱腹感强。

2. 口味咸鲜带酸，辣椒油可根据食客的口味酌情加入。

四十八、腊汁肉夹馍

腊汁肉夹馍是陕西名食，广泛流行于陕西关中及西安等地。与之相似的还有羊

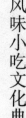

肉夹馍和牛肉夹馍等品种。

历史上，周代有"醢肉"，战国时代称之为"寒肉"，唐朝时称为"腊肉"或"暗肉"。以后各朝世代流传，历经演变，逐成为西安的秦味腊汁肉。如今西安人夸赞的"瘦肉无渣满含油，肥肉吃了不腻口，不用牙咬肉自烂，食后浓香久不散"，就是腊汁肉。

关于腊汁肉的来历还有个说法。早在隋朝末年，长安城东有个姓樊的官人，为人正直，心地善良。有一年，渭河发洪水，两岸受灾，有不少人逃至长安。樊家老爷看到这种情况，便开仓放粮，接济了许多百姓。有一天，樊家老爷拜朝回府，在东门外看见一小伙子伏于因病饿而亡的老母亲旁痛哭，问明缘由后，他不禁心生怜悯，于是命家人安葬了小伙子的老母亲，并赠纹银 20 两，让其自谋生路。后来，小伙子用这些银两开店经营腊汁肉，生意兴隆，发了财。为了报答樊府 10 年前的救命之恩，他借祝樊老爷七十大寿的机会，用花椒木造棺木一口，以猪精肉 500 斤加上调料制成上等腊汁肉放入棺内，密封严实送入樊府。由于樊老爷为人厚道，寿辰那日送礼人很多，对这口棺木也就未在意，在后院一放就是数年。

有一天，樊老爷上朝奏本时冒犯了皇帝，被削职为民。樊府家大业大但开销也大，没出几年，田产和房产几乎变卖一空，只留下后院供家人居住，生活甚为艰难。后来家里无粮，再无变卖之物，犯难之时，老家人禀告柴房有口棺木可变卖度日。于是樊老太太便命人打开查看，原来里面满是腊汁肉，香气扑鼻。当下让家人带上一盆上街叫卖，吃到的人赞不绝口，不到一个时辰就卖光了。这消息很快传遍长安城，登门买肉的人越来越多，再也不用上街叫卖了。眼看腊汁肉将要卖完，后边的生活可就又没着落了，咋办？不如买些肉来，用原汁煮成新的腊汁肉看怎样？一试，结果仍然保持了肉的原味，于是樊家就在自家门口开了个门面，生意非常兴隆。樊家从此便经营起腊汁肉铺来，生意越做越大。

时光流转，沧桑巨变，到了 20 世纪 30 年代，樊凤祥父子在西安南院门卢进士巷口一带摆摊，非常重视腊汁肉的制作技艺和质量。他们煮肉用的汤，据说是从清末一个名叫毕仁义的小贩的作坊里买来的，而毕仁义的陈年老汤则是他曾祖父传下来的。从现代营养学观点看，此说缺乏科学的依据。因此，樊家腊汁肉风味独特，又经过不断的改进与完善，精益求精，"樊记腊汁肉"在西安的名气越传越远。

其中，用于夹吃腊汁肉的白吉馍又称白剂馍，自古有之，至今久盛不衰，虽然属于饼类，却不同于烧饼、胡麻饼，也不同于饦饦馍，而是一种像蜗牛状的两面鼓起的烙饼，在炉中烘烤时上下受热，形成中心空虚状，俗称"两张皮"。

根据夹肉的不同，变化出红烧肉类夹馍、牛肉类夹馍、羊肉类夹馍、肉菜类夹馍、素菜类夹馍等品种。

美食原料

（以 10 个白剂馍夹肉为例）精面粉 500 克，面肥 100 克（或发酵粉 15 克），碱粉 1.5 克（或苏打 1 克），猪肋肉 1 000 克（剔骨带皮），绍酒 20 克，食盐 15 克，冰糖 7 克，生姜、大葱各 20 克，酱油 1 克，八角 8 粒，花椒 10 粒，桂皮、小茴香各 1 克，丁香 3 粒，草果、玉果各 1 个，砂仁 5 粒，良姜 2 克，荜拨 2 个，腊汁原汤 1 000 克。

制作方法

1. 先将猪肋肉改刀成 3.5 厘米厚的长条片，用清水浸泡一下，刮洗干净，沥干水分。

2. 将腊汁原汤倒入锅内，加入 1 000～1 500 克清水，烧开撇去浮沫，将洗净的肉条放入锅内，加入绍酒、酱油、食盐、姜、葱、八角、花椒、桂皮、丁香、草果、小茴香、玉果、砂仁、良姜、荜拨等调料，再在肉片上压一小铁算，以便使肉充分浸入汤中。

3. 用大火烧开后，转入小火炖煮，煮约 2 小时，肉酥烂时捞出放于盘中。

4. 制馍饼时，先留出 50 克干粉，将 450 克面粉按 50% 的含水量加酵面或发酵粉，调制成面团，置 30℃ 下饧发两小时，兑入碱或苏打，加入剩余干粉，将面团揉匀揉透后再饧约 10 分钟。

5. 将面团分成 10 个面剂，每个面剂重约 75 克，将每个面剂单独擀成 8 厘米长、中间粗、两头细的长条，然后压扁长条，擀成中间宽、两头窄的舌形，反复两次，用手掌回卷起来，卷成中间粗两头尖的卷子，用手捏住上下两头，呈互逆方向旋转两圈，一面置于案板上，用另一只手压平，再用擀面杖擀成直径为 10 厘米的圆饼，再用两手将饼边轻轻拢一下，使边卷呈窝窝形，然后用手在饼中心轻轻按一小窝。

6. 将白吉馍生坯置于烧热的三扇鏊上面，待底面呈淡黄色时，翻转再烙另一面，待边呈黄色时，再放入鏊内烘烤约 3 分钟，至两面鼓起时即熟。

技术诀窍

1. 煮卤肉时，需根据大肉的质地特点掌握煮制时间，一般以肉不脱皮、皮肉酥烂为基准，时间可长可短。

2. 在卤制过程中，猪肉皮含有大量的结缔组织，这些结缔组织主要是由胶原蛋白组成。这些蛋白质在高温水的作用下，一部分溶解到卤液中，一部分的体积发生膨胀，这样猪皮在高温煮制后则易膨润软化，入口易酥烂。

3. 腊汁肉快形标准为边长3.3厘米、厚0.66厘米的方形厚片。

品质标准

1. 白吉馍皮薄质脆，内心松软淡香，外表花纹呈铁环状，均匀一致，如同虎背铁圈和菊花心。

2. 腊汁肉肉色润泽枣红，酱香浓郁，质软烂而不腻，入口即化。

四十九、油搅团

油搅团是撒拉族、保安族、东乡族和青海的回族及部分汉族群众一种日常食用点心。在陕西、甘肃的一些地方又称稠饭、粥饭、漏饭和鱼鱼。据考证，搅团是由商周时代的"酏、饐"演变发展而来。据《礼记·内则》记载："饐酏、酒、醴……所欲。"郑玄注："酏，粥也"。《礼记·正义》曰："酏即为粥，粥是薄者，则饐为厚者。"可见粥有稠粥和稀粥两种，在当时是人们的常用食品。在陕西关中，大年三十吃搅团有糊窟窿的意思，要把下一年的日子过得圆满严实，过得没有漏洞和缝隙。从陕西民谚"玉米麦面打搅团，一次能吃两老碗（大碗之意），细米白面吃腻了，换个花样真稀罕"，可见搅团在这一地区是一种调剂花样的食品。

撒拉族是一个信仰伊斯兰教的少数民族，主要居住在青海省循化撒拉族自治县及化隆县和甘肃的积石山保安族东乡族撒拉族自治县的一些乡村。从族源上讲，早在元代，经新疆迁入循化一带的中亚撒马尔罕人与周围的藏、回、汉、蒙古等族长期相处，共同生活，形成了现在的撒拉族。因其饮食特点有这些民族的特点，搅团、油香、馓子、油果子、锟馍、油饼等便是典型代表。

油搅团按撒拉族语叫"毕里玛合"，常见有两种，一种是在制好的搅团内加入油，撒白糖抓食；另一种是单碗制作的油搅团。其中以第一种最为常见，传统上油搅团在三种场合食用：一是本村姑娘出嫁到外村，途经临村时，以前嫁到该村的本村妇女在必经的路口上端着油搅团给婚嫁队伍在此小憩时品尝，并喝两口清茶，然后继续赶路；二是同族青壮年男子在农闲时，各人凑钱或凑料，集中到一家聚餐，同时宰羊吃肉；三是娘家人听到女儿分娩的消息后制作油搅团送到女儿的婆家，让女儿和婆家人享用，其中碗装油搅团专给孕妇或产妇食用，婆家人每日清晨也要做一碗油搅团给孕妇或产妇吃。

美食原料

（以 10 中碗臊子油搅团计量）豆面（豌豆）1500 克，羊肉丁 300 克，青萝卜 300 克，土豆 250 克，豆腐、粉条各 100 克，酸菜 500 克，蒜泥 80 克，盐 60 克，油辣子、植物油各 100 克，陈醋 200 克，葱 100 克，姜 50 克。

制作方法

1. 锅内加入凉水约 6000 克，烧开后，将豆面用手徐徐撒入，边撒边用擀面杖搅动，直至豆面撒完，再用火烧制，焖一会再用擀面杖搅一会，约 40 分钟后搅团呈黏稠状时即成熟，分别舀入碗中，舀入量约占碗的一半，以便有空间盛臊子汤。

2. 炒臊子时，先将羊肉丁焖炒，再将酸菜加入略炒一下，倒入豆腐、萝卜、土豆、粉条和葱、姜、盐、醋等料进行炒制。

3. 用手勺背面将碗内的搅团，压上一个小凹坑，用以盛臊子汤，最后淋入一些油辣子。

技术诀窍

1. 制搅团。在豌豆面中含有大量的淀粉和蛋白质，加入沸水后淀粉迅速糊化膨润，形成流体状胶体，蛋白质也在瞬间变性。随着边加热边搅拌，豆粉液形成的胶体部分水分逐步被蒸发掉，胶黏性相应增强，搅团变得更有筋韧性。

2. 舀入碗中的搅团在加臊子汤前。一般需先静置 3～5 分钟，使温度稍降，以使团块更致密一些，然后再舀入臊子汤，用筷子分割成小块食用。

3. 每个中碗的搅团量以 450～500 克为宜，臊子汤为 200～300 克。

品质标准

搅团吃起来滑润爽口而绵软，入口即化，味酸香带辣，酸菜味的青脆爽口之性突出。

五十、关中饸饹

关中饸饹又叫荞面饸饹、苦荞饸饹或黑饸饹。关于"饸饹"一词，历史上有多种写法，如"合曼"、"河漏"、"和饸"、"饸酪"等，目前多称为"饸饹"。饸饹是用荞面压制的一种细长的圆柱形面食，冬天可热吃，炎夏可凉食。

在陕西各地城乡，经营各地的店铺和小摊点多得难计其数，比较著名的有西安教场门的孟家饸饹、三原县北街钟楼桥上的李家饸饹及蓝田县、长武县和韩城市的饸饹等。"荞面饸饹亮又黑，筋道爽口待客美"，这是民间对饸饹的赞美。

饸饹是中国北方，尤其是西北地区的汉、回等民族的传统风味食品。据可考文字的记载，其至少有 4000 年以上的历史。《齐民要术·饼法》中称其为"搦饼"，同时记载其制法。元代王祯在《农书·荞麦》中记载："北方山后，诸郡多种，收获取籽磨而为面，或作汤饼，谓之河漏"。

荞麦属杂粮的一种，颗粒硬、黏性差，用常规加工面条的方法难以达到成形的要求，因此，先民们很早以前就创制成专用工具"饸饹床"。《齐民要术·饼法》记载使用该器制作饸饹的方法是，饸饹床前有个凹形木槽，中有多孔铁片，将调好的面团搓成圆条放置其中，再用压杆挤压，面条就从多孔中挤压出，投入沸水锅煮熟后，即成细长光滑的饸饹。目前，随着科技的发展，先进的电动饸饹机械正在取代传统的饸饹床，工作效果也大大提高了。

西安教场门的孟家饸饹，至今已有一百多年的历史了。最初由渭南市一位孟姓老人在蔺家店开张经营，名气很大。孟家后人孟兆武从小跟其父学艺，岁数不大就成了远近闻名的"把式"。1932 年，年仅 20 岁的孟兆武到西安开了"渭北饸饹"馆，后又搬到教场门开业。由于他选用关中北山产的新鲜荞面，制作工艺独到，现磨面现做，压出的饸饹筋道细长而不断，调味料齐全考究，风味与众不同，还被誉为"教门饸饹"而流传至今。

当年周恩来总理在西安八路军办事处工作期间，曾多次品尝过教门饸饹。近些年来，饸饹已成为大宾馆、饭店招待中外旅客常备的自助餐食。

美食原料

（以 10 份计，每份 150 克料）荞麦面 1 500 克，青石水 600 克，菜籽油 100 克，米醋 150 克，食盐 20 克，芥末糊 60 克，芝麻酱 50 克，香油 30 克，蒜汁、油泼辣子各 100 克。

制作方法

1. 按 45% 比例将青石水加入荞麦面之中，将荞麦面调成团，约饧 15 分钟，再将面团揉一遍。

2. 将饸饹床架在开水锅上，把饧好的荞面团搓成条状，塞入饸饹床的圆形槽口中，将床口的压杆慢慢下压，把饸饹条慢慢压出落入开水锅中，同时保持锅中的水微沸。压完后煮 3～4 分钟即成熟，将饸饹条捞出浸入凉水中浸透，再捞出控干水分，置案板上，用熟菜籽油抹匀静置。

3. 将抹好的饸饹分装成 10 碗，逐碗加入盐、醋、芥末糊、芝麻酱、蒜汁、香油、油泼辣子等味料即可食用。

技术诀窍

1. 荞麦面中含有 65% 左右的淀粉和 7%～13% 蛋白质，以及 2% 的脂肪，面团经过高压形成的饸饹条在高温水的作用下，淀粉溶胀糊化，形成较质密的胶体，蛋白质在则青石水的碱性溶液及水的温度作用下，变成凝胶，经冷水浸泡后，凝胶与溶胶在低温条件下进一步固化，形成质地较硬且糯的面质口感。

2. 用淡石灰水代替清石水，其效果相同。

品质标准

1. 成品截面直径为 0.12 厘米，色泽深褐，筋韧感强，无断案现象。

2. 口感绵软且有弹韧性，气味清香，酸、辣、香相合提升，滋味鲜美。

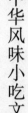

第十一章　中华茶文化典故

第一节　茶的分类与鉴赏

一、茶的分类

茶种类繁多，品质很不一致。对茶叶进行分类有利于研究和比较茶叶的异同，鉴别和检索各种茶类，识别其品质和制法等。

茶可分为基本茶和再加工茶，基本茶包括绿茶、红茶、乌龙茶、白茶、黄茶、黑茶，再加工茶包括花茶、紧压茶、萃取茶、香味果味茶、药用保健茶和含茶饮料等。分别简介如下。

（一）基本茶

1. 绿茶

绿茶是将采摘来的鲜叶先经高温杀青，杀灭了各种氧化酶，保持了茶叶绿色，然后经揉捻、干燥制成。清汤绿叶是绿茶品质的共同特点。绿茶按杀青和干燥方式不同又可分为以下几种。

（1）蒸青绿茶　用蒸汽杀青而成的绿茶称之为蒸青绿茶。其品质特点是"三绿"，即干茶色泽翠绿、汤色碧绿、叶底鲜绿、香清味醇。

（2）炒青绿茶　炒青绿茶因干燥方式采用炒干而得名。按外形可分为长炒青、圆炒青和扁炒青三类。长炒青形似眉毛，又称为眉茶。圆炒青外形如颗粒，又称为珠茶。扁炒青又称为扁形茶。长炒青的品质特点是条索紧结，色泽绿润，香高持久，滋味浓郁，汤色、叶底黄亮。圆炒青有外形圆紧如珠、香高味浓、耐泡等品质特点。扁炒青成品扁平光滑、香鲜味醇，如西湖龙井。

（3）烘青绿茶 烘青绿茶大部分用于窨制各种花茶，称之为茶坯。特点是外形完整稍弯曲、锋苗显露、干色墨绿、香清味醇、汤色和叶底黄绿明亮。

（4）晒青绿茶 晒青绿茶是制紧压茶的原料。如砖茶、沱茶等。

2. 红茶

红茶属发酵茶类，基本工艺过程包括萎凋、揉捻、发酵、干燥。我国红茶种类较多，产地较广，有我国特有的工夫红茶和小种红茶，也有与印度、斯里兰卡相类似的红碎茶。

（1）祁门功夫茶 祁门功夫茶以外形苗秀、色有"宝光"和香气浓郁而著称，在国内外享有盛誉。是我国传统功夫红茶的珍品，有百余年的生产历史。主产安徽省祁门县，与其毗邻的石台、东至、黟县及贵池等县也有少量生产。常年产量5万担左右。

祁门功夫茶条索紧秀，锋苗好，色泽乌黑泛灰光（俗称"宝光"），内质香气浓郁，似蜜糖香，又蕴藏有兰花香，汤色红艳，滋味醇厚，回味隽永，叶底嫩软红亮。祁门红茶品质超群，被誉为"群芳最"。这与祁门地区的自然生态环境条件优越是分不开的：祁门茶园土地肥沃，腐殖质含量较高，早晚温差大，常有云雾缭绕，且日照时间较短，构成了茶树生长的天然佳境。

（2）滇红功夫茶 滇红功夫茶属大叶种类型的功夫茶，主产云南的临沧、保山等地，是我国功夫红茶的后起之秀，以外形肥硕紧实、金毫显露和香高味浓的品质独树一帜。滇红功夫茶外形条索紧结，肥硕雄壮，干茶色泽乌润，金毫特显，内质汤色艳亮，香气鲜郁高长，滋味浓厚鲜爽，富有刺激性，叶底红匀嫩亮，在国内独具一格，系举世欢迎的功夫红茶。

滇红功夫茶因采制时期不同，其品质具有季节性变化，一般春茶比夏、秋茶好。春茶条索肥硕，身骨重实，净度好，叶底嫩匀。夏茶正值雨季，芽叶生长快，节间长，虽芽毫显露，但净度较低，叶底稍显硬、杂。秋茶正处干凉季节，茶树生长代谢作用转弱，成茶身骨轻，净度低，嫩度不及春、夏茶。滇红功夫茶茸毫显露为其品质特点之一。其毫色可分淡黄、菊黄、金黄等类。风庆、云县、昌宁等地功夫茶，毫色多呈菊黄，勐海、双扛、临沧、普文等地功夫茶，毫色多呈金黄。同一茶园春季采制的一般毫色较浅，多呈淡黄，夏茶毫色多呈菊黄，唯秋茶多呈金黄色。

（3）闽红功夫茶 闽红功夫茶系政和功夫茶、坦洋功夫茶和白琳功夫茶的统称，均系福建特产。三种功夫茶产地不同、品种不同、品质风格不同，但各自拥有自己的消费爱好者，盛兴百年而不衰。

①政和功夫茶 政和功夫茶按品种分为大茶、小茶两种。大茶系采用政和大白茶制成，是闽红三大功夫茶的上品，外形条索紧结，肥壮多毫，色泽乌润，内质汤色红浓，香气高而鲜甜，滋味浓厚，叶底肥壮尚红。小茶系用小叶种制成，条索细紧，香似祁红，但欠持久，汤稍浅，味醇和，叶底红匀。政和功夫茶是以大茶为主体，扬其毫多味浓之优点，又适当拼以高香之小茶，因此高级政和功夫茶是体态特别匀称，毫心显露，香味俱佳。

②坦洋功夫茶 坦洋功夫茶分布较广，主产于福安、拓荣、寿宁、周宁、霞浦及屏南北部等地。坦洋功夫茶外形细长匀整，带白毫，色泽乌黑有光，内质香味清鲜甜和，汤鲜艳呈金黄色，叶底红匀光滑。其中坦洋、寿宁、周宁山区所产功夫茶，香味醇厚，条索较为肥壮，东南临海的霞浦一带所产功夫茶色泽鲜亮，条形秀丽。

③白琳功夫茶 白琳功夫茶产于福鼎县大姥山白琳、湖琳一带，茶树根深叶茂，芽毫雪白晶莹。白琳功夫茶系小叶种红茶，条索细长弯曲，茸毫多呈颗粒绒状，色泽黄黑，内质汤色浅亮，香气鲜醇有毫香，味清鲜甜和，叶底鲜红带黄。

3. 乌龙茶

乌龙茶又名青茶，属半发酵茶类。基本工艺过程包括晒青、晾青、摇青、杀青、揉捻、干燥。乌龙茶既具有绿茶的清香和花香，又具有红茶醇厚的滋味。乌龙茶种类因茶树品种的特异性而形成各自独特的风味，产地不同，品质差异也十分显著。

（1）武夷岩茶 武夷岩茶之所以深受人们赏识，在于它的品质优异。优良品质的产生，原因有三个：一是有得天独厚的生态环境；二是有丰富的适制乌龙茶的品种资源；三是归功于独特精湛的制作工艺。武夷岩茶的香气馥郁，胜似兰花而深沉持久，"锐则浓长，清则幽远"。滋味浓醇清活，生津回甘，虽浓饮而不见苦涩。茶条壮结、匀整，色泽青褐润亮呈"宝光"。叶面呈蛙皮状沙粒白点，俗称"蛤蟆背"。泡汤后叶底"绿叶镶红边"，呈三分红七分绿。

（2）闽北水仙茶 闽北水仙茶，是闽北乌龙茶中两个花色品种之一，品质别具一格，"水仙茶质美而味厚"（《建瓯县志》1929 年），"果奇香为诸茶冠"。水仙品种适制乌龙茶。但因水仙产地不同，命名也有不同。闽北产区用福建水仙种，按闽北乌龙茶采制技术制成的条形乌龙茶，称闽北水仙。武夷山所种的水仙种，其成茶称水仙或武夷水仙。闽南永春产地以福建水仙种，按闽南乌龙茶采制而成的称闽南

水仙。广东饶平、潮安用原产于潮安凤凰山的凤凰水仙种，制成的条形乌龙茶称凤凰水仙。凤凰水仙种是有性群体品种之一，选用优良单株栽培、采制者，又称凤凰单丛。其制作工序是：萎凋（晒青或室内萎凋）、摇青、杀青、揉捻、初烘（俗称走水焙）、包揉、足火。成茶条索紧结沉重，叶端扭曲，色泽油润暗沙绿，呈"蜻蜓头，青蛙腿"状，香气浓郁，具兰花清香，滋味醇厚回甘，汤色清澈橙黄，叶底厚软黄亮，叶缘朱砂红边或红点，即"三红七青"。

（3）铁观音　铁观音原产于福建省泉州市安溪县，发明于1725～1735年，铁观音原是茶树品种名，由于它适制乌龙茶，其乌龙茶成品遂亦名为铁观音。所谓铁观音茶即以铁观音品种茶树制成的乌龙茶。而在台湾，铁观音茶则是指一种以铁观音茶特定制法制成的乌龙茶，所以台湾铁观音茶的原料，可以是铁观音品种茶树的芽叶，也可以不是铁观音品种茶树的芽叶。这与福建铁观音茶的概念有所不同。安溪铁观音的制造工艺，要经过：凉青、晒青、凉青、做青（摇青摊置）、炒青、揉捻、初焙、复焙、复包揉、文火慢烤、拣簸等工序才制成成品。

（4）台湾乌龙　台湾乌龙是乌龙茶类中发酵程度最重的一种，也是最近似红茶的一种。其儿茶素氧化程度达50%～60%。乌龙茶类鲜叶原料采摘标准一般均为新梢顶芽形成驻芽时采摘二三叶，唯有台湾乌龙是带嫩芽采摘一芽二叶。优质台湾乌龙茶芽肥壮，白毫显，茶条较短，含红、黄、白三色，鲜艳绚丽。汤色呈琥珀般的橙红色，叶底淡褐有红边，叶基部呈淡绿色，叶片完整，芽叶连枝。

台湾乌龙在国际市场上被誉为香槟乌龙或"东方美人"（以赞其殊香美色），在茶汤中加上一滴白兰地酒，风味更佳。

4. 白茶

白茶属轻微发酵茶类，基本工艺过程是采摘、堆放、烘干、保存。白茶的品质特点是干茶外表满披白色茸毛，色白隐绿，汤色浅淡，味甘醇。

（1）银针白毫　银针白毫简称银针，又称白毫，近年多称白毫银针，属白茶类。它与宋代《大观茶论》中记述的白茶，以银线水芽为原料制成的"龙团胜雪"饼茶和现代的凌云白毫、君山银针等茶不同，后者的原料先经蒸、炒杀青，属绿茶或黄茶类。

（2）白牡丹　白牡丹属白茶类，它以绿叶夹银色白毫，芽形似花朵，冲泡之后绿叶托着嫩芽，宛若蓓蕾初开，故名白牡丹。

5. 黄茶

黄茶属轻发酵茶类，基本工艺近似绿茶，但在制茶过程中加以闷黄，因此具有黄汤黄叶的特点。黄茶制造历史悠久，有不少名茶都属此类。君山银针产地湖南，属芽茶（因茶树品种优良，树壮枝稀，芽头肥壮重实，每斤银针茶约2.5万个芽头）。君山银针风格独特，岁产不多，质量超群，为我国名优茶之佼佼者。其芽头肥壮，紧实挺直，芽身金黄，满披银毫，汤色橙黄明净，香气清纯，滋味甜爽，叶底嫩黄匀亮。根据芽头肥壮程度，君山银针产品分特号、一号、二号三个档次。蒙顶黄芽产地四川，其品质特点是外形扁直，色泽微黄，芽毫毕露，甜香浓郁，汤色黄亮，滋味鲜醇回甘，叶底全芽，嫩黄匀齐，为蒙山茶中的极品。

6. 黑茶

黑茶属全发酵茶。最早的黑茶是由四川生产的，当时四川的茶叶要运输到西北地区，由于交通不便，运输困难，必须减少体积，故将其蒸压成团块。在加工成团块的工程中，要经过二十多天的湿坯堆积，所以毛茶的色泽逐渐由绿变黑。成品团块茶叶的色泽为黑褐色，并形成了茶品的独特风味，这就是黑茶的最初由来。黑茶的采摘标准多为一芽五至六叶，叶粗梗长，制茶工艺一般包括高温杀青、揉捻、堆积做色、干燥四道工序。由于黑茶一般原料较粗老，加之制造过程中往往堆积发酵时间较长（通常情况下，春季12～18小时，夏秋季8～12小时），因而叶色油黑或黑褐，故称黑茶。其汤色澄黄，香味醇厚。黑茶主要供边疆少数民族饮用，所以又称边销茶。黑茶按地域分布，主要分类为湖南黑茶、四川黑茶、云南黑茶（即普洱茶，普洱茶在2006年出台的云南省地方行业标准里把其定义为一种特种茶）及湖北黑茶。黑茶是很多紧压茶的原料，如茯砖茶、黑砖茶、花砖茶、湘尖茶、青砖茶、康砖茶、金尖茶、方包茶、六堡茶、圆茶、紧茶等。

（二）其它茶

1. 花茶

又名窨花茶、香片茶等。因茶使用花的种类不同，可分为茉莉花茶、珠兰花茶、玉兰花茶、玫瑰花茶等。目前市场上都以茉莉花为主窨制。

共同的特点是：外形条索紧细匀整，色泽黑褐油润，香气鲜灵持久，滋味醇厚鲜爽，汤色黄绿明亮，叶底嫩匀柔软。

花茶窨制（熏制）是将鲜花与茶叶拌和，在静止状态下茶叶缓慢吸收花香，然后除去花朵，将茶叶烘干而成为花茶。花茶加工是利用鲜花吐香和茶叶吸香两个特性，一吐一吸，茶味花香水乳交融，这是窨制工艺的基本原理。

（1）茉莉花　茶茉莉花茶是花茶的大宗产品，产区辽阔，产量最大，品种丰富，销路最广。

茉莉花茶既是香味芬芳的饮料，又是高雅的艺术品。茉莉鲜花洁白高贵，香气清幽，近暑吐蕾，入夜放香，花开香尽。茶能饱吸花香，以增茶味。只要泡上一杯茉莉花茶，便可领略茉莉的芬芳。茉莉花茶是用经加工干燥的茶叶，与含苞待放的茉莉鲜花混合窨制而成的再加工茶，其色、香、味、形与茶坯的种类、质量及鲜花的品质有密切关系。大宗茉莉花茶以烘青绿茶为主要原料，统称茉莉烘青。

（2）玫瑰花　茶世界上的花卉大多有色无香，或有香无色。唯有玫瑰、月季、红梅等，既美丽又芳香，除富有观赏的价值外，还是窨茶和提取芳香油的好原料。

玫瑰花中富含香茅醇、橙花醇、香叶醇、苯乙醇及芐醇等多种挥发性香气成分，故具有甜美的香气，是食品、化妆品香气的主要添加剂，也是红茶窨花的主要原料。我国广东、上海、福建人嗜饮玫瑰红茶，著名的有广东玫瑰红茶、杭州九曲红玫瑰茶等。

（3）玳玳花茶　玳玳花茶是我国花茶家族中的一枝新秀，由于其香高味醇的品质和玳玳花开胃通气的药理作用，因而深受国内消费者的欢迎，被誉为"花茶小姐"。畅销我国华北、东北、江浙一带。

2. 虫茶

虫茶是一种特殊的林业资源昆虫产品，是由化香夜蛾、米黑虫等昆虫取食化香树、苦茶等植物叶后所排出的粪粒。虫茶约米粒大小，黑褐色，开水冲泡后为青褐色，几乎全部溶解，像速溶咖啡一样，饮用十分方便。人们食用这种虫茶的方法与饮茶相近，故而将其称作"茶"。虫茶的性质和功效是由产茶昆虫种类及相应的寄生植物决定的，目前虫茶主要分为"三叶虫茶"和"化香虫茶"两种。

早在我国明代，名医李时珍的《本草纲目》就有虫蛀茶的记述："此装茶笼内蛀虫液，取其屎用，蛀屑（主治）聍耳出汁……"清代（1906年）湖南省的《城步县乡土志》卷五载："茶有八峒茶……亦有茶虽粗恶，置之旧笼一、二年或数年，茶悉化为虫，故名之虫茶，茶收贮经久，大能消痰顺气"。说明虫茶在我国饮用已有悠久历史。

虫茶的制作过程特殊。苗族人先利用谷雨前后采集的当地野生苦茶叶，或是化香树、糯米藤、黄连木、野山楂、钩藤等野生植物的鲜嫩叶，稍加蒸煮去除涩味后，将其晒至八成干，再堆放在木桶里，隔层均匀地浇上淘米水，再加盖并保持湿润。叶子逐渐自然发酵、腐熟，散发出扑鼻的清香气息。生产虫茶的昆虫在香味的引诱下蜂拥而来，并产卵。以化香夜蛾为例，约过十多天后，一条条暗灰色的夜蛾幼虫便破卵而出，布满了叶面，一边蚕食着腐熟清香的叶子，一边排泄着"金粒儿"。这些小毛毛虫食量惊人，不需多长时间就会把木桶里的腐叶吃光。这时，主人便收集其粪粒，剔除残梗败叶，晒干过筛，就得到粒细圆、油光亮、色金黄的"化香蛾金茶"，即制得虫茶。更为讲究的是，经阳光暴晒后，还要在铁锅里经180℃高温炒上20分钟，再加上蜂蜜、茶叶，才成为优质的虫茶。

据记载，虫茶具有清热、祛暑、解毒、健胃、助消化等功效，对腹泻、鼻衄、牙龈出血和痔出血均有较好疗效，是热带和亚热带地区的一种重要的清凉饮料。经常饮用虫茶，能止渴提神、降压利尿、健脾养胃、帮助消化、顺气化痰、解毒消肿等。据科学分析，它除了具有一般茶叶所含的鞣质和各种维生素外，还含有昆虫激素和止血物质，久服对预防高血压、心脏病有一定作用。

3. 非茶之茶

人们习惯把当茶饮用的都称为"茶"。而非茶之茶不一定非含有茶的成分，应该是"茶"概念的一种引申。市场上非茶之茶甚多，均不属于茶叶的范畴，但它却以保健茶或药用茶的形态出现。例如罗布麻茶、人参茶、杜仲茶……这些"茶"与真正的茶树是完全不同的植物种属。它们虽不是茶，但又不能称为假茶，其真正的含义是把植物叶或茎叶加工成干样后当茶泡饮。因此，非茶制品在广义上便成了茶家族中的"成员"。它们可分为两大类：一类是具有保健作用的，故称为"保健茶"，也叫"药茶"，是以某些植物茎叶或花作主体，再与少量的茶叶或其它食物作调料配制而成，例如绞股蓝茶；另一类是当零食消闲用的"点心茶"，例如青豆茶、锅巴茶等。

二、茶叶的审评、选购和贮存

制作茶叶时，茶叶的品质是很重要的。茶叶品质是指茶叶的色、香、味、形。形成茶叶品质主要是茶叶鲜叶中所含有的成分以及鲜叶在加工过程中一些物质经过化学变化而产生了一些新的物质，如水分、茶多酚、氨基酸和蛋白质、咖啡碱、芳香类物质、色素、碳水化合物、有机酸、酶类、脂类、维生素、无机盐等成分。由于加工方法不同，茶叶中的各种物质成分产生不同程度分解和组合而形成不同茶类的品质特性。

（一）茶叶的审评

1. 品质审评

以红茶和绿茶为例，茶叶的品质审评主要包括以下五点。

（1）外形　主要以形态和色泽为主，是决定茶叶品质的重要因素。审评外形，即检验茶叶外形松紧、整碎、粗细、轻重、均匀程度及片、梗含量与色泽。

（2）嫩度　茶叶的老嫩与品质有密切关系。凡茶身紧结重实、完整饱满、芽头多、有苗锋的，均表示茶叶嫩、品质好；反之，枯散、碎断轻飘、粗大者为老茶制成，品质次。

（3）净度　即正茶内含有梗、片末以及其它杂质的程度。

（4）匀度　是指茶叶是否整齐一致，长短粗细相差甚少者为佳。

（5）色泽　凡色泽调和、光滑明亮、油润鲜艳的，通常称为原料细嫩或做工精良的产品，品质优，反之，则次。

2. 香气审评

北方通称"茶香"。茶叶经开水冲泡5分钟后，倾出茶汁于审评碗内，嗅其香气是否正常。以花香、果香、蜜糖香等令人喜爱的香气为佳。而烟、馊、霉、老火等气味，往往是由于制造处理不良或包装贮藏不良所致。

3. 滋味审评

北方通常称"茶口"。凡茶汤醇厚、鲜浓者表示水浸出物含量多，而且成分好。茶汤苦涩、粗老表示水浸出物成分不好。茶汤软弱、淡薄表示水浸出物含量不足。

4. 水色审评

也称"汤色"。审评水色主要是区别品质的新鲜程度和鲜叶的老嫩程度。最理想的水色是绿茶要清碧浓鲜，红茶要红艳而明亮。低级或变质的茶叶，则水色浑浊而晦暗。

5. 叶底审评

审评叶底主要是看色泽及老嫩程度。芽尖及组织细密而柔软的叶片愈多，表示茶叶嫩度愈高。叶质粗糙而硬薄则表示茶叶粗老及生长情况不良。色泽明亮而调和且质地一致，表示制茶技术处理良好。

（二）茶叶的选购

茶叶的好坏主要从上述五个审评方面鉴别，但是对于普通饮茶之人，购买茶叶时，一般只能观看干茶的外形和色泽，闻干香，不容易正确判断茶叶的好坏。这里粗略介绍一下鉴别干茶的方法。干茶的外形主要从五个方面来看，即嫩度、条索、色泽、整碎和净度。

1. 嫩度

嫩度决定品质的基本因素，所谓"干看外形，湿看叶底"，就是指嫩度。一般嫩度好的茶叶，容易符合该茶类的外形要求（如龙井之"光、扁、平、直"）。此外，还可以从茶叶有无锋苗去鉴别。锋苗好、白毫显露，表示嫩度好，做工也好。如果原料嫩度差，做工再好，茶条也无锋苗和白毫。但是不能仅从茸毛多少来判别嫩度，因为各种茶的具体要求不一样，如极好的狮峰龙井是体表无茸毛的。再者，茸毛容易假冒，人工做上去的很多。芽叶嫩度以多茸毛做判断依据，只适合于毛峰、毛尖、银针等"茸毛类"茶。这里需要提到的是，最嫩的鲜叶也得一芽一叶初展，片面采摘芽心的做法是不恰当的。因为芽心是生长不完善的部分，内含成分不全面，特别是叶绿素含量很低。所以不应单纯为了追求嫩度而只用芽心制茶。

2. 条索

条索是各类茶具有的一定外形规格，如炒青条形、珠茶圆形、龙井扁形、红碎茶颗粒形等。一般长条形茶，看松紧、弯直、壮瘦、圆扁、轻重；圆形茶，看颗粒的松紧、匀正、轻重、空实；扁形茶，看平整光滑程度和是否符合规格。一般来说，条索紧、身骨重、圆（扁形茶除外）而挺直，说明原料嫩，做工好，品质优；如果外形松、扁（扁形茶除外）、碎，并有烟、焦味，说明原料老，做工差，品质劣。以杭州地区绿茶条索标准为例：一级、二级、三级、四级、五级、六级分别对应细紧有锋苗、紧细尚有锋苗、尚紧实、尚紧、稍松、粗松，可见，以紧、实、有锋苗为上。

3. 色泽茶叶

色泽与原料嫩度、加工技术有密切关系。各种茶均有一定的色泽要求，如红茶乌黑油润、绿茶翠绿、乌龙茶青褐色、黑茶黑油色等。但是无论何种茶类，好茶均要求色泽一致，光泽明亮，油润鲜活。如果色泽不一，深浅不同，暗而无光，说明原料老嫩不一，做工差，品质劣。茶叶的色泽还和茶树的产地以及季节有很大关系。如高山绿茶，色泽绿而略带黄，鲜活明亮；低山茶或平地茶，色泽深绿有光。制茶过程中，由于技术不当，也往往使色泽劣变。

4. 整碎

整碎就是茶叶的外形和断碎程度，以匀整为好，断碎为次。比较标准的茶叶审评是将茶叶放在盘中（一般为木质），使茶叶在旋转力的作用下，依形状大小、轻重、粗细、整碎形成有次序的分层，其中粗壮的在最上层，紧细重实的集中于中层，断碎细小的沉积在最下层。各茶类，都以中层茶多为好。上层一般是粗老叶子多，滋味较淡，水色较浅；下层碎茶多，冲泡后往往滋味过浓，汤色较深。

5. 净度

净度主要看茶叶中是否混有茶片、茶梗、茶末、茶籽和制作过程中混入的竹屑、木片、石灰、泥沙等夹杂物的多少。净度好的茶不含任何夹杂物。

此外，还可以通过茶的干香来鉴别。无论哪种茶都不能有异味。每种茶都有特定的香气，干香和湿香也有不同，需根据具体情况来定，青气、烟焦味和熟闷味均不可取。最易判别茶叶质量的是冲泡之后的口感滋味、香气以及叶片茶汤色泽。所以如果允许，购茶时尽量冲泡后尝试一下。若是特别偏好某种茶，最好查找一些该茶的资料，准确了解其色、香、味、形的特点，每次买到的茶都互相比较一下，这样次数多了，就容易掌握关键之所在了。

（三）茶叶的贮藏

茶叶贮藏的目的是要保持茶叶固有的色、香、味、形。要达到这个目的，就要设法保持充分干燥，尽量减少外界温度、湿度的影响，避免与带有异味的物物接触，还要使茶叶不受挤压和撞击，以保持其原形、本色、真味。家居饮用的茶叶可放在双层盖的铁皮罐中保存，置于干燥的地方，并不使与异味的物品相混杂。如需长期保存茶叶，可采取热水瓶贮藏法，即将茶叶装入热水瓶内，用白蜡封口，并裹以胶布。也可以装入有双层盖的铁罐中，尽量装足，不留空隙。装好后盖好双层盖，盖口缝用胶布封紧。铁皮罐外套上两层塑料袋，封好袋口，放入冰箱的冷冻室。这样可以在较长的时间内保持茶叶的品质。

第二节　中华名茶典故

一、形美味醇的龙井茶

传说，乾隆皇帝下江南，在杭州龙井村狮峰山的胡公庙前欣赏采茶女制茶，并不时抓起茶叶鉴赏。正在赏玩之际，忽然太监来报说太后有病，请皇帝速速回京，乾隆一惊，顺手将手里的茶叶放入口袋，火速赶回京城，原来太后并无大病，只是惦记皇帝久出未归，上火所致，太后见皇儿归来，非常高兴，病已好了大半。忽然闻到乾隆身上阵阵香气，问是何物，乾隆这才想起自己把茶叶带回来了。于是亲自为太后冲泡了一杯茶，只见茶汤清绿，清香扑鼻，太后连喝几口，觉得肝火顿消，病也好了，连说这茶胜似灵丹妙药，这便是传说中的"西湖龙井"

（一）龙井茶的历史典故

杭州西湖地区产茶历史悠久，可追溯到南北朝时期，到了唐代，陆羽在《茶经》中也有天竺、灵隐二寺产茶的记载。宋时西湖周围群山中的寺庙生产的"宝云茶"、"香林茶"、"白云茶"等就已成为贡茶。北宋熙宁十一年（1078 年）上天竺辨才和尚与众僧来到狮子峰下栽种采制茶叶，所产茶叶即为"龙井茶"。

龙井茶因龙井泉而得名。龙井原称龙泓，传说明代正德年间曾从井底挖出一块龙形石头，故改名为龙井。不过，在明朝以前，龙井茶是经压制的团茶，并不是现在的扁体散茶。至于龙井茶究竟何时成为扁形散茶，目前还没有定论，但有专家考证认为大约是明代后期，此时的龙井茶已成为闻名遐迩的茶中极品。

清朝以后，龙井茶得到皇家的厚爱，先是康熙帝在杭州创设"行宫"把龙井茶列为贡茶，后来乾隆帝六下江南，有四次曾到天竺、云栖、龙井等地观察茶叶采制过程，品尝龙井茶，大加赞赏，并将狮峰山下胡公庙（寿圣院原址）前的 18 棵茶树敕封为"御茶"，使得龙井茶身价倍增，扬名天下。

龙井茶

（二）龙井茶的品质特点

龙井茶之所以绵延数年而不衰，是因为其优异的茶叶品质深得人们的喜爱。龙井茶是一种扁形炒青绿茶，外形扁平光滑，大小匀齐，色泽翠绿略黄。如果泡在透明的玻璃杯中，就像初绽的兰花，嫩匀成朵，一旗一枪，交错相映，美不胜收。茶汤的色泽清澈明亮，碧绿如玉，其味清幽淡雅，香气持久，且滋味鲜醇清爽，品饮时令人齿颊流芳，回味无穷。

（三）龙井茶的采制

龙井茶之所以被公推为名茶之魁首，还与其产地的生态环境和精致的采制技术有关。龙井茶产区主要分布在西湖周围的群山之中，这里林木繁茂，云雾缭绕，气候温和，雨量充沛，土壤肥沃，这种得天独厚的生态环境，为龙井茶优良品质的形成提供了很好的先天条件。

龙井茶的采制工艺也十分精细。鲜叶原料一般为清明至谷雨前的一芽一叶初展芽叶，要求所采芽叶匀齐洁净，通常特级龙井茶一千克需七八万个芽叶。采摘时手势要用"提手采"，不能用指甲刻断嫩茎，否则伤口就会变色。采回的鲜叶先进行摊放，以减少水分，便于炒制时做形。炒制分为青锅（杀青、初步做形）和辉锅（进一步做形、干燥）两个工序，其间在制茶叶要摊晾半小时左右，两个工序都在炒锅中进行，不加揉捻，茶的扁平形状是在炒制中将抖、带、甩、捺、拓、扣、抓、压、磨、敲等十大手法结合运用来完成。干燥后的茶最后进行精制分级，即为成品。

（四）龙井茶的冲泡之道

冲泡水温：85℃~95℃沸水（切不可用即开开水，冲泡之前，最好凉汤，即在储水壶置放片刻再冲泡）。

冲泡置茶量：3 克/杯（或因个人口味而定）。

龙井冲泡用水的选择：纯净水或山泉水。冲泡器具选择：陶瓷、玻璃茶具皆可。

具体方法是：先用开水温过杯，然后再投放茶叶，先倒五分之一开水浸润，摇香30秒左右，再用悬壶高冲法注下剩余的开水，35秒之后，即可饮用。

二、清香幽雅的碧螺春

吴县洞庭山是中国著名的古老茶区，唐代以前就已产茶，陆羽《茶经》中就有关于洞庭山产茶的记载。宋代以后，茶叶品质明显提高，所产茶叶已成为上品贡茶，"岁为人贡"。明代至清初，洞庭山茶叶产品较多，品质都较好，可与同时期的"虎丘茶"、"松萝"等媲美。关于碧螺春始于何时，名称由何而来的说法颇多，中国农业出版社 2000 年出版的《中国名茶志》首次确定认定碧螺春之名是由康熙三十八年（1699 年）巡视东山时御赐，这样算来，碧螺春之名至今（2010 年）也有31 岁了。

（一）碧螺春的品质特点

碧螺春出产于江苏吴县太湖洞庭山一带，这里也是中国著名的茶果间作地区，茶树与桃、李、杏、梅、柿、橘、石榴、枇杷等果树相间种植。高大如伞的果树不仅可为茶树蔽覆霜雪，蔽掩烈日，使茶树生长苗壮，茶芽持嫩性强，同时茶树也吸收各种花果的香气，使生产出的碧螺春具有花香果味的独特风格。碧螺春的品质特点是：条索纤细、卷曲成螺、满身披毫、银白隐翠、清香淡雅、鲜醇甘厚、回味绵长，其汤色碧绿清澈，叶底嫩绿明亮，有"一嫩三鲜"之称。当地茶农对碧螺春描述为："铜丝条，螺旋形，浑身毛，花香果味，鲜爽生津。"

（二）碧螺春的采制

碧螺春的采制工艺要求极高。高级碧螺春鲜叶采摘特别细嫩，嫩度高于龙井，一般为一芽一叶初展，500克茶需6.8万~7.4万个芽头。采摘期从春分后到谷雨前。通常是早上采茶，采回的鲜叶要经过精细拣剔，除去其中鱼叶、残片、老叶茎梗及夹杂物等，以保持芽叶匀整一致。拣剔后的鲜叶即进行炒制，炒制工序分杀青、揉捻、搓团（做形、提毫）、干燥四步，都在炒茶锅中完成。其特点是：手不离茶，茶不离锅，炒中带揉，揉炒结合，连续操作，一气呵成，全过程历时35~40分钟。

（三）碧螺春的冲泡方法

碧螺春的沏泡方法比较独特：首先要选择安静优雅，空气清新的环境，而且要尽量选用优质矿泉水。冲泡时要注意先注水后放茶叶，并且要严格确认在放入茶叶时注入杯中的开水已冷却至摄氏70度以下，只有这样才能感受到原生态碧螺春的水果香，约维持30秒后果香逐渐转为茶香，产自不同果园的碧螺春和水温的微小差异都会导致其香味的不同。但是凡是没有水果香的碧螺春就不能算是真正的碧螺春。品尝碧螺春是一件颇有情趣的事，待茶叶舒展开后，杯中就犹如雪片纷飞，令人爱不释手。

（四）碧螺春的鉴别方法

从生物学的角度讲，颜色是植物生长的自然规律，但是颜色越绿并不意味着茶叶品质越好，鉴别碧螺春时，应注意观察其外观色泽：没有加色素的碧螺春色泽比较柔和，加色素的碧螺春看上去颜色发黑、发绿、发青、发暗。还要看茶汤色泽：把碧螺春用开水冲泡后，没有加色素的颜色看上去比较柔亮、鲜艳，加色素的看上去比较黄暗，像陈茶的颜色一样。

如果是着色的碧螺春，它的绒毛多是绿色的，是被染绿了的效果；而真的碧螺春应是满皮白毫，有白色的小绒毛。

三、风味独特的庐山云雾

传说云雾山上有座凤凰坡，满坡都是茶树，有一对凤凰常在茶树上梳洗羽毛，昂头鸣唱。乾隆年间，朝廷每年向苗家索取"贡茶"，而且"贡茶"数量年年增加，苗家百姓实在无法活下去了，就打算毁了茶树，他们用开水浇在茶树上，烫得茶树一片焦黄，然后去禀报官府。县官大发雷霆，要惩办毁茶之人，愤怒的百姓提着刀、棒，从四面围了上来，吓得县官连忙答应禀报皇上，免去贡茶，然后匆匆逃去。而那对凤凰见茶树枯萎伤心极了，一边飞，一边哭，凤凰泪滴在茶树上，没有多久，茶树转青复活，枝叶又显得绿葱葱了，凤凰坡的茶树经过凤凰泪的浇灌，品质更加优异。这就是传说中的庐山云雾。

（一）庐山云雾的历史

庐山产茶历史悠久，早在汉代就有了茶叶生产。据《庐山志》记载，东汉时，庐山已有梵宫寺院300余座，僧侣们常以茶充饥渴。他们除了采摘野生茶叶，还开辟茶园，种植茶树，采制茶叶以自给。自晋至唐，庐山茶叶基本上都是寺院僧侣或其他山居者种植、采制，种制者多出于自身的需要，自产自用。不过在此期间，不少文人墨客常上山游览和隐居，留下了大量赞美庐山的诗文。在这些诗文中，有许多都涉及庐山茶，为庐山云雾的扬名起了很大作用。唐代诗人白居易就曾在庐山香炉峰结草堂居，并辟茶园种茶，在他留下的多首诗中均谈到茶，如《重题》："长松树下小溪头，斑鹿胎中白布裘。药圃茶园为产业，野麋林鹤是郊游。"到了宋代，庐山茶已是远近驰名，并列入贡茶，茶叶生产面积也有所扩大，种茶人数也日渐增多。至明、清时，茶叶生产最盛，茶叶已商品化，成为山民和僧尼们主要的经济来源。

（二）庐山云雾的品质特点

庐山终年云雾缭绕，雨量充沛，气候宜人，土壤肥沃，日照短，昼夜温差大。生长在这种环境里的茶树，具有芽头肥壮、持嫩性强、内含物质丰富、碳氮比小的特色，这是庐山云雾成为名茶珍品的先天条件。

庐山云雾具有条索紧结卷曲，翠绿显毫的特点，它的汤色绿而透明，香气高锐，鲜似兰花，滋味浓厚鲜爽，有"香馨、味厚、色翠、汤清"之称。此外，由于受庐山凉爽多雾的气候及日光直射时间短等条件影响，形成其叶厚，毫多，醇甘耐泡，含单宁，芳香油类和维生素较多等特点，不仅味道浓郁清香，怡神解泻，而且可以帮助消化，杀菌解毒，具有防止肠胃感染，增加抗坏血病等功能。

（三）庐山云雾的采制

庐山云雾茶还有一套精湛的采制技术。由于气候条件，云雾茶比其他茶采摘时间较晚，一般在谷雨之后至立夏之间开园采摘。鲜叶采摘以一芽一叶初展为标准，长度3厘米左右，严格要求不采紫芽叶，病虫叶、破碎叶、单片叶。采回的芽叶先薄摊于洁净的竹篾簸箕内，在阴凉通风处放置4~5小时后始进行炒制。经杀青、抖散、揉捻、炒二青（初干）、理条、搓条、拣剔、提毫、烘干等几道工序，才制成成品。庐山云雾茶的加工制作十分精细，每道工序都有严格要求，如杀青要保持叶色绿翠，揉捻要用手工轻揉，防止细嫩断碎，搓条也用手工，翻炒动作要轻，这样才能保证云雾茶的优异品质。

（四）庐山云雾冲泡方法

云雾茶的冲泡方法也别具一格，沏茶时，最好先倒半杯开水，温度掌握在80℃~90℃之间，不加杯盖，茶叶瞬间舒展如剪，翠似新叶。然后再加二遍水，在清亮黄绿的茶汤中，似有簇簇茶花，茵茵攒动。品饮时，滋味醇厚，清香爽神，沁人心脾，同时要注意及时续水，不要等茶水喝干再续，当杯子中的水剩下四分之一时就应续水，这样才能品尝到真正的茶香。

四、营养最佳的六安瓜片

1905年前后，六安州麻埠地区有一个茶行的评茶师，从收购的上等绿大茶中专拣嫩叶摘下，不要老叶和茶梗，经炒制便作为一种新产品推向市场。这种制茶方法不胫而走，麻埠的茶行也闻风而动，开始雇用当地妇女大规模生产这种优良的茶叶，并起名曰"峰翅"。之后这种制茶工艺又启发了齐头山的一家茶行，他们将采回的鲜叶直接去梗，并分别老嫩炒制，结果事半功倍，制成的茶色、香、形均在"峰翅"之上。于是周围茶农纷纷仿制此法，齐头山附近的茶户，自然捷足先登，这种茶形如葵花子，遂称"瓜子片"，后经人流传就成了"六安瓜片"。

（一）六安瓜片的历史

"六安瓜片"具有深厚的历史底蕴和文化内涵。六安是淮南的著名茶区，早在东汉时就已有茶。唐朝中期六安茶区的茶园就初具规模，所产茶叶开始出名。陆羽《茶经》中就有"庐州六安（茶）"的记载。据《罗田县志》和《文献通考》载：宋太祖乾德三年（965年）官府曾在麻埠、开顺设立茶站，可见当时已颇具规模。在《六安州志》中也提到齐头山上产名茶。明代科学家徐光启在其巨著《农政全书》里称"六安州之片茶，为茶之极品"。明代李东阳、萧显、李士实三位名士在《咏六安茶》中也多次提及，给予"六安瓜片"很高的评价。

六安瓜片在清朝也被列为"贡品"。相传咸丰帝的懿嫔（即慈禧）生下了第八代皇帝同治帝。咸丰帝闻知此事，喜不自胜，便当即谕旨："懿嫔著封为懿妃"，按照宫中规定，慈禧从此便可享受更高一级的生活待遇。于是，在她的饮食规定中就有"每月供给'齐山云雾'瓜片茶叶十四两"的待遇了。

（二）六安瓜片的品质特征

六安瓜片按产地常分为内山瓜片和外山瓜片。内山瓜片产地主要在紧邻齐头山的金寨县齐山、响洪甸、鲜花岭，六安市黄涧河、独山、龙门冲，霍山县诸佛庵等地。因生态环境优越，加上茶树品种优良，内山瓜片品质优异。外形为单片，不带芽和梗，叶缘背卷顺直，形如瓜子，色泽宝绿，大小匀整；香气清香持久，滋味鲜醇，回味甘甜，汤色碧绿，清澈透明，叶底黄绿明亮，在名茶中独具一格，尤其以"齐山名片"质量最佳。外山瓜片主要产在六安市的石板冲、石婆店，狮子岗、骆家庵一带，该地自然条件不如内山区，茶树长势较差，成茶品质相应较低。

（三）六安瓜片的采制

六安瓜片采制与一般绿茶有很大不同，不是采非常细嫩芽叶，而是待新梢已形成"开面"（叶已全展，出现驻芽）时才采，采摘标准以对荚二三叶或一芽三叶为主，采摘季节通常较其他绿茶迟一些，在谷雨之后。采回的鲜叶不直接炒制，要先进行"板片"，即将新梢上的嫩叶（叶缘背卷，未完全展开）、老叶（叶缘完全展开）掰下分别归堆，然后将新梢各部分分别炒制成不同产品。

六安瓜片制作分为炒生锅、炒熟锅、拉毛火、拉小火、拉老火等五道工序。炒生锅即为杀青；炒熟锅主要起整形作用，边炒边拍，使茶叶逐渐成为片状。六安瓜片制作中烘焙较为特别，要烘三次，烘焙温度一次比一次高，每次之间间隔时间较长，达一天以上。通常拉毛火由茶农在熟锅炒完后进行，然后再完成后两次烘干，即拉小火和拉老火，这是对六安瓜片特殊品质形成影响极大的关键工序。烘至足干的茶叶要趁热装入铁桶，并用焊锡封口，以保持成茶品质。

五、"不散不翘"的太平猴魁

安徽省太平县猴坑一带生产一种猴魁茶。传说古时候，有个小毛猴独自外出玩耍没有回来，老猴立即出门寻找，由于寻子心切，劳累过度，老猴病死在太平县的一个山坑里。山坑里住着一个心地善良的采茶老人，他发现这只病死的老猴并将它埋在山岗上，并移来几颗野茶和山花栽在老猴墓旁。正要离开时，忽然听到说话声："老伯，你为我做了好事，我一定感谢您。"第二年春天，老汉又来到山岗采野茶，发现整个山岗都长满了绿油油的茶树。这时老汉才醒悟过来，这些茶树是神猴所赐。为了纪念神猴，老汉就把这片山岗叫做猴岗，把自己住的山坑叫做猴坑，把从猴岗采制的茶叶叫做猴茶。由于猴茶品质超群，堪称魁首，后来就将此茶取名为"太平猴魁"了。

（一）太平猴魁的历史

太平猴魁是尖茶之极品，产于安徽黄山市太平县猴坑一带高山中。这里是中国的古老产茶区之一，清末时这里的茶叶生产和购销十分兴旺。当时南京的江南春茶庄就在太平县收购茶叶，为了获取更多的利润，在所购茶叶中挑选出细嫩芽尖作为新花色茶，运往南京高价出售。此法使家住猴坑的茶农王魁成（外号王老二）很受启发，于是他在凤凰尖的茶园内选摘肥壮细嫩的芽叶，精心制作成尖茶，投放市场，大受欢迎，被人们称作王老二魁尖。由于王老二魁尖品质出类拔萃，为了与其他魁尖相区别，便取其尖茶中"魁首"之意，同时考虑产地在猴坑一带，而猴坑又地属太平县，将其定名为"太平猴魁"。

太平猴魁问世后不久即得到众茶商的青睐。1912年茶商刘敬之收购后装运至南京，颇受好评；1916年又在江苏省举办的商品陈赛会展出，并获一等金牌奖。从此太平猴魁名扬华夏。

（二）太平猴魁的品质特征

太平猴魁的主产地猴坑一带的自然生态环境特别适宜茶树生长，这里种植的茶树以柿大茶树（是茶树的优良品种）为主。这个品种发芽早，叶片较大，叶色深绿，茸毛多，节间短，一芽二叶新梢的二叶尖与芽尖基本保持平齐，为猴魁成茶外形的形成提供了条件。

太平猴魁的外形不同于一般绿名茶条索紧细，而是平扁挺直，自然舒展，两头尖削，呈两叶抱一芽之状，好似"含苞之兰花"，有"猴魁两头尖，不散不翘不弓弯"之称。芽身重实，白毫隐伏，色泽苍绿匀润，叶脉绿中隐红，俗称"红丝线"。入杯冲泡，徐徐展开，芽叶成朵，嫩绿悦目；汤色清绿明澈，香气高爽，滋味醇厚回甘，独具"猴韵"。其耐泡性特别好，有"头泡香高，二泡味浓，冲泡三四次滋味不减，兰香犹存"之誉。

（三）太平猴魁的采制

造就太平猴魁出众品质的因素，除了环境和品种外，还有其自成一体、精湛考究的采制工艺。猴魁采摘期很短，为谷雨至立夏短短的半月时间。采摘要求极为严格，首先要做到"四拣"，即拣山、拣棵、拣枝、拣尖。拣山即选择所采茶山，应是云雾笼罩、避阳向阴的高山；拣棵即选择所采茶树，应是长势旺盛的柿大茶品种茶树；拣枝即在茶树上挑选采摘的枝条，应是生长健壮挺直的嫩梢，拣尖即选择合格芽尖，这是猴魁采制中的重要一环。然后从一芽二叶处折断，作为炒制猴魁的原料，俗称"尖头"；其余部分用作炒制"魁片"。尖头要求芽叶肥壮，大小匀齐，且芽尖与叶尖长度相齐，以保证成茶能形成"二叶抱芽"的外形，拣尖后的尖头即可付制。经杀青、毛烘、足烘、复焙等四道工序，待茶冷却后，加盖焊封。其工艺看似简单，实则复杂，每个细节都要掌握得恰到好处。

六、延年益寿的蒙顶茶

相传，有一鱼仙在蒙山拾到几颗茶籽，正巧碰见一个名叫吴理真的采花青年，两人一见钟情。鱼仙将茶籽送给吴理真，相约在来年茶籽发芽时成亲。鱼仙走后，吴理真就将茶籽种在蒙山顶上。第二年春天二人成亲，鱼仙解下肩上的白色披纱抛向空中，顿时白雾弥漫，笼罩了蒙山顶，滋润着茶苗，茶树越长越旺。但好景不长，鱼仙与凡人婚配的事被河神发现了，河神下令鱼仙立即回宫。天命难违，鱼仙只得忍痛离去，临走前，把那块能变云化雾的白纱留下，让它永远笼罩蒙山，滋润茶树，失去鱼仙的吴理真出家为僧用自己的一生守护着这片茶树。后来皇帝知道此事，因吴理真种茶有功，便追封他为"甘露普慧妙济禅师"。

蒙顶茶是蒙山所产各种品目茶的总称。从古至今，蒙山所产茶的品目较多，有散茶，也有紧压茶，有绿茶，也有黄茶。其中许多茶随着岁月流逝而消失在历史长河中，保留到今天的茶品已为数不多，并且在制法和品质上已有很大改变。较著名且有代表性的茶品主要有蒙顶石花、黄芽、甘露、万春银叶、玉叶长春等。

（一）蒙顶茶的历史

蒙顶茶的历史悠久，《尚书》中就有记载："蔡蒙旅平者，蒙山也，在雅州，凡蜀茶尽出于此。"唐代可以说是蒙顶茶发展的黄金时期，此时的蒙顶茶作为贡茶入京，达官贵人不惜重金争相购买。然而与一般贡茶不同，蒙顶茶不是由民间普通百姓生产，而是由山上寺僧专门种植、制作。宋代是蒙顶茶的极盛时期，此时蒙顶茶的质量有很大提高，制茶技艺进一步完善，创制出万春银叶、玉叶长春等贡品。

（二）蒙顶茶的品质特点

蒙山终年重云积雾，且气候温和，雨量充足，土壤肥沃深厚，所以生长在其间的茶叶甘香鲜醇，氨基酸含量特别高，成茶品质具有紧卷多毫，嫩绿色润，香高而爽，味醇而甘，汤色黄绿明亮，叶底嫩匀鲜亮的特点。其中甘露茶在蒙顶茶品中声誉最高，产量也较多，深受茶人们的喜爱。

此外，明代著名药学家李时珍在《本草纲目》中有写道："真茶性冷，唯雅州蒙顶山出者温而主祛疾。"也记录了蒙顶山茶的保健功效。从现代医学的角度来看，蒙顶茶中含有丰富的茶多酚、氨基酸、可溶糖、维生素等物质，常饮蒙顶山绿茶，对人体健康大有益处。

（三）蒙顶茶的采制风俗

蒙顶茶的采制工艺极为有趣，尤其是古时的采制风俗，更是隆重而神秘。每逢春分茶芽萌发，地方官即选择吉日，一般在"火前"，即清明节之前，焚香淋浴，穿起朝服，鸣锣击鼓，燃放鞭炮，率领僚属并全县寺院和尚，朝拜"仙茶"。礼拜后，"官亲督而摘之"，贡茶采摘由于只限于七株，数量甚微，最初采六百叶，后为三百叶、三百五十叶，最后以农历一年三百六十日定数，每年采三百六十叶，由寺僧中精于茶者炒制。炒茶时寺僧围绕诵经，制成后贮入两银瓶内，再盛以木箱，用黄缣丹印封之。临发启运时，地方官再次卜择吉日，朝服叩阙。所经过的州县都要谨慎护送，至京城供皇帝祭祀之用，此谓"正贡"茶，在正贡茶之后采制的，就是供宫廷成员饮用的雷鸣、雾钟、雀舌、白毫、鸟嘴等品目。

七、"三起三落"的君山银针

君山银针原名白鹤茶。据传初唐时。有一位名叫白鹤真人的云游道士从海外仙山归来，随身带了八株神仙赐予的茶苗，将它种在君山岛上。后来，他建起了巍峨壮观的白鹤寺，又挖了一口井。白鹤真人取井水冲泡仙茶，只见杯中一股白气袅袅上升，水气中一只白鹤冲天而去，此茶由此得名"白鹤茶"，又因为此茶颜色金黄，形似黄雀的翎毛，所以别名"黄翎毛"。后来，此茶传到长安，深得皇帝喜爱，遂将白鹤茶与寺中井水定为贡品。有一年进贡时，由于风浪颠簸把随船带来的井水给泼掉了。押船的州官急中生智，取江水运到长安。皇帝泡茶时只见茶叶上下浮沉却不见白鹤冲天，便随口说道："白鹤居然死了"！岂料金口一开，即为玉言，从此寺中井水枯竭，白鹤真人也不知所踪。但是白鹤茶却流传下来，即是今天的君山银针茶。

（一）君山银针的历史

乾隆皇帝十分喜爱君山茶，规定每年要进贡18斤，由官府派人监督僧侣制造。清代君山贡茶有"贡尖"与"贡蔸"之分。在山上先按一芽一叶（一旗一枪）将鲜叶采回，然后将每枝嫩梢上的芽头摘下，单独制作，制成的茶叶芽尖如箭，白毛茸然，作为纳贡茶品，称为"贡尖"。摘去芽头后剩下的叶片制成的茶叶，色暗而毫少，不做贡品，称为"贡蔸"。可见，君山银针是由贡尖茶演变发展而来。

（二）君山银针的品质特点

君山银针的产地岳阳君山一带，竹木丛生，郁郁葱葱，四面环水，空气湿润，水雾缭绕，土壤肥沃，多为砂质土壤，具有名茶生产的优良生态环境。所以这里所产的茶叶具有芽头肥壮，紧实挺直，茸毛密被，色泽金黄，香气高纯，汤色杏黄，滋味甘爽，叶底鲜亮的特点。用透明玻璃杯冲泡，可见茶在杯中"三起三落"的景象。刚开始时，茶芽在杯中根根竖立悬挂，似万笔书天；稍后陆续下沉，有的下沉后又上升，这样忽升忽沉，最多可达3次。最后沉于杯底的芽头仍根根直立，宛如群笋破土，堆绿叠翠，芽景汤色，交相辉映，赏心悦目。

（三）君山银针的采制

君山银针对鲜叶采摘要求很严，每年开采期在清明的前3天，全部采摘肥硕重实的单芽，要求芽长25~30毫米，宽3—4毫米，芽蒂长约2毫米。为防止擦伤芽头和茸毛，通常盛茶筐内还要衬以白布，足见其采摘的精细。为保证鲜叶质量，还规定了"九不采"，即雨水芽、露水芽、细瘦芽、空心芽、紫色芽、冻伤芽、虫伤芽、病害芽、开口芽、弯曲芽不采。采回的芽叶要先拣剔除杂，然后方可付制。君山银针制作工艺精细而别具一格，分杀青、摊放、初烘、摊放、初包、复烘、摊放、复包、干燥、分级等10个工序。其中"初包"和"复包"为用纸包裹渥黄的工序，这是形成黄茶特有品质的关键工序。整个制作过程历时三昼夜，长达70多小时。

君山银针于1956年在德国莱比锡国际博览会上被赞誉为"金镶玉"，并赢得金奖，因而名扬中外。

八、甘馨可口的武夷岩茶

传说有一穷秀才上京赶考，路过武夷山时，病倒在路上，幸好被天心庙的老方丈看见，泡了一碗茶给他喝，他的病就好了，后来这个秀才中了状元。一个春日，状元来到武夷山谢恩，老方丈将他带到三株高大的茶树前，告诉他当年治愈病的就是这种茶叶。状元听了要求采制一盒进贡皇帝。老方丈答应了，状元带茶进京，恰逢皇后腹疼鼓胀，卧床不起。状元立即献茶让皇后服下，果然茶到病除。皇上大喜，将一件大红袍交给状元，让他代表自己去

君山银针

武夷山封赏，到了九龙窠，状元将皇上赐的大红袍披在茶树上，三株茶树的芽叶在阳光下立刻闪出红色的光辉。后来，人们就把这三株茶树叫做"大红袍"了。

上面传说中提到的大红袍就是武夷岩茶中的极品。武夷岩茶的种类很多，一般而言凡是武夷山所产之茶都可称为武夷茶，但只有生长在山谷岩坑，并用乌龙茶工艺采制而得的茶才是武夷岩茶。其主要品种有"大红袍"、"佛手高"、"水仙"、"乌龙"、"肉桂"等。

（一）武夷岩茶的历史

武夷山是我国历史上著名的茶叶产地，唐朝时武夷茶就已出名，被唐代进士徐夤赞誉为"臻山川精英秀气所钟，品具岩骨花香之胜"，宋代起就被列为皇家贡品。元代还在武夷山设立了"焙局"、"御茶园"，专门采制贡茶。不过，在元代以前，生产的均为蒸青绿茶，明代开始生产炒青绿茶。而作为乌龙茶的武夷岩茶出现较晚，大约起源于明末清初。

（二）武夷茶的品质特征

武夷山有"闽南第一名山"之称，茶树就生长在岩壑中，岩与茶交相呼应，因此得岩茶之名。这里的土壤因岩石风化而成，含丰富的矿物质，对茶叶中有效成分的积累极为有利。故所产茶叶香气馥郁，具有一种不可言喻的山岩风韵，深得古今茶人的喜爱。

武夷岩茶为乌龙茶之中的瑰宝，其外观条索壮结，色泽青褐润亮，部分叶面呈现蛙皮状小白点，俗称"蛤蟆背"。冲泡后汤色橙黄，清澈明亮，叶底软亮，具有"绿叶红镶边"的特征。滋味也浓厚鲜醇，回甜明显，具有独特"岩韵"。当然不同岩茶品质也不同，如肉桂香气辛锐，透鼻诱人，且久泡犹存；乌龙则带有明显的蜜桃香，有隽永幽远之感；佛手高中带有雪梨香，滋味浓厚；水仙则香气高锐，有

特有"兰花香";奇种有天然花香,滋味醇厚甘爽。

(三)武夷岩茶的采制

武夷岩茶的优良品质除了其独特的生长环境外,更决定于其严格的采制工艺。岩茶的采摘以形成"驻芽"(俗称开面)的新梢顶部三四叶为标准,这与一般红、绿名茶的鲜叶标准不同。鲜叶力求新鲜、完整。对优质品种、名枞采摘时,还规定不能在烈日下、雨中或叶面带有露水时采,以免影响其品质,而且单枞、名枞的采制都要求分开进行,不得混淆。岩茶加工工艺细致复杂,要经过晒青、晾青、做青、炒青、初揉、复炒、复揉、走水焙、簸扇、摊晾、拣剔、复焙、炖火、毛茶再簸拣、补火等15道工序方能得到成品岩茶,足见其来之不易。

九、"七泡有余香"的铁观音

相传,1720年前后,安溪尧阳松岩村有个叫魏荫的老茶农,勤于种茶,又笃信佛教,敬奉观音。每天早晚一定在观音菩萨前敬奉一杯清茶,几十年如一日,从未间断。有一天晚上,他睡熟了,朦胧中梦见自己扛着锄头走出家门,他来到一条溪涧旁边,在石缝中忽然发现一株茶树,枝壮叶茂,芳香诱人,跟自己所见过的茶树不同。第二天早晨,他顺着昨夜梦中的道路寻找,果然在一处石隙间,找到梦中的茶树,仔细观看,只见茶叶椭圆,叶肉肥厚,嫩芽紫红,青翠欲滴。魏荫十分高兴,将这株茶树挖回悉心培育并大规模种植。因这茶是观音托梦得到的,所以取名"铁观音"。

(一)铁观音的历史

铁观音的产地福建安溪是中国古老的茶区,境内具有丰富的茶树资源和悠久的产茶历史。安溪产茶始于唐末。在宋元时期,安溪不论是寺观或农家均已产茶。明代是安溪茶叶走向鼎盛的一个重要阶段,此时饮茶、植茶、制茶之风盛行,并迅猛发展成为当地农村的一大产业。铁观音则始创于清乾隆初年,距今已200多年历史。

(二)铁观音的品质特征

铁观音的原产地福建安溪一带,山峦重叠,岩峰林立,蓝、清二溪蜿蜒流淌于群山起伏的峰谷之间。山中长年朝雾夕岚,雨量充沛,气候温和,四季长春,极宜茶树生长发育,素有"茶树天然良种宝库"之称。

铁观音外形独特，茶条为螺旋卷曲形，紧结重实，呈蜻蜓头状，并带有青蒂小尾，色泽砂绿青润，表面带有白霜。铁观音不仅外形奇异，内质更佳。汤色金黄，浓艳清澈，叶底肥厚明亮，呈现"青蒂、绿腹、红镶边"的特征。因此，人们形容铁观音外形为"青蛙腿，蜻蜓头，蛎乾形，茶油色"。品饮茶汤，即感滋味醇厚甘鲜，回甘明显，香气馥郁，久留齿颊，令人心旷神怡。铁观音茶还特别耐冲泡，有"七泡有余香"之誉。

（三）铁观音的采制

铁观音鲜叶采摘一年有春、夏、暑、秋之分，从4月中旬采至10月上旬。各季茶中，春茶最好，秋茶次之，夏、暑茶较差一些。采摘以形成驻芽新梢的顶部二至四叶（最好为三叶）为标准，要尽量保持芽叶的匀齐、完整。采回的鲜叶要经过摊青、晒青、晾青、摇青（做青）、炒青、揉捻、初烘、初包揉、复烘、复包揉、足干等十几道工序才能制成成茶。虽同为乌龙茶，但铁观音制作工艺别具一格，两次用布包揉，不仅是形成铁观音独特的蜻蜓头外形的关键工序，也对茶叶色、香、味品质的发展有重要影响。再加上在其他各工序中的特殊工艺要求，会使制作出的铁观音具有独特的"观音韵"，为其他乌龙茶所不及。

（四）铁观音的冲泡艺术

观音茶的泡饮方法别具一格，自成一家。首先，必须严把用水，茶具、冲泡三关，水要用山泉之水，茶具要讲究小巧玲珑，烧水最好用炭火。然后用开水洗净茶具，把铁观音茶放入茶具，放茶量约占茶具容量的五分之一，将滚开的水提高冲入茶壶，并用壶盖轻轻刮去漂浮的白泡沫，使其清新洁净，最后把泡一两分钟后的茶水注入茶杯里，但是要注意当茶水倒到少许时要一点一点均匀地滴到各茶杯里，之后就可以观赏杯中茶水的颜色、边啜边闻，浅斟细饮。

十、芳香厚味的祁门红茶

祁门红茶为中国著名工夫红茶，常简称为"祁红"。主要产于安徽祁门县，以及相毗邻的石台、东至、贵池、黟县等县。只因祁门产量最多，质量最好，故以祁门命名。但是说起祁门红茶就不得不提到一个人。

胡元龙（1836～1924年），字仰儒，祁门南乡贵溪人。他博读书史，兼进武略，被朝廷授予世袭把总一职。但是胡元龙轻视功名，注重工农业生产，18岁就辞去官职，在贵溪村垦山种茶。清光绪以前，祁门不产红茶，只产绿茶、青茶等，而且销路不畅。光绪元年（1875年），胡元龙筹建了日顺茶厂，开始用自产茶叶试制红茶。经过不断改进提高，到光绪八年（1883年），终于制成色、香、味、形俱佳的上等红茶，胡元龙也因此成为祁门红茶的创始人。

（一）祁门红茶的历史

祁门产茶历史悠久，早在唐代就盛产茶叶，而且茶叶贸易也非常兴旺，当时出产的"雨前高山茶"已相当出名。白居易的诗中就有"商人重利轻别离，前月浮梁买茶去"的句子。据史料记载，到元代时祁门的茶叶产量就已达到年产750吨。清光绪以前，祁门所产茶叶均为绿茶，称为"安绿"，主销广东、广西一带。光绪年间，引入红茶制法，这就是祁红的开端。由于当时绿茶出现滞销，红茶却因为出口而畅销，所以附近茶农纷纷改制，逐渐形成祁红产区。祁红一经问世，就以其超群不凡的品质而受世人瞩目，成为红茶世界的后起之秀。

（二）祁门红茶的品质特点

祁门地处安徽南部山区，黄山支脉蜿蜒其境。这里"晴时早晚遍地雾，阴雨成天满山云"，而且"云以山为体，山以云为衣"，是槠叶种茶树生长的理想环境，槠叶种是制造祁红的主要品种。这就为制造优质祁红提供了很好的基础条件。

祁门红茶外形条素紧细，锋苗秀丽，色泽乌润有光，俗称"宝光"，冲泡后汤色红艳透明，叶底鲜红明亮，滋味醇厚甜润，回味隽永，香气浓郁高长，既似蜜糖香，又蕴有兰花香。这种似蜜似花、别具一格的香气，是祁红最为诱人之处，故人们把它专称为"祁门香"。祁红能行销上百年而长盛不衰，皆缘于此。

（三）祁门红茶的采制

祁红优越的品质还源于其精湛的采制工艺。祁红的采制工艺也很特别，首先它的鲜叶原料嫩度较一般红茶为高，高档茶以一芽二叶为主，一般茶以一芽二三叶或相同嫩度的对夹叶为标准。采回的鲜叶要按其嫩度、匀度、新鲜度等进行分级，分别付制，祁红的初制工序为萎凋、揉捻、发酵、烘干等。

这些工序看似简单，但实际操作非常细微、考究。以烘干工序为例，一般分两次进行，第一次称毛火，用高温（100℃～110℃）快速排除茶中水分，钝化酶活性，保持前三道工序形成的品质特征。在摊晾1～2小时后，又进行第二次烘干，称复火，这对于温度、时间、叶层厚度等的控制非常精细严格，非一般人所能掌握得好。经初制的祁红毛茶，还需经过筛分、切断、选剔、补火等十几道工序的精制才能成为形质皆佳的祁红。

十一、越陈越香的普洱茶

传说，在乾隆年间，普洱地区的濮家茶庄将没有完全晒干的毛茶压饼、装驮进京献给皇帝。由于普洱地处边远山区，交通闭塞，茶叶运输只能靠人背马驮，所以在运输过程中，由于时间长久以及在外界湿、热、氧、微生物等作用下，茶叶开始变质，等到了京城才发现，原本绿色泛白的茶饼变成了褐色。护送茶叶进京的茶庄主人因为贡茶的变质而惊恐万分，甚至想了却自己的性命，但在无意间却发现茶的味道变得又香又甜，茶色也红浓明亮。于是，主人就将这些变质的茶送进皇宫，并深得乾隆皇帝的喜爱，赐名普洱茶。

（一）普洱茶的历史

云南是茶树原生地，全国乃至全世界的各种茶叶的根源都在云南的普洱茶产区。普洱茶历史非常悠久，根据最早的文字记载，早在三千多年前的周武王伐纣时期，云南种茶先民就已将这种茶献给周武王，只不过那时还没有普洱茶这个名称。到了唐朝，普洱茶开始了大规模的种植生产，称为"普茶"。宋明时期，普洱茶开始在中原地区流行，并且在国家社会经济贸易中扮演重要角色。到了清朝，普洱茶的发展进入了鼎盛时期，据史料记载，早在清初，清政府便将普洱茶正式列入贡茶之中，清代宫廷也一直有"夏喝龙井、冬饮普洱"的传统。

（二）普洱茶的品质特征

普洱茶是云南久享盛名的历史名茶。普洱地区原不产茶，只因曾是滇南重要的贸易集镇和茶叶市场，才将出自此处的茶统称为普洱茶，实际普洱茶主产区应是位于西双版纳和思茅所辖的澜沧江沿岸各县。由于产区自然条件优越，茶树品种多为大叶茶，且茶多酚含量高，制出的普洱茶品质特别优异，味浓耐泡，泡上十余次仍有茶味，因而广受茶人好评。

普洱茶外形条索粗壮肥大，紧压茶形状因茶而异，色泽乌润或褐红，俗称猪肝色。茶汤红浓明亮，滋味醇厚回甜，具有独特陈香。普洱茶香气风格以陈为佳，越陈越好，保存良好的陈年老茶售价极高。普洱茶不仅为饮用佳品，也具有很好的药用保健功效，经中外医学专家临床试验证明，普洱茶具有降血脂、降胆固醇、减肥、抑菌、助消化、醒酒、解毒等多种作用，有美容茶、减肥茶、益寿茶之美称。

（三）普洱茶的采制

普洱茶是云南特有的地方名茶，有两种形式，即散茶和紧压茶。散茶为滇青毛

茶，经渥堆、干燥后再筛制分级而成，其商品茶一般分为五个等级。紧压茶则为滇青毛茶经筛分、拼配、渥堆后再蒸压成形而制成，现主要产品有普洱沱茶、七子饼茶（圆茶）、普洱砖茶等。作为普洱茶原料的滇青，是以云南大叶种的芽叶，经过杀青、揉捻、干燥等三道工序加工而成的绿毛茶。

过去曾采取日晒或风晾的方法进行干燥，所以叫晒青，其品质不如烘干。为适应茶人对普洱茶特殊风味的需求和提高普洱茶的自身品质，滇青的制法有所改进，改为烘干，所以，现在的滇青实际上就是云南大叶种的烘青绿茶。

十二、赏心悦目的白毫银针

白毫银针简称银针，因茶芽满身披毫，色泽如银，形状如针而得名，它产于福建的福鼎和政和两县，始于何时无确切记载。清嘉庆初年（1796 年）以前，白毫银针都是用福鼎当地的肥壮茶芽为原料加工而成。约在 1857 年，福鼎茶农选育出福鼎大白茶良种茶树，其芽肥壮长大，茸毛浓密，茶多酚类、水浸出物含量高，成品味鲜、香清、汤厚，于是自 1885 年起，福鼎便改用大白茶壮芽来制造白毫银针，从而大大提高了其品质。1880 年政和县也选育出政和大白茶良种茶树，1889 年开始以其壮芽生产白毫银针。

（一）白毫银针的品质特征

白毫银针外形优美，芽头壮实，白毫密布，挺直如针。福鼎所产的白毫银针芽茸毛厚，色白富光泽，汤色碧清，呈杏黄色，香味清鲜；政和所产的白毫银针则汤味醇厚，香气清芬。此外，白毫银针的药理保健作用也比较突出，在民间常被作为药用。因为它味温性凉，有退热祛暑解毒的功效，是夏季理想的清热饮品，在茶人中享有很高的声誉。

（二）白毫银针的采制

白毫银针完全是由独芽制成，鲜叶原料采摘极其严格。每年春季，当茶树嫩梢萌发一芽一叶时即将其采下。采时有"十不采"的规定，即雨天、露水未干、细瘦芽、紫色芽、风伤芽、人为损伤芽、虫伤芽、开心芽、空心芽、病态芽等 10 种情况的芽头不采。采回的鲜叶先小心将其上的真叶、鱼叶掰下，仅留肥壮芽头制作银针，掰下的茎叶还可用作其他茶的原料。这道工序俗称"抽针"，抽出的茶芽均匀薄摊于有孔的竹筛上，置于春日早、晚微弱日光下萎凋两个小时左右，然后在室内通风处摊晾至七八成干，其间切忌翻动茶芽，以免其受伤变红。然后入焙笼内，用

30℃~40℃的温火慢烘至足干即成，也可置于烈日下晒至足干。银针制作工序虽简单，但在萎凋、干燥过程中，要根据茶芽的失水程度进行温度、时间调节，掌握起来很不容易，特别是要制出好茶，比其他茶类更为困难。

第三节　茶具

一、茶具的组成

中国民族众多，不同民族的饮茶习惯各具特点，所用器具更是异彩纷呈。此外，我国饮茶历史悠久，不同时代的茶具也有很大的差距，很难将茶具的组成作出一个标准的模式。所以，本节只能结合中国茶具的发展史，选择主要器具按功能加以总结。

（一）煮水用具

煮水用具主要有煮水器和开水壶。煮水器是加热泡茶之水的一种茶具。如古代的"茗炉"，炉身为陶器，可与陶水壶配套，中间置酒精灯等燃烧物用以加热，同时将开水壶放在"茗炉"上，也可以起到保温的作用。开水壶（古代称注子）则是专门用于贮存沸水的工具，其中以古朴厚重的陶质水壶最受人推崇，在民间最为流行的是金属水壶，它传热快，又坚固耐用，而且价格实惠。

（二）备茶用具

备茶用具是在元代散茶之风兴起之后才开始流行，是专门用于贮存茶叶的茶具，最为常用的有茶叶罐、茶则、茶漏、茶匙等。茶叶罐是专门用于贮放茶叶的罐子，在我国古代以陶瓷为佳质材，但用锡罐贮茶的也十分普遍；茶则是用来衡量茶叶用量的测量工具，以确保投茶量准确，通常以竹子或优质木材制成，但不能用有香味的木材；茶匙则是一种细长的小耙子，帮助将茶则中的茶叶耙入茶壶、茶盏，其尾端尖细可用来清理壶嘴淤塞，是必备的茶具，一般以竹、骨、角制成；茶漏是一种圆形小漏斗，当用小茶壶泡茶时，将它放在壶口，茶叶从中漏进壶中，以免洒到壶外。

（三）泡茶用具

泡茶用具是茶叶冲泡的主体器皿，主要有茶壶、茶海、茶盏等。茶壶是最为常见的一种泡茶用具，泡茶时将茶叶放入壶中，再注入开水，将壶盖盖好即可，一般以陶瓷制成，其规格有大有小，但古人都以小唯上；茶海又可称为"公道杯"或"茶盅"，是用于存放茶汤的茶具，为了使冲泡后的茶汤均匀，以及不使因宾客闲谈致使壶中茶汤浸泡过久而苦涩，先将壶中泡出的茶汤倒在茶海里，然后再分别倒入茶杯中供客人品尝；茶盏是一种瓷质盖碗茶杯，也可以用它代替茶壶泡茶，再将茶汤倒入茶杯供客人饮用，但一个茶壶只配四个茶盏，所以最多只能供四个人饮用，其局限性比较大。

（四）品茶用具

品茶用具是指盛放茶汤并用于品饮的茶具，主要有茶杯、闻香杯等。茶杯，又可以雅称为"品茗杯"，是用于品尝茶汤的杯子，但因茶叶的品种不同，也要选用不同的茶杯，一般以白色瓷杯为好，也有用紫砂茶杯的。

（五）辅助茶具

辅助茶具是指用于煮水、备茶、泡茶、饮茶过程中的各种辅助茶具。常见的有如下几种：

茶荷：又称"茶碟"，是用来放置已量定的备泡茶叶，同时兼可放置观赏用样茶的茶具。

茶针：是用于清理茶壶嘴堵塞时的茶具。

漏斗：是为了方便将茶叶放入小壶的一种茶具。

茶盘：是放置茶具，端捧茗杯用的托盘。

壶盘：是放置冲茶的开水壶，以防开水壶烫坏桌面的茶盘。

茶池：是用于存放弃水的一种盛器。

水盂：是用来贮放废弃之水或茶渣的器物，其容量小于茶池。

汤滤：是用于过滤茶汤用的器物。

承托：是放置汤滤或杯盖等物的茶具。

茶巾：是用来揩抹溅溢茶水的清洁用具。

纵观中国茶具历史，我国的茶具组合大致经历了从"简"到"繁"，又从"繁"到"简"的循环发展过程，不少古茶具已因茶事变革而被后人摒弃，上文所介绍的五类茶具，只是现在仍活跃在茶事中的常见茶具，随着我国茶业的发展，这些茶具的组成还会不断地变化。

二、茶具的选配

在饮茶过程中，人们的意识、理念以及中华民族的文化艺术不断渗入茶事，茶饮生活也逐渐雅化，从而使人们对茶器具提出了典雅、质朴、精美等审美的要求，这也是人们选择茶具的一个重要标准。从古到今，凡是讲究品茗情趣的人，都崇尚意境高雅，强调"壶添品茗情趣，茶增壶艺价值"。

（一）以"色泽"选配茶具

在中国古代，人们非常注重茶叶的汤色，并以此作为茶具选配的标准。唐代茶人们喝的都是饼茶，这种茶的茶汤呈淡红色，当这种茶汤倒入瓷质茶具之后，汤色就会因瓷色的不同引起变化。当时邢州生产的白瓷，会使茶汤变为红色；洪州生产的褐瓷，会使茶汤显出黑色；寿州生产的黄瓷，会使茶汤呈为紫色，因此，这些茶具都不宜选择。而越州的瓷为青色，倾入淡红色的茶汤，会呈显出赏心悦目的绿色，所以当时的雅士品茶都选择越州瓷茶具。陆羽更是从茶叶欣赏的角度，提出了"青则益茶"，认为以青色越瓷茶具为上品。

宋代，饮茶风俗逐渐由煎茶、煮茶发展为点茶、分茶，此时茶汤的色泽已经接近白色了。而唐代所推崇的青色茶碗无法衬托出茶的"白"色，所以，此时的茶碗已改为茶盏，而且对盏色也有了新的要求。当时，茶盏的选配原则是以黑色和青色为贵，认为黑釉茶盏才能反映出茶汤的色泽。元明时期，人们由饮团茶改为饮散茶，饮用的芽茶，茶汤已由宋代的白色变为黄白色，这样对茶盏的要求不再是黑色了，而是白色。所以白色茶盏又成为人们的首选茶具，如明代的屠隆就认为茶盏"莹白如玉，可试茶色"。

（二）以"韵味"选配茶具

自明代中期以后，随着茶壶和紫砂茶具兴起，茶汤与茶具色泽不再有直接的对比与衬托关系，这样，人们对茶具特别是对茶壶的色泽，不再给予较多的注意。到了清代，茶具品种逐渐增多，其中又融入了诗、书、画、雕等艺术，从而把茶具制作推向新的高度，这使人们对茶具的种类与色泽、质地与式样，以及茶具的轻重、厚薄、大小等，提出了新的要求。

一般来说冲泡西湖龙井、洞庭碧螺春、庐山云雾茶等名优绿茶，可用玻璃杯直接冲泡。因为玻璃材料密度高，硬度亦高，具有很高的透光性，可以看到杯中轻雾缥缈，茶汤澄清碧绿。杯中的芽叶嫩匀成朵、亭亭玉立、旗枪交错、上下浮动、栩栩如生。

黄山毛峰茶虽然是绿茶中的名品，但是黄山毛峰茶和龙井茶、碧螺春茶相比，冲泡水温要稍高些，浸润时间需长些，因此茶具最好选择瓷质盖碗杯。但不论冲泡何种细嫩名优茶，杯子宜小不宜大，因为杯大则水量多，热量大，会使茶芽泡熟，而不能直立，失去观赏效果。

冲泡红茶宜用的茶具是瓷质盖碗杯或紫砂茶具，其中以白瓷质地为佳，因为红茶冲泡后，白瓷杯衬托其红艳的汤色，具有较高的观赏价值。此外，为保香则可选用有盖的杯、碗或壶泡花茶；饮乌龙茶，重在闻香啜味，宜用紫砂茶具冲泡；饮用红碎茶或功夫茶，可用瓷壶或紫砂壶冲泡，然后倒入白瓷杯中饮用；此外，冲泡红茶、绿茶、乌龙茶、白茶、黄茶，使用盖碗，也是可取的。

一般而言，重香气的茶叶要选用硬度较高的瓷质壶、瓷质盖碗杯或玻璃杯。这类茶具散热速度快，泡出的茶汤较为清香；重滋味的茶要选用硬度较低的壶来泡，像乌龙茶，还有外形紧结，枝叶粗老的茶以及云南的普洱茶，可以选用陶壶、紫砂壶进行冲泡。

三、茶具的起源

早期的茶作为一种食物而存在，因此当时的茶具只是一种饮食器具，而中国饮食器具的历史久远。据考古发掘证明，现存最早的饮食器具是在新石器时代，这一时期的陶器门类众多，有杯、那、益、艇、碗、钵、豆、篮等。这些陶器并不具备某种专门的功能，即使就饮食说，也没有我们所想的那么严格，因此其用途很多。

（一）用途多样的"早期茶具"

茶具与饮茶是密切相关的，很多史料和实物证明，饮茶是在秦汉之际才出现的。魏晋时期则是我国茶文化的萌芽时期，茶的利用在当时是诸多方式并存的，如食用、药用、饮用等，但其饮料的功能已上升为主导地位。此外，据《广陵耆老传》载，晋代时集市上已经有专门卖茶为生的老婆婆了，而且"市人竞买"，生意十分红火，由此也可以看出饮茶在当时的普及程度。

按照事物的发展规律，饮茶器具也应当在茶成为饮料之后出现，不过，茶从被利用到发展为单纯的饮料是一个十分漫长的过程。在这一段时期内，茶都是食用、药用以及饮用的混合利用形式。即使到了晋代，茶作为饮品已经基本固定下来了，但是专用茶具并没有随着饮茶的普及而出现。

由于缺乏相应的历史资料，当时饮茶器具的在史书之中只有零星的记载。如《三国志》有一段关于"赐茶荈以当酒"的记录，这已经说明当时的茶从表面看应该类似于酒，而酒杯可以兼用作茶具。另据唐代杨晔《膳夫经手录》记载，茶类似于蔬菜。因此，专用茶具在那时就没有产生的必要了。从一般的生活常识而言，在饮食器物品种较少、数量有限的情况下，明显的分工是不可能的，加以茶文化在当时还处于萌芽阶段，茶还不是人们日常生活的一部分，专用茶具是不可能出现的。

（二）"早期茶具"向专业茶具的过渡

随着饮茶的日渐普及，部分饮食器具已经越来越频繁地被用于饮茶，此外，文献中关于饮茶用具的资料也渐渐增多。如汉宣帝时，王褒所作《僮约》中有"烹茶尽具"的句子，近代在浙江湖州一座东汉晚期墓葬中发现了一只高33.5厘米的青瓷瓮，瓷瓮上面书有"茶"字。近年来，在浙江上虞又出土了一批东汉时期的瓷器，内中有碗、杯、壶、盏等器具。这些史料和出土文物表明，在晋以前，茶具还没有完全从饮食器具中分离出来。然而，随着茶由食用、药用向饮料的转变，一些饮食用具已经较为频繁地作为饮茶器具来使用，这就为饮器向茶具的过渡打下了基础。

（三）专用茶具的确立

唐朝是中国政治、经济、文化的繁盛时期，随着生活水平的提高，人们在日常饮食上就会有更高的要求。在这一背景下，茶开始从饮食之中独立出来而成为一种放松精神的消费品，这也就要求饮茶的器具独立出来，而且还要具备饮茶情趣的作用。陆羽的《茶经》不仅对茶具的认识达到了相当水平，而且将茶具提到了文化的高度。因此，专用茶具不仅在唐代出现，而且发展稳定。到了安史之乱前后，唐朝的茶具不但门类齐全，而且开始讲究质地，并且因饮茶的不同而择器了，所以唐朝应该是中国专用茶具的确立时期。

四、精美的唐代茶具

唐代的饮茶之风更为流行，专用茶具也开始出现，如湖南长沙窑遗址出土了一批唐朝的茶具，其中很多底部都刻有"茶碗"字样，这是我国迄今所能确定的最早茶碗。唐代茶具的种类也很多，包括贮茶、炙茶、碾茶、罗茶、煮茶及饮茶茶具等。而且唐代的制瓷业也很发达，现今出土的诸多唐代茶具也证实了当时的茶具制作工艺的高超，尤其是越窑的青瓷茶碗受到"茶圣"陆羽和众多诗人的喜爱。

（一）精美的宫廷茶具

唐代王室饮茶，注重礼仪、讲究茶器，这也直接促进了茶具制作工艺的发展。而且宫廷茶具的质地、造型、材料都极为讲究，是民间茶具所不能相比的。从文化的角度看，陆羽在《茶经》中也对茶具有严格的要求。陕西省扶风县法门寺地宫中出土的一套唐代宫廷茶具，可以说是对《茶经》有关茶具记载的最好的佐证，也使我们得以了解唐代宫廷茶具之精美，以及千余年前辉煌灿烂的茶具艺术。

经考古发掘，这批茶具大多在成通九年至咸通十年制成，是唐僖宗的专用茶具，封藏于873年岁末，距陆羽去世只有69年。出土茶具包括茶碾子、茶涡轴、罗身、抽斗、茶罗子盖、银则和长柄勺。除此之外，还有部分琉璃质的茶碗和茶盏以及盐台、法器等。地宫中还出土了两枚贮茶用的笼子，一为金银丝结条笼子，一为飞鸿毽路纹婆金银笼子，编织都十分巧妙、精美。此外还有一件鎏金银盐台更是独具匠心之作。本来是盛盐的日常生活用品，但它的盖、台盘、三足都设计为平展的莲叶、莲蓬，仿佛摇曳的花枝以及含苞欲放的花蕾，美不胜收，这套金碧辉煌、蔚为大观的金银、琉璃、秘色瓷茶具，是中国首次发现的唐代最全最高级的专用茶具，真实地再现了唐代宫廷茶具的豪华奢侈。

（二）朴素的民间茶具

唐代民间使用的茶具以陶瓷为主，茶具配套规模较小，主要有碗、瓯、执壶、杯、釜、罐、盏、盏托、茶碾等数种。

碗作为唐时最流行的茶具，造型主要有花瓣型、直腹式、弧腹式等种类，多为哆口收颈或敞口腹内收。晚唐，制瓷工匠创造性地把自然界的花叶瓜果等物经过概括，保留其感动、形象的特征，运用到制瓷业中，从而设计出葵花碗、荷叶碗等精美的茶具。

瓯是中唐以后出现并迅即风靡一时的越窑茶具新品种，是一种体积较小的茶盏，这种敞口斜腹的茶具，深得诗人皮日休的喜爱。他在《茶瓯》中说尽了溢美之辞："邢客与越人，皆能造瓷器。圆如月魂堕，轻如云魄起。枣在势旋跟，莘沫香沾齿。松下时一看，支公亦如此。"

执壶又名注子，是中唐以后才出现的，由前期的鸡头壶发展而来。这种壶多为哆口，高颈，椭圆腹，浅圈足，长流圆嘴，与嘴相对称的一端还有泥条黏合的把手，壶身一般刻有花纹或花卉动物图案，有的还留有铭文，标明主人或烧造日期。

茶杯、盏托，茶碾等物，在越窑中也常见，这类瓷器在釉色、温度、形状和彩饰上均较好地体现了当时越窑的制作工艺和烧造水准。

五、奢侈的宋代茶具

宋代文人的生活非常优越，但那种报国无门的痛苦却比任何朝代都要强烈，因此他们开始寻求精神上的满足，以营造精巧雅致的生活氛围来满足自我，而饮茶恰恰满足了他们的这一要求。在文人与皇帝的参与下，宋代饮茶之风达到了巅峰之境。但是宋代茶风，过于追求精巧，这也导致了宋人对茶质、茶具以及茶艺的过分讲究，从而日趋背离了陆羽所提倡的自然饮茶原则。

（一）斗茶之风对茶具的影响

从现存资料来看，宋人饮用的大小龙团仍然属于饼茶，所以现存的宋代茶具与唐茶具相比并没有明显的差异。但在饮茶方法上，宋与唐则大不相同，最大的变化是宋代的点茶法取代煎茶法而成为当时主要的饮茶方法。同时，唐代民间兴起的斗茶到了宋代也蔚然成风，由此衍生出来的分茶也十分流行。这种点茶法以及斗茶、分茶的风气极大地影响了宋代茶具的发展。

宋人为达到斗茶的最佳效果，极力讲求烹渝技艺的高精，对茶水、器具精益求精，宋人改碗为盏，因为它形似小碗，敞口，细足厚壁，以便于观看茶色，其中著名的有龙泉窑青釉碗、定窑黑白瓷碗、耀州窑青瓷碗。为了便于观色，茶盏就要采用施黑釉者，于是建盏成了最受青睐的茶具。其中，产在建州（今福建建阳一带）的兔毫盏等，更被宋代茶人奉为珍品。因为茶盏的黑釉与茶汤的白色汤花相互映衬，汤花咬盏易于辨别，正是这样的特点，宋人斗茶必用"建盏"。可见，斗茶对宋代茶具的巨大影响。

（二）宋代茶具的特点

建州窑所产的涂以黑釉的厚重茶盏称建盏。建盏品种不多，造型也很单一，但其特别注重色彩美。因为建盏并非是单调呆板的黑色，而是黑中有着美丽的斑纹图案，即《茶录》和《大观茶论》中所说的黑釉中隐现的呈放射状、纤长细密如兔毛的条状毫纹的"兔毫斑"这使的本来黑厚笨拙的建盏显得精致而又极富动感。

从现存资料与实物来看，建盏受欢迎的原因主要是其适于斗茶。拿兔毫盏来说，其釉色纷黑，与茶汤的颜色对比强烈，加上胎体厚重、保温性强，使茶汤在短时间内不冷却，同时又不烫手，受欢迎就是很正常的了。此外，建盏在外观上也独具匠心，其敞口如翻转的斗笠，面积大而多容汤花。在盏口沿下有一条明显的折痕，称"注汤线"，是专为斗茶者观察水痕而设计制造的。因建盏特别是兔毫盏备受推崇，宋代诗文里也有很多赞美之词，如苏轼"来试点茶三昧手，勿惊午盏兔毫斑"、梅尧臣"兔毛紫盏自相称，清泉不必求虾蟆"等。

此外，宋代上层人物极力讲求茶具的奢华，以金银茶具为贵的奢靡之风气很浓。如蔡襄的《茶录》和宋徽宗的《大观茶论》对茶具的质地都有极高的要求，认为炙茶、碾茶、点茶与贮水必须用金银茶具，用来表现茶的尊贵高雅。据史料记载，宋代还有专供宫廷用的瓷器，普通人不许使用，在宋代，这种奢靡之风已经蔓延全国，一些价值百金甚至千金的茶具成为士大夫们夸耀门庭显摆设。

六、简约的元明茶具

从饮茶方式上看，元代是一个过渡的时期，在当时虽然还有点茶法，但泡茶法已经较为普遍。这种饮茶方法的变革直接影响了元代茶具，部分点茶、煎茶的器具逐渐消失，在内蒙古赤峰出土的元代墓穴中的烹茶图中已经见不到茶碾。从制瓷的历史来看，元代茶具以瓷器为主，尤其是白瓷茶具有不凡的艺术成就，把茶饮文化及茶具艺术的发展推向了全新的历史阶段。元代不到百年的历史使茶具艺术从宋人的崇金贵银、夸豪斗富的误区中走了出来，进入了一种崇尚自然、返璞归真的茶具艺术境界，这也极大地影响了明代茶具的整体风格。

（一）朱权对茶具变革的影响

明代宁王朱权强调饮茶是表达志向和修身养性的一种方式，为此，朱权在其所著《茶谱》中对茶品、茶具等都重新规定，摆脱了此前饮茶中的繁杂程序，开启了明代的清饮之风。这使得明代的茶具发生了一次大变革。

因明代冲泡散茶的兴起，唐、宋时期的炙茶、碾茶、罗茶、煮茶器具成了多余之物，而一些新的茶具品种脱颖而出。明代对这些新的茶具品种是一次定型，从明代至今，茶具品种基本上没有多大变化，仅茶具式样或质地稍有不同。另外，由于明人饮的是条形散茶，贮茶、焙茶器具比唐、宋时显得更为重要。而饮茶之前，用水淋洗茶，又是明人饮茶所特有的，因此就饮茶全过程而言，当时所需的茶具并不多。明高镰《遵生八笺》中列了16件，另加总贮茶器具7件，合计23件。明代张谦德的《茶经》中专门写有一篇《论器》，提到当时的茶具也只有茶焙、茶笼、汤瓶、茶壶、茶盏、纸囊、茶洗、茶瓶、茶炉等9件。

（二）白色茶盏的兴起

宋代的斗茶到明代已经基本绝迹，而为斗茶量身定制的黑盏自然就不再符合时代的要求。白色茶盏再一次大受青睐，这是因为明人的泡茶与唐宋的点茶不同，所注重的不再是茶色的白，而是追求茶的自然本色，（明代饮用的茶与现代炒青绿茶相似的芽茶，所以当时所讲的自然之色即绿色。）绿色的茶汤，用洁白如玉的白瓷茶盏来衬托，更显清新雅致、悦目自然，而黑盏显然不能适应这一要求。此外，人们在饮茶观念、审美取向上也发生了较大的变化，如张谦德《茶经》："今烹点之法与君谟不同。取色莫如宣定，取久热难冷莫如官哥。向之建安盏者，收一两枚以备一种略可。"就指出了随着饮茶方式的改变，人们的审美情趣也发生了变化。

（三）明代茶具的创新

由于饮茶方式的改变，明代的茶具与唐宋相比也有许多创新之处。

其一，贮茶器具的改良。许次纾《茶疏》中有较为具体的说明："收藏宜用瓷瓮……四围厚著，中则贮茶……茶须筑实，仍用厚箬填紧瓮口……勿令微风得入，可以接新。"

其二，洗茶器具的出现。其目的是为了除去茶叶中的尘滓，洗茶用具一般称为茶洗，质地为砂土烧制，形如碗，中间隔为上、下两层，然后用热水淋之去尘垢。

其三，烧水器具主要是炉和汤瓶。炉有铜炉和竹炉，铜炉往往铸有婪臀等兽面纹，明尚简朴；竹炉则有隐逸之气，也深得当时文人的喜爱。

其四，茶壶的出现。明代茶壶不同于唐宋用于煎水煮茶的注子和执壶，而是专用于泡茶的器具，这只有在散茶普及的情况下才可能出现，明人对茶壶的要求是尚陶尚小。

除茶壶外，茶盏也有所改进，即在原有的茶盏之上开始加盖，现代意义上的盖碗正式出现，而且成为定制。

综上所述，元明的茶具出现了返朴归真的倾向，而明人茶具在注重简约的同时，也对茶具进行了改进和发展，甚至影响到今天茶具的形制。

七、兴于明的紫砂壶

关于紫砂壶的起源，明人周高起的《阳羡名壶系》中有这样的记载：相传金沙寺僧是第一个把紫砂泥从一般的陶泥中分离出来的人，此前紫砂泥一直与陶土被视为低档原料，只用来制作水缸之类的日用陶器。金沙寺僧不是陶工，所以成型工艺没有采用陶业常用的工艺手段，而是另辟蹊径，所以，金沙寺僧是当之无愧的紫砂壶创始人。但是，这只是传闻而已。

紫砂陶器的历史可以追溯到宋代，但在当时并没有引起人们的关注，紫砂茶壶真正得到发展是在明代后期。正德、嘉靖时开始出现了名家名作。到万历以后，随着李茂林、时大彬、徐友泉、李仲芳、陈仲美、惠孟臣等制壶名家的出现，紫砂壶的制作工艺和造型艺术有了突飞猛进的发展。

（一）紫砂壶兴起的原因

紫砂壶泡茶具有其他陶瓷所不具备的优点。长期的实践证明，紫砂壶泡茶不失原味，不易变质，内壁无异味，而且能耐温度急剧变化，烹煮、冲泡沸水都不会炸裂，而且传热慢不烫手，非常适于泡茶。如文震亨《长物志》中所说："壶以砂者为上，盖既不夺香，又无熟汤气。"

紫砂壶的兴起还有其社会原因。明代末期，皇帝怠政、政治黑暗，文人士大夫在现实面前深感无力，从而走上独善其身的道路，再加上王阳明"心学"的流行，文人士大夫一方面提倡儒学的中庸之道，尚礼尚简，同时推崇佛教的内敛、喜平、崇定，并且崇尚道家的自然、平朴及虚无。这些思想倾向与人生哲学反映在茶艺上，除了崇尚自然、古朴，又增加了唯美情绪，对茶、水、器、寮提出了更高的要求，而紫砂壶适应了这种审美心理，得以大行其道。此外，明代散茶大兴，而且制茶工艺有所改进，出现了发酵茶类，这自然对茶具有新的要求，紫砂茶具便是在这种背景下逐渐被人们接受的。

（二）明代紫砂壶艺术

紫砂壶艺术最为典型的是陶壶铭款，艺术价值非常高。明清时期最为有名的制壶大师是时大彬。时大彬，明万历至清顺治年间人，是宜兴紫砂艺术的一代宗匠。他对紫砂陶的泥料配制、成型技法、造型设计与铭刻都极有研究，确立了至今紫砂壶制作所沿袭的制壶工艺。他的早期作品多模仿龚春，后根据文人饮茶习尚改制小壶，被推崇为壶艺正宗。据史料记载，时大彬为自己所制壶镌款，最初是请擅长书法的人先以墨写在壶上，然后自己用刀来刻。后来，自己直接书写再下刀镌刻，因为时大彬所镌款识具有独特的艺术风格，许多人争相模仿，可见紫砂壶是明代茶文化的一个重要象征，尤其是时大彬所制壶更具有符号化的特征。

明代文人饮茶崇尚自然、精致，因此紫砂壶也讲究小巧、朴实。冯可宾《齐茶录》说："茶壶以小为贵。"周高起《阳羡名壶系》说："壶供真茶，正在新泉活火，旋瀹旋吸，以尽色声香味之蕴。故壶宜小不宜大，宜浅不宜深，壶盖宜盎不宜低。"

综上所述，明代的紫砂茶具获得了极大的发展，无论是色泽和造型、品种和式样，都进入了穷极精巧的新时期。而它的质地、造型更是迎合了当时文人的审美时尚，并在文人士大夫的影响下开始向工艺品转化，使其自身的艺术价值不断提高，经历百年而不衰。

八、盛于清的"文人壶"

紫砂壶是清代最为流行的茶具，其经历了明代的发展，在此时已达到巅峰。尤其是文人的参与，则直接促进了其艺术含量的提高。

（一）"文人壶"的出现

"文人壶"的创制标志着紫砂茶具发展到了极致，紫砂茶具不但成了茶文化的载体之一，而且本身的艺术内涵也取得了前所未有的进步，对紫砂茶具的评价不再是仅从形状、风格等方面，镌刻在上面的诗歌、书法以及绘画也同样受到重视。清代制壶名家陈鸣远最先开始探索紫砂壶的风格创新，迈出了文人壶的第一步。

陈鸣远，名远，号壶隐、鹤峰、鹤邨，主要生活在康熙年间，江苏宜兴人。生于制壶世家，陈鸣远技艺精湛，雕镂兼长，善翻新样，富有独创精神，堪称紫砂壶史上技艺最为全面精熟的名师。

陈鸣远的艺术成就主要表现在两个方面：一是取法自然，做成几乎可以乱真的"象生器"，使得自然类型的紫砂造型风靡一时，此后仿生类作品已逐渐取代了几何型与筋纹型类作品；二是在紫砂壶上镌刻富有哲理的铭文，增强其艺术性。陶器有款由来已久，但将其艺术化是陈鸣远的功劳。而陈鸣远的款识超过壶艺，其现存的梅干壶、束柴三友壶、包袱壶以及南瓜壶等，集雕塑装饰于一体，情韵生动，匠心独具，其制作技艺登峰造极。

（二）"文人壶"的初兴

自陈鸣远开创"文人壶"之后，陈曼生、杨彭年等潜心研究，不入俗流，使紫砂壶艺术得到进一步升华，他们将壶艺与诗、书、画、印结合在一起，创制出风格独特、意蕴深邃的"文人壶"，至今仍旧影响深远。

陈曼生，名鸿寿，字子恭，浙江杭州人，主要生活在嘉庆年间，清代著名的书法家、画家、篆刻家、诗人，是当时著名的"西泠八家"之一。他酷爱紫砂，结识了当时的制壶名家杨彭年、杨凤年兄妹，他以超众的审美能力和艺术修养，"自出新意，仿造古式"，设计了众多壶式，交给杨氏兄妹制作，后人也把这种壶称"曼生壶"。

陈曼生为杨彭年兄妹设计的紫砂壶共有18种样式，即后来所谓的"曼生十八式"。陈曼生仿制古式而又能自出新意，其主要特点是删繁就简，格调苍老，同时在壶身留白以供镌刻诗文警句。陈曼生也曾经在紫砂壶上镌刻款

文人壶

识详述自己嗜茶之趣，以及饮茶变迁，这些文字甚至可以当作一篇意味隽永的散文小品来欣赏，从中透露出清代文人的散淡心绪。这种生活趣味同时也体现在紫砂壶中，也就是所谓的"文人壶"。

（三）"文人壶"的繁盛

自"文人壶"开创了文人与工匠合作制壶的新局面后，文人、书画家们纷纷合作，使紫砂壶艺术达到了一个更高的境界。紫砂壶在当时也大受欢迎，烧造数量惊人，这是我国历史上文人加盟制壶业最成功的范例。

这一时期的书画家如瞿应绍、邓符生、邵大亨以及郑板桥等人也都曾为紫砂壶题诗刻字。有"诗书画三绝"之称的瞿应绍与擅长篆隶的邓符生联合制造的紫砂壶曾名动一时。郑板桥则在自己定制的紫砂壶上题诗说："嘴尖肚大耳偏高，才免饥寒便自豪。量小不堪容大物，两三寸水起波涛。"也算是讽世之作。道光、同治年间的邵大亨创制的鱼龙化壶，龙头和龙舌都可以活动。他还以菱藕、白果、红枣、栗子、核桃、莲子、香菇、瓜子等8样吉祥果巧妙地组成一把壶式。这些都是"文人壶"的经典之作。

总之，清代紫砂茶具不但继承了明代的辉煌而且又有很大的发展，尤其是文人与制壶名匠的合作开辟了紫砂壶茶具的新天地。

九、清代的瓷质茶具

清代除了紫砂茶具得到了极大发展之外，瓷茶具也在技术上臻于成熟。经过明末清初短时间的衰落后，瓷器生产很快得以恢复，康、雍、乾三朝是我国瓷器发展

的最高峰。康熙瓷造型古朴、敦厚，釉色温润；雍正瓷轻巧媚丽，多白釉；乾隆瓷造型新颖，制作精致。此后，随着饮茶的日益世俗化，民间的茶具生产渐趋繁荣。

清代的瓷质茶具从釉彩、纹样以及技法等几个方面都有较大发展。在釉彩方面，清代创造出很多间色釉，这使得瓷绘艺术更能发挥出其独具的装饰特点。据乾隆时景德镇所立"陶成记事碑"载，当时掌握的釉彩就已达57种之多。就纹样说，清瓷取材广泛，或以花草树木，或以民间风习，或以历史故事作为绘制的内容；就技法来说，或用工笔，或用写意，内容丰富，技法也极为精湛，这都表明了清代瓷茶具的生产进入了黄金期。

（一）鼎盛的瓷茶具产业

清代瓷业的烧造，以景德镇为龙头。福建德化，湖南醴陵、河北唐山、山东淄博、陕西耀州等地的生产也蒸蒸日上，但质量和数量不及景德镇，清代景德镇发展最辉煌时从业人员达万人，成为"二十里长街半窑户"的制瓷中心，更有人用"昼则白烟蔽空，夜则红焰烛天"来形容景德镇瓷业的繁盛。此外，清代官窑生产成就也不小。清官窑可分御窑、官窑和王公大臣窑等三种，在景德镇官窑中，"藏窑"、"郎窑"、"年窑"影响较大。

蒸蒸日上的清代瓷业，为瓷茶具烧制提供巨大的物质和技术支持。而清代对外贸易的主要产品就是茶和茶具，这也形成了巨大的外部需求，但是最为主要的是饮茶的大众化和饮茶方法的改变。因为清代的茶类，除绿茶外，还出现了红茶、乌龙茶等发酵型茶类，所以在色彩等方面对茶具提出了更高的要求，这些都刺激了瓷茶具的迅速发展。

（二）精美的青花瓷茶具

青花瓷茶具是清代茶具的代表，它是彩瓷茶具中一个最重要的花色品种。它创始于唐，兴盛于元，到了清朝则发展到顶峰。景德镇是中国青花瓷茶具的主要生产地。据史料载，明代景德镇所产瓷器，就已经精致绝伦。但是到了清代，青花瓷茶具又进入了一个快速发展期，它超越前代，影响后代。尤其是康熙年间烧制的青花瓷器，史称"清代之最"。清代陈浏在《陶雅》中说："雍、乾之青，盖远不逮康窑。"此时，青花茶具的烧制以民窑为主，而且数量非常可观，这一时期的青花茶具被称之为"糯米胎"，其胎质细腻洁白，纯净无瑕，有似于糯米，可见清代在陶瓷工艺上的精妙和高超。

（三）"文士茶"情结

清代文人特别注重对品茗境界的追求，从而将茶具文化带进一个全新的发展阶段。他们既钟情于诗文书画，又陶醉于山涧清泉、听琴品茗，从而形成了精美的"文士茶"文化。《红楼梦》中关于妙玉侍茶的一段话，就反映了人们的"文士茶"情结。作者通过塑造妙玉离世绝俗的高傲性格，说明茶具实际上已经在某种程度上脱离茶而单独存在了。此外，中国文人自古都有好古之风，以至于饮茶都是器具越古越好，茶反而退居其次。因此，清代的茶具不再追求高贵奢华，文人们更重视是它的文化内涵。

十、独特的壶具铭文

中国的制壶刻铭发端于元代，元人蔡司霑在《寄园丛话》中提到："余于白下获一紫砂罐，镌有'且吃茶清隐'草书五字，知为孙高士遗物，每以泡茶，古雅绝伦。"文中的孙高士即孙道明，号清隐。他在元代生活了71年，因长期隐居不出，人们称他为高士，他也是我国历史上在壶上撰写壶铭的第一个文人。

纵观中国的历代壶铭，主要有壶外铭、壶底铭、壶身铭等三种。其中壶外铭不在壶上书写，而是散见于文人的笔记、绘画、诗歌中；壶底铭、壶身铭则是书写于壶面之上，是在壶的泥质未干之前用钢刀或竹刀所刻。它不但切合壶体形状，而且讲究书法和词藻的优美，其中还蕴涵深刻的哲学意义。所以，鉴赏壶铭除了鉴别壶的作者或题诗镌铭的作者之外，更为重要的是欣赏题词的内容、镌刻的书画、还有印款（金石篆刻）。

（一）陈铭远的壶铭艺术

清代著名壶家陈鸣远是我国的壶铭艺术大师，他的文化造诣很深，其书法也有晋唐风格。他所创制的南瓜壶，很像是一只矮圆南瓜，顶小底大，壶盖则恰好是一只瓜蒂。壶身一侧的壶嘴上贴附着几片瓜叶，实现了壶与瓜的自然过渡。另一侧的壶把做成一根瓜藤，围成半环状，藤上显出丝丝筋脉。壶面所刻铭文"仿得东陵式，盛来雪乳香"，可见此壶并非仅仅为仿造南瓜，而是更有深意。

铭文中的"东陵式"就是"东陵瓜"。这里有一个典故，汉时有一个人叫召平，原来本是秦始皇时期的东陵侯，他性格清高，不入俗流，安贫乐道。秦朝灭亡之后，他沦为平民，在长安城东以种瓜为生，他种的瓜有五色，而且味道甜美。陈鸣远仿东陵瓜制造此壶，其中就有崇尚召平的人格之意。

陈鸣远的松竹梅树桩壶，造型别致。壶身形似一棵竹桩，由松枝、竹干和梅桩组成，壶嘴形似梅花枝干，拦腰用藤柴紧束，还有数朵梅花绽开在壶身。壶盖形如竹节，最为相映成趣的是壶身还盘踞着两只活泼可爱的小松鼠，极富生态。壶底铭为："清风撩坚骨，遥途识冰心。鸣远。"这把壶的整体造型，可谓匠心别具，妙趣横生。壶底铭文，既点出了"三友"的浩然正气，又道明了此壶的内涵，堪称其"绝世之作"。

（二）壶铭的美学境界

壶具铭文是中国传统艺术的一部分，它具有"诗、书、画、印"四位一体的特点。所以，一把茶壶可看的地方除造型、制作工艺以外，还有文学、书法、绘画、金石诸多方面，能给赏壶人带来很多美的享受。

数百年来，壶铭增添了壶具的意境美。如杨彭年的竹段壶上有朱石梅的铭文："采春绿，响疏玉。把盏何人？天寒袖薄。石梅作"，其中"春绿"指茶，"疏玉"喻泉，"天寒袖薄"指佳人，意为美人为我煮泉烹茶。再如"径穿玲珑石，檐挂峥嵘泉，水许亦自洼，昨来龙井边"、"古山泉，蒙顶叶，漱齿鲜，涤尘热"、"汲甘泉，瀹芳茗，孔颜之乐在瓢饮"、"梅雪枝头活火煎，山中人兮仙乎仙"、"采茶深入鹿麋群，自剪荷衣渍绿云。寄我峰头三十六，消烦多谢武陵君"、"一杯清茗，可沁诗脾"等，壶铭无不显现出茶壶艺术的清雅之美。

第四节　茶道

一、茶道的发展历程

茶道源于中国修身养性、学习礼仪和进行交际的综合性文化，它具有一定的时代性和民族性，涉及艺术、道德、哲学、宗教，以及文化的各个方面，借品茗倡导清和、俭约、廉洁、求真、求美的高雅精神。

（一）唐代茶道

"茶道"一词首见于中唐，这也是中国茶道开始走向成熟的时代。唐代封演所著的《封氏闻见录》中提出的"茶道"概念主要是指陆羽倡导的饮茶之道，它包括鉴茶、选水、赏器、取火、炙茶、碾末、烧水、煎茶、品饮等一系列程序、礼法和规则。陆羽茶道强调的是"精行俭德"的人文精神，注重烹瀹条件和方法，追求怡静舒适的雅趣。因此，陆羽也被称为中国茶道的鼻祖。

唐代文化昌盛，文人正是茶道的主要群体，许多文人都将茶作为修身的一种方式，并写出了传世的名作。皎然诗中的"茶道"是我国古代关于"茶道"的最早阐述："一饮涤昏寐，情来朗爽满天地。再饮清我神，忽如飞雨洒轻尘。三饮便得道，何须苦心破烦恼……孰知茶道金尔真，唯有丹丘得如此。"皎然认为，饮茶能清神、得道、全真。神仙丹丘子就深谙其中之道。

此外，唐代佛门的茶道也很兴盛，佛家茶道以"茶禅一味"为主要特征。最为典型的就是"径山茶宴"，一群和尚以"茶宴"的形式待客，僧徒围坐，边品茗边论佛，边议事边叙景，意畅心清，清静无为，别有一番情趣。

（二）宋代茶道

宋代是中国茶道走向多样化的时期。当时文人茶道涵盖的范围较广，包括炙茶、碾茶、罗茶、候汤、温盏、点茶等过程，同时借茶励志，颇有淡泊清尚的风气。许多文人笔下都有对饮茶之道的细腻描述，如黄庭坚《阮郎归》一词中的"消滞思，解尘烦，金瓯雪浪翻。只愁啜罢水流天，余清搅夜眼"，十分精细地表现了饮茶后怡情悦志的感受。陆游《北岩采新茶》："细啜襟灵爽，微吟齿颊香，归时更清绝，竹影踏斜阳。"把饮新茶的口感和心理感受表现得淋漓尽致。

当时的宫廷茶道非常奢侈，宋徽宗赵佶在《大观茶论》中对宫廷茶道的主要特征和精神追求做了经典的阐述，他说茶"祛襟涤滞，致清导和"，"冲淡简洁，韵高致静"，"天下之士励志清白，竟为闲暇修索之玩"。由此可见，宫廷茶道讲究茶叶精美、茶艺精湛、礼仪繁缛、等级鲜明，它以教化民风为目的，致清导和为宗旨。

（二）明代茶道

明代的茶道中融入了中国古代的自然哲学思想。冯可宾在《芥茶笺》一书中讲"茶宜"的十三个条件："无事、佳客、幽坐、吟咏、挥翰、徜徉、睡起、宿醒、清供、精舍、会心、赏鉴、文僮。""茶忌"七条："不如法、恶具、主客不韵、冠裳苛礼、荤肴杂陈、忙冗、壁间案头多恶趣"，这反映了中国茶道深层次的精神追求。中国古代茶人也主张"天人合一"，使生命行动和自然妙理一致，使生命的节律与自然的运作合拍，使人融入到自然之中。

二、茶道的基本精神

中国虽然自古就有茶道，但是茶道并没有明确的内涵和外延，这给人们留下了较大的发挥余地，各层次的人可以从不同角度根据自己的情况和爱好选择不同的茶道形式和思想内容。所以关于茶道的基本精神也没有明确的归纳标准，林治《中国茶道》把"和、静、怡、真"作为中国茶道的四谛，很有代表性，也具有鲜明的时代特点。

（一）和

儒家从"太和"的哲学理念中推衍出"中庸之道"的思想。其对"和"的诠释在茶事活动的全过程中表现得淋漓尽致。如在泡茶时表现为"酸甜苦涩调太和，掌握迟速量适中"的中庸之美，在待客时表现为"春茶为礼尊长者，备茶浓意表浓情"的明伦之礼；在饮茶的过程中表现为"饮罢佳茗方知深，赞叹此乃草中英"的谦和之仪等。

佛家提倡人们修习"中道妙理"。在茶道中，佛教的"和"最突出的表现是"茶禅一味"，这实际上是外来的佛教与中国本土文化的"和会"。

（二）静

道家的清静思想对中国传统文化和民族心理的影响极其深远，中国茶道正是通过茶事创造一种宁静的氛围和一个空灵虚静的心境，在虚静中与大自然融涵玄会，达到天人合一的境界。儒家、佛家把"静"视为归根复命之学。

此外，艺术的创作和欣赏也离不开静。苏东坡"欲令诗语妙，无厌空且静，静故了群动，空故纳万境"这首充满哲理的诗，合于诗道，也合于茶道。古往今来，无论是道士高僧还是文人，都把"静"作为茶道修习的必经之道，可谓殊途同归。

（三）怡

在中国茶道中，"怡"是人们从事茶事过程中的身心享受。中国茶道是雅俗共赏之道，它体现于日常生活中的随意性。不同地位、不同信仰、不同文化层次的人对茶道有不同的追求。历史上王公贵族讲茶道，重在"茶之珍"，意在炫耀权势，夸示富贵，附庸风雅；文人学士讲茶道重在"茶之韵"，意在托物寄怀，激扬文思；佛家讲茶道重在"茶之德"，意在驱困提神，参禅悟道，见性成佛；道家讲茶道重在"茶之功"，意在品茗养生，保生尽年，羽化成仙；普通老百姓讲茶道重在"茶之味"，意在去腥除腻，涤烦解渴，享乐人生。

（四）真

"真"是中国茶道的终极追求。真，原是道家的哲学范畴。在老庄哲学中，"真"与"天"、"自然"等概念相近，真即本性、本质，所以道家追求"返璞归真"。中国茶道在从事茶事时所讲究的"真"，不仅包括茶应是真茶、真香、真味；环境最好是真山真水；挂的字画最好是真迹真品；用的器具最好是真竹、真木、真陶、真瓷。另外，还包含了待人要真心，敬客要真情，说话要真诚，心境要真闲。总之，茶事活动的每一步都要认真，每一个环节都要求真。

三、茶道的发展与佛教

佛教对我国茶道的形成和传播起了重要作用。佛门中的僧人是中国较早的饮茶群体，魏晋以前，茶就已经成为佛门弟子修行时的饮品，甚至在江淮以南的一些寺庙中，饮茶已经成为一种传统。陆羽的《茶经》中就有两晋和南朝时僧人饮茶的记录。

（一）佛教推动了茶道的传播

唐代开元年间，禅宗在各大寺院得到认可。禅宗讲究坐禅，且要注意五调，即调心、调身、调食、调息、调睡眠。由于茶的特殊属性，成为五调的必备之品。随着禅宗对茶的巨大需求，许多寺庙出现了种茶、制茶、饮茶的风尚，这在当时的诗文中也有所反映。如刘禹锡《西山兰若试茶歌》："山僧后檐茶数丛，春来映竹抽新茸。宛然为客振衣起，自傍芳丛摘鹰嘴。"吕岩的《大云寺茶诗》中的"玉蕊一枪称绝品，僧家造法极功夫"，更是盛赞了僧人的制茶工艺。

中国寺庙是茶叶采制、生产和宣传茶道文化的中心。"茶圣"陆羽最初就是从寺庙中结识茶，并对茶道产生兴趣的。此外，中国茶道的奠基人之一皎然所创作的大量茶诗，也对茶道发展与传播起到了很大作用。

在佛教鼎盛时期，僧人研究、改进茶叶的制作工艺，出现了名寺名茶现象。僧人对茶叶各项技术的改良从客观上推动了茶叶生产的发展，为茶道提供了物质基础。许多贡茶也产自寺院，比如著名的贡茶顾渚紫笋，最先产自吉祥寺；曾为乾隆皇帝钟爱的君山银针，产自君山的白鹤寺；湖北远安县的鹿苑茶，产于鹿苑寺等等。

（二）茶道的表现形式——佛门茶礼

佛门茶事兴盛以后，茶寮、茶堂、茶鼓、茶头、施茶僧、茶宴、茶礼等各种名词随之出现，还形成了适应禅僧集体生活的寺院茶礼，并作为佛教茶道的一部分融入寺院生活之中。

禅宗建立的一系列茶礼、茶宴等茶道形式，具有很高的审美趣味，而高僧们写茶诗、吟茶词、作茶画，或与文人唱和茶事，也推动了中华茶道的发展。同时，中华茶道中的禅宗茶道对外影响巨大，传入了日本、韩国等一些亚洲国家。

在佛教寺院中，茶道礼仪也是联络僧侣的重要方式。特别是寺院"大请职"期间举行的"鸣鼓讲茶礼"（住持请寺院的新首座饮茶时的一系列礼仪形式）。一般事先由住持侍者写好茶状，其形式如同请柬。新首座接到茶状，应先拜请住持，后由住持亲自送其入座，并为之执盏点茶。新首座也要写茶状派人交与茶头，张贴在僧堂之前，然后挂起点茶牌，待僧众云集法堂，新首座亲自为僧众——执盏点茶。在寺院"大请职"期间，通过一道道茶状，一次次茶会，使寺院生活更加和谐。此外，有的寺庙在佛的圣诞日，以茶汤沐浴佛身，称为"洗佛茶"，供香客取饮，祈求消灾延年。

江西奉新百丈山的怀海禅师制定的《百丈清规》，更是对佛门的各种礼仪作了详细的规定，也对佛门的茶事活动进行了严格的限制。其中有应酬茶、佛事茶、议事茶等等，都有一定的规范与制度。比如圣节、佛降诞日、佛成道日、达摩圆寂日等均要烧香行礼供茶。再如议事茶，禅门议事也多采用茶会的形式来召集众僧。

《百丈清规》是中国第一部佛门茶事文书，它以法典的形式规范了佛门茶事、茶礼及其制度，从而使茶与禅门结缘更深。

四、道家"天人合一"的茶道思想

中国道家主张"天人合一"，其中"天"代表了大自然以及自然规律。道家认为"道"出于"自然"，即"道法自然"，不能把人和自然割裂，物与精神，自然与人是互相包容的整体。古人也常把大自然中的山水景物当作抒怀的载体。这也反映了古人对自然的认知，以及对自然之美的追求。

（一）"天人合一"思想

在道家"天人合一"哲学思想的影响下，中国历代著名茶人都强调人与自然的统一，传统的茶文化正是自然主义与人文主义高度结合的文化形态。因为茶性的清纯、淡雅、质朴与人性的静、清、虚、淡"性之所近"，并在茶道中得到高度统一。茶的品格蕴涵着道家淡泊、宁静、返璞归真的思想。此外，道家在发现茶的药用价值时，也注意到茶的平和特性，具有"致和"、"导和"的功能，可作为追求"天人合一"思想的载体，于是道家之"道"与饮茶之"道"和谐地融合在一起，共同丰富了中国茶道的内涵。

（二）茶道对自然的追求

茶道中的"天人合一"思想，最直接地体现在人对自然的融与法。《老子》说："人法地，地法天，天法道，道法自然。"道家认为道是普遍存在的自然规律，这种观念也渗透到茶道中。朱权在《茶谱》说："然天地生物，各遂典性，莫若叶茶，烹而啜之，以遂其自然之性也。"马钰《长思仙·茶》中也体现出淡泊无为的思想与"自然"主义，讲究在大自然中品茗，并在其中寻求自然的回归，这也是道家天人合一、返璞归真的思想反映。此外，在茶事中，茶人主张用本地之水煎饮本地之茶，讲究茶与水的自然和谐。品茶时，茶人还强调"独啜曰神"，追求天人合一，物我两忘。

茶人的内心世界里充满了对大自然的热爱，有着回归自然、亲近自然的强烈渴望，而文人更钟情于在大自然中品茶，置身于幽谷深林，煮泉品茗，观云听籁，达到天人合一的境界。如宋代苏轼喜欢烹茶，把茶事当作自我解脱的精神之物，他的《汲江煎茶》诗将茶道中物我和谐、天人合一的精神描绘得淋漓尽致。明代徐渭在《徐文长秘集》中指出：品茶适宜在精舍、云林、寒宵兀坐、松月下、花鸟间、清流白云、绿藓苍苔、素手汲泉、红妆扫雪、船头吹火、竹里飘烟等环境下进行。这些都充分体现了茶人对自然的追求，将人与自然融为一体，通过饮茶去感悟茶道、天道、人道。

道家主张静修，而茶是清灵之物，通过饮茶能够提高静修，所以茶是道家修行时的必需之物。道家把"静"看成是人与生俱来的本质特征。静虚则明，明则通。"无欲故静"，人无欲，则心虚自明，因此道家讲究去杂念而得内在之精微。《老子》云："致虚极，守静笃，万物并作，吾以观其复。夫物芸芸，各复归其根。归根曰静，静曰复命。"《庄子》说："水静则明，而况精神。圣人之心，静乎，天地之鉴也，万物之镜也。"老庄都认为致虚、守静达到极点，可以观察到世间万物成长之后，各自归其根底。

赖功欧《茶哲睿智》认为，在品饮过程中，"人们一旦发现它的'性之所近'——近于人性中静、清、虚、淡的一面时，也就决定了茶的自然本性与人文精神的结合，成为一种实然形态。"所以道家对中国品饮的艺术境界影响尤为深刻。"茶人需要的正是这种虚静醇和的境界，因为艺术的鉴赏不能杂以利欲之念，一切都要极其自然而真挚。因而必须先行'人静'，洁净身心，纯而不杂，如此才能与天地万物合一，品出茶的滋味，品出茶的精神，达到形神相融。"

五、茶道中的"中和"思想

中庸是儒家思想的核心内容，也是儒家处理一切事情的原则和标准。"和"就是恰到好处，可用于自然、社会、人生等各个方面。"和"尤其注重人际关系的和睦、和谐与和美。饮茶能令人头脑清醒，心境平和。因此，茶道精神与儒家提倡的中和之道相契合，茶成为儒家用来改造社会、教化社会的良药。中和也成为儒家茶人孜孜追求的美学境界和至上哲理。

（一）儒家的中和思想

中庸是儒家最高的道德标准，中和是儒家中庸思想的核心部分。"和"是指不同事物或对立事物的和谐统一，它涉及世间万物，也涉及生活实践的各个领域，内涵极为丰富。中和从大的方面看是使整个宇宙包括自然、社会和人达到和谐，从小的方面看是待人接物不偏不倚，处理问题恰到好处。正如儒家经典《中庸》中所讲的："不偏之谓中；不易之谓庸。中者，天下之正道。庸昔，天下之定理。"

儒家的中和思想同样反映在茶道精神中。儒家不但将"和"的思想贯彻在道德境界中，而且也贯彻到艺术境界中，并且将两者统一起来。但是儒家总是将道德摆在第一位，必须保持高洁的情操，才能在茶事活动中体现出高逸的中和美学境界。因此无论是煮茶过程、茶具的使用，还是品饮过程、茶事礼仪的动作要领，都要求不失儒家端庄典雅的中和风韵。

（二）《茶经》中的中和之道

东方人多以儒家中庸思想为指导，清醒、理智、平和、互相沟通、相互理解，在解决人与自然的冲突时则强调"天人合一"、"五行协调"。儒家这些思想在中国茶俗中有充分体现。历史上，中国的茶馆有一个重要功能，就是调解纠纷。人与人之间产生分歧，在法律制度不健全的封建时代，往往通过当地有威望族长、士绅及德高望重文化人进行调解，调解的地点就在茶楼之中。有趣的是，通过各自陈述、争辩、最后输理者付茶钱，如果不分输赢，则各付一半茶钱。这种"吃茶评理"之俗延续很久，至今在四川一带犹有余俗。

《周易》认为，水火背离什么事情都办不成，水火交融才是成功的条件。茶圣陆羽根据这个理论创制的风炉就运用了《易经》中三个卦象坎、离、巽来说明煮茶中包含的自然和谐的原理。"坎"代表水，"巽"代表风，"离"代表火。在风炉三足间设三空，于炉内设三格，一格书"翟"（火鸟），绘"离"的卦形；一格书"鱼"（水虫），绘"坎"卦卦形；另一格书"彪"（风兽），绘"巽"卦的卦形。意为风能兴火，火能煮水，水能煮茶，并在炉足上写"坎上巽下离于中，体均五行去百疾"。中国茶道在这里把儒家思想体现得淋漓尽致。

此外，儒学认为"体用不二"，"体不高于用"，"道即在伦常日用、工商稼耕之中"。在自然界生生不息的运动之中，人有艰辛，也有快乐，一切顺其自然，诚心诚意对待生活，不必超越时空去追求灵魂不朽，"反身而诚，乐莫大焉"。这就是说，合于天性，合于自然，穷神达化，便可在日常生活中得到快乐，达到人生极致。中国茶文化中清新、自然、达观、热情、包容的精神，即是儒家思想最鲜明、充分，客观而实际的表达。

六、儒家人格和茶道精神

儒家茶人在饮茶时，将具有灵性的茶叶与人的道德修养联系起来，因为茶"性洁不可污，为饮涤尘烦。此物信灵味，本自出山原"，品茶活动也能够促进人格的完善，因此沏茶品茗的整个过程，就是陶冶心志、修炼品性和完善人格的过程。

（一）修己成仁的人格思想

儒家的人格思想来源于孔子的"仁"，"仁"的特性就是强调对个体人格完善的追求。孔子所树立的理想人格是"志士仁人，无求生以害仁，有杀身以成仁，"三军可夺帅也，匹夫不可夺志也"。这种理想人格经孟子得以极大的发扬，孟子说："富贵不能淫，贫贱不能移，威武不能屈，此之谓大丈夫。""生，亦我所欲也；义，亦我所欲也。二者不可得兼，舍身而取义者也。"因为在儒家看来只有完善的人格才能实现中庸之道，良好的修养才能实现社会和谐。

儒家注重人格思想，追求人格完善，茶的中和特性也为儒家文人所注意，并将其与儒家的人格思想联系起来。因为茶道之中寄寓着儒家追求廉俭、高雅、淡洁的君子人格。正如北宋晁补之的《次韵苏翰林五日扬州古塔寺烹茶》："中和似此茗，受水不易节。"借以赞美苏轼的品格和气节，即使身处恶劣的环境之中，也能洁身自好。

（二）茶道中的"君子性"

儒家的人格思想也是中华茶道的思想基础。茶是文明的饮料，是"饮中君子"，能表现人的精神气度和文化修养，以及清高廉洁与节俭朴素的思想品格。这是由茶本性决定的，喝茶对人有百利而无一弊，茶自古就有君子之誉。同时，由于人们对君子之风的崇尚，使得茶的"君子性"在文人雅士的品饮活动有了更为深刻的内涵。文人雅士在细细品啜，徐徐体察之余，在美妙的色、香、味的品赏之中，移情于物，托物寄情，从而受到陶冶，灵魂得到了净化。

关于茶的"君子性"，很多茶人都有论述。茶圣陆羽在《茶经》中说，茶"宜精行俭德之人"，以茶示俭、示廉，倡导茶人的理想人格。宋代理学兴盛，倡导存天理，灭人欲，茶人多受其思想熏陶。苏轼在《叶嘉传》中赞美茶叶"风味恬淡，清白可爱"。周履靖的《茶德颂》盛赞茶有馨香之德，可令人"一吸怀畅，再吸思陶。心烦顷舒，神昏顿醒，喉能清爽而发高声。秘传煎烹，瀹啜真形。始悟玉川之妙法，追鲁望之幽情"。司马光把茶与墨相比，"茶欲白，墨欲黑；茶欲新，墨欲陈；茶欲重，墨欲轻，如君子小人之不同"。由此可见，宋代文人对茶性与人性的理解。

（三）品茶修身的古代茶人

历史上很多文人都与茶结下不解之缘，他们的茶事活动有深刻的文化情结，其中以怡养性，塑造人格精神是其第一要务。"茶圣"陆羽将品茶作为人格修炼的手段，一生中不断地实践和修炼"精行俭德"的理想人格。陆羽的《六羡歌》吟咏："不羡黄金罍，不羡白玉杯，不羡朝人省，不羡暮人台，千羡万羡西江水，曾向竟陵城下来。"充分表现了陆羽对高尚人格的追求。苏轼也曾为茶立传，留下了不少有关茶的诗文。裴汶、司马光等也都在品饮之中，将茶视为刚正、淳朴、高洁的象征，借茶表达高尚的人格理想。由此可见，众多文人雅士均赋予茶节俭、淡泊、朴素、廉洁的品德，并以此来寄托人格理想。

七、儒家"乐生观"和茶道

相传，孔子的弟子有三千多人，其中有当官的，有做生意的，而孔子最得意的大弟子颜回却是最穷的一个，颜回的快乐是与贫穷连在一起的。他生活在陋巷中，箪食瓢饮以度日，但却能在恶劣的环境中"不改其乐"。孔子也说过："饭疏食，饮水，曲肱而枕之，乐亦在其中矣。"吃粗劣的饭菜，喝生水，枕着自己的胳膊而入睡，但贫穷也不能改变他们的快乐。这其中的快乐，不是与物质环境挂钩的乐，而是与精神因素相关的乐。可见，儒家的人生观是积极乐观的。在这种人生观的影响下，中国人总是充满信心地展望未来，也更加积极地重视现实人生，他们往往能从日常生活中找到乐趣。

（一）充满"乐感"的茶道

中国茶道产生之初便深受儒家思想的影响，因此也蕴涵着儒家积极人世的乐观主义精神。儒家的乐感文化与茶事结合，使茶道成为一门雅俗共赏的艺术，饮茶的乐感不仅体现在味觉上的满足，更体现在观赏中的审美情趣。

古代以茶为乐的人很多，唐代李约就以亲自煎茶、煮茶为乐，每日都是手持茶器，毫无倦意。有一次，他出使陕州，走到硖石县，发现一处清泉，水质上好，便整日蹲守此地，煮饮了十多天才离开。《茶录》作者蔡襄更是一位典型的乐茶者，他嗜茶如命，一刻也离不开茶，他与茶已达到一种高度融合的境界。到了晚年，他因病不能饮茶，但是，为了追求品饮乐趣，他照常每天煮茶，烹而玩之。苏东坡在《寄周安孺茶》一诗中，将茶喻为天公所造的灵品，其末尾几句写出自己嗜茶的感受："意爽飘欲仙，头轻快如沐。昔人固多癖，我癖良可赎，为问刘伯伦，胡然枕糟曲？"鲍君徽的《东亭茶宴》也反映了典型的儒家乐感文化，以山水之乐、弦管之乐烘托饮茶之乐。黄庭坚的一首《品令》更是淋漓尽致地表达了品饮之乐，把茶比作旧日好友万里归来，灯下对坐，悄然无言，心心相印，欢快之至，将品茗时只可意会不可言传的特殊感受化为鲜明可见的视觉形象，出神入化地表达了品饮时的快感。

（二）"抚慰心灵"的茶道

儒家知识分子在失意时，也将茶作为安慰人生、平衡心灵的重要手段。他们往往从品茶的境界中寻得心灵的安慰和人生的满足。白居易经历过宦海沉浮后，在《琴茶》诗中云："兀兀寄形群动内，陶陶任性一生间。自抛官后春多醉，不读书来老更闲。琴里知闻唯渌水，茶中故旧是蒙山。穷通行止长相伴，谁道吾今无往还。"琴与茶是白居易终身相伴的良友，以茶道品吾人生，乐天安命。韦应物也认为茶"为饮涤尘烦"，即饮茶可以消除人间的烦恼。

台湾的周渝先生说得好："有的人心里很烦，你要他去面壁，去思考，那更烦，更可怕。如果你专心把茶泡好，你自然进去了，就静了……我们在享受一壶茶，我们在享受代表天地宇宙的茶，同时，我们又与我们的好朋友在一起享受，多么快乐啊！"著名的茶学家庄晚芳先生在其所撰的文章中，也多次地提到茶文化中所体现的积极、乐观的人生观。

古人品饮，还讲求环境的幽雅，主张饮茶可以伴明月、花香、琴韵、自然山水，以求得怡然雅兴，而民间的茶坊、茶楼、茶馆中更洋溢着一种欢乐、祥和的气氛。所有这些都使得中国茶道呈现出欢快、积极、乐观的色调。

第五节　茶艺

一、多姿多彩的茶艺

传说从前有一个茶艺师，有一天出去散步，恰好撞上一个剑客。这剑客很嚣张地说："咱俩明天比武吧？"茶艺师慌了，直奔城中最大的武馆，见到师傅就拜："我只是个茶艺师，遭遇强敌。求你教我一种绝招。"师傅笑了"你为什么不先给我泡一次茶呢？"茶艺师让人取来最好的山泉水，用小火一点一点地煮开，又取出茶叶，然后洗茶、滤茶、泌茶，一道一道，从容不迫，最后他把这一盏茶捧到了师傅手里，师傅品了一口茶说："用你刚才泡茶的心去面对你的对手吧。"第二天比武时，他从容不迫、拿出绑带把自己的袖口、裤脚一一都绑好，最后解下腰带，紧一紧，整束停当，他从头到尾，一丝不苟、有条不紊收拾妥当，然后一直就这么笑笑地看着他的对手。那个剑客被茶艺师看的越来越毛，惶惑之极。到了最后的时候，那个剑客跪下了："我求你饶命，你是我一生中遇到的武力最高的对手。"由此可见，茶艺确实是一种很高的境界，而且这种境界也可用在生活的其他方面。

（一）茶艺的渊源

中华茶艺，萌芽于唐代，发扬于宋代，改革于明代，极盛于清代，而且自成系统，但它在很长的历史时期里却是有实无名。中国古代的一些茶书，如唐代陆羽《茶经》，宋代蔡襄《茶录》、赵佶《大观茶论》，明代张源《茶录》、许次纾《茶疏》等，对茶艺记载都较为详细。纵观各类历史典籍，古代虽无"茶艺"一词，但零星可见一些与茶艺相近的词或表述，如"茶道"一词，并承认"茶之为艺"。其实古籍中所谓的"茶道"、"茶之艺"有时仅指煎茶之艺、点茶之艺、泡茶之艺，有时还包括制茶之艺、种茶之艺。所以，中国古代虽没有直接提出"茶艺"概念，但从"茶道"、"茶之艺"到"茶艺"仅有一步之遥。

（二）茶人视域下的茶艺

"中华茶文化学会"创会理事长范增平认为茶艺可分成广义和狭义的两种。广义的茶艺，是研究茶叶的生产、制造、经营、饮用的方法和探讨茶业原理、原则，以达到物质和精神全面满足的学问。狭义的茶艺，是研究如何泡好一壶茶的技艺和如何享受一杯茶的艺术。著名茶人陈香白则认为，茶艺是人类种茶、制茶、用茶的方法与程式。随着时代之迁移，茶艺也以"茶"为中心，向外延展而成为"茶艺文化"系列。陈香白等将茶艺扩大到茶叶的各个领域，其茶艺文化相当于茶文化。茶界名人蔡荣章认为茶艺是饮茶的艺术，其讲究茶叶的品质、冲泡的技艺、茶具的玩赏、品茗的环境以及人际间的关系。丁以寿认为的茶艺，则是指备器、选水、取火、候汤、习茶的一套技艺。由此可见，关于茶艺的界定可谓见仁见智，在中国茶界也没有形成统一的标准。本章则依据习茶法，从煮茶茶艺、煎茶茶艺、点茶茶艺和泡茶茶艺来研究。

（三）茶艺与茶俗

所谓茶俗，是指用茶的风俗，诸如婚丧嫁娶中的用茶风俗、待客用茶风俗、饮茶习俗等。中国地域辽阔，民族众多，饮茶历史悠久，在漫长的历史中形成了丰富多彩的饮茶习俗。茶俗是中华茶文化的构成方面，具有一定的历史价值和文化意义。茶艺重在茶的品饮艺术，追求品饮情趣。茶俗重在喝茶和食茶，目的是解决生理需要和物质需要。有些茶俗经过加工提炼可以上升为茶艺，但绝大多数的茶俗只是民族文化、民俗文化的一种；有些茶俗虽然也可以表演，但不能算是茶艺。

二、历史悠久的煮茶法

提起煮茶还有一段佳话。宋代人赵抃家境贫寒，经常夜宿在别人的屋檐下。一天早上，贤士余仁合见到他，便邀请他到家中。余仁合一向有乐善好施之名，他发现赵抃聪慧过人，便供养他读书求学，一直到赵抃得中进士踏上仕途。赵抃为了报答余仁合曾赠送许多金银财宝，还在皇上面前举荐他做官，但都被余仁合拒绝了。赵子抃于是来到余仁合的家里，用陶土烧制成的粗瓷瓦壶，放进茶叶，把水煮开，用洁白瓷杯，沏满茶，恭恭敬敬地捧到余仁合面前。赵抃在余仁合家逗留三天日子里，天天早起晚睡，煮茶送水，伺候余仁合。余仁合深为感动地说："茶引花香，相得益彰，人逢知己，当仁不让"，从此后人便称之为"煮茶谢恩"。煮茶的历史很长，是我国最早的饮茶方法。直到今天，我国一些地区的煮茶之风依旧浓郁。

（一）魏晋之前的煮茶之法

煮茶脱胎于茶的食用和药用。古代先民用鲜叶或干叶烹煮成羹汤，再加上盐等调味品后食用。茶的药用则是在此基础上，再加上姜、桂、椒、橘皮、薄荷等药材熬煮成汤汁饮用。关于煮茶的起源有比较明确文字记载，是西汉末期的巴蜀地区，以此推测煮茶法的发明也当属于巴蜀人，时间则不会晚于西汉。

汉魏六朝时期，茶叶加工方式比较粗放，因此茶叶的烹饮也很简单，源于药用的煮熬和源于食用的烹煮是其主要形式，同时还有羹饮，或是煮成茗粥。晚唐时期的皮日休的《茶中杂咏》就认为陆羽以前的饮茶，就如同喝蔬菜汤一样，煮成羹汤而饮，那时也没有专门的煮茶、饮茶器具，往往是在鼎、釜中煮茶，用食器、酒器饮茶。

（二）唐代陆羽的煮茶之法

唐五代时期的饮茶延续了汉魏六朝时期的煮茶法，尤其是在中唐以前，煮茶法是主要的形式。其间"茶圣"陆羽在总结前人饮茶经验的基础上，并结合自己的亲身试验，提出了新的煮茶理论，确立了陆羽煮茶法的地位。陆羽不但讲究技艺，注重茶性。而且还要求茶、水、火、器"四合其美"，同时他还特别强调煮茶技艺。

陆羽煮茶时，特别注重水的火候。当水烧到一沸时，加入适量盐来调味，并除去浮在表面、状似"黑云母"的水膜，从而使茶的味道纯正。当水烧到二沸时，舀出一瓢水，再用竹夹在沸水中边搅边投入一定量的茶末。当水烧到三沸时，应加进二沸时舀出的那瓢水，使沸腾暂时停止，以"育其华"。"华"就是茶汤表面所形成的"沫"、"饽"、"花"。薄的称"沫"，厚的称"饽"，细而轻的称"花"。如果继续煮，水就"老了"，不适饮用。三沸茶就可以饮用了。

中唐以前，这种煮茶法是主要形式。以后，随着制茶技术的提高和普及，直接取用鲜叶煮饮便不被采用了，但煮茶法作为支流形式却一直保留在局部地区。

（三）唐以后的煮茶之法

自唐代之后，由于煎茶法的兴起，煮茶法开始日渐式微，主要流行于少数民族地区，正如苏辙《和子瞻煎茶》诗中的"北方俚人茗饮无不有，盐酪椒姜夸满口"。而且，其所用的茶多是粗茶、紧压茶，通常与酥、奶、椒盐等作料一起煮。

三、流行一时的煎茶法

唐代宗李豫喜欢品茶。有一次，他命宫中煎茶高手用上等茶叶煎出一碗茶，请积公和尚品尝。积公饮了一口，便再也不尝第二口。李豫问他为何不饮，积公说："我所饮之茶，都是弟子陆羽为我煎的。饮过他煎的茶后，旁人煎的就觉淡而无味了。"李豫听后便派人四处寻找陆羽，终于在吴兴县的天杼山上找到了他，并把他召到宫中，当即命他煎茶。陆羽立即将带来的紫笋茶精心煎制后献给李豫，其味道果然与众不同。于是李豫又命他再煎一碗，让宫女送给积公和尚品尝，积公一饮而尽。然后走出书房，连喊"渐儿（陆羽的字）何在?"，李豫忙问"你怎么知道陆羽来了呢?"积公答道："我刚才饮的茶，只有他才能煎得出来，当然是他到宫中来了。"上述的传说，虽说难辨真伪，但从中也可以窥见陆羽的煎茶技艺之精湛。

（一）源于煮茶的煎茶

在汉语中，煎、煮意义相近，往往可以通用。这里所称的"煎茶法"，是指陆羽《茶经》中所记载的习茶方式，为了区别于汉魏六朝的煮茶法故名"煎茶法"。

煎茶法是从煮茶法演化而来的，具体而言是从末茶煮饮法直接改进而来的。在末茶煮饮过程中，茶叶的内含物在沸水中容易析出，所以不需较长时间的煮熬，而且茶叶经过长时间的煮熬，它的汤色、滋味、香气都会受到影响。正因如此，人们开始对末茶煮饮方法进行改进，在水二沸时投入茶叶，三沸时茶便煎成，这样煎煮时间较短，煎出来的茶汤色香味俱佳。它与煮茶法的主要区别有两点：一是煎茶法入汤之茶是末茶，而煮茶法用散、末茶皆可；二是煎茶法是在水二沸时投茶，时间很短；而煮茶法茶投入冷水、热水都可以，需经较长时间的煮熬。由此可见，煎茶在本质上属于煮茶法，是一科特殊的末茶煮饮法。

（二）陆羽的煎茶方法

根据陆羽《茶经》记载，煎饮法的程序有：备器、择水、取火、候汤、炙茶、碾罗、煎茶、酌茶、品茶等流程，前边都是一些准备程序。煎茶时十分重视水的火候，当水一沸时，加盐等作料调味。二沸时，舀出一瓢水备用。随后取适量的末茶从水中心投下，当水面初起波纹时，用先前舀出的水倒回来停止其沸腾，并使其生成"华"。当水三沸时，首先要把沫上形似黑云母的一层水膜去掉，因为它的味道不正。最先舀出的称"隽永"，可放在熟盂里以备育华，而后依次舀出第一、第二、第三碗，茶味要次于"隽永"。第五碗以后，一般就不能喝了。品茶时，要用匏瓢舀茶到碗中，趁热喝。

煎茶法在实际的操作过程中，也可以视情况省略一些程序，如果是新制的茶饼，则只需碾罗，不用炙烤。此外，由于煎茶器具较多，普通人家也难以备齐，有时也可以进行简化。如中唐以后，人们开始用铫代替鍑和铛来煎茶，因为这样不需用交床，还能省去瓢，直接从铫中将茶汤斟入茶碗。

（三）煎茶法的"宿命"

煎茶法在中晚唐很流行，并流传下许多描写"煎茶"的唐诗。刘禹锡《西山兰若试茶歌》有"骤雨松声入鼎来，白云满碗花徘徊"。白居易《睡后茶兴忆杨同州》诗有"白瓷瓯甚洁，红炉炭方炽。沫下麴尘香，花浮鱼眼沸"等。以后，煎茶法在北宋开始没落，直到南宋后期彻底消亡。

四、妙趣横生的点茶法

点茶法风行于文人士大夫阶层，在宋代的诗词中多有描写。如范仲淹《和章岷从事斗茶歌》有"黄金碾畔绿尘飞，碧玉瓯中翠涛起"。苏轼《试院煎茶》诗有"蟹眼已过鱼眼生，飕飕欲作松风鸣。蒙茸出磨细珠落，眩转绕瓯飞雪轻"。苏辙《宋城宰韩文寓日铸茶》诗有"磨转春雷飞白雪，瓯倾锡水散凝酥"。释德洪《无学点兼乞茶》诗有"银瓶瑟瑟过风雨，渐觉羊肠挽声度。盏深扣之看浮乳，点茶三味须饶汝"等等。

（一）源于煎茶法的点茶法

点茶法源于煎茶法，是对煎茶法的改进。煎茶是在鍑（或铛、铫）中进行，等到水二沸时下茶末，三沸时茶就已经煎成了，用瓢舀到茶碗中就可以饮用。由此想到，既然煎茶是在水沸后再下茶，那么先置茶叶然后再加入沸水也应该可行，于是就发明了点茶法。因为用沸水点茶，水温是逐渐降低的，因此将茶碾成极细的茶粉（煎茶则用碎茶末），又预先将茶盏烤热。点茶时先加入水少许，将茶调成膏稠状。煎茶的竹夹也演化为茶筅，改为在盏中搅拌，称为"击拂"。为便于注水，还发明了高肩长流的煮水器，即汤瓶等器具。

（二）宋代的点茶法

宋代盛行点茶，许多文人志士嗜好此道，宋徽宗赵佶也精于点茶、分茶，连北方的少数民族也深受影响。根据《大观茶论》和蔡襄《茶录》等相关文献归纳起来，点茶法的程序有：备器、择水、取火、候汤、焙盏、洗茶、炙茶、碾罗、点茶、品茶等。

点茶法的主要器具有茶炉、汤瓶、茶匙、茶筅、茶碾、茶磨、茶罗、茶盏等，以建窑黑釉盏为佳，择水、取火则与煎茶法相同。候汤是最难的一环，汤的火候很难把握，火小了茶叶会浮在上面，大了茶又会沉下去。一般情况下用风炉，也有用火盆及其他炉灶代替的。煮水则用汤瓶，因为汤瓶口细、点茶注汤又准。点茶前先焙盏，即用火烤盏或用沸水烫盏，盏冷则茶沫不浮。洗茶是用热水浸泡团茶，去其尘垢、冷气，并刮去表面的油膏。炙茶是以微火将团茶炙干，如果是当年新茶则不需炙烤。炙烤好的茶用纸密裹捶碎，然后入碾碾碎，继之用磨（碾、硙）磨成粉，再用罗筛去末，若是散、末茶则直接碾、磨、罗，不用洗、炙。

这时就可以点茶了，用茶匙抄茶入盏，先注少许的水并调至均匀，叫做"调膏"。然后就是量茶受汤，边注汤边用茶筅"击拂"。点茶的颜色以纯白为最佳，青白中等、灰白、黄白为下等。斗茶则是以水痕先现者为输，耐久者为胜。点茶一般是在茶盏里直接点，不加任何作料，直接持盏饮用，如果人多，也可在大茶瓯中点好茶，然后再分到小茶盏里品饮。

（三）明代点茶法的终结

明代宁王朱权也精于茶道，他在《茶谱》中所倡导的饮茶法就是点茶法。只是宋代点茶往往直接在茶盏内点用，朱权却在大茶瓯中点茶，然后再分酾到小茶瓯中品啜，有时还在小茶瓯中加入花蕾以助茶香。朱权所用茶粉是用叶茶直接碾、磨、罗而成的，从而不再使用团茶。朱权还发明了一种适于野外烧水用的茶灶，这些大概就是他所说的"崇新改易，自成一家"。尽管在明朝初年有朱权等人的倡导，但由于散茶开始兴盛，而且简单方便的泡茶法也开始兴起，点茶法在明朝后期终归销声匿迹。

五、经久不衰的泡茶法

总体来讲，中国历代饮茶法可分两大类四小类。两大类是指煮茶法和泡茶法，自汉至唐末五代饮茶以煮茶法为主，宋代以来饮茶以泡茶法为主。四小类是指煮茶法，在煮茶法的基础上形成的煎茶法，泡茶法，以及作为特殊泡茶法的点茶法。煮茶法、煎茶法、点茶法、泡茶法在中国不同时期各擅风流，汉魏六朝尚煮，唐五代尚煎，宋元尚点，明清以来泡茶法流行。

（一）撮泡法

泡茶法萌芽于唐代，由于煎茶法的兴起和煮茶法的存在，泡茶法在唐代流传不广。五代宋兴起点茶法，点茶法本质上也属于泡茶法，是一种特殊的泡茶法，即粉茶的冲泡。点茶法与泡茶法的最大区别在于点茶需调膏、击拂，而泡茶则不用，直接用沸水冲点。在点茶法中略去调膏、击拂，便成了粉茶的冲泡，将粉茶改为散茶，就形成了"撮泡"，撮泡法萌发于南宋。

撮泡法有备器、择水、取火、候汤、洁盏（杯）、投茶、冲注、品啜等程序。直接将茶倒入杯盏，然后注入沸水即可。撮泡法在明朝时采用无盖的盏、瓯来泡茶；清代在宫廷和一些地方采用有盖有托的盖碗冲泡，便于保温、端接和品饮；近代又采用有柄有盖的茶杯冲泡；当代多用敞口的玻璃杯来泡茶，透过杯子可观赏汤色、芽叶舒展的情形。撮泡法一人一杯，直接在杯中续水，颇适应现代人的生活特点。

（二）壶泡法

壶泡法萌芽于中唐，形成于明朝中期。明朝张源《茶录》、许次纾《茶疏》等书对壶泡法的记述较为详细，壶泡法大致形成于明朝正德至万历年间。因壶泡法的兴起与宜兴紫砂壶的兴起同步，壶泡法也有可能是苏吴一带人的发明。壶泡法的大致程序有：备器、择水、取火、候汤、泡茶、酌茶、品茶等程序。

泡茶法的主要器具有茶炉、茶铫、茶壶、茶盏（以景德镇白瓷茶盏为妙）等。择水、取火与煎茶、点茶法相同。然后是候汤，之后就是泡茶，当水纯熟时，可以先在壶中注入少量的水来祛荡冷气，然后再倒出。根据壶的大小来投放茶叶，有上中下三种投法。先倒水后放茶叫上投；先放茶后倒水叫下投；先倒半壶水之后添茶，再将水倒满叫中投。其中茶壶以小为贵，尤其是一个人独品，小则香气浓郁，否则，香气容易散漫。酌茶时，一只壶通常配四只左右的茶杯，一壶茶，一般只能分酌二三次，而杯、盏是以雪白为贵。品茶时要注意，酌不过早，饮不宜过迟，还应旋注旋饮。

（三）功夫茶法

在清朝以后，源于福建武夷山的乌龙茶逐渐发展起来，于是在壶泡法的基础上又产生了一种用小壶小杯冲泡品饮青茶的功夫茶法，又叫小壶泡。袁枚《随园食单·武夷茶》载："杯小如胡桃，壶小如香橼……上口不忍遽咽，先嗅其香，再试其味，徐徐咀嚼而体贴之。"民国以来，安溪、潮汕等地多以盖碗代茶壶，方便实用。

由此可见，明清的泡茶法继承了宋代点茶的清饮，不加作料，但明朝人喜欢在壶中加花蕾与茶同泡。就其品饮方式而言主要有撮泡法、壶泡、功夫茶（小壶泡）等三种形式。在当代，以壶泡与撮泡及功夫茶为基础，又创造了一些新式泡茶法，如发明闻香杯和茶海的台湾功夫茶。

六、原汤本味的清饮

纵观汉族的饮茶方式，大概有品茶、喝茶和吃茶三种。其中古人多为品茶，他们注重茶的意境，以鉴别茶叶香气、滋味和欣赏茶汤、茶姿为目的；现代人多为喝茶，他们以清凉解渴为目的，不断冲泡，连饮数杯；吃茶则鲜见，即连茶带水一起咀嚼咽下。汉族饮茶虽方法各样，却大都崇尚清饮之道，因为清茶最能保持茶的纯粹韵味，体会茶的"本色"。其基本方法就是直接用开水冲泡或熬煮茶叶，无需在茶汤中加入食糖、牛奶、薄荷、柠檬或其他饮料和食品，属纯茶原汁本味的饮法，其主要茶品有绿茶、花茶、乌龙茶、白茶等。

（一）龙井茶的清饮

龙井茶以"色绿、香高、味甘、形美"而著称，因此与其说是品茶，还不如说是欣赏珍品。当龙井茶泡好后，不可急于大口饮用。首先，得慢慢提起那清澈透明的玻璃杯或白底瓷杯，细看那杯中翠芽碧水，相映交辉，一旗（叶）一枪（芽），簇立其间。然后，将杯送入鼻端，深深地吸一下龙井茶的嫩香，闻茶香，观汤色，然后再徐徐作饮，细细品味，清香、醇爽、鲜香之味则应运而生。正如陆次云所说"啜之淡然，似乎无味。饮过后，觉有一种太和之气，弥沦于齿颊之间，此无味之味，乃至味也"。

（二）乌龙茶的清饮

品乌龙茶时，应先用水洗净茶具。待水开后，用沸水淋烫茶壶、茶杯之后，将乌龙茶倒入茶壶，用茶量大概为茶壶容积的三分之一至二分之一。然后用沸腾热水冲入茶壶泡茶，直至沸水溢出壶口，之后用壶盖刮去壶口的水面浮沫，接着用沸水淋湿整把茶壶，以保壶内茶水温度。与此同时，取出茶杯，分别以中指抵杯脚，拇指按杯沿，将杯放于茶盘中用沸水烫杯，将茶汤倾入茶杯，但倾茶时必须分次注入，使各只茶杯中的茶汤浓淡均匀。然后，啜饮者趁热以拇指和食指按杯沿，中指托杯脚，举杯将茶送入鼻端，闻其香，接着茶汤入口，并含在口中回旋，细品其味。乌龙茶一般连饮3～4杯，也不到20毫升水量，所以，小杯品乌龙，与其说是喝茶解渴，还不如说是艺术的熏陶，精神的享受。

（三）吃早茶

吃早茶，是汉族名茶加甜点的一种独特的饮俗，多见于我国大中城市，尤其是南方。用早茶时，人们可以根据自己的喜好，品味传统香茗。同时，也可以根据自己的需要，点上几款精美的小糕点。如此一口清茶，一口甜点，使得品茶更为有趣。如今，人们不再把吃早茶单纯地看作是一种用早餐的方式，而将它看成是一种充实生活和社会交往的手段。如在假日，随同全家老小，登上茶楼，围坐在四方小茶桌旁，边饮茶、边品点，畅谈家事、国事、天下事，其乐无穷。亲朋之间，上得茶楼，面对知己，茶点之余款款交谈，倍觉亲切，更能沟通心灵。所以，许多人即便是洽谈业务、协调工作、交换意见，甚至青年男女谈情说爱，也愿意用吃早茶的方式去。这就是汉族吃早茶的风尚，自古以来，不但不见衰落，反而更加流行。

（四）喝大碗茶

喝大碗茶的习俗在我国北方最为流行，无论是车船码头，还是城乡街道，都随处可见。自古以来，卖大碗茶都被列为中国的三百六十行之一。这种清茶一碗，大碗饮喝的方式，虽然看起来比较粗犷，甚至颇有些野蛮之味，但它自然朴素，无须楼、堂、馆、所的映衬，而且摆设简便，只需几张简易的桌子、几条农家长凳和若干只粗制瓷碗即可。故而，它多以茶摊、茶亭的方式出现，主要为过路行人提供解渴小憩之用。

七、风味各异的调饮

调饮是在茶汤中加入调味品（如甜味、咸味、果味等）及营养品（主要是奶类，其次是果酱、蜂蜜，以及芝麻、豆子等食物）的共饮方法。中国的调饮是以少数民族为主体的，其饮用方法具有强烈的民族性、地域性和时代性。

（一）古代的调饮文化

茶叶进入人们的日用领域后，茶便与日常饮食联系在一起，茶与其他食物配合，也成为人们日常饮食生活的组成部分。在古代的文献典籍中，陆羽的《茶经》中至少有九处讲茶的食用；壶居士的《食忌》中也谈到："苦茶与韭同食，令人体重"；晋郭璞《尔雅》中说："茶叶可煮糕饮"。另外，唐代的《食疗本草》中记载"茶叶利大肠，去热解痰，煮取汁，用煮粥良"；《膳夫经手录》载："茶，吴人采其叶煮，是为茗粥"等，这些都说明当时人们已把茶叶用于食用。当然，有些调饮茶也作为药物饮用。

实际上，陆羽除了"三沸煮饮法"外，在《茶经》中还说将茶"贮干瓶缶中，以汤沃焉，谓之庵茶。或用葱、姜、枣、橘皮、茱萸、薄荷之等，煮之百沸（当成茶粥），或扬令滑（清），或煮去沫，斯沟渠间弃水耳，而习俗不已！"唐以后，调饮法继续发展壮大。宋时的苏辙就在诗中说"俚人茗饮无不好，盐酪椒姜夸满口"，还有黄庭的《谢刘景文送团茶》中也写道"鸡苏胡麻煮同吃"，直到现在江西修水县仍有吃芝麻豆子茶的习惯。这些历史典籍的记载说明我国古代北方与南方都有调饮的习俗。

（二）现代的调饮文化

茶与食结合的吃法，多出于民间中下阶层。茶叶进入老百姓"柴米油盐酱醋茶"的开门七件事，被看作食品而成为居家饮食之谱。所以，人们自然讲求茶汤调制，添加调味品（咸或甜）和配伍其他食品（如奶类、杂果），调食佐餐，从而成为民间的饮茶法，循此食用路线发展，便形成茶的"调饮文化"流派。

直到今天，中国以畜牧业为主要生产方式的地区，形成了以内蒙古、新疆奶茶和西藏酥油茶为代表的调味加料饮茶法（一般咸味加奶类食品）。茶既是饮料，又是食品，既有维生素，又有蛋白质。而在以农业为主要生产方式的地区，形成了以湘、闽、桂、黔、川、滇等偏僻山区习饮的烤茶、打油茶为代表的非奶类加料调味饮茶法（茶中加芝麻、花生、豆子、大米、生姜等），农闲、雨天、节日、喜事、待客时搞调饮，是当地民间传统美味饮食。

（三）调饮文化的传播和发展

中国调饮文化，通过陆海丝绸之路传往海外，形成了很多加味料调饮法。如红茶以英式为代表的茶汤中加糖、加牛奶的调饮法；绿茶以西北非摩洛哥等国家为代表的茶、糖、薄荷共煮的调饮法；其他如东欧、中东、南亚、北美、西欧、东南亚，以及大洋洲等饮法都属于调味、加料或单调味的调饮文化体系，具体方式大同小异，而且饮茶多与三餐饮食相联系，一般每日分次饮，定时饮，如英国的早茶、午茶、午后茶，非洲的每日三餐后三杯茶等，调饮文化的流派日见扩展。

八、风雅的品饮环境

古人饮茶时除了要有好茶好水之外，还十分讲究品茶的环境。所谓品茶环境，不仅包括景、物，而且还包括人、事。宋代品茶有一条叫做"三不点"的法则，就是对品茶环境的具体要求。"三不点"的具体内容虽然没有明确的历史记载，但是从以后的有关诗文中可以推断出来，如欧阳修《尝新茶》诗中提出，新茶、甘泉，清器，好天气，再有二三佳客，才构成了饮茶环境的最佳组合，如果，茶不新、泉不甘、器不洁，天气不好，茶伴缺乏教养，举止粗俗，在这些情况下，是不宜品茶的。

（一）文人笔下的品饮环境

文人饮茶对环境、氛围、意境、情趣的追求体现在许多文人著作中。例如，明代著名书画家、文学家徐文长描绘了一种品茗的理想环境："茶，宜精舍、云林、竹灶、幽人雅士，寒宵兀坐，松月下，花鸟间，清白石，绿鲜苍苔，素手汲泉，红妆扫雪，船头吹火，竹里飘烟。"茶在文人雅士眼中，乃至洁至雅之物，因此，应该体现出"清"、"静"、"净"的意境：窗明几净的房屋，品行高洁的友人，月照松林，秉烛夜谈，清丽女子。汲泉扫雪，船泊江上，边饮边行，竹影婆娑，悠然自得，此境此景，可谓深得品茗奥妙。

唐代诗僧皎然认为品茶伴以花香琴韵是再好不过的事了，他曾在诗中叙述几位文人逸士以茶相会的情景，赏花、吟诗、听琴、品茗十分和谐地结合成一体，在我们眼前呈现出了一个清幽高雅的品茗环境。苏东坡在扬州做官时，曾经到西塔寺品过茶，给他留下了深刻印象，他后来写诗记道："禅窗丽午景，蜀井出冰雪，坐客皆可人，鼎器手自洁。"

（二）品茶的人文环境

文人饮茶还十分注重品饮人员，与高层次、高品位而又通茗事的人款谈，才是其乐无穷之事。到了明代，连饮茶人员的多少和人品、品饮的时间和地点也都非常讲究。张源在《茶录·饮茶》中写道："饮茶以客少为贵，客众则喧，喧则趣乏矣。独啜曰神，二客曰胜，三四曰趣，五六曰泛，七八曰施。"可见在品茶环境中，人是其中不可或缺的因素。

明清茶人往往爱将茶品与人品并列，认为品茶者的修养是决定品茶趣韵的关键。明代茶人陆树声曾作《茶寮记》，其中提及了人品与茶品的关系。在陆树声看来，茶是清高之物，唯有文人雅士与超凡脱俗的逸士高僧，在松风竹月，僧寮道院之中品茗赏饮，才算是与茶品相融相得，才能品尝到真茶的趣味。

此外，明清文人品茶喜欢在幽静的小室，他们往往自己修筑茶室，然后隐于其中细煎慢品。这种清幽的茶室，我们还可以在明代画家文徵明、唐寅等人的画中看到。

总之，对品茶环境的讲究，是构成品茶艺术的重要环节。所谓物我两忘，栖神物外说的都是人与自然、人与人和谐统一的最高境界。

九、茶艺美学的渊源

老子、孔子、孟子、庄子等哲学家奠定了中国古典美学理论根基，为茶艺美学打下了深厚的哲学基础，如茶艺中的"和"、"清"、"淡"、"真"、"气"、"神"等。茶艺美学并不是从一般的表现形式上去欣赏和理解茶，而是在茶事活动中追求美感的理论指导，更重要的是从哲学的高度广泛地影响茶人，特别是茶人的思维方式、审美情趣。

（一）佛家禅宗中的茶艺美学

在茶艺美学当中，融入了佛教美学的思想。"直指本心，见性成佛。"佛教禅宗主张在一种绝对的虚静状态中，直接进入禅的境界，专心静虑，顿悟成佛。这种思想与中国老庄道家思想的"清静无为，心如死灰"很相近。茶的本性质朴、清淡、纯和，与佛教精神有相通之处。中华茶艺追求清、静，要求心无杂念，专心静虑，心地纯和，忘却自我和现实存在，这些都体现出佛家思想。

（二）道家哲学中的茶艺美学

道家"天人合一"的自然精神在茶艺美学中表现为人对回归自然的渴望，以及对"道"的体认。中华茶艺吸收了道家的思想，把自然的万物都看成具有人的品格、人的情感，并能与人进行精神上的相互沟通的生命体，道家的自然观，一直是中国人精神生活及其观念的源头。同时，道家崇尚自然，崇尚朴素，崇尚真实的美学理念和重生、贵生、养生的生命观，也使中国茶人的心里充满了对大自然的热爱，有着回归自然、亲近自然的强烈渴望，从而树立起了茶艺美学的灵魂。

茶生于天地之间，采天地之灵气，吸日月之精华。源于自然的茶用泉水冲泡，高山流水，一杯在手，给人以一种将自身融于秀丽山川的感觉，以致天人合一，飘然欲仙。道家强调自然，因此茶艺不拘泥于规则，因为自然之道乃变化之道，心通造化，使自然妙契，大象无形，法无定法。喝茶的时候忘记了茶的存在，快乐自足。泡茶不拘于规矩，品茗不拘于特定的环境，一切顺其自然。

（三）儒家文化中的茶艺美学

儒家思想贯穿于茶文化之中，是影响着茶艺美学发展的重要方面。儒家思想的基本特征是无神论的世界观和积极进取的人生态度。它强调情理结合，以理节情。追求社会性、伦理性的心理感受和满足，提倡尊君、重礼，廉俭育德，和蔼待人。由此可见，儒家美学是中国茶艺美学的基础，中华茶艺美学业遵循了儒家美学的思想和基本原则。

十、茶艺美学的特质

茶艺美学有着深厚的传统文化积淀，属于中国古典美学中的一部分，具有中国古典美学的基本特征，同时也具有其自身的独特之处。茶艺美学侧重于审美主体的心灵表现，虚静气氛中的自我观照和默察幽微的亲切体验。

（一）淡泊之美

"淡泊"意指闲适、恬淡，不求逐利，隽永超逸，悠然自远。道家学说不重社会而重个人，不重仕途而重退隐，不重务实而重玄想，不重外在而重精神。文人们在饮茶过程当中，自然要把这种淡泊境界作为他们在艺术审美上的一种追求。因此这种清淡之风和尚茶之风，深刻影响着茶艺的发展，也成为茶艺美学的一部分。

（二）简约之美

品茶本是人们日常生活中的一种行为，一种习惯，一种文化需要，所以它贵在简易和俭约。我国古代的茶文化，历来奉行尚"简"、尚"俭"之风，呈现出雅俗共赏的简约之美。没有烦琐的操作程式，没有浩大的礼仪排场。我国茶人们深知品茶之道，越是简朴平易的茶，则越能品得茶汤的本味，悟得人生的真谛。

（三）虚静之美

天地本是从虚无而来，万物本是由虚无而生，有虚才有静，无虚则无静。中华茶艺美学中的虚静之说，不仅是指心灵世界的虚静，也包括外界环境的宁静。虚静对于日常品茗审美而言，是需要仔细品味的，从而在品茗生活中更好地获得审美感悟。品茗需把心灵空间的芜杂之物，尽量排解出去，静下神来，走进品茗审美的境界，领悟茶的色、香、味、形的种种美感，以及饮茶中的择器之美、择水之美、择侣之美、择境之美。

（四）含蓄之美

含蓄之美是指含而不露，耐人寻味。晚唐之际，司空图在《诗品》中提出了"含蓄"的美学范畴，并用"不着一字，尽得风流"来形容诗歌的美学特征。对茶艺而言，"含蓄之美"特别讲究此时无声胜有声的境界。茶艺美学是以文人意识为基础而创造的，茶道之美则是以实用为基础而发扬的美，是在茶道实践中体会并完成的，以实现一种人生的情感体验和精神升华。

十一、茶人的择水之道

中国历史上很多茶人对水也很有研究，还撰写了许多专门论水的文章。如张源在《茶录》说："茶者水之神，水者茶之体，非真水莫显其神，非精茶曷窥其体。"许次纾在《茶疏》中说："精茗蕴香，借水而发，无水不可与论茶也。"

（一）陆羽品水排名录

茶圣陆羽对饮茶之水颇有研究，他在《茶经》中说："山水上，江水中，井水下，其山水拣乳泉、石池漫流者上。"唐代的张又新的《煎茶水记》中记载了一个小故事：

大历元年（766年），御史李季卿出任湖州刺史途经扬州，邀陆羽同舟前往。当船行之镇江附近，李季卿笑着对陆羽说："陆君善于茶，盖天下闻名矣！况扬子江南零水又殊绝，今者二妙千载一遇，何旷之乎？"于是命一位士兵，前去南零取水。军士取水归来后，陆羽"用勺扬其水"，便说："江则江矣，非南零者，似临岸之水。"随兵分辩道："我操舟江中，见者数百，汲水南零，怎敢虚假？"陆羽一声不响，将水倒掉一半，再"用勺扬之"，才点头说道："这才是南零水矣！"军士听此言，大惊失色，口称有罪，不敢再瞒，只好实言相告。原来，因江面风急浪大，军士取水上岸时，因小舟颠簸。壶水晃出近半，军士惧怕降罪，就在江边加满水，不想被陆羽识破，连呼："处士之鉴，神鉴也！"

李季卿见此情景，对陆羽惊叹不已，于是向陆羽请教水的质次。陆羽按茶水所需排了二十等：庐山康王谷水帘水第一，无锡惠山寺石泉水第二、蕲州兰溪石下水第三、峡州扇子山虾蟆口水第四、苏州虎丘寺石泉水第五、庐山招贤寺下方桥潭水第六、扬子江南零水第七、洪州西山西东瀑布泉第八、唐州柏岩县准水源第九、庐州龙池山岭水第十、丹阳县观音水第十一、扬州大明寺水第十二、汉江金州上游中零水第十三、归州玉虚洞下香溪水第十四、商州武关西洛水第十五、吴松江水第十六、天台山千丈瀑布水第十七、柳州圆泉水第十八、桐庐严陵滩水第十九、雪水第二十。

（二）古人择水的标准

由于人们用茶角度不同，所处地域环境也各有特点，特别是在古代，产生了对水的不同评判标准。总的来说，可归纳为以下几个方面：

其一，水要"清"。清是指水质五色透明，清澈可辨，这是古人对水质的基本要求。

其二，水要"活"。活是指水源有流，陆羽的"山水上"之说，"其山水，拣乳泉石池漫流者上"，说的是活水。

其三，水要"轻"。轻，是指轻水。古人对水质要求轻，其道理与今天科学分析的软水、硬水有关。软水轻，硬水重，硬水中含有较多的钙镁离子，因而所沏茶汤滋味涩苦，汤色暗昏。宋徽宗赵佶、明代张源都在其茶事著作中提到水宜"轻"之说，而清乾隆则更把"水轻"提升到评水好坏的基本标准。

其四，水要"甘"。甘，是指水的滋味。好的山泉，入口甘甜。宋代蔡襄在《茶录》中提出："……水泉不甘，首旨损茶味。"宋徽宗赵佶在《大观茶论》中说："水以清轻甘洁为美。"王安石还有"水甘茶串香"的诗句。

其五，水要"冽"。冽，就是冷而寒的意思。古人十分推崇冰雪煮茶，所谓"敲冰煮茗"，认为用寒冷的雪水、冰水煮茶，其茶汤滋味尤佳。正如清代文人高鹗的《茶》诗曰："瓦铫煮春雪，淡香生古瓷。晴窗分乳后，寒夜客来时。"

第六节　民俗茶

一、闽粤功夫茶

功夫茶历史悠久，在中国福建和广东一带很为盛行，也留下了许多趣事。传说古代有一富翁，十分喜好功夫茶。一天，来了一个乞丐，倚门斜立，瞟着富翁说："听说你家的功夫茶不错，能否见赐一杯？"富翁说："你一个乞丐也懂品茶？"乞丐说："我以前也是富裕人家，因好茶才破家。"富翁斟茶给他，他喝后说："茶的确好，只可惜未到最醇厚，原因是茶壶较新。我有一个茶壶，凡出门都随身携带，就是挨饿受冻也未曾转让给人。"富翁拿过来一看，造型精绝，泡出的茶更是味道芳醇，非同一般，于是富翁便要买下此壶。乞丐说："我不能全卖，只卖一半给你。此壶值三千金，你给我一千五，我回去安置妻儿。以后再经常来与你品茗清谈，共享此壶，怎么样？"富翁欣然答应，由此也可看出此富翁也是个茶痴。

功夫茶，因其冲泡时颇费工夫而得名，是汉族的饮茶风俗之一。地道的潮汕功夫茶，所用的水需是山坑石缝之水，而火必须用橄榄核烧取，茶罐则用酥罐，还得选用上等乌龙茶，经过独特的冲泡方法，才能充分表现出功夫茶所特有的色、香、味。

（一）功夫茶的冲泡艺术

功夫茶的冲泡很讲究，第一步是准备茶具，即"备具迎客"，有些地方在冲泡前还焚香奏乐，观赏干茶，称为"观赏佳茗"。第二步是烫杯，当水烧至二沸时（此水不嫩也不老）进行，烫杯的动作有个很好听的名字，叫"狮子滚球"，它可以使杯壶受热升温，同时也起到消毒杀菌的作用。在整个泡饮过程中还要不断淋洗，使茶具保持清洁和有相当的热度。

第三步是放茶，用茶针把茶叶按粗细分开，先放碎末填壶底，再盖上粗条，把中小叶排在最上面，以免碎末堵塞壶内口，阻碍茶汤顺畅流出，茶叶放量一般以占壶三分之二较适宜。第四步是用沸水冲茶，循边缘缓缓冲入，形成圈子，以免冲破"茶胆"。冲水时要使壶内茶叶打滚。第五步是"洗茶"，通常乌龙茶的第一泡是不喝的。当水刚漫过茶叶时，立即倒掉，把茶叶表面尘污洗去，使茶之真味得以充分体现。第六步是"重洗仙颜"。第二次将沸水注入茶壶，并把壶中的泡沫刮出，再在壶的表面反复浇上几遍沸水，这样可以"洗"去溢在壶上面的白沫，同时起到壶外加热的作用，使茶叶的精美真味浸泡出来。最后一步是"闷茶"，一般需要2～3分钟，如果时间太短，茶叶香味出不来，时间太长，茶又会泡老，影响茶的鲜味。

（二）功夫茶的斟品艺术

功夫茶泡好后，斟茶的方法也很独特。茶汤要轮流注入茶杯之中，但是不可一次倒满，每杯先倒一半，周而复始，逐渐加至八成，使每杯茶汤均匀，色泽一致，这个动作名叫"关公巡城"。斟茶则还要先沿着茶杯的边缘注入，而后再集中于杯子中间，并将罐底最浓部分均匀斟入各杯中，最后点点滴下，此谓"韩信点兵"。因为这种泡茶方法，茶汤极浓，往往是满壶茶叶，而汤量很少。客人取杯之后，不可一饮而尽，而应拿着茶杯从鼻端慢慢移到嘴边，趁热闻香，再尝其味。品饮之前还可鉴赏茶汤三色（呈金、黄、橙三色），闻香时不必把茶杯久置鼻端，而是慢慢地由远及近，又由近及远，来回往返三四遍，顿觉阵阵茶香扑鼻而来，慢慢品饮，则茶之香气、滋味妙不可言，达到最佳境地。

二、藏族酥油茶

传说在很久以前，一对男女青年在放牧中遥相歌唱彼此相爱，男的叫文顿巴，女的叫美梅措。他俩的相爱遭到了姑娘的主人、一个凶恶的女土司的反对，她指使打手们用毒箭射死了年轻英俊的文顿巴。善良的美梅措悲痛万分，在焚烧文顿巴尸体的时候，她冲进大火一起化为灰烬。狠毒的女土司知道后，又下令设法把他俩的骨灰分开埋葬。可是第二年在埋骨灰的地方长出了两棵树，枝桠相抱，象征着他俩永恒的爱情。女土司得知之后，又生毒计，命人将树砍断。于是，他们又变成一对比翼双飞的鸟儿，一个乘祥云来到藏北羌塘变为白花花的盐，一个腾云雾飞到林芝变为嫩绿的茶林。每当藏人捧起酥油茶的时候，便会想起这对生死不离的情侣。

藏族酥油茶

实际上，藏族饮酥油茶的风俗习惯，还应归功于文成公主。文成公主入藏时，带去了内地的茶叶，并提倡饮茶，而且亲制奶酪和酥油，创制了酥油茶，还赏赐给一些大臣，自此酥油茶便成了赐臣敬客的隆重礼节。后来，酥油茶流传到民间，成为藏族人民的一种饮食风俗。

（一）藏人的必备之茶

藏民常年居住在高原山区，气候寒冷干燥，水果蔬菜缺少，人体不可缺少的许多营养，如维生素类的营养物质非常稀缺，主要靠茶来补充，并借助它来解渴、消食、除腻。故藏民把酥油茶和其他主食一样看重，不可一日或缺。

藏族的日常主食是糌粑，牛、羊肉和奶制品，吃饭还加上茶、酥油和奶渣。如糌粑是将青稞或豆类晒干、炒热，磨成粉，吃之前把粉放在碗里，加上酥油茶，用手不断地搅匀，最后捏成团，吃时还要用手不断地在碗里搅捏。而且，藏民在接待尊贵客人时，总是以献酥油茶来表示敬意。

（二）酥油茶的制作之道

酥油茶的制作原料，除了茶叶之外，还有酥油、盐巴和各种作料，如核桃泥、芝麻粉、花生仁、瓜子仁和松子仁等，作料可根据饮者不同的爱好或口味选择和增减。藏民家中都备有一个专门打酥油茶的黄铜箍茶桶，制作酥油茶时，先把茶叶捣碎，倒入茶壶，煮沸半小时。同时，把酥油、精盐、少许牛奶倒进干净的茶桶内，待茶水熬好后倒入茶桶。接着，用拉杆上下来回有节奏地敲打，直到茶桶中的酥油、茶、盐及其他作料已混为一体。酥油茶打好以后，将其倒进茶壶内加热 1 分钟左右即可饮用。饮用此茶时，有时还要轻轻摇晃几下茶壶，使水、乳、茶、油交融，滋味就更加可口了。

（三）酥油茶的饮用风俗

酥油茶是藏民必备的待客饮料。喝酥油茶有一定的礼节。主妇先把装有糌粑的木盒（或精美的竹盒）放在桌子中间，每人面前放好茶碗。主人依次为客人倒酥油茶，热情地喊着"甲通、甲通"，意即请喝茶。客人在喝酥油茶时，还要用手指拈起糌粑丢入口中。

敬酥油茶是藏族最为郑重的礼节之一，在重大节日，或重要客人来访时，藏族就是用献酥油茶的隆重仪式接待的。主人请喝酥油茶，一般是边喝边添，不可一口喝完，否则与当地的风俗相悖，会被视为是一种不礼貌的举动。通常第一碗应留下少许，意思是还想再喝一碗，以表示主人手艺的认可。如果喝了第二、第三碗后，不想再喝了，待主人再次添满后，或客人在辞行时，应一饮而尽，这样才符合藏族的习惯。

三、蒙古族奶茶

蒙古族人以游牧为生，因此他们以牛、羊肉和奶制品为主食，喜欢吃烤肉、烧肉、手抓肉和酸奶疙瘩等。蒙古族人还提倡"三茶一饭"，即每天早、中、晚要喝三次茶，只在收工回家的晚上，一家人才欢聚一起吃一顿饭。其中的"三茶"也不是单纯的饮茶，而是有许多辅食，如炒米、奶饼、油炸果、手扒肉、馍馍和酥油等，而且喝的也不是清茶，而是加了盐的奶茶，富含营养。因此，即便是"三茶一饭"也不会有饥饿感。

（一）蒙古族的奶茶情结

蒙古民族特别喜欢喝咸奶茶，并将其视为上等饮品，一日三餐均不能缺少。若有客人至家中，热情好客的主人一定会斟上香喷喷的奶茶，表示对客人的真诚欢迎。如果客人光临家中而不斟茶，就会被视为草原上最不礼貌的行为，并且还会将此事迅速传遍每家每户，从此各路客人均绕道而行，不屑一顾。如若去亲戚朋友家中做客或赴重大的喜庆活动，要是带去一块或几块熬制奶茶的砖茶，则被认为是上等的礼物，不仅大方、体面、庄重、丰厚，而且会赢得主人的赞誉。

（二）奶茶的制作风俗

一般而言，蒙古族妇女煮奶茶的手艺都很高明。因为在蒙古族风俗中，姑娘在未出嫁之前，母亲就要向她传授煮茶技艺。儿女结婚时，新娘到男方家，拜过天地，见过公婆后，第一件事，就是在前来贺喜的亲朋好友面前，展示煮茶的本领，并亲自敬茶，让宾客们品饮，显示不凡的煮茶手艺，否则，就会被认为缺少家教，不善打理家事。

蒙古族的奶茶用的是青砖或黑砖等紧压茶，煮茶的方法，因地区不同而各有差异。煮茶时，先将砖茶砸碎、掰成小块，放入茶壶或锅内，再加水煮沸，而后加入适当的鲜奶。接着放上盐，就算把咸奶茶烧好了。煮成奶茶表面看起来十分简便，其实，用什么锅煮茶、茶放多少，水加几成，何时投奶放盐，用量多少，都大有讲究。其中，最为正宗的做法是，将掰开砸碎的砖茶用铜茶壶煮沸，过一夜，第二天把澄清的茶水倒入水桶，用有8个圆孔的木塞上下捣动，直到把浓茶捣成白色为准。将捣好的茶水倒入锅内，加入牛奶、羊奶或骆驼奶以及黄油、葡萄、蜂蜜、食盐和萝卜干的细面儿，再点火烧沸即成。奶茶做到器、茶、奶、盐、温五者相互协调，达到热乎乎、咸滋滋、油糯糯的效果。

（三）奶茶的品饮风俗

蒙古族人十分好客，当客人进入蒙古包坐定之后，主人便热情地用双手把一碗热气腾腾的奶茶端到你的面前，为你接风洗尘。蒙古包的长条木桌上还摆放手抓肉、炒米、奶制品、点心等辅茶之物，任客人享用，只要置身其境，就会感到一股暖流涌上心头。尤其是家中有重要客人来访，女主人会把茶壶交给男主人，由男主人把第一碗茶用双手递给坐在席位正中的长者或客人，其后，向两旁依次递过。待大家有了茶后，主人便招呼大家喝茶，假如是远道来的客人，主人还会热情相劝，希望客人多喝几碗。

四、瑶族打油茶

据说，明朝时千家洞瑶人不交皇粮，官府派兵清剿，于是千家洞瑶族人逃到了广西恭城一带，其中有一支瑶族八房人，人数比较多，选择了地势较平坦的嘉会定居下来，他们到此后不仅延续了瑶族的文化，而且带来了瑶族的美食——油茶。嘉会瑶族的油茶之所以得到传播，是因为嘉会瑶族定居在茶江河边，掌控着茶江水道。清朝时，在茶江上打鱼的人，都要向他们交税。他们建有唐黄庙，每三年举行一次盛大的庙会，对前来参加庙会的外族人，八房人都用打油茶盛情接待。所以，附近各族群众都来踊跃参加，喝油茶及油茶待客的习俗得以传播。

"油茶"，又称"打油茶"或"煮油茶"。主要流行于广西东北部、贵州东南部和湖南西南部等地区，是瑶族、侗族、苗族、壮族等民族的传统食品，其中瑶族的油茶最具代表性。

瑶族有家家打油茶、人人喝油茶的习惯。一日三餐，必不可少，早餐前吃的称为早餐茶，午饭前吃的称响午茶，晚餐前吃的称为后晌茶。

（一）打油茶的制作工艺

打油茶的制作类似于烹炸食品，第一步是炸"阴米"（阴米即是将糯米蒸熟晾干而成），将茶油（其他植物油不能用）倒入铁锅之中，将油烧热煮沸后，把阴米一把一把地放入油锅。当阴米被炸成白白的米花浮在油面，米花荡起汤油后，放在竹制的小盘内。第二步是炒花生仁、炒黄豆、炒玉米或其他副食品。第三步是煮油茶，茶叶一般用当地出产的大叶茶，也有的是用从茶树上刚采下的新鲜叶子，讲究的必须选用"谷雨茶"，一定要在清明至谷雨采摘的，要求芽叶肥壮，凡芽长于叶、叶柄稍长、雨水叶、紫色叶、虫伤叶、瘦弱叶一概不取。煮油茶前，先把茶叶放在碗内，用温水浸泡片刻，准备好切成片状的生姜和葱花，等锅热了，放入茶叶和生姜，并用木槌将其捣烂，然后加进水、油、葱、盐等熬煮十分钟左右，香气四溢的油茶就做成了。

（二）打油茶的食用方法

瑶族打油茶虽然叫"茶"，但并不是单纯的饮料，它更像是一种日常的食物。瑶族人进餐时，全家人都围坐在火塘边，主妇把碗摆在桌面上，在每只碗内放上少量葱花、茼蒿、菠菜等，然后用滚开的油茶一烫，随后再加入两匙米花、花生、黄豆等佐料，最后由主妇一碗一碗递给全家人吃。瑶族的打油茶集咸、苦、辛、甘、香五味于一体，早上喝它食欲大增，中午喝它提精养神，晚上喝它消除疲劳；盛夏喝它消暑解热，严冬喝它祛湿驱寒。瑶族人日常食用油茶时，副食品也可视具体情况增减，当然也有只饮油茶的吃法。但如果是招待客人，那么就需准备丰盛的副食品了。

（三）打油茶的待客之道

在瑶族的习俗中，打油茶不仅是一种生活必需品，更是当地待客的一种礼俗。按瑶族的风俗，凡是到家里来的客人，不喝饱油茶是不准走的。主妇给客人敬上油茶后，还会在碗旁摆上一根筷子，筷子是用来拨碗里佐料的。主人敬茶的次数最多可达十六次，最少不少于三次。如果客人喝了三碗不想要了，那就用筷子把碗里的佐料拨干净吃掉，然后把那根筷子横放在碗口上，主人就不会再给客人添油茶了，如果筷子总往桌子上放，主人就会给客人继续添油茶。

五、土家族擂茶

关于擂茶的起源，传说三国时张飞率兵进攻武陵壶头山（今湖南省常德县境内），路过乌头村时，正值盛夏，军士个个精疲力尽，再加上这一带流行瘟疫，数百将士病倒，生命垂危。张飞只好下令在山边石洞屯兵，健康的将士，有的外出寻药求医，有的帮助附近百姓耕作。当地有位土家族老人，见张飞军纪严明，所到之处，秋毫无犯，非常感动，便主动献出了祖传秘方——擂茶。士兵服后，病情好转，避免了瘟疫的流行。为此，张飞感激不已，称老人为"神医下凡"，说："真是三生有幸！"从此以后，土家族百姓也养成了喝擂茶的习惯，而且也把擂茶称为"三生汤"。

（一）擂茶的制作工艺

土家族居民制作擂茶时，一般选取新鲜茶叶、生姜、生米为原料，视不同口味，按一定的比例混合后放入擂钵中。擂钵是用山楂木制成，中间为一弧形凹槽，槽中放一个两头有柄的碾轮，双手推动碾轮，可将三种原料研成糊状。然后将糊状原料倒入锅中，加水煮沸 5~10 分钟，便制成擂茶。擂茶之所以能治病健身，是因为其中的茶可清心明目、提神祛邪；姜能理脾解表、去湿发汗；生米则可健胃润肺、和胃止火。茶、姜、米三者相互搭配协调，更有利于药性的发挥，经常饮用，的确能起到清热解毒、通肺的功效。因此，传说中的擂茶是治病良药，也具有一定的科学道理。

（二）擂茶的食用风俗

一般来说，土家族人冬天喝擂茶是用开水冲饮，到了夏天则加白糖用凉水调匀饮用。夏天的擂茶，大多是以茶叶、生姜、芝麻先为原料，用木杵擂磨成糊状后，加适量冷开水调成茶汁，贮于瓦罐内，喝时只要舀出几勺子，即可冲成一碗擂茶。实际上，擂茶中的配料除了茶、姜、米，还可增配炒芝麻、花生仁、炒黄豆、绿豆、玉米、炒米花等。这样吃茶可以达到香、甜、咸、苦、涩、辣一应俱全的效果。也可根据每个人的不同口味，或加盐巴，或加白糖，咸味甜味各取所需。此外，喝擂茶还有许多辅助食品，如瓜子、豆类、墩子、米泡、锅巴、坛菜、桂花糖、牛皮糖等等，大碟小盘，少的七八种，多的则不下三四十种。

（三）"送擂茶"的传统礼仪

擂茶不仅是土家族的日常饮品，也是其招待宾客的一种礼仪。有些地区还有贺喜吃擂茶的习俗，但最有代表性的是新房落成之后的"送擂茶"。

送擂茶时，要用一个精致的大茶盒装好。茶盒用香樟或杉木制成，并漆成鲜红色，上面镌刻着花鸟等图案，有的茶盒上还绘着《王母庆寿图》，两边刻有对联："茶糖果豆香喷喷，福禄寿禧乐盈盈。"打开茶盒，里面有四格雕龙镂凤的活动匣子，每格可放两个碟子。八个碟子里都盛满了各种"换茶"（一种茶点）。最底下一层是一个单独的大匣子，似抽屉形状，装饰得更加漂亮，里面放着已经擂好了的擂茶粉。

送擂茶之人要一手提着茶盒，一手燃放鞭炮进屋，主人也放鞭炮迎接。等客人到齐后，主人就把送来的那些擂茶粉分别倒进几个大茶缸里并冲上开水，然后把换茶一碟一碟端出来摆在桌子上，一般一桌摆八个碟子和一钵擂茶。吃擂茶时，除客人外，还要把左邻右舍都请来。这时往往挤满了一屋子人，有的还端着茶碗走来走去，这桌品一番，那桌尝一下，看哪个送来的擂茶味道更好，欢声笑语，不绝于耳，充满了欢乐祥和的气氛。吃过擂茶之后，主人在退还亲朋的茶盒时，要在原先放擂茶粉的匣子里回赠一条新手巾，表示主人的感激之意。

六、白族三道茶

关于三道茶的来历，还有一个传说。很久以前，在大理苍山脚下，住着一位老木匠。一天，他对徒弟说："你要是能把大树锯倒，并且锯成板子，一口气扛回家，就可以出师了。"于是徒弟找到一棵大树便锯了起来，但还未将树锯成板子，就已经口渴难忍了，徒弟只好随手抓了一把树叶，放进口中解渴，直到日落，才将板子锯好，但是人却累得筋疲力尽。这时，师傅递给徒弟一小包红糖笑着说："这叫先苦后甜。"徒弟吃后，顿时有了精神，一口气把板子扛回家。此后，师父就让徒弟出师了。分别时，师父舀了一碗茶，放上些蜂蜜和花椒叶，让徒弟喝下去后，问道："此茶是苦是甜?"徒弟答："甜、苦、麻、辣，什么味都有。"师父听了说道："这茶中情由，跟学手艺、做人的道理差不多，要先苦后甜，还得好好回味。"

自此，白族的三道茶就成了晚辈学艺、求学时的一套礼俗。随后三道茶的应用范围日益扩大，成了白族人民的一种风俗。

（一）三道茶的历史

三道茶起源于唐朝，当时南诏国的白族人民就有了饮茶的习惯，尤其是每逢有重大祭祀、作战凯旋、迎接国宾、南诏王出巡等各种盛典，都要举行"三道茶歌舞宴"。唐代天宝年间，西南节度使郑回奉命出使南诏国，南诏王就以盛大的"三道茶歌舞宴"为郑回接风。而且南诏王为了强健身体，延年益寿，每天清早都喝三道茶。三道茶在南诏中期，才开始从宫廷流传到民间的大户人家。最初专供长辈60岁生日时在寿宴上饮用，以祝老人吉祥，后来，也用于婚礼。到了宋元时期，白族民间普遍风行三道茶，用来招待远道而来的客人，三道茶的冲泡方式，也渐渐形成了一套程序。

（二）三道茶的敬客风俗

白族是十分好客的民族，他们以敬客的"三道茶"而遐迩闻名。当客人到来时，主人立即在火盆上架火烤茶，待砂罐预热之后，再放入茶叶，用文火慢慢煽炒。每隔30秒钟左右，提起茶罐反复抖动多次，直到茶叶微黄、逸出香气时，再把用铜壶烧开的泉水冲进茶罐中，浸泡1～2分钟，即可将茶汤倾入一种叫牛眼睛盅的小瓷杯中，这就是头道茶。头道茶茶汤甚浓，俗称"苦茶"，代表的是人生的苦境，只有敢于吃苦，才能事业有成。

头道茶泡成之后，主人会将盛满茶汤的小瓷杯放在红漆木托盘里，然后依次敬给客人。敬茶时，主人先将茶杯双手齐眉举起，然后递给客人。客人双手接茶时，说声"难为你"（即谢谢之意），主人回一句"不消难为"（意思是不必谢）。如果主人家的年长老人也在座，客人必须将茶转敬给主人家的最长者，等到在座的人都轮敬一遍以后，才可以品饮。按规矩，喝头道茶时，客人应双手捧杯，必须一饮而尽。

喝完头道茶之后，主人会在砂罐里再注满开水。然后把切薄的核桃仁片、烤乳扇（用牛奶提炼制成的地方名特食品，其形状呈扇状）、红糖等配料放入茶碗内，待砂罐中的水烧开后倒入茶碗即可敬献给客人。这就是第二道茶，它香甜可口，营养丰富，俗称"甜茶"，具有滋补的作用，寓意为先苦后甜，苦尽甘来。同时，用以祝福客人生活美满，万事如意。

第二道茶喝完之后，主人又会将蜂蜜、姜片、桂皮末、花椒等按比例放入特制的瓷杯中，然后倒入滚沸的茶水，泡成第三道茶。此道茶集甜、麻、辣、涩、苦于一体，令人回味无穷，故俗称"回味茶"。回味茶具有温胃散寒、滋阴补肾、润肺祛痰等功效，代表的是人生的淡境，寓意人要有淡泊的心气和恢弘的气度，才能从容地回味过去的酸甜苦辣。

七、商榻"阿婆茶"

关于"阿婆茶"有一段动人的传说。据说，很早以前，在淀山湖中的山上住着一个名叫阿蒲的老婆婆。她在山上种了许多茶树，每年春季采茶的时候，阿蒲总会带上她的茶叶到各地销售。路经商榻时，她看见一群穷苦的乡亲们，就顺手送了一些茶叶给他们。以后每年的这个时候她都这样做。此后商榻就开始有了茶叶，乡亲们也养成了用茶解渴的习惯。过了很多年，淀山湖中的山忽然不见了，阿蒲也不知去向。但喝茶的习俗却在商榻"生根发芽"，人们为了纪念这好心肠的阿蒲婆婆，就把所喝的茶叫做"阿蒲茶"。后来，人们觉得这样直呼其名，不太尊重阿蒲婆婆了，于是把"蒲"改成了"婆"，从此商榻人喝茶又有了一个更响亮的名字——阿婆茶。

当然也有专家从科学的角度对"阿婆茶"的历史进行了考证，从许多商榻居民家中保存下来的祖传茶具（如印有宋代景德年号的青花小瓷碗，釉色艳丽、图案华美的盖碗，形象逼真、古朴典雅的莲花观音茶壶和胎薄质细、小巧玲珑的茶盅等等）之中，可以看出"阿婆茶"至少产生于元明时期，但是确切的年代尚无定论。

（一）"阿婆茶"的茶艺

商榻的男女老少都喜爱喝"阿婆茶"，而且这种茶对水、器的讲究也很奇特。水一定要用河里的活水，水壶往往是陶瓦之器，炉子则是用烂泥、稻草和稀泥后套成的，叫风炉。据说可以省柴，而且火很旺。"阿婆茶"还有一种古老而又别具风韵的喝茶方式——"炖茶"，即用陶瓦罐盛水，并用木柴燃煮，其间禁止与金属物品接触，据说这样可以使茶的色、香、味保持原味。此外，沏茶也要用密封性能较好的盖碗，并注意掌握沏茶的时间和水量。首次沏茶，一般只能用少量的开水沏泡，这叫"点茶"。然后，迅速将盖子捂上，隔5分钟，再冲入开水至八分满即可。商榻人喝"阿婆茶"时，还讲究茶点。除了为大众所熟悉的咸菜，还备有橄榄、话梅、蜜枣、花生、糖果、瓜子以及各色糕点等等。

（二）"阿婆茶"的品饮习俗

商榻一带的人们喝"阿婆茶"，一般是在三个时间段，即上午七八点钟，下午二三点钟和晚上七八点钟。喝茶人数一般三五人为一组，喝茶时主人要在桌上盛几碟腌莱、酱瓜、酥豆、萝卜干之类，以供喝茶者品尝。但是最为传统的"阿婆茶"习俗是在商榻镇西隅的周庄，喝茶者多为五六十岁的老妇人，每到下午，她们便在"做东"的老人家中聚集，拿出祖传的茶具，上好的茶叶，用风炉炖开冲泡，并备有各式茶点，既有蜜枣、桂圆等高级蜜饯或干果，也有一般人家的花生、糖果，熏豆、咸菜、萝卜干等。老太太们寒暄一番后，便入座，边喝茶吃糖果，边谈论天南地北的奇闻轶事及家庭生活琐事，饮完后再约定下次的"东家"。商榻的青年一般在晚上喝"阿婆茶"，与老人相比他们的饮茶方式比较欢快，不仅人数多，而且气氛热烈，有唱小调的、说评书的还有拨弄琴弦的，别有一番风味。

第七节　中国文学中的茶之韵

一、古朴悠远的秦汉茶诗

中国是世界茶叶的故乡，同时又是诗的国度，在这样的文化传统中，茶与诗的结缘是再自然不过的事了。茶性恬淡，提神益思，古往今来文人雅士无不嗜茶爱茶，更有无数骚人墨客把茶作为自己吟咏的主题，茶助文人的诗兴文思，文人墨客又爱茶咏茶，茶似乎专为文人而生，又因为文人而成为一种文化传统。于是，茶几乎涉及了诗、词、曲、赋、散文、小说等各个文学领域。在中国文学史上，茶诗、茶词、茶曲和茶赋的总数有几千首之多，这是中国文学艺术瀚海中彪炳千古的宝贵文学遗产。

中国的茶诗，不但数量众多，而且内容异常丰富，涉及到茶文化的各个方面。

不仅有吟咏茶香、茶趣、茶韵之作，还涉及到种茶、采茶、制茶、煎茶以及名茶、名泉、茶具等各种有关茶事活动的歌咏诗作。

诗因茶而清，茶有诗而雅。诗与茶，是中国历史中的文化奇葩。

中国茶诗的历史是源远流长的，甚至可以追溯到2700多年前的《诗经》。在遥远的先秦时代还没有"茶"字，只有"荼"字，"茶"字是到了中唐才有的。《诗经》305篇中，写到"荼"的有7首。如《豳风·七月》："七月食瓜，八月断壶，九月叔苴，采荼薪樗。"《邶风·谷风》："谁谓荼苦，其甘如荠。"由于"荼"一字多义，后世有人说这7处的"荼"都不是茶，有的人则认为这7处，还是有几处表示"茶"意的，宋代大文豪苏东坡就认为《诗经》中的"荼"与"茶"还是有关联的。但不论后世争议如何，"荼"字毕竟出现于中国第一部诗歌总集《诗经》中。

先秦之后，汉代文人倡饮茶之举为茶进入文学领域首开先河，有正式文献记载的是汉人王褒所写的《僮约》。王褒不仅要家僮煎茶，还要他去当时的茶叶市场武阳买茶。汉代留给后世的文学遗产以汉赋最为有名，提起汉赋，首推司马相如与扬雄，而他们两个都是当时的著名茶人。司马相如曾作《凡将篇》，扬雄作《方言》，一个从药用，一个从文学角度谈到茶。

以上都是文学与茶的最早渊源，而最早提及茶叶的诗篇，按中国茶圣陆羽《茶经》所辑，有孙楚的《出歌》、张载的《登成都楼诗》、左思的《娇女诗》和王微的《杂诗》四首。

孙楚的《出歌》，又称《孙楚歌》，是一首介绍物品产地的歌，诗人用"姜桂茶荈出巴蜀，椒、橘、木兰出高山"的诗句，点明了茶的原产地。张载的《登成都楼诗》，全诗借写程卓巨富以颂蜀中天府，其中有"芳茶冠六清，溢味播九区"的诗句；王微的《杂诗》："寂寂掩高阁，寥寥空广厦。待君竟不归，收领今就槚。"诗人说，他等候友君不归，屋宇显得格外的空落，只好收起待客的物品，宽松衣衫，独自饮茶（槚）消闲了。

在这四首诗中，左思的《娇女诗》最为有名。《娇女诗》全诗比较长，共分三段，第一段十六句，写小娇女纨素，第二段也是十六句，写大娇女蕙芳，第三段二十四句则是合写大小娇女。陆羽很欣赏这首诗，把它当做一则茶事史料收录于《茶经·七之事》中。他选摘的是第一段的前四句，第二段的前两句和第三段的六句，共十二句：

吾家有娇女，皎皎颇白晳。

小字为纨素，口齿自清历。

有姊字蕙芳，眉目粲如画。

驰骛翔园林，果下皆生摘。

贪华风雨中，倏忽数百适。

心为茶荈剧，吹嘘对鼎历。

诗的前四句，形象生动地描摹了小女儿纨素肌肤白皙，口齿伶俐，活泼可爱的样子，五六两句则描摹了大女儿的美丽，蕙芳比妹妹年龄大些，有一定修饰能力，在眉目上淡扫轻描，可以说姿容更美。后六句写姐妹俩戏耍的天真样子，她们一年四季在园子里玩，任意攀折花木，生摘果实，有时竟然在风雨之中还贪玩戏耍；她们玩得口渴想喝茶时，便乖乖地匐于茶炊前，鼓腮吹嘘，一副焦急想喝茶的样子。娇女的天真活泼情态跃然纸上。

这些有关茶的诗词，留传至今已有 1800 多年历史。以后，茶事诗词逐渐增多，以至车载斗量，蔚为大观。

二、流传千古的唐代茶诗

唐代不仅是中国茶文化的兴盛期，同时也有大量茶诗不断问世。唐代社会相对繁盛，文化比较开放，诗人有着极为广泛的交往范围，他们利用交游、酬唱的机会，写下了大量的茶诗，言茶妙用，宣茶功效，普及茶文化。人们通过这些脍炙人口的茶诗，得以了解茶叶的益处，这无疑推动并加快了当时茶文化的发展。

唐代诗人中作有咏茶诗或在诗中吟咏到茶的共有 70 多位。唐代茶诗题材涉及茶的栽、采、制、煎、饮，以及茶具、茶礼、茶功、茶德等方面。

当时的诗人李白、杜甫、白居易、王维、王昌龄、王勃等人，都有以茶入诗之作，如王维有句"长安客舍热如煮，无过茗糜难御暑"，写的就是以喝茶消暑。孟浩然则是以茶代酒"空堂坐相忆，酌茗聊代醉"，杜甫有名句"落日平台上，春风啜茗时"，王昌龄在洛阳天宫寺参加茶集后留下了"削去府县理，豁然神机空"、"各有四方事，白云处处通"的感叹。但这些都只是在诗作中吟咏到茶，还不是专题的咏茶诗。唐代最早的咏茶诗当属李白的《答族侄僧中孚赠玉泉仙人掌茶》。

此诗写于唐天宝年闻，此时的李白因在长安得罪了当朝权贵，空怀报国之志而不得施展，于是离开长安，开始了他一生中的第二次漫游。当他在金陵与族侄僧中孚相遇时，蒙其赠诗与仙人掌茶，特作此诗深表谢意。

仙人掌茶产于湖北当阳县西南的玉泉山。山因有玉泉而得名，茶树长于泉边山石中，有山泉乳水滋润，枝叶如碧玉，曝晒制成的茶，拳然重叠，其状如手，故号仙人掌茶。据李白在诗前的序言中说："玉泉真公，常采而饮之，年八十余，颜色如桃李……所以能还童、振枯，扶人寿也。"

诗云："常闻玉泉山，山洞多乳窟。仙鼠如白鸦，倒悬清溪月。茗生此中石，玉泉流不歇。根柯洒芳津，采服润肌骨。丛老卷绿叶，枝枝相接连。曝成仙人掌，似拍洪崖肩。举世未见之，其名定谁传。宗英乃禅伯，投赠有佳篇。清镜烛无盐，顾惭西子妍。朝坐有余兴，长吟播诸天。"

这首诗和序都写得清新洗练，洒脱俊逸，中间穿插神话传说，实中见虚，颇有浪漫色彩。李白以神来之笔，突出的意象描绘了仙人掌茶生长的险奇的自然环境，形象地勾画了仙人掌茶的外形，使读完此诗的人会对仙人掌茶产生一种深深的向往。

唐代茶诗数量众多，影响深远者有之，流传千古者有之。在众多唐代茶诗中，最受后世推崇的要数诗人卢仝全的《走笔谢孟谏议寄新茶》，此诗又称《七碗茶歌》。他的这一曲茶歌，自唐以来，经宋、元、明、清各代，一直传唱不衰，至今诗人们在吟咏到茶时，仍屡屡提及。

卢仝全自号玉川子，范阳（今河北涿县）人。年轻时隐居少山室，家境贫困，但刻苦攻读，不愿进仕。元和初间，曾作《月蚀诗》，讥刺当时宦官专权。"甘露之变"时偶与诸客会食宰相王涯馆中，晚留宿，被误捕，与王同时遇害，死时年仅40岁。卢仝全平生好茶，尤精于品饮。

诗中除谢孟谏议寄新茶，和对辛勤采制茶叶的歌咏外，其余写的是煮茶和饮茶的体会。诗中说由于茶味好，诗人一连饮了七碗，每饮一碗，都有一种新的感受，作者用传神的笔触道尽饮茶之乐，抒发了连喝七碗茶的不同细腻感受。

诗云："日高丈五睡正浓，军将打门惊周公。口云谏议送书信，白绢斜封三道印。开缄宛见谏议面，手阅月团三百片。闻道新年入山里，蛰虫惊动春风起。天子须尝阳羡茶，百草不敢先开花。仁风暗结珠枅述，先春抽出黄金芽。摘鲜焙芳旋封裹，至精至好且不奢。至尊之余合王公，何事便到山人家。柴门反关无俗客，纱帽笼头自煎吃。碧云引风吹不断，白花浮光凝碗面。一碗喉吻润，二碗破孤闷。三碗搜枯肠，唯有文字五千卷。四碗发轻汗，平生不平事，尽向毛孔散。五碗肌骨轻，六碗通仙灵。七碗吃不得也，唯觉两腋清风习习生。蓬莱山，在何处？玉川子，乘此清风欲归去。山上群仙司下土，地位清高隔风雨。安得知百万亿苍生命，坠在巅崖受辛苦。便为谏议问苍生，到头还得苏息否？"

卢仝描述的每碗不同的饮茶感受，对提倡饮茶产生了深远的影响，卢仝此茶涛一出，后人竞相引用传唱。宋梅尧臣把卢仝的这首诗与李白的《玉泉仙人掌茶诗》相比说："莫夸李白仙人掌，且作卢仝走笔章。亦欲清风生两腋，从教吹去月轮旁。"苏轼有诗曰："何须魏帝一丸药，且尽卢仝七碗茶。"陆游在《老学庵北窗杂书》中，把卢仝与陆羽相提并论，诗曰："小龙团与长鹰爪，桑苎玉川俱未知。"

另外，还有不少诗人仿照卢仝七碗茶诗，写了类似的饮茶感受。如宋代沈辽的《德相惠新复次前韵茶奉谢》："一泛舌已润，载啜心更惬。"刘秉忠的《尝云芝茶》："待将肤凑浸微汗，毛骨生风六月凉。"

自卢仝之后，还有许多诗人颂扬了饮茶的不同体会，肯定了茶的各种作用。如唐代诗人崔道融的"一瓯解却山中醉，便觉身轻欲上天"，认为茶可醒酒，不仅可以提神，还能使人身体轻健。

唐代大诗人白居易有《琴茶》一诗传于后世，此诗是礼赞当时的蒙山名茶，中国茶圣陆羽在品评当时天下名茶后，盛赞："蒙顶第一，顾渚第二。"蒙顶仙茶自汉代开始栽种，从唐代就列为贡品，一直延续到清代，是一种天下人共知的上等名茶。诗云："兀兀寄形群动内，陶陶任性一生间。自抛官后春多醉，不读书来老更闲。琴里知闻唯渌水，茶中故旧是蒙山。穷通行止长相伴，谁道吾今无往还。"

唐代诗人皎然的《饮茶歌诮崔石使君》则是当时咏茶诗中的另一佳作，此诗主要是写诗人饮茶时的独特感受，在茶香袅袅中，不知不觉间就进入了茶境的最高层次。诗云："越人遗我剡溪茗，采得金芽爨金鼎。素瓷雪色缥沫香，何似诸仙琼蕊浆。一饮涤昏寐，情来朗爽满天地。再饮清我神，忽如飞雨洒轻尘。三饮便得道，何须苦心破烦恼。此物清高世莫知，世人饮酒多自欺。愁看毕卓瓮间夜，笑向陶潜篱下时。崔侯啜之意不已，狂歌一曲惊人耳。孰知茶道全而真，唯有丹丘得如此。"

唐代茶诗所涉及的茶事极广，除了名茶是诗人歌咏的对象之外，连茶具也是诗人吟咏的对象之一。当时的著名诗人皮日休写有《茶中杂咏》诗10首，其中的《茶瓯》就属此类茶诗，诗云："邢客与越人，皆能造兹器。圆似月魂堕，轻如云魄起。枣花势旋眼，萍沫香沾齿。松下时一看，支公亦如此。"

除此之外，唐诗中还有不少歌咏名泉的佳作。唐陆龟蒙《谢山泉》就是这样的作品："决决香泉出泪霜，石坛封寄野人家。草堂尽日留僧坐，自来前溪摘茗芽。"而唐皇甫冉的《送陆鸿渐栖霞寺采茶》则是反映当时采茶活动的佳作："采茶非采绿，远远上层崖。布叶春风暖，盈筐白日斜。旧知山寺路，时宿野人家。借问王孙草，何时泛碗花？"此诗描述了友人陆羽为获得好茶，不辞辛苦地攀险峰、上层崖，采摘春风里初展嫩芽的动人情景，展现了茶人爱茶的诗情画意。

三、百家纷呈的宋代茶诗

由唐至宋，由于茶文化的进一步普及，有关茶的诗依旧日渐增多。宋代诗人与茶有缘的不少于唐，陆游《剑南诗稿》中与茶有关的诗有200多首，创历代诗人之冠，苏轼吟咏茶的诗词亦有60多首。这些茶诗既反映了当时文人骚客们对茶的热爱之情，也从一个侧面反映出当时茶文化的繁盛之态，北宋茶文化极为发达，加之当时斗茶和茶宴十分盛行，所以茶诗大多表现以茶会友，借茶抒情、托茶寄兴的丰富内容。

宋代茶诗中，有阐述种茶、制茶技艺的，如陆龟蒙的"茗地曲隈回，野行多缭绕。向阳就中密，北涧差还少。"还有记载茶业史实的，如汪道会的"昔闻神农辨茶味，功调五脏能益思。此人重酪不重茶，遂令齿颊饶膻气……"

宋代茶诗中最有代表性的当数欧阳修的《双井茶》："西江水清江石老，石上生茶如凤爪。穷腊不寒春气早，双井茅生先百草。白毛囊以红碧纱，十斛茶养一两芽。长安富贵五侯家，一啜尤须三日夸。"而苏轼则以《次韵曹辅壑源试焙新茶》中"从来佳茗似佳人"和《饮湖上初晴后雨》中"欲把西湖比西子"两句构成了一副极妙的对联。

宋代流行斗茶、分茶等茶事活动，当时的诗人们也常常斗茶，当然会在茶诗中有所反映。以写《岳阳楼记》而闻名的北宋大文学家范仲淹曾作《和章岷从事斗茶歌》，以铺陈的诗歌手法，全景地描绘了当时斗茶活动的盛况。

《和章岷从事斗茶歌》全诗为："年年春自东南来，建溪先暖冰微开。溪边奇茗冠天下，武夷仙人从古栽。新雷昨夜发何处，家家嬉笑穿云去。露芽错落一番荣，缀玉含珠散嘉树。终朝采撷未盈襜，唯求精粹不敢贪。研膏焙乳有雅制，方中圭兮圆中蟾。北苑将期献天子，林下雄豪先斗美。鼎磨云外首山铜，瓶携江上中泠水。黄金碾畔绿尘飞，碧玉瓯中翠涛起。斗茶味兮轻醍醐，斗茶香兮薄兰芷。其间品第胡能欺，十目视而十手指。胜若登仙不可攀，输同降将无穷耻。吁嗟天产石上英，论功不愧阶前蓂。众人之浊我可清，千日之醉我可醒。屈原试与招魂魄，刘伶却得闻雷霆。卢仝敢不歌，陆羽须作经。森然万象中，焉知无茶星。商山丈人休茹芝，首阳先生休采薇。长安酒价减百万，成都药市无光辉。不如仙山一啜好，泠然便欲乘风飞。君莫羡，花间女郎只斗草，赢得珠玑满斗归？"

通过诗人的描写，后世之人可以了解到当时的斗茶情趣，斗茶用的鼎是珍贵的首山铜，水是著名的中泠水，碾是黄金的，瓯是碧玉的，碾时出现"绿尘飞"，煮时又是"翠涛起"，似"醍醐"般的味美，若"兰芷"般的清香。《斗茶歌》是宋代斗茶活动的真实写照，这首诗脍炙人口，使范仲淹在中国茶诗史上独占一席。

诗人杨万里在《澹庵坐上观显上人分茶》一诗中则十分具体地描绘了宋代精制绝伦的分茶。分茶，又名"水丹青"、"茶百戏"，是宋代文人雅士中流行的茶游戏，是在点茶时使茶汤的纹脉形成物象。

诗云："分茶何似煎茶好，煎茶不似分茶巧。蒸水老禅弄泉手，隆兴元春新玉爪。二者相遭兔瓯面，怪怪奇奇真善幻。纷如擘絮行太空，影落寒江能万变。银瓶首下仍尻高，注汤作字势嫖姚。不须更师屋漏法，只问此瓶当响答。紫微仙人乌角巾，唤我起看清风生。京尘满袖思一洗，病眼生花得再明。汉鼎难调要公理，策勋茗碗非公事。不如回施与寒儒，归续茶经傅衲子。"

到了南宋时期，由于时代的发展，茶文化呈现出了与北宋不同的特点。当时的南宋苟安江南，大片的国土沦丧，所以爱国文人壮志难酬，在茶诗中便出现了很多忧国忧民的情绪，清静无为的茶也蒙上一层感伤的情怀，其中最有代表性的是陆游和杨万里的咏茶诗。

陆游在《晚秋杂兴十二首》写道："置酒何由办咄嗟，清言深愧谈生涯。聊将横浦红丝硙，自作蒙山紫笋茶。"此诗反映了作者晚年生活清贫，无钱置酒，只得以茶代酒，自己亲自碾茶的情景。

而杨万里在《以六一泉煮双井茶》一诗中则写道："日铸建溪当近舍，落霞秋水梦还乡。何时归上滕王阁，自看风炉自煮尝。"诗人希望有一天自己能在滕王阁亲自煎饮双井茶，抒发了诗人压抑很久的思乡之情。

除上述诗作外，宋代茶诗所涉及的茶文化的内容同样丰富，如陆游的《试茶》"睡魔何止退三合，欢伯直知输一筹"，认为茶有"破睡之功"；黄庭坚的《寄新茶与南禅师》"筠焙熟茶香，能医病眼花"，认为茶可以治"眼花"。这些诗作无疑都使宋代的茶诗走向多元化的诗歌取向。

四、蔚为大观的元明清茶诗

与唐宋相比，元代的茶诗比较少，传于后世的也不多，其中多反映饮茶的意境和感受。著名的有耶律楚材的《西域从王君玉乞茶，因其韵七首》、洪希文的《煮土茶歌》、谢宗可的《茶筅》等等。

元以后，随着茶文化的发展，明代的咏茶诗比元代较多，著名的有文徵明的《煎茶》、陈继儒的《失题》、黄宗羲的《余姚瀑布茶》等。与唐宋相比，明代茶诗有一个显著的特征，即有不少诗作反映百姓疾苦、茶农艰辛、讥讽时政。如明代正德年间身居浙江按察金事的韩邦奇，根据民谣加工润色而写成的《富阳民谣》，在当时流传很广，此诗作揭露了当时浙江富阳贡茶和贡鱼扰民害民的苛政，暴露出当时朝廷黑暗的一面。

再如诗人高启的《采茶词》反映了当时茶农的艰辛生活，茶农在辛苦一年后，把上等的茶叶供官后，其余全部卖给商人，自己却舍不得尝新。诗云："雷过溪山碧云暖，幽丛半吐枪旗短。银钗女儿相应歌，筐中采得谁最多？归来清香犹在手，高品先将呈太守。竹炉新焙未得尝，笼盛贩与湖南商。山水不解种禾黍，衣食年年在春雨。"

与明代相比，清代的茶诗也不少，当时的许多著名文坛大家都曾涉及创作茶诗，如郑板桥、金田、陈章、曹廷栋等人。在清代，乾隆皇帝也好雅兴，写了不少茶诗。他六下江南，曾五次为杭州西湖龙井茶作诗，其中最为后人传诵的是《观采茶作歌》一诗。

闻名于世的怪才郑板桥喜以天水煎茶，他常饮"瓦壶天水菊花茶"，此茶质清味淡，可清除心肺之热。茶与水关系的重要性不言而喻，而名茶伴好水历来是中国爱茶的文人所推崇的，郑板桥以天水伴名茶，在后世传为美谈。

五、中华茶诗的形式美

与丰富的中国茶诗内容相比，中国茶诗体裁同样广泛，有古体诗，亦有近体诗。古体诗中的四言、五言，六言、七言和杂言俱全；近体诗中五律、七律、排律，以及五绝、七绝皆佳。还有不少在古今中外诗作中所见甚少的体裁，在茶诗中同样可以找到。

唐代诗人元稹与白居易是极好的朋友，常常以诗唱和，所以人称"元白"。元稹写过一首"宝塔诗"，题名《一字至七字诗茶》。这种体裁的诗，十分罕见。整首诗从一个字开始，以后每两句增加一个字，至七字止，元稹在他的宝塔茶诗自注中说：一至七字诗，"以题为韵，同王起诸公送分司东郡作"。后世之人称之为宝塔诗。诗曰：

茶，

香叶，嫩芽。

慕诗客，爱僧家。

碾雕白玉，罗织红纱。

铫煎黄蕊色，碗转曲尘花。

夜后邀陪明月，晨荫命对朝霞。

洗尽古今人不倦，将至醉后岂堪夸。

全诗开篇，就用一个"茶"字点出了主题，并将"茶"字置于塔尖，让人一目了然。接着写了茶的形态，即味香和形美。第三句显然是倒装句，说茶深受"诗客"和"僧家"的爱慕。第四句用形象化的语言描绘了烹茶的过程，因为唐代饮的是团饼茶，所以先要用白玉雕成的碾把叶碾碎，再用红纱制成的茶罗把茶筛分。第五句写烹茶先要在铫中煎成"黄蕊色"，尔后盛在碗中浮饽沫。第六句谈到品茗时的优雅环境及独特感受。第七句则是对茶的无限赞美，指出不论古人或今人，饮茶都会感到精神饱满，特别是酒后喝茶有助醒酒。这首诗其实为一种杂体诗，读后不但使人情趣横生，而且意味深长，在形式上更有新奇之感，堪称佳作。

历代茶诗中，还有一些著名的回文诗也很值得一提。回文是指可以按照原文的字序倒过来读、反过来读的句子。回文诗中的字句回环往复，读之都成篇章，而且意义相同。举例说，"清心明目"就是最简单的茶回文，常常出现在茶杯或茶壶上，这四个字随便从哪个字读皆可成句，"清心明目"、"心明目清"、"明目清心"而且几种读法意思都相同，这是中国汉字排列的一种奇妙组合。

苏东坡在题名为《记梦回文二首并叙》的诗的叙中写道："十二月十五日，大雪始晴，梦人以雪水烹小团茶，使美人歌以饮。余梦中为作回文诗，觉而记其一句云：'乱点余花唾碧衫'，意用飞燕唾花故事也。乃续之，为二绝句云。"从"叙"中可知苏东坡是一位不折不扣的茶迷，连在梦中也在饮茶。

诗曰："酡颜玉碗捧纤纤，乱点余花唾碧衫。歌咽水云凝静院，梦惊松雪落空岩。空花落尽酒倾缸，日上山融雪涨江。红焙浅瓯新火活，龙团小碾斗晴窗。"这首诗，顺读、倒读皆可成诗、押韵，且意义相同，不但给人以美的享受，而且更增加了品茶的意境和情趣。此诗显现出诗人对茶的一片痴情。

在中国茶诗中，还有一种"联句诗"也很有名。联句为几个人共作一首诗，但要诗意联贯。在茶联句诗中，最为后世所称道的，是由唐代艺文大家颜真卿及与陆士修、张荐、李萼、僧皎然和崔万等六人合写的《五言月夜啜茶联句》。

诗曰："泛花邀坐客，代饮引情言（士修）。醒酒宜华席，留僧想独园（张荐），不须攀月桂，何假树庭萱（李萼）。御史秋风劲，尚书北斗尊（崔万）。流华净肌骨，疏瀹涤心原（真卿）。不似春醪醉，何辞绿菽繁（皎然）。素瓷传静夜，芳气清闲轩（士修）。"

这首联句诗，陆士修作首尾两句，这样总共七句。六位诗人为了别出心裁，突出诗的主题，用了许多与啜茶有关的代名词。如陆士修用"代饮"比喻以饮茶代饮酒，张荐用的"华宴"借指茶宴，颜真卿用"流华"借指饮茶。

与"联句诗"相差不大的还有一种"唱和诗"，如果说"联句诗"为多人所作，那么"唱和诗"就是两人所为，一唱一和，成诗一首。

唐代皮日休和陆龟蒙两位文学家写的《茶中杂咏》唱和诗，可谓是其中的代表作。皮日休，唐代文学家，曾任翰林学士。陆龟蒙，唐代文学家，曾任苏湖两郡从事。两人十分知己，都有爱茶雅好，经常作文和诗，因此人称"皮陆"。对于此诗的写作缘由，皮日休写道："茶之事，由周至于今，竟无纤遗矣。昔晋杜育有荈赋，季疵有茶歌，余缺然于怀者，谓有其具而不形于诗，亦季疵之余恨也，遂为十咏，寄天随子。"陆龟蒙也作《奉和袭美茶具十咏》。

在丰富的中国茶诗中，还有一种用寓言形式写的茶诗，读来颇多情趣。唐代王敷写了一首《茶酒论》，以寓言的形式言及茶酒之争，读来妙趣横生："暂问茶之与酒，两个谁有功勋？"茶首先出来说自己是"百草之首，万木之花。贵之取蕊，重之摘芽。呼之敬草，号之作茶。贡王侯宅，奉帝王家，时时献人，一世荣华。"听完茶说，酒并不服气，侃侃而谈道："自古至今，茶贱酒贵，单醪投河，三军千醉。君王饮之，叫呼万岁；君臣饮之，赐卿无畏，和死定生，神明歆气。"茶又曰："酒能破家散宅，广作邪淫，打却三盏以后，令人只是罪深。"酒又反其道曰："酒通贵人，公卿所慕。曾道赵主弹琴，秦王击缶，不可把茶请歌，不可为茶交舞。"最后，茶又对酒曰："君不见生生鸟，为人酒丧其身。"还谈到因酒斗殴，甚至有杀父害母的。

这种用寓言的形式写茶、酒论争的寓言诗，在清代笔记小说中还有一首。首先，茶说道："战后睡魔功不少，助战吟兴更堪夸。亡国败家皆因酒，待客如何只饮茶。"酒反唇相讥道："瑶台紫府荐琼浆，息讼和亲意味长。祭祀筵席先用我，可曾说着淡黄汤。"当它说到"淡黄汤"（指茶水）三字，水不服气了，争抢说："汲井烹茶归石鼎，沙泉酿酒注银瓶。两家且莫争闲气，无我调和总不能。"寓言诗的这种形式，不仅用笔灵活，而且充满趣味，在市井之间十分流行。

千百年来，随着中国茶文化的不断发展，古代的文人们为后世留下了大量茶诗，充分证明了文人与茶的特殊关系，也反映出茶文化在中国文化中的独特地位。这些内容丰富、体裁各异的茶诗是中国文化宝库中的一朵奇葩。

六、丰富的茶词与多样的茶曲

唐诗、宋词，是中国文学史上的两朵奇葩，继诗在唐代达到前所未有的高峰之后，词在宋代达到了鼎盛时期。在古代，词都是为适应演唱的需要而创作的，所以其句子是参差不齐的，所以，词又称长短句。随着茶文化的不断发展，以茶为内容的词也应运而生。宋代著名的词人黄庭坚、苏轼、秦观等人，因嗜茶爱茶，都不断有茶词问世，并传于后世。

元曲是继唐诗，宋词之后，中国文学史上的又一道绝世风景。元曲中的散曲、小令是最先传唱于市井之间的民歌小调，这种小调往往是传唱者即兴而作。所以，语言率真朴素，生活气息格外浓厚。在元代，茶文化得到了进一步的普及，所以散曲小令中也就自然而然地与茶结缘了。

宋代茶词中，大词人黄庭坚嗜茶咏茶，多有茶词问世，是当时创作茶词的代表人物。他创作的茶词《阮郎归·茶词二首》、《满庭芳·茶》、《西江月·茶》、《看花回·茶词》等词，无论是在当时还是后世，都赢得了爱茶人的一致推崇。

他的《阮郎归·茶词二首》是最为后世所推崇的，其中的第二首更是广为传诵。这首词的上阕描绘了当时制茶、烹茶的情景："摘山初制小龙团，色和香味全。碾声初断夜将阑，烹时鹤避烟。"经过一夜的忙碌之后，色香味俱全的小龙团制成后，制茶人格外高兴，烹茶时的袅袅茶香似乎是对这种辛苦劳作的一种恩赐。此词的下阕则用淡淡的笔触叙述出品茗时的特殊感受："消滞思，解尘烦。金瓯雪浪翻。只愁啜罢水流天。余清搅夜眠。"

宋代的另一位大词人苏轼的《行香子·茶词》则用简洁传神的笔墨勾勒出词人酒后煎茶、品茶时的从容神态，痛快淋漓地抒发了饮茶后无比轻松的神奇感受。宴饮时的欢娱和品饮后的清静形成了鲜明对比，茶消酒醒神之功效跃然纸上。词云："倚席才终，欢意犹浓。酒阑时，高兴无穷。共夸君赐，初拆臣封。看分香饼，黄金缕，密云龙。斗赢一水，功敌千钟。觉凉生，两腋生清风。暂留红袖，少却纱笼。放笙歌散，庭馆静，略从容。"

元曲中，最为后人所称颂的是李德载所作的散曲《喜春来·赠茶肆》，此曲由10首小令组成，都是以茶肆为歌咏对象，仿佛是一幅幅洋溢着市井生活气息的风俗画卷。10首小令，首首谈茶，篇篇泛香，有的是谈高超的煎茶技艺带来的茶香，有的是写饮茶时领略到的齿颊留香。每首小令都从不同的角度叙写了煎茶、饮茶的无穷乐趣。作者用朴素生动的语言，为我们描绘了一幅幅因品香茗而自足自得的常乐图、风俗画，是后世了解元代茶风不可多得的宝贵资料。

10首小令分别如下：

"茶烟一缕轻飞扬，搅动兰膏四座香。烹煎妙手赛维扬。非是谎，下马试来尝。"

"黄金碾畔香尘细，碧玉瓯中白雪飞。扫醒破闷和脾胃。风韵美，唤醒睡希夷。"

"蒙山顶上春光早，扬子江心水味高。陶家学士更风骚。应笑倒，销金帐饮羊羔。"

"龙团香满三江水，石鼎诗成七步才。襄王无梦到阳台。归去来，随处是蓬莱。"

"一瓯佳味侵诗梦，七碗清香胜碧简。竹炉汤沸火初红。两腋风，人在广寒宫。"

"木瓜香带千林杏，金橘寒生万壑冰。一瓯甘露更驰名。恰二更，断梦酒初醒。"

"兔毫盏内初尝罢，留得余香在齿牙。一瓶雪水最清佳。风韵煞，到底属陶家。"

"龙须喷雪浮瓯面，凤髓和云泛盏弦。劝君休惜杖头钱。学玉川，平地便升仙。"

"金樽满劝羊羔酒，不似灵芽泛玉瓯。声名喧满岳阳楼。夸妙手，博士便风流。"

"金茅嫩系枝头露，雪乳香浮塞上酥。我家奇品世间无。君听取，声价彻皇都。"

宋、元之后，在明清两代，无论是茶词还是茶曲，还都是不断有新作问世。明清的文人雅士们在品茗之余，仍旧喜欢用诗、词、曲的形式表达对茶的喜爱之情。

明代嘉靖年间的大名士、文坛大家王世贞的《解语花·题美人捧茶》之词，将美人煎茶、捧茶的神态写得可可动人，于茶香之中有一种异样的美丽："柳腰娇倚，薰笼畔，斗把碧旗碾试。兰芽玉蕊，勾引出清风一缕。翠翠蛾斜捧金瓯，暗送春山意。"其弟王世懋所作的《苏幕遮·夏景题茶》则闲适地描绘了夏季烹茶、饮茶时的情状："竹床凉，松影碎，沉水香销，尤自贪残睡。无那多情偏著意，碧碾旗枪，玉沸中泠水。捧轻瓯，沽弱醅，色授双鬟，唤觉江郎起……"

清代词人承培元的《卖花声·焙茶》是一首反映当时茶人采茶、制茶生活的词。词人用浓墨重彩为读者描绘出一幅泛溢茶香的春山采茶图，茶园、小桥、流水、半展的旗枪、朴素的农舍，在这样的背景之下，美丽的妙龄少女正用纤纤素手炒制春茶。词人还细腻地描绘了少女浓密的秀发，俏丽的面庞和娴熟的制茶技艺，给读者留下了难以诉说的美好印象。词云："三板小桥斜，几棱桑麻。旗枪半展采新茶。十五溪娘纤手焙，似蟹爬沙。人影隔窗纱，两鬓堆鸦。碧螺山下是侬家，吟渴书生思斗盏，雨脚云花。"

清代词人陈维崧的《沁园春·送友人入山采茶》一词形象地描绘了江南四月开园采茶时的繁忙之景。"人家四月开园，送君去刚逢谷雨天"两句交代了开园的时间为谷雨时分。"恰晴村绿崦，数间僧灶；清江翠箬，一带商船。拍处盈盈，焙余冉冉，归卧回廊瘦石边。"这简单的几句就勾画出江南制茶、茶叶交易的繁忙景象。

清代词人万光泰的《扫落花·武夷茶》是一首歌咏武夷名茶的词。武夷名茶产于福建武夷山区，属武夷岩茶中的高香品种。这首词的上阕盛赞武夷茶优雅的包装和品茗时的清幽环境。"红蓝香净，甚特地封来。数重青箬，松炉漫瀹。"有朋友从远方寄来的名贵的武夷茶，外面用红蓝的饰物包装，内面用柔软的香蒲草裹饰，使人爱不释手。爱茶的人在幽静的古松下燃起风炉煎茶。下阕中"画楼角，正酒桃生，雨晴帘幕"几句，将在幽雅的翠松清泉之畔品茶与在朱阁楼上醉意微薰的欢乐调笑者进行鲜明对比，表现出两种完全不同的人生情趣和意境，自然而然就将品茗的超俗高雅表现出来。

七、《红楼梦》、《金瓶梅》中的茶文化

明清之际，中国古典小说创作达到了一个巅峰时期，一如唐诗、宋词、元曲与茶结缘一样，中国茶文化也自然而然地与明清小说发生了关系。唐以前，小说中的茶事活动多在神话志怪传奇故事里出现。到了明清之际，随着小说创作的不断繁荣，小说中涉及茶文化的内容大量涌现，《红楼梦》、《金瓶梅》、《老残游记》等一些中国古典名著中，都有大量有关茶文化的描写，通过这些小说，我们不仅可以见

证当时社会的茶文化的发展情况，更可以感受到茶与小说相结合的文学之美。

在中国古典小说中，《红楼梦》中有关茶文化的描写堪称典范。《红楼梦》全书写茶事近300处，吟咏茶的诗词有10多首，曹雪芹善于把诗情与茶意相融合，如写夏夜的"倦乡佳人幽梦长，金笼鹦鹉唤茶汤"；写秋夜的"静夜不眠因酒渴，沉烟重拨索烹茶"；写冬夜的"却喜侍儿知试茗，扫将新雪及时烹"。

贾府的公子、小姐、老太君、奴婢等日常生活中都离不开茶，在小说里，曹雪芹描写了形形色色的茶事，光是茶的品类和功能，就有：家常茶、敬客茶、伴果茶、品尝茶、药用茶等。他几乎写尽了茶品、茶具、茶人、茶理、茶道，难怪有人如此盛赞道："一部红楼梦，满纸茶叶香。"

其中四十一回《栊翠庵茶品梅花雪 怡红院劫遇母蝗虫》更是写茶事的上乘之作，自《红楼梦》问世以来，这段文字始终受到精于茶道之人的无限推崇。

栊翠庵品茶，是在"史太君两宴大观园"散席之后，贾母还未尽性，于是乘兴带着宝玉、黛玉、宝钗、刘姥姥等人再次来到栊翠庵中，由妙玉领往东禅堂喝茶闲叙。在这个过程中，曹雪芹详尽而具体地谈到了选茶、择水、配器和尝味。

选茶：贾母坐下就索茶吃，说是"我们才都吃了酒肉，你这里头有菩萨，冲了罪过。我们这里坐，把你的好茶拿来，我们吃一杯就去了。'妙玉听了，忙去烹了茶来。宝玉留神看是怎么行事。只见妙玉亲自捧了一个海棠雕漆填金云龙献寿小茶盘，里面放一个成窑五彩小盖钟，捧与贾母。贾母道：'我不吃六安茶。'妙玉笑说：'知道。这是老君眉。'"

这一问一答，道出了贾母对茶性的熟知。当时的人认为，"六安茶"茶味浓厚，而洞庭君山银针茶即"老君眉"，其味轻醇，最适合老年人品饮。"老君眉"属于发酵红茶，是比"六安茶"更为名贵的乌君山茶，产于福建省光泽县东北约50公里的乌君山，其品质特点是汤色鲜亮，香馥味郁，是当时有名的茶品。

贾母虽不喜"六安茶"，但"六安茶"亦属名茶。六安，古郡国名，位于安徽省西部，大别山东麓，明清两代叫六安州，全州各县都盛产茶叶。明屠隆《考槃余事》载："六安，品亦精，入药最效，但不善炒，不能发香，而味苦，茶之本性实佳。"屠隆在文章中还列出最为当时人称道的六种茶：虎丘茶、天池茶、阳羡茶、六安茶、龙井茶、天目茶。"六安茶"列为六品之一，以茶香醇而著称于世。另外，妙玉招待黛玉、宝钗和宝玉用的是"体己茶"，如此品茶，颇具幽雅温馨之感。

择水：当妙玉将老君眉茶捧与贾母。"贾母接了，又问：'是什么水？'妙玉笑回：'是旧年蠲的雨水。'贾母便吃了半盏，笑着递与刘姥姥，说：'你尝尝这个茶。'刘姥姥便一口吃尽，笑道：'好是好，就是淡些，再熬浓些更好了。'贾母众人都笑起来。"

后来，妙玉又用"梅花上的雪水"烹茶，招待黛玉、宝钗和宝玉。"黛玉因问：'这也是旧年的雨水？'妙玉冷笑道：'你这么个人，竟是大俗人，连水也尝不出来！这是五年前我在玄墓蟠香寺住着，收的梅花上的雪，共得了那一鬼脸青的花瓮一瓮，总舍不得吃，埋在地下，今年夏天才开了。我只吃过一回，这是第二回了。你怎么尝不出来？隔年蠲的雨水那有这样轻浮，如何吃得。'"

古人认为，雨水和雪水，是"天泉"水，是最好的洁净水，最宜沏茶。古人常有咏赞雪水煎茶的诗句。唐陆龟蒙咏茶诗云："闲来松间坐，看煎松上雪。"宋陆游雪后煎茶诗中有"雪夜清甘涨井泉，自携茶灶白煎烹"的佳句。而烹茶之雪，古人或取之青松之端，或取之梅花枝头，飞尘罕至，绝无污染，当然是上等的沏茶好水。所以在曹雪芹的笔下，妙玉所用之水竟是五年前她在玄墓蟠香寺收的梅花上的雪水。

配器：好茶配美器，是中国茶文化的一个传统，在饮茶品茗中，要讲究好茶配珍贵的茶具。妙玉深谙此理，所以妙玉招待贾母一行时，按年龄、身份、性格和茶性，将茶具分成几档：给贾母配的精绝细美的名品"成窑的五彩小盖钟"。给宝钗配的是上刻"晋王恺珍玩"，又有"宋元丰五年四月眉山苏轼见于秘府"题款的"瓟斝"；此杯为东坡珍藏的名品，这件茶具，不仅名字起得匠心独运，而且其形状亦十分别致。给黛玉配的是"形似钵而小的点犀盉"；而给宝玉配的先是绿玉斗，后又改为"九曲十环二百二十节蟠虬整雕竹根的一个大盏"。给众人配的一式的"官窑脱胎填白盖碗"。如此配器，是精于茶艺的一种体现。

尝味：饮茶有喝茶和品茶之分，前者以解渴为主，渴而得茶，大口畅饮，以一饮而尽为快；后者重精神愉悦，轻啜缓咽，个中滋味，不可言传。贾母于老君眉"吃了半盏"；宝玉于将"体己茶""细细吃了"，当然属于品之例。而刘姥姥接过贾母的半盏茶后"一口吃尽"，这自然属于喝茶了。怪不得妙玉笑道："你虽吃得了，也没有这些茶与你糟蹋。岂不闻：'一杯为品，二杯即是解渴的蠢物，三杯便是饮牛饮骡了'，你吃这一海便成什么？"说得宝钗、黛玉、宝玉都笑了。妙玉执壶，只向海内斟了约有一杯，宝玉细细吃了，果觉轻浮无比，赞赏不绝。"

曹雪芹用他那生花妙笔将贾母一行的饮茶品茗写得妙趣横生，风雅无限，涉及到许多茶文化方面的知识，为我们了解当时的茶文化发展情况提供了宝贵的资料。

明代兰陵笑笑生所著的《金瓶梅》是中国第一部以民间市井生活为题材的古典

小说，它集中展示了当时民间的世俗生活，因小说中涉及大量的性描写而长期被列为禁书。小说中的很多章回都涉及到茶事，小说十分直观地反映出当时明人的饮茶、烹茶方式，以及各种礼俗，是后世了解明代茶文化发展情况的直接见证。

通过小说中的描写，我们可以了解到在当时的明代市井之间，以茶待客、以茶敬客已是一种流行的世俗风尚。

小说的第二回《西门庆帘下遇金莲 王婆子贪贿说风情》，写的是西门庆欲勾搭潘金莲，请王婆撮合。王婆道："我家卖茶，叫做鬼打更。三年前，六月初三下大雪，那一日卖泡茶，直到如今不发市，只靠些杂趁养口。""老身自从三十六岁没了老公，丢下这个小厮，没得过日子。迎头儿跟着人说媒，次后揽人家些衣服卖，又与人家抱腰收小的，闲常也会做些牵头、做马泊六，也会针灸看病。"王婆开的茶坊，就是宋代娼家以茶为由，设桌摆椅，专门为拈花惹草的公子哥儿提供寻欢作乐的地方。

小说第十一回《潘金莲激打孙雪娥 西门庆梳笼李桂姐》中，吴月娘拜访未来的亲家乔大户，客人依次坐下后，"丫环递过了茶，乔大户出来拜见，谢了礼，他娘子让进众人房中去宽衣服，就放桌儿摆茶，无非是蒸碟细巧的茶食。果馅点心，酥果甜食，诸般果蔬，摆设甚是整齐，请堂下吃茶"。

通过小说的描写，我们不仅可以了解到明代的人们品茶不仅以冲泡为主，而且当时还流行一种"特殊"的冲泡法，即辅以各种果品的冲泡法。当时的人们很少喝清茶，而是要掺入干果、花卉、盐、蔬品之类作为茶叶的配料，然后再冲泡。喝茶时，将这些配料一起吃掉，而且配料多达二十几种。

如第三回《王婆定十件挨光计 西门庆茶房戏金莲》中写到潘金莲至王婆家，王婆"便浓浓点一盏胡桃仁子泡茶"与潘金莲饮用。第三十七回《冯妈妈说嫁韩氏女 西门庆包占王六儿》中，王六儿"浓浓点一盏胡桃夹盐笋泡茶"。第六十八回《郑月儿卖俏透密意玳安殷勤寻文嫂》中吴银儿派丫环送茶给西门庆，"斟茶上去，每人一盏瓜仁、栗丝、盐笋、芝麻、玫瑰香茶"。

除了冲泡法，小说中还提到了烹茶，如第二十一回《吴月娘扫雪烹茶 应伯爵替花勾使》，写的是西门庆与妻妾置酒赏雪，吴月娘亲自扫雪，烹江南风团雀舌芽茶与众人吃。正是："白玉壶中翻碧浪，紫金杯内喷清香。"这种烹茶方法在当时属风雅之举，在《金瓶梅》其他章回中亦多有描写。

《金瓶梅》中还多次提到茶能驱酒醉，醒脑安神的作用。第七十五回中，孟玉楼酒醉呕吐，西门庆叫丫环兰香"快顿好苦艳儿茶来，与你娘吃"。兰香答道："有茶伺候着哩。"一面捧上茶来。"苦艳儿茶"实际上就是浓茶。

通过《金瓶梅》中大量关于茶的描写，我们可以很直观地了解到茶在当时已经深入到市井民间之中，并成为一种流行的世俗风尚。

除《红楼梦》、《金瓶梅》外，《老残游记》、《镜花缘》等古典小说中都曾涉及茶文化。

清代刘鹗的《老残游记》中有一段关于饮茶的高雅奇文，小说写道，申子平去柏树峪访贤，仲屿姑娘泡茶招待远方客人，但见"送上茶来，是两个旧时茶碗，淡绿色的茶，才放在桌上，清香已经扑鼻"，申子平端起茶碗，呷了一口，觉得清爽异常，咽下喉去，觉得一直清到胃脘里，那舌根左右津津汩汩，又香又甜，连喝两口，似乎那香气又从口中反窜到鼻子上去，说不出来的好受。于是，申子平问道："这是什么茶叶？为何这么好吃？"仲屿姑娘答曰："茶叶也无甚出奇，不过本山上的野茶，所以味道是厚的。却亏了这水，是汲的东山顶上的泉。泉水的味，愈高愈美。又是用松花作柴，沙瓶煎的。三合其美，所以好了。"进而，又进一步阐明，"尊处吃的，是外间卖的茶叶，无非种茶，其味必薄；又加以水火俱不得法，味道自然差的。"仲屿姑娘的一番话，可谓一语破泄好茶的玄机，必须茶、水、火都要俱佳，才能泄出香茗。在这段描写中，刘鹗将品茶的感觉描绘得栩栩如生，令人神往，显示了高超的艺术功力。

清代李汝珍所著长篇小说《镜花缘》第六十回至六十一回写了众才女绿香亭品茶的故事。当众才女来到燕家村燕小姐（紫琼）的府上，宴饮之后，紫琼请众小姐来到绿香亭喝茶，亭子"四周都是茶树，那树高矮不等，大小不一，一色碧绿，清芳袭人"，"只见那些丫环仆妇者都在亭外纷纷忙乱：有汲水的，也有煽炉的，也有采茶的，也有洗杯的。不多时，将茶烹了上来。众人各取一杯，只见其色比嫩葱还绿，甚是爱人；及至入口，真是清香沁脾，与平日所吃迥不相同。个个称赞不绝……闺臣道：'适才这茶，不独茶叶清香，水亦极其甘美，哪知紫琼姐姐素日却享这等清福。'"

品茗之际，才女燕紫琼引经据典，说《尔雅》、《诗经》，谈《茶经》、《本草》，叙述茶事源流，还谈及家父著《茶疏》缘由。最后，劝大家"少饮为贵"，原因是"况近来真茶渐少，假茶日多，即使真茶，若贪饮无度，早晚不离，到了后来，未有不元气暗损"。

这段灵性十足的文字为我们描绘了一幅幽雅的品茶图：在安静的绿香亭内，众才女品尝着刚刚冲泡的鲜茶，茶汤青翠欲滴，茶香沁人心脾，茶味清醇回甘。众才女在如此清幽的环境中品命闲叙，仿佛是置身于世外桃源之中。

第八节 茶与保健

一、茶的营养成分与保健功效

经现代综合科学分析鉴定，茶叶中的化学成分极其丰富。普通茶叶内含有各种化合物多达500多种。这些化合物中有些是人体所必需的成分，称之为营养成分。如维生素类、蛋白质、氨基酸、类脂类、糖类及矿物质元素等，它们对人体有较高的营养价值。还有一部分化合物是对人体有保健和药效作用的成分，称为有药用价值的成分，如茶多酚、咖啡碱、脂多糖等。现代科学大量研究证实，茶叶确实含有与人体健康密切相关的生化成分，茶叶不仅具有提神清心、清热解暑、消食化痰、去腻减肥、清心除烦、解毒醒酒、生津止渴、降火明目、止痢除湿等药理作用，还对现代疾病，如辐射病、心脑血管病、癌症等疾病，有一定的药理功效。可见茶叶药理功效之多，作用之广，是其他饮料无可替代的。正如宋代欧阳修《茶歌》赞颂的："论功可以疗百疾，轻身久服胜胡麻。"

（一）茶多酚的保健功能

茶多酚又名茶鞣质、茶单宁，萃取于茶叶，是形成茶叶色、香、味的主要成分之一，也是茶叶中有保健功能的主要成分之一。茶多酚是茶叶中儿茶素类、黄酮类、酚酸类和花色素类化合物的总称，约占茶叶干重的15%～25%，是茶叶的精华所在。研究表明：茶多酚具有调血脂、预防心脑血管疾病、抗癌、提高免疫力、吸收紫外线、减少色素生成、增强皮肤弹性、抑制痤疮的发生、减肥、抗解重金属的毒害、减轻吸烟危害、抑菌、抗病毒、利尿通便、防龋固齿、清除口中异味、降压、降血糖、抗血栓、抗过敏等作用。

（二）茶多糖的保健功能

茶多糖包括茶叶中的葡萄糖、阿拉伯糖、核糖、半乳糖等。其主要功效是降血糖、降血脂，从而达到防治糖尿病的作用，主要原因是茶多糖可提高机体抗氧化能力，保护胰岛β细胞免受自由基的侵害，从而起到预防作用。同时，茶多糖能增强肝脏葡萄糖激酶活性，作用类似胰岛素，改善糖代谢，降低血糖。同时在抗凝、防

（三）生物碱的保健功能

茶叶中的生物碱包括咖啡碱、茶叶碱和可可碱，其中咖啡碱占绝大多数。茶叶中的咖啡碱能促使人体中枢神经兴奋，增强大脑皮层的兴奋过程，起到提神益思、清心的效果。有助于利尿解乏，可刺激肾脏，促使尿液迅速排出体外，提高肾脏滤出率，减少有害物质在肾脏中滞留时间。咖啡碱还可排除尿液中的过量乳酸，有助于使人体尽快消除疲劳。有助于降脂助消化。能提高胃液分泌量，帮助消化，增强分解脂肪能力。所谓"久食令人瘦"的道理就在这里。

（四）茶叶中维生素的保健功能

茶叶中含有多种维生素，甚至比许多水果中的含量还多。按其溶解性可分为水溶性维生素和脂溶性维生素。茶叶中的水溶性维生素包括维生素 C、维生素 B_1、维生素 B_2、维生素 B_6、烟酸、叶酸、泛酸等。茶叶中的脂溶性维生素包括维生素 A 原（包括 β-紫罗酮和胡萝卜素）和维生素 D 原（包括菠菜甾醇及皂草苷）。故经常饮茶可以补充人体对以上多种维生素的需要。

（五）茶叶中矿物质的保健功能

茶叶中含有人体所需的大量元素和微量元素。大量元素主要是磷、钙、钾、钠、镁、硫等；微量元素主要是铁、锰、锌、硒、铜、氟和碘等。如茶叶中含锌量较高，尤其是绿茶，每克绿茶中平均含锌量达 73 微克，高的可达 252 微克；每克红茶中平均含锌量也有 32 微克。茶叶中铁的平均含量，每克绿茶中为 123 微克；每克红茶中为 196 微克。这些元素对人体的生理机能有着重要的作用。经常饮茶，是获得这些矿物质元素的重要渠道之一。在绝大部分茶叶中都含有很高的无机盐与矿物质，一般每天饮 5~6 杯茶，所需的有用矿物质就基本补充了 50%。

（六）饮茶可以补充人体需要的蛋白质和氨基酸

茶叶中能通过饮茶被直接吸收利用的水溶性蛋白质含量约为 2%，大部分蛋白质为水不溶性物质，存在于茶渣内。茶叶中的氨基酸种类丰富，多达 20 种以上，其中的异亮氨酸、亮氨酸、赖氨酸、苯丙氨酸、苏氨酸、缬氨酸，是人体必需的八种氨基酸中的 6 种。还有婴儿生长发育所需的组氨酸。这些氨基酸在茶叶中含量虽不高，但可作为人体日需量不足的补充。

二、茶与养生

（一）茶与疾病的防治

研究证明，饮茶可改善血液循环，抗凝和促进纤溶，有预防脑血栓形成、减少脑出血的作用。因此，对中老年人，应提倡饮茶，坚持饮茶，以白茶、绿茶、青茶为主，既可强身抗老，又可预防脑血管疾病的发生。

（二）茶与长寿

日本人的长寿举世闻名，这与他们喜喝绿茶的习惯有很大关系。日本的绿茶大约是在 800 年前源于中国的。当时，日本一本名为《喝茶保健》的书中就强调了绿茶的益处："绿茶是一种不可思议的保健品，它拥有一种可以延长寿命的神奇功效。一个人无论在哪里种植茶叶，寿命都可以得到延长。在远古时代和现在，茶都被视为一种长生不老药，而且还创造了隐居山林的不老人的奇迹。"绿茶在很早就被证明是一种强效药，具有极高的价值。

（三）茶叶与美容

茶叶含有丰富的化学成分，是天然的健美饮料，经常饮用一些茶水，有助于保持皮肤光洁白嫩，推迟面部皱纹的出现和减少皱纹。假如你的眼睛因用眼过多而疲劳，可用棉花沾冷茶水清洗眼睛，几分钟后，喷上冷水，再拍干，有助于解除疲劳。

（四）茶叶与瘦身

唐代的《本草拾遗》记载"茶久食令人瘦，去人脂"。茶叶中的叶酸、硫辛酸、泛酸等解脂性物质以及茶叶中的卵磷脂、蛋氨酸、胆碱、甾醇类物质等也具有调节脂肪代谢的作用。茶能轻身，在中医上认为，肥胖的病因是由"湿"、"痰"、"水滞"等形成。因此轻身食品多以健脾胃、利湿、利水为最佳，而茶的作用就在于此。它清热利水，化痰消食，温养脾胃。乌龙茶、铁观音等是深受人们喜爱的茶品，在大鱼大肉之后，人们习惯冲上一杯香茶，这是因为酒肉之后喝一杯香茶会使胃中舒服些，正是利用了它具有消除油腻的作用。现代研究证明，茶叶中含咖啡碱、茶碱、可可碱、挥发油、维生素 C、槲皮素、鞣质等，对降低血脂和促进新陈代谢都很有益处。适合各种肥胖症者饮用。

三、茶疗偏方

（一）喝茶加盐防中暑

由于天热出汗，体内流失大量盐分，因此不妨在茶叶里放点食盐，用开水冲泡后，制成盐茶。夏天常饮，可防中暑。

（二）牙齿的健康卫士

自古以来就有以饮茶和茶水漱口，作为防龋的方法。这种护齿方法得到现代中医的认可，认为用茶漱口有其道理：因吃饭时要分泌大量带酸性的唾液。茶中含咖啡碱和茶碱，带碱性，饭后用茶水漱口，使酸碱中和，能令口腔清洁，残留口中的酸碱麻辣诸味一扫而光，味觉神经疲劳得以恢复。茶叶能防龋的主要成分是含有氟和儿茶酚等物质。氟离子可将牙釉质中的羟基磷灰石变为氟磷灰石，改善了牙釉质的结构，增强其抗酸的作用；儿茶酚等物质可抑制口腔内变形链球菌（即致龋菌）的增殖。有人做过调查，8～9岁的儿童每晨用茶水漱口一次，两学期后，龋齿减少70%。

（三）巧用茶水解病痛

茶水是日常生活中的普通饮料，如能巧妙地应用，可解除或防治许多常见病痛。

（1）烫伤或烧伤，可用适量的茶叶煎取浓汁，快速冷却后，把患处浸入茶水中；也可用茶水涂抹于创面，一日4～5次。

（2）晕车船，事先用一小杯温茶水，加2～3毫升酱油饮下。此法也可用于解除醉酒。

（3）刷牙时牙龈出血，可经常饮茶，因茶中富含维生素C、铁质及止血成分，可使牙龈坚韧，毛细血管弹性增加，防止出血。

（4）口臭或吸烟过度引起心慌、恶心，可用茶水漱口并饮用适量浓茶来解除。

（5）防治儿童龋齿，茶水中的氟可阻止牙齿在口腔酸性环境中脱磷、脱钙，故常用茶水漱口可防龋。

（6）婴幼儿皮肤皱折处发炎红肿，可用茶叶熬水，放至适宜温度后给婴幼儿外洗。

（7）腹泻，茶中的鞣酸有收敛止泻作用，喝较浓的绿茶，可止腹泻。

（8）劳累过度，泡新茶一杯饮用，能较快地消除疲劳，恢复精力。

（9）身体肥胖者，可常饮茶水，尤其是乌龙茶，有良好的减肥作用。

（10）胆固醇高并伴有心血管疾病者，每天饮茶水一杯，能降低胆固醇，保护心血管。

（11）食欲不振、小便黄赤者，可多饮用些淡茶水。

（12）过食油腻不适者，可饮用较浓的热茶，如饮砖茶或沱茶，解腻效果更好。

（13）可催眠。用干茶叶数片，临睡前含在舌头上，闭目静卧，全身肌肉放松，不久就可以入睡。

（14）治脚癣。夏天犯脚癣，可每天用一壶开水将25克茶叶冲泡，待水凉后洗脚，每日3次，一周左右可见效。

（15）治鸡眼。脚底生了鸡眼，可用茶叶10克，放入口中嚼成糊，用纱布包好敷于患处，每天换一次，有消退鸡眼的作用。

（16）跌打损伤。将茶叶在口中嚼碎同唾沫敷于受伤的肿痛处，或用醋调茶叶末敷于伤处，每天3次，每次15分钟，有消炎杀菌、止痛功效。

（17）美白肌肤。皮肤黝黑是因偏酸性之故，洗脸后将冷茶轻拍面部。这样，茶中所含叶绿素为皮肤所吸收，可使皮肤转白。

（18）洗胃解毒。吃错了药，应立即催吐，在送医院之前，如病人清醒，可以先服用大量浓茶水，然后刺激舌根造成呕吐，饮茶和呕吐反复交替进行。因茶水内含有鞣酸，具有沉淀重金属和生物碱的作用，是很好的洗胃剂。

（四）药茶良方

由于茶叶本身具有一定的药效功能，如果再选配一些植物类中草药组成药茶，则其养生防病的保健功效更为显著。

（1）平时痰湿体质，感冒则口腻纳呆，或痰嗽作咳，可取米仁30克，杏仁、防风各10克，绿茶适量冲饮；发热者，可酌加野菊花、藿香、佩兰。

（2）胃寒腹痛呕吐者，可加鲜生姜煮茶饮。

（3）慢性咽喉炎或从事教师、文艺工作等职业者，常见喉干咽痛、声音嘶哑等症，可经常服用胖大海饮，取绿茶5克、青橄榄3枚、胖大海3克、蜂蜜1匙冲饮，能清热生津，利咽开音。

（4）患有高血压者，用龙井茶叶加适量蚕豆花冲泡，或以槐花茶（绿茶、杭菊花、槐花各3～5克）经常泡服，有利于血压的平稳。

（5）神经衰弱，有失眠多梦、眩晕心悸、视物昏花症状，可取龙眼肉、枣仁、芡实各 6 ~ 10 克，以少许绿茶冲泡或煮服。

（6）性情忧郁者，可常冲泡绿茶、合欢花二味，有忘忧之效。

（7）如常偏头痛发作，可将茶叶合川芎、葱白煎饮，或取望江南 6 ~ 12 克煎茶饮用。

（8）慢性迁延性肝炎患者，可用灵芝幼苗加甘草煎饮代茶。

（9）老年性慢性支气管炎患者，可将灵芝与百合、南北沙参适量同煎代茶。

（10）老年人时常大便秘结，若体态发福者，可将绿茶与荷叶、橘皮冲泡频饮，或用槐角、首乌、冬瓜皮、山植煎汤，再冲泡乌龙茶。

四、饮茶小提醒

茶是种有益于人体健康的好饮料，世界上大约有一半以上的人爱喝茶，可茶叶虽好，但也要会喝。所谓"会喝"，一是指懂得如何品尝，二是懂得饮茶常识，可惜人们常常不注意后一方面。

（一）不宜饮茶的人群

1. 缺铁性贫血者

茶中的鞣酸会影响人体对铁的吸收，使贫血加重。

2. 神经衰弱者

茶中的咖啡因能使人兴奋，引起基础代谢增高，加重失眠。

3. 动性胃溃疡患者

咖啡因刺激胃液分泌，加重病情，影响溃疡愈合。

4. 泌尿系结石者

茶中的草酸会导致结石增多。

5. 肝功能不良者

咖啡因绝大部分经肝脏代谢，肝功能不良的人饮茶，将增加肝脏负担。

6. 便秘者

鞣酸有收敛作用，能减弱肠管蠕动，加重便秘。

7. 哺乳期妇女

咖啡因可通过乳汁进入婴儿体内，使婴儿发生肠痉挛、贫血，还会影响孩子的睡眠。

8. 心脏病者

饮茶过多，会使心跳加快，有的还可出现心律不齐。

9. 孕妇

饮茶过多，会使婴儿瘦小体弱。

10. 醉酒者

酒精对心血管刺激很大，咖啡因可使心跳加快，两者一起发挥作用，对心脏功能欠佳者，十分危险。

（二）饮茶常识

1. 民间饮茶有如下说法

饭后茶消食，酒后茶解醉，午茶长精神，晚茶难人眠，姜茶治流感，醋茶治痢疾，奶茶健脾胃，菊花茶明目，烫茶伤五内，空腹饮茶心里慌，隔夜饮茶伤脾胃，头道茶兴奋力大，三道后收敛力强，过量饮茶人黄瘦，淡茶温饮保年岁。

2. 茶宜常饮而不宜多饮，可随饮随泡

饮茶量的多少决定于饮茶习惯、年龄、健康状况、生活环境、风俗等因素。一般健康的成年人，平时又有饮茶习惯的，一日饮茶 12 克左右，分 3~4 次冲泡是适宜的。

3. 饮茶不宜过浓，以防茶醉

泡一杯浓度适中的茶水，一般需要 10 克左右的茶叶。茶水太浓，浸出过多的咖啡因和鞣酸，对胃肠刺激性太大。注意晚上沏茶千万别过浓，否则会影响睡眠。

4. 少饮新茶

新茶由于贮存期短，茶中未经氧化的多酚类物质含量较高，醛类、醇类也较多，这些物质对人的胃肠黏膜有较强的刺激作用，容易出现胃痛、腹胀等症状。新茶中还含有较多活性较强的鞣酸、咖啡因、生物碱等物质，这些物质易使人出现"茶醉"。为此，新茶上市时不宜多饮，应贮放一段时间，待茶中部分多酚类、醛类、醇类物质自动氧化、挥发和活性物质释放后再饮。

5. 用茶水服药有影响

多数情况下，不主张用茶水服药，尤其是硫酸亚铁、碳酸亚铁、枸橼酸、铁胺等含铁剂和氢氧化铝等含铝剂的西药，遇到茶汤中茶多酚类物质与金属离子结合而沉淀，会降低或失去药效。此外，茶叶中含有咖啡因（亦称"咖啡碱"），具有兴奋作用，因此服用镇静、催眠、镇咳类药物时，也不宜用茶水送服，避免药性冲突降低药效。有些中草药，如麻黄、黄连、奎宁、钓藤、黄芩、人参等，一般也不宜与茶水混饮，不然中药会被茶沉淀而失去药效的。服用酶制剂，如蛋白酶、淀粉酶时，也不宜饮茶，茶叶中的多酚类可与酶结合，降低酶的活性。某些生物碱制剂以及阿托品、阿斯匹林等药物，也不宜用茶水送服。服用痢特灵、甲基苄肼，少量饮茶可引起失眠，大量饮茶可使血压升高。一般认为，服药后两小时内停止饮茶。

6. 不能用保温杯泡茶

沏茶宜用陶瓷壶、杯，不宜用保温杯。因用保温杯泡茶叶，茶水较长时间保持高温，茶叶中一部分芳香油逸出，使香味减少；浸出的鞣酸和茶碱过多，有苦涩味，因而也损失了部分营养成分。

7. 不能用沸水泡茶

用沸腾的开水泡茶，会破坏很多营养物质。

8. 泡茶时间不宜过长

茶叶浸泡 4 ~ 6 分钟后饮用最佳。因此时已有 80% 的咖啡因和 60% 的其它可溶性物质已经浸泡出来。时间太长，茶水就会有苦涩味。放在暖水瓶或炉灶上长时间煮的茶水，易发生化学变化，不宜再饮用。

9. 爱喝茶、勤洗杯

科学研究表明，在潮湿的环境中，茶水会迅速氧化出褐色茶锈，其中含有镉、铅、汞、砷等多种有害金属。而没有喝完或存放较长时间的茶水，暴露在空气中，茶叶中的茶多酚与茶锈中的金属物质在空气中发生氧化作用，便会生成茶垢，并附在茶具内壁，而且越积越厚。有人曾对茶垢进行了抽样化验，发现茶垢中还含有某些致癌物，如亚硝酸盐等，它们对人体健康显然有威胁。茶垢随着饮茶者的"勤喝茶"不断进入其消化系统，极易与食物中的蛋白质、脂肪酸和维生素等结合成多种有害物质，不仅会阻碍人体对食物中营养素的吸收与消化，也使许多脏器受到损害。因此，爱喝茶者也应勤洗杯。对于茶垢沉积已久的茶杯，用牙膏反复擦洗便可除净；对于积有茶垢的茶壶，用米醋加热或用小苏打浸泡一昼夜后，再摇晃着反复冲洗便可清洗干净。

第九节　中华名人饮茶典故

一、陆纳以茶待客

陆纳，字祖言，他少年时代就崇尚清流，贞厉绝俗。太原王述雅敬重他，引荐为建成长史，后又任黄门侍郎、本州别驾、尚书吏部郎等职，晚年出任吴兴太守。陆纳为人廉洁，在他看来，客来待之以茶就是最好的礼节，同时又能显示自己的清廉之风。在他任吴兴太守时，有一次卫将军谢安去拜访，陆纳并没有大肆招待，只是清茶一碗，辅以鲜果而已。他的侄子非常不理解，以为叔父小气，有失面子，就擅自办了一大桌菜肴，陆纳得知非常生气，待客人走后，就揍了侄子40棍，边揍边说，你不能给叔父增半点光，还要来玷污我俭朴的家风。

二、刘琨以茶解闷

刘琨，字越石，中山魏昌（今河北无极东北）人，西汉中山靖王刘胜的后裔，西晋诗人、音乐家和爱国将领。在"八王之乱"的末期，司马越掌了朝政大权，刘琨被派往西北重镇并州镇守，此时北方匈奴乘虚而入，刘琨眼见领土丧失，国无宁日，心中十分苦闷，但他并没有因意志消沉而追逐奢靡，而是以喝茶来解闷消愁。当时刘琨曾在一封给他侄子刘演的信中说，以前收到你寄来的安州干姜一斤、桂一斤、黄芩一斤，这些都是我所需要的。但是当我感到烦乱气闷之时，却常常要喝一些真正的好茶来消解，因此你可以给我买一些好茶寄来。

三、萧赜以茶为祭

萧赜，字宣远，汉族，祖籍南兰陵，齐高帝萧道成长子，南朝齐武皇帝，年号永明。齐武帝十分关心百姓疾苦，他以富国为先，不喜欢游宴、奢靡之事，提倡节俭。萧赜在他的遗诏中说，我死了以后，千万不要用牲畜来祭我，只要供上些糕饼、水果、茶、饭、酒和果脯就可以了，自此茶开始步入大雅之堂，被奉为祭品。这也是萧赜针对当时贵族糜费的丧葬仪式所提出的改革，萧赜发布的遗诏，对后世以茶为祭的习俗有所推动。

茶之所以被视为一种节俭生活的象征，不仅是因为它被社会上层和普通百姓饮用，更重要的是它的价格便宜。"茶"与"俭"建立联系，并不是由茶所特有的物质属性，而是茶的社会属性。总之，以茶养廉之风在魏晋南北朝的兴起，说明茶已经作为一种文化开始萌芽。

四、"别茶人"白居易

白居易（772~846年），字乐天，晚号香山居士，其先太原（今属山西）人，后迁居下郑（今陕西渭南东北），唐代杰出的大诗人。

白居易一生酷爱饮茶，曾自称"别茶人"。唐宪宗元和十二年（817年），白居易在江州（今江西九江）做司马时，其好友李宣从四川给他寄来了新茶，正在病中的白居易品尝新茶后，异常高兴，深感朋友之情如新茶之香一样浓郁。他的《谢李六郎中寄新蜀茶》诗，记述的就是这件事。诗云："故情周匝向交亲，新茗分张及病身。红纸一封书后信，绿芽十片火前春。汤添勺水煎鱼眼，末下刀圭搅曲尘。不寄他人先寄我，应缘我是别茶人。"

因为爱茶嗜茶，白居易曾专门辟园种过茶，当时他"游庐山，到东西二林间香炉峰下，见云水泉石，胜绝第一，爱不能合，因置草堂"，茶园便在香炉峰遗爱寺旁。"药圃茶园为产业，野麋林鹤是交游"。对于诗人的这段生活，几百年后的明人黄宗羲对此曾评价说："山中无别业，衣食取办于茶……其在最高者，为云雾茶，此间名品也。白香山药圃茶园为产业，信非虚话。"

白居易与许多唐代的大诗人一样，大都以酒为乐，但同时也兼爱茶。据统计，白居易存诗2800首，涉及酒的900首；而以茶为主题的有8首，叙及茶事、茶趣的有50多首，二者共60多首。在白居易看来，茶酒是各有千秋的，所以他颂酒的时候也不忘赞茶："看风小溢三升酒，寒食深炉一碗茶。"又说："举头中酒后，引手索茶时。"前者讲在不同环境中有时饮酒，有时饮茶；后者是把茶作为解酒之用。

除酒、茶之外，白居易还好琴，它们都能很好地统一在他流传千古的诗句中。"琴里知闻唯渌水，茶中故旧是蒙山，穷通行止长相伴，谁道吾今无往还"；"鼻香茶熟后，腰暖日阳中。伴老琴长在，迎春酒不空"；"闲吟工部新来句，渴饮毗陵远到茶"；"醉对数丛红芍药，渴尝一碗绿昌明"。

白居易一生与茶相伴，可以说是个"茶痴"，他早饮茶、午饮茶、夜饮茶、酒后索茶，有时睡下还要索茶。白居易为何如此好茶，后世也有很多解释，有人说因当时的朝廷曾下禁酒令，长安酒贵，所以白居易移情于茶；有人说因中唐后贡茶兴起，白居易多染时尚。这些说法各有千秋，都有一定道理。

白居易作为一个大诗人，从茶中体会到的不仅仅是品茗之乐，体验更多的是精神上的愉悦，以及人生的感悟。

他认为茶能陶冶自己的性情，使人能于人生苦恼中保持一份安静淡泊的心态。白居易生逢乱世之中，空怀许多理想却不能实现，但他并不是一味地沉于苦闷之中，而常能既有忧愤，又有理智，这一点饮酒是不能解决的，而饮茶却能有助于保持一分清醒的头脑。白居易就常常以茶来排解内心的沉郁。

以茶于忧愤苦恼中寻求一种超脱淡然，这是他爱茶的重要原因。同时，茶还能不断地激发起他的创作文思。他曾写道："起尝一碗茗，行读一行书"；"夜茶一两杓，秋吟三数声"；"或饮茶一盏，或吟诗一章"，这些诗句都能说明茶助文思，茶助诗兴，让他能于茶之芬芳中才思泉涌。

白居易还以茶交友，寻求人生知己。他当时常赴文人茶宴，如湖州茶山境会亭茶宴是庆祝贡焙完成的官方茶宴，太湖舟中茶宴则是文人湖中雅会。从他记叙这些茶宴的诗句可以看出，中唐以后，文人以茶交友已是寻常之举。

唐代的名茶、好茶都属珍贵之品，并不容易获得，于是文人们常相互以茶为赠品或邀友人饮茶，表示友谊。白居易的妻舅杨慕巢、杨虞卿、杨汉公兄弟均曾从不同地区给白居易寄好茶。白居易得茶后常邀好友共同品饮，畅叙人生友情之乐。白居易一生所交的茶友很多，特别是与李绅的友情极深。他在自己的草堂中"趁暖泥茶灶"，还说："应须置两榻，一榻待公垂"，公垂即指李绅。

白居易不仅爱饮茶，而且还善辨别茶之好坏。"坐酌泠泠水，看煎瑟瑟尘。无由持一碗，寄与爱茶人"；"最爱一泉新引得，清冷屈曲绕阶流"；"吟咏霜毛句，闲尝雪水茶'；"蜀茶寄到但惊新，渭水煎来始觉珍"。从这些诗句中，可以看出他饮茶时，对茶、水、具的选择配置和候火定汤都格外讲究。

因茶的缘故，白居易晚年好与释道交往，自称"香山居士"。居士是不出家的佛门信徒，白居易还曾受称为"八关斋"的戒律仪式。他在杭州任内，曾与韬光禅师汲泉烹茗，被后世传为佳话。诗僧韬光与白居易常有诗文酬答，白居易曾亲自为韬光题堂曰"法安"。一次，白居易作诗邀请韬光禅师到城里来做客："命师相伴食，斋罢一瓯茶。"然韬光并不想离开乡野的安静之处，便也以诗答曰："山僧野性好林泉，每向岩阿倚石眠……城市不堪飞锡去，恐妨莺啭翠楼前。"白居易无奈，只得亲自上山访晤，一起品茶吟诗，享受山水之乐。杭州灵隐韬光寺的烹茗井，相传便是当年白居易烹茗处。

五、"皮陆"唱和茶诗

唐代著名诗人皮日休和陆龟蒙都是当时的文坛大家，而且两人都爱茶嗜茶，两人经常在一起唱和诗歌，评茶鉴水，是一对相伴一生的茶友和诗友，后世称他们是"皮陆"。

皮日休，字袭美，一字逸少，自号鹿门子，又号闲气布衣、醉吟先生、醉士等，襄阳竟陵（今湖北天门）人。登进士第，做过太常博士，后参加黄巢起义军，任翰林学士。他的遗作有《皮子文薮》等。陆龟蒙，字鲁望，自号江湖散人、甫里先生，双号天随子，长洲（今江苏吴县）人。早年举进士不中，后隐居甫里。他喜爱茶，在顾渚山下辟一茶园，每年收取新茶为祖税，用以品鉴。日积月累，编成《品第书》，可惜今已散失。

在他们流传后世的唱和诗中，皮日休的《茶中杂咏》和陆龟蒙的《奉和袭美茶具十咏》最广为人传诵。

皮日休创作《茶中杂咏》10首后，就将其送给陆龟蒙，陆龟蒙得到此诗后随即唱和，即《奉和袭美茶具十咏》。他们唱和的内容包括茶坞、茶人、茶笋、茶籯、茶合、茶灶、茶焙、茶鼎、茶瓯、煮茶共十题，几乎涵盖了茶叶制造和品饮的全部，他们以优美的诗歌语言，生动形象地描绘了茶文化，在后世传为美谈。

下面试举几例：

关于茶籯，皮日休《茶中杂咏》诗云："莨莥晓携去，蓦个山桑坞。开时送紫茗，负处沾清露。歇把傍云泉，归将挂烟树。满此是生涯，黄金何足数。"

陆龟蒙《奉和袭美茶具十咏》唱云："金刀劈翠筠，织似波文斜。制作自野老，携持伴山娃。昨日斗烟粒，今朝贮绿华。争歌调笑曲，日暮方还家。"

关于茶焙，皮日休《茶中杂咏》诗云："凿彼碧岩下，恰应深二尺。泥易带云根，烧难碍石脉。初能燥金饼，渐见干琼液。九里共杉林，相望在山侧。"

陆龟蒙《奉和袭美茶具十咏》唱云："左右捣凝膏，朝昏布烟缕。方圆随样拍，次第依层取。山谣纵高下，火候还文武。见说焙前人，时时炙花脯。"

关于茶鼎，皮日休《茶中杂咏》诗云："龙舒有良匠，铸此佳样成。立作菌蠢势，煎为潺湲声。草堂暮云阴，松窗残雪明。此时勺复茗，野语知逾清。"

陆龟蒙《奉和袭美茶具十咏》唱云："新泉气味良，古铁形状丑。那堪风雪夜，更值烟霞友。曾过赖石下，又住清溪口。且共荐皋卢，何劳倾斗酒。"

关于茶瓯，皮日休《茶中杂咏》诗云："邢客与越人，皆能造兹器。圆似月魂堕，轻如云魄起。枣花势旋眼，苹沫香沾齿。松下时一看，支公亦如此。"

陆龟蒙《奉和袭美茶具十咏》唱云："昔人谢堰堤，徒为妍词饰。岂如珪璧姿，又有烟岚色。光参筇席上，韵雅金悬侧。直使于阗君，从来未尝识。"

皮日休在《茶中杂咏》的序中，认为包括《茶经》在内的历代著作，对茶文化各方面内容的记述都已经算是很完美了，但作为一个诗人，这些茶文化内容在自己的诗歌中还没有得到体现，不能不说是一种遗憾，为了弥补这种遗憾，他才创作了《茶中杂咏》十首。而陆龟蒙的《奉和袭美茶具十咏》的唱和，可以说是珠联璧合，相映生辉，两位诗人对茶文化都有自己独到的观察和思考，给后世的茶文化研究提供了宝贵的史料。

六、茶僧皎然与茶圣陆羽

中国茶文化史上，有一位赫赫有名的诗僧、茶僧，他就是皎然。皎然笃信佛教，天宝后期在杭州灵隐寺受戒出家，后徙居湖州乌程杼山妙喜寺。皎然博学多识，不仅精通佛教经典，而且旁涉经史诸子，著作颇丰，有《杼山集》十卷、《诗式》五卷、《诗评》三卷及《儒释交进传》、《内典类聚》等著作传于世。

品茶是皎然生活中不可或缺的一种嗜好，他不仅爱茶、嗜茶，还精于茶道，作有茶诗多篇，对唐以后的茶文化发展有重要的影响。他与茶圣陆羽是一生的好友，共同提倡"以茶代酒"的品茗风气，信佛、品茗、读书、吟诗，皎然的生活虽然十分简单，但却是他获得人生境界的秘诀。茶使他升华到一种淡泊安然之境，读皎然的诗，就能使我们体味到这种境界。

皎然与陆羽的相识、交往，在中国茶文化史上一直被传为佳话。

唐肃宗至德二年（757年）前后，陆羽来到吴兴住在妙喜寺，与皎然结识，皎然与陆羽志同道合不仅体现在日常的饮茶谈佛之中，更体现在他们日渐浓厚的友情之中。皎然是陆羽一生中交往时间最长、最看重的知己，他们在湖州所倡导的崇尚节俭的品茗风气对后世茶文化产生了重要影响。

陆羽一生隐逸自由，行踪飘忽，这使得皎然造访他时经常不遇，皎然因访陆羽不遇，所以备感人生惆怅，情景交融，皎然写下了传世的友情诗篇："远客殊未归，我来几惆怅。叩关一日不见人，绕屋寒花笑相向。寒花寂寂偏荒阡，柳色萧萧愁暮蝉。行人无数不相识，独立云阳古驿边。风翅山中思本寺，渔竿村口忘归船。归船不见见寒烟，离心远水共悠然。他日相期那可定，闲僧著处即经年！"

在皎然的诗中，陆羽的隐士风韵，以及茶圣的风采被描述的惟妙惟肖，皎然描写陆羽醉心于茶之境界的悠然自得，体现了陆羽的与众不同，皎然所描写的陆羽生活是一种超然脱俗、遗世独立的美妙境界。皎然在《九日与陆处士羽饮茶》一诗中写遭"九日山僧院，东篱菊也黄；俗人多泛酒，谁解助茶香。"诗中提倡以茶代酒的茗饮风气，是皎然与陆羽所共同追求的。后人有关陆羽的形象，不仅是从其所著《茶经》中获得，更是从皎然的诗得到了印证。

皎然淡泊名利，为人直率，不喜世俗客套，他在《赠韦卓陆羽》一诗中写道："只将陶与谢，终日可忘情。不欲多相识，逢人懒道名。"诗中将韦、陆二人比作陶渊明与谢灵运，表明皎然不愿多交朋友，人生只要有一两个知己，就足矣了。

皎然喜欢与知己在一起谈茶论道，醉心于茶道茶事之中，他在《顾渚行寄裴方舟》中写道："我有云泉邻渚山，山中茶事颇相关。聘鹅鸣时芳草死，山家渐欲收茶子。伯劳飞日芳草滋，山僧又是采茶时。由来惯采无远近，阴岭长兮阳崖浅。大寒山下叶未生，小寒山中叶初卷。吴婉携笼上翠微，蒙蒙香刺胃春衣。迷山乍被落花乱，度水时惊啼鸟飞。家园不远乘露摘，归时露彩犹滴沥。初看怕出欺玉英，更取煎来胜金液。昨夜西峰雨色过，朝寻新茗复如何。女宫露涩青芽老，尧市人稀紫笋多。紫笋青芽谁得识，日暮采之长太息。清泠真人待子元，贮此芳香思何极。"此诗十分具体地记下了茶树生长环境、采收季节和方法、茶叶品质与气候的关系，其优美的语言不仅为历代文人骚客所津津乐道，更为后世研究茶科学的珍贵史料。

皎然由茶入诗，由诗入禅，又由禅悟出了人生的大境界。作为出家之人的皎然，对世俗生活并没有太多的奢求，但对于人生的境界，他却有着独特的自我理解。每个人都有自己的人生境界，都生活在一定意义的自我人生境界中，在皎然的人生境界中，茶占据着相当重要的地位。通过茶，皎然淡泊地去品味生活，在茶中获得一种超脱世俗的生活。

南宋大诗人杨万里在怀念故人时曾写过这样的诗句："故人气味茶样清，故人风骨茶样明。"将茶与人格修养互喻，不能不说是受到皎然的影响。茶与人生、人格的联系已经成为一种中国古人的共识，如同梅兰竹菊被喻为君子一样，茶也成了高尚人格、雅致人生的象征，诗僧皎然正是这种象征的最好注解。

七、赵州和尚"吃茶去"

赵州和尚是中国禅宗史上的一代大师，其禅语法言传遍天下，世称"赵州古佛"。赵州和尚法名从谂，俗姓郝，唐代曹州郝乡（今山东曹县一带）人。幼年出家，后参谒南泉普愿禅师，学习南宗禅，悟道后常住河北赵州观音院，大力弘扬禅法。唐昭宗乾宁四年（897 年），赵州和尚圆寂后，谥号真际大师。

在中国禅宗史上，赵州和尚以奇思怪语的各种禅门公案而著称于世。

有一次，有人问他："如何是祖师西来意？"他回答："庭前柏树子。"提问者继续问他："柏树子还有佛性也无？"他回答说："有。"可是当另一次有人问："狗子还有佛性也无？"他却回答："无。"

又有一次，有人问他"承闻和尚亲见南泉，是否？"他脱口应道："镇州出大萝卜头。"又问："万法归一，一归何所？"他回答说："老僧在青州作得一领布衫重七斤。"

像这样答非所问的禅语，赵州和尚留给世人有很多。他与人游园时，一只兔子受惊逃走，人问："和尚是大善知识，兔见为甚么走？"他说："老僧好杀。"当有人问他："和尚姓什么？"他回答："常州。"又问他多大年纪，他回答："苏州。"

赵州和尚每天除了参禅修佛外，最大的嗜好就是喝茶，他对茶道研究很深，"吃茶去"是中国禅宗史上最著名的公案之一。

一天，有位僧人前来赵州和尚处，赵州和尚问他："你以前曾到过这里吗？"僧人回答说："曾经到过。"赵州和尚说："吃茶去。"

不久又有另一个僧人来到，赵州和尚问："曾经到过这里吗？"僧人如实回答："以前不曾到过。"赵州和尚对他说："吃茶去。"

事后赵州禅院院主不解其意，问赵州和尚："为什么到过也说吃茶去，不曾到过也说吃茶去？"当时赵州和尚突然高声叫道："院主！"院主大吃一惊，不知不觉应了一声，赵州和尚马上就说："吃茶去。"

当赵州和尚这三声充满禅语机锋的"吃茶去"说出后，很快便在当时的禅宗界流传开来，成为一句禅林法语，又称赵州法语，禅门称作"赵州禅关"，经常为禅门弟子所喜闻乐道。清《心灯录》称赞："赵州'吃茶去'三字，真直截，真痛快！"开创临济宗的分支黄龙派的慧南禅师亦有偈语云："相逢相问知来历，不拣亲疏便与茶。翻忆憧憧往来者，忙忙谁辨满瓯花。"

从这则公案中可以看出，赵州和尚与茶有着极深的渊源，当他参禅悟道到了物我两忘，心灵澄空的境界后，顺乎自然拈来的便是茶，吃茶对他来说已经变成同吃饭喝水一样的一种本能。他的"吃茶去"已非单纯日常生活中的真实"吃茶"，而是借此"禅语"参禅悟道，可见佛法禅机尽在吃茶之中。

此公案在中国禅宗史上影响甚大，后世效仿者有很多。

参谒黄檗希运禅师而得法的道明，世称陈尊宿。有一次，他问僧人"近离甚处？"僧人回答："河北。"陈尊宿说："彼中有赵州和尚，你曾到否？"僧人答道：

"某甲近离彼中。"陈尊宿又说："赵州有何言句示徒？"僧人就举例赵州法语"吃茶去"，陈尊宿听罢呵呵大笑说："惭愧。"清代著名法师祖珍和尚为僧徒开讲说"此是死人做的，不是活人做的，白云凭么说了，你若不会，则你俱是真死人也，立在这里更有什么用处，各各归寮吃茶去。"

禅宗讲平常心，遇茶吃茶，遇饭吃饭，饮茶与悟道在赵州和尚看来是一回事，所谓"佛法但平常，莫作奇诗想"，若想悟道，当不假外力，不落理路，全凭自身在日常生活中修炼的平常心。

赵州和尚用"吃茶去"这句最日常的生活用语做参禅的"话头"和机锋，作为开启智慧的偈语，目的就是要用一种非理性、非逻辑的手段，斩断人们日常生活中各种不断生灭的想法，直指人心，明心见性，使人开悟，以达物我两忘的终极境界，这便是千百年来众多人所追求的禅之真意。

八、苏轼与"东坡提梁壶"

苏轼（1037～1101 年），字子瞻，号东坡居士，眉山（今四川眉山县）人。北宋杰出的文学大家，诗、词、散文、书法都造诣极深。在北宋文坛上，与茶结缘的文人墨客有很多，但没有一人能像苏轼那样忘我地醉心于品茶、烹茶、种茶，怡情自乐，得茶之真乐。

苏轼嗜茶之深，非常人所能及。他夜晚读书要喝茶．"簿书鞭扑昼填委，煮茗烧栗宜宵征。"创作诗文要喝茶："皓色生瓯面，堪称雪见羞；东坡调诗腹，今夜睡应休。"睡前睡起都要喝茶："沐罢巾冠快晚凉，睡余齿颊带茶香。""春浓睡足午窗明，想见新茶如泼乳。"

苏轼不仅爱喝茶，而且还十分了解茶的各种功用。他在杭州任通判时，曾以病告假，独游湖上净慈、南屏、惠昭、小昭庆诸寺，晚间又到孤山去谒惠勤禅师。这天他先后饮了七碗茶，于是诗兴勃发，作《游诸佛舍一日饮酽茶七盏戏书勤师壁》，诗曰："示病维摩元不病，在家灵运已忘家。何须魏帝一丸药，且尽卢仝七碗茶。"

魏文帝曾有诗句："与我一丸药，光耀有五色，服之四五日，身体生羽翼。"唐人卢仝在《谢孟谏议寄新茶》诗中，对饮茶的妙处作了详尽的描述。苏东坡在此诗中引用这两个典故，兴致盎然地赞颂了茶之功用。

苏轼一生爱游历，足迹遍及大江南北，为他品尝各地的名茶提供了绝好的机会。正如他在《和钱安道寄惠建茶》诗中所云："我官于南今几时，尝尽溪茶与山

茗。"苏轼爱茶至深，在《次韵曹辅寄壑源试焙新茶》一诗里，将茶比作"佳人"。诗云："仙山灵草湿行云，洗遍香肌粉末匀。明月来投玉川子，清风吹破武林春。要知冰雪心肠好，不是膏油首面新。戏作小诗君勿笑，从来佳茗似佳人。"

苏轼不仅尝遍了天下的名茶，而且还对烹茶格外有研究，认为好茶必须配以好水，这样才能品出好茶之精髓。他在杭州任通判时曾作《求焦千之惠山泉》一诗，以诗向当时知无锡的焦千之索惠山泉水。另一首《汲江煎茶》有句："活水还须活火烹，自临钓石取深清。"

苏轼还认为，如果只获得了好水，但在烹茶时如果不能掌握好水温，同样烹不出好茶。他在《试院煎茶》诗中说："蟹眼已过鱼眼生，飕飕欲作松风鸣。蒙茸出磨细珠落，眩转绕瓯飞雪轻。银瓶泻汤夸第二，未识古人煎水意。君不见，昔时李生好客手自煎，贵从活火发新泉。"他认为煮水以初沸时泛起如蟹眼鱼目状水气泡，发出似松涛之声时为宜，煮沸过度则谓"老"，失去水之清鲜。

他在烹茶时，对煮水的器具，以及饮茶用具，都有特殊的要求。曾写出了"铜腥铁涩不宜泉"，"定州花瓷琢红玉"这样的诗句。他认为，用铜器铁壶煮水有腥气涩味，石碗烧水味最正；喝茶最好用定窑兔毛花瓷。苏轼在宜兴时，还设计了一种提梁式紫砂壶，后人为纪念他对茶之器具的贡献，把这种壶式命名为"东坡提梁壶"。

据说，苏东坡晚年弃官来到宜兴蜀山，闲居在山脚下的凤凰村，醉心于山水之间。此地既出产久负盛名的"唐贡茶"，又有玉女潭、金沙泉的好水，还有紫砂壶。有了这三样东西，苏东坡在乡野之间品茗吟诗，自有一番田园之乐。但让苏东坡觉得稍微遗憾的是，这里的紫砂茶壶都太小。于是，他叫书童买来上好的天青泥和几样必要的工具，开始自制茶壶，但试了几次，都没有成功。

一个月后的一天夜里，书童提着灯笼来送夜点心。苏东坡看着灯笼，突然想到，我何不照灯笼的样子做一把茶壶？说做就做，天明时分，等到粗壳子做好，毛病也就显出来了：因为泥坯是烂的，茶壶肩部老往下塌。苏东坡想了个土办法，劈了几根竹片，撑在灯笼壶肚里头，等泥坯变硬一些，再把竹片拿掉。

灯笼壶虽然做好了，但有个很重要的问题让他思虑很长时间，就是做个什么样的壶把。苏东坡想：我这把茶壶是要用来煮茶的，如果像别的茶壶那样把壶把装在侧面肚皮上，火一烧，壶把就被烧得乌黑，而且烫手，肯定是不行。

就在他百思寻不到答案时，突然抬头看见屋顶的大梁从这一头搭到那一头，两头都有木柱撑牢，受此启发，他照屋梁的样子做了个壶把。这样，茶壶终于完成了，苏东坡非常满意，起名叫"提梁壶"。因为这种茶壶的壶身古朴端庄，而提梁却简巧虚空，使用起来很方便，所以世人格外喜爱，历代都有艺人仿造。为了纪念苏轼之功，后世的人们就把这种式样的茶壶叫做"东坡提梁壶"，或简称"提苏"。

苏轼不仅亲自做茶壶，还亲自栽种过茶。他贬谪黄州时，生活困顿，便亲自耕种，以地上收获稍济"困匮"和"乏食"之急，在这块取名"东坡"的荒地上，他种了茶树，以满足自己的嗜茶爱好。

与同时代的许多文人一样，苏轼在品茗的过程中与佛家结下了深厚的茶缘。他在杭州做官时，常与佛僧品茗吟诗。灵隐老僧有好茶，苏轼多次索讨，要的次数多了，他便不好意思去要了，于是叫仆人头带草帽、脚穿木屐到老僧那里去借东西，但并不告诉仆人要借什么。仆人去老僧处也不说要借什么，但老僧一看就明白了苏轼的"良苦用心"，只好又送一包茶叶给他。原来，草头、人、木三字组合正是一个"茶"字。

苏轼和他同时代的文学家、政治家司马光一生恩恩怨怨，他们之间关于茶还有一个流传甚广的典故。苏轼既喜欢饮茶，又擅长书法，在两人一次喝茶闲叙时，司马光突然问他："茶越重越好，墨却越轻越好；茶越新越好，墨则越陈越好。人们对这两者的追求恰恰相反，你为什么偏偏同时喜欢这两样东西呢？"

司马光是话中藏话，苏轼当然明白。这类话题，宋朝人叫"机锋"，出个难题，看看你能否随机应变，机智地回答出问题。苏轼含笑回答道："奇茶妙墨俱香。"司马光听了，不得不佩服苏轼回答得让他无法挑剔。苏东坡之意是说，茶和墨虽然有许多不同之处，但只要各自达到绝佳之处，奇妙的茶和绝妙的墨，都会有一种令人陶醉的无限魅力。

九、欧阳修爱茶如痴

欧阳修（1007～1072年），字永叔，号醉翁，晚号六一居士，吉州永丰（今属江西）人。他4岁丧父，家境十分贫寒，更无钱读书，为了能让他学习，他母亲就以芦苇秆在沙地上写字教他识字。就是在这种艰苦环境中成长起来的欧阳修，后来成了北宋的政治家、文学家，是北宋诗文革新运动的领袖，唐宋八大家之一。

欧阳修不仅是一个非常爱茶的人，而且对茶道有非常精深的研究，他对茶，不仅讲究其色、香、味，更对茶叶的采摘、烘焙、碾压、收藏和制茶的茶器、品茶的茶具等等都有特殊的要求，他认为品茶必须是新茶芽、水甘冽、器洁美、天气好、

宾客佳，有如此"五美"俱全，才可达到"真物有真赏"的茶之极高境界。

当年，范仲淹因与宰相吕夷简争执，被贬饶州，欧阳修因支持范仲淹，而同时被贬为夷陵（今湖北宜昌）令。他初到夷陵时写有《夷陵县至喜堂记》一文，说："夷陵风俗朴野，少盗争，而令之日食有稻与鱼，又有桔柚茶笋四时之味，江山秀美，而邑居缮完，无不可爱。"从此文中可以窥见欧阳修早年就与茶结下极深的情结。

欧阳修还曾写过一篇《大明水记》，专门论及水品。因为爱茶，所以爱水；因为爱水，他就难以容忍瑕疵。在此文里，他对陆羽和张又新等人的茶水论，给予了驳斥，他说："江水在山水之上、井水在江水之上均与茶经相反。陆羽一人却有如此矛盾的两种说法，其真实性待考，或为张又新自己附会之言，而陆羽分辨南零之水与江岸之水的故事更是虚妄。水味仅有美恶之分。将天下之水列分等级实属妄说，是以所言前后不合。陆羽论水，嫌恶停滞之水、喜有源之水，因此井水取常汲的；江水虽然流动但有支流加入，众水杂聚故次于山水，其说较近于物理。"

除此之外，欧阳修还给我们留下了许多茶事诗文，其中最有名的就是《双井茶》一诗，诗云："西江水清江石老，石上生茶如凤爪。穷腊不寒春气早，双井芽生先百草。白毛囊以红碧纱，十斛茶养一两芽。长安富贵五侯家，一啜尤须三日夸。宝云日铸非不精，争新弃旧世人情。岂知君子有常德，至宝不随时变易。君不见建溪龙凤团，至宝旧时香味色。"

欧阳修雕像

双井茶"芽生先百草"，须"十斤茶养一两芽"，所以品质绝佳，为世人所称颂。欧阳修夸赞它"长安富贵五侯家，一啜犹须三日夸"，足见其对"双井茶"的推崇。他在《归田录》卷一中也谈到双井茶，说："腊茶出于福建，草茶盛于两浙，两浙之品，日注第一。自景以后，洪州双井白芽渐盛，近岁制作尤精，囊以红纱，不过一二两，以常茶十数斤养之，用辟暑湿之气，其品远出日注上，遂为草茶第一。"

欧阳修还写有《和原父扬州六题——明会堂二首》，咏赞的是扬州茶，诗云："积雪犹封蒙顶树，惊雷未发建溪春。中州地暖萌芽早，入贡宜先百物新。忆昔尝修守臣职，先春自探两旗开。谁知自首来辞禁，得与金銮赐一杯。"

关于扬州产茶，茶圣陆羽《茶经》中并未提及，而直到五代蜀毛文锡《茶谱》中才有记载："扬州禅智寺，隋之故宫，寺枕蜀冈，其茶甘香，味如蒙顶焉。"而从欧阳修此诗中可以得知，扬州亦曾采造过贡茶，而且采造时间要早于蒙顶和建溪。

欧阳修虽然盛赞"双井茶"和"扬州茶"，但在他爱茶的一生中，最让他难忘的茶事却是宋仁宗赐给他一饼小龙团贡茶。

蔡襄所造的小龙团茶在历史上是极其有名的，而在当时更是千金难买，这是因为小龙团茶不仅制作精细，品质优异，而且产量极少，第一年只造出十斤，主要是进贡给皇上享用，小龙团茶当时估价为每斤黄金二两，足见其珍贵至极。

当时的仁宗皇帝对小龙团茶也极为珍爱，除他自己专用外，朝中重臣轻易难得一见，只有在每年的南郊祭天地的大礼中，中书省和枢密院两府中各有四位大臣，才共赐一饼。八个人一饼茶，只好一分为八，每人一份。小龙团以十饼为一斤（十六两），也即一饼只有一两六钱，而一两六钱的茶还要再分作八份，每份就仅有二钱重了。赏茶尤如秤金，八个人将这一点点黄金般的茶带回家后，当然不舍得品饮，偶尔有贵客佳宾临门，也仅是拿出观赏观赏而已，并不冲泡。

在有幸得到小龙团茶赏赐的大臣中，欧阳修算是一个幸运的人，因为他得到的赏赐是完完整整的一饼小龙团茶。这是因为小龙团茶的产量后来增加，所以皇上也就大方了一把。欧阳修在为蔡襄《茶录》写的后序中说："茶为物之至精，而小团又其精者，录序所谓上品龙茶是也。盖自君谟始造而岁供焉。仁宗尤所珍惜，虽辅相之臣，未尝辄赐。惟南郊大礼致斋之夕，中书枢密院各四人共赐一饼，宫人剪为龙凤花草贴其上，两府八家分割以归，不敢碾试，相家藏以为宝，时有佳客，出而传玩尔。至嘉七年，亲享明堂，斋夕，始人赐一饼，余亦忝预，至今藏之。"如此贵重的珍稀之茶，欧阳修当然爱不释手，以致"手持心爱不欲碾，有类弄印几成"，反复把玩到饼面上已被抚摸得显出了凹陷，仍不舍得烹试，足见欧阳修爱茶之痴。

"吾年向老世味薄，所好未衰惟饮茶。"欧阳修一生仕宦四十年，可谓在官场上尝尽风风雨雨，晚年他作诗自述，借咏茶感叹人世坎坷、世态炎凉，但让他感到幸运的是他一生饮茶的癖好，到老亦未有衰减。

十、陆游舍酒取茶

陆游（1125～1210年），字务观，号放翁，山阴（今浙江绍兴）人。陆游早年应试，为秦桧所黜，孝宗即位，赐进士出身。淳熙年间提举福建路常平茶事，三主武夷山冲佑观。在宋代文坛上，陆游诗词自成一家，独树一帜，与范成大、杨万里、尤袤并称"诗词四大家"。陆游的《钗头凤》更是为后世所熟知。陆游自言"六十年间万首诗"，共有9000多首诗传于后世，其中有关茶事的诗达320多首，为历代咏茶诗人之冠。

陆游早年放浪形骸，嗜酒如命，有诗为证："孤村薄暮谁从我，惟是诗囊与酒壶。"入闽为茶官以后，他由酒转移到茶，酒可止，茶不能缺。"宁可舍酒取茶"；直至晚年"毕生长物扫除尽，犹带笔床茶灶来"，他还以茶神自比，自称生平有四项嗜好：诗、客、茶、酒。

陆游对茶的喜爱，充分表现在他对茶圣陆羽无限敬慕上，陆游在诗中屡次以"桑苎翁"自居，这是因为茶圣陆羽曾自称"桑苎翁"，陆游敬仰陆羽，碰巧陆游也姓陆，所以他更以陆羽后裔自居，因而多次以"桑苎家风"自诩。他在茶诗中反复表述要继承陆羽，做一位茶神。

因为对茶圣陆羽的敬仰，陆游甚至把自己看成是陆羽的转生："《水品》、《茶经》常在手，前身疑是竟陵翁。"他还特别欣赏陆羽的不朽著作《茶经》。无论走到哪里，身边总是带着《茶经》；无论多么忙碌，总是反复阅读研究《茶经》。他还曾经想续写《茶经》，到他83岁时，他仍旧有这种强烈的愿望，在《八十三吟》中说："桑苎家风君勿笑，他年犹得作茶神。"虽然最终他没有完成这个愿望，但他众多诗词中所包含的丰富的茶文化，陆游的茶诗情结，是历代诗人中最突出的一个，这些足以让他在茶文化史上占得一席重要之地。

陆游一生曾出仕福州，调任镇江，又入蜀、赴赣，辗转大江南北，他曾到处寻觅清泉嘉茗，在各地留下了很多与茶有关的踪迹，湖北宜昌的陆游泉，就是其中著名的一处。

宋孝宗乾道六年（1170年）秋，陆游入川，途径宜昌，游览当地胜景"三游洞"。这个洞在文学史上非常有名，唐代诗人白居易、元稹和白行简三人曾同游此洞，因此得此名。200多年后，苏洵、苏轼、苏辙父子三人又来此游赏，更给此洞增添了名气。

陆游到此游玩时，发现洞门左侧的泉水清冽甘美，有一种清芳之气，于是拿出随身携带的家乡名茶"日铸茶"冲泡，品饮之余，写下了一首诗赞美此泉："苔径芒鞋滑不妨，潭边聊得据胡床。岩空倒看峰峦影，涧远中含药草香。汲取满瓶牛乳白，分流触石佩声长。囊中日铸传天下，不是名泉不合尝。"从此，天下有了一处以陆游名字命名的名泉。

　　陆游的诗中还多次写到了当时流行的"分茶"之艺，分茶是一种技巧性很强的烹茶游戏，分茶高手能在茶盏上用水纹和茶沫形成各种图案，也称"水丹青"。分茶手运用团饼茶末，以沸水冲点搅动，使茶乳变幻出各种花鸟虫鱼的图纹，甚至能幻显出文字，这种分茶游艺亦称"茶百戏"。

　　陆游在建州也曾学过"分茶"之艺，后来他在《临安春雨初霁》诗中吟道："矮纸斜行闲作草，晴窗细乳戏分茶。"用以赞扬分茶高手的精巧技艺。因为对茶艺的喜爱，他常与自己的儿子进行分茶，调剂自己的生活。

　　陆游爱茶成癖，一生与茶为伴，他不仅杯盏不离手，还将品茗和谈泊名利、舍生取义的精神联系在一起。晚年的陆游曾作诗《啜茶示儿辈》："围坐团栾且勿哗，饭后共举此瓯茶。粗知道义死无憾，已迫耄期手有涯。小圃花光还满眼，高城漏鼓不停挝。闲人一笑真当勉，小枝何妨问酒家。"

　　陆游一生曾两度入闽，在宁德、福州、建州等地为官，与建茶结下了极深的渊源。陆游第一次在福建共为官三年，遍访各地名茶，第二次入闽宦游时，忘情于闽北的山山水水，特别是武夷山优美的自然风光，写下了许多优美的诗篇。

　　陆游共当了十年茶官，在这十年间，他几乎尝遍天下名茶，留下不少有关名茶的绝妙诗句。对北苑茶、武夷茶、壑源茶以及峨眉、顾渚等地的名茶、清泉，都了如指掌。在众多名茶中，他尤喜建茶，慕建茶之名已久。

　　隆兴元年（1163年），陆游从福建宁德主簿任满回临安，孝宗皇帝赐进士出身，迁枢密院编修，获赐"样标龙凤号题新，赐得还因作近臣"的北苑龙团凤饼茶。小饼龙团是福建转运使蔡襄督造的"上品龙茶"，是供皇帝所用或恩赐的御茶，陆游得赐分享，自然感到特别高兴。

　　第二年冬天，提刑王彦光拜访陆游并特意赠送上等的建茶，陆游在答谢诗中写道"遥想解醒须底物，隆兴第一壑源春。"壑源春乃建州名茶，《东溪试茶录》说："建安壑源岭产茶，味甲诸焙。"

　　因为特别喜欢建茶，所以陆游在建州（今福建建瓯市）时写下了很多赞颂建茶的诗篇，如："北窗高卧鼾如雷，谁遣茶香挽梦回。绿地毫瓯雪苹乳，不妨也道人闽来。"当茶官免不了要试茶，新茶出焙要呈茶官品试。诗人说他正在酣睡之时，茶事司的吏役把茶煎好后正准备请他试茶，而茶的香味却已把他从梦中熏醒，足见建茶茶香的浓郁。

　　陆游不仅嗜茶爱茶，而且深入研究茶文化，熟悉斗茶品茶之道。据《北苑别录》载："建茶之人贡，以箬叶，内以黄斗，盛以花箱。护以重篚，扁以银匙，花箱内外又有黄缎幕之，可谓什袭之珍矣"。因此陆游才写下了"青箬云腴开斗茗，翠罂玉液取寒泉"这样的诗句。

一如所有爱茶人的喜好，陆游品茗时对茶具的要求也是极高的。在陆游众多的茶诗中，有不少是赞颂茶具的，如："茶映盏毫新乳上，琴横荐石细泉鸣。""一银瓶铜碾俱官样，恨个纤纤为捧瓯。""朱栏碧瓮玉色井，自候银瓶试蒙顶。""旋置风炉煎顾渚，剧谈犹得慰平生。""绿地毫瓯雪花乳，不妨也道人闽来。""玉川七碗何须尔，铜碾声中睡已无。""竹笕引泉滋药垄，风炉篝火试茶杯。"这些诗句中的"银瓶"、"铜碾"、"风炉"、"盏"等，都是宋代文人烹茶品茗时的常用茶具，通过这些诗句，后世也能了解到，在当时的文人中，品茗吟诗之乐实在是人生的一大快事。

十一、黄庭坚与"双井茶"

黄庭坚，字鲁直，号山谷道人，洪州分宁（今江西修水）人。黄庭坚是宋代文坛上一位才华横溢的文学大家，他是著名的"江西诗派"开山鼻祖，除工于诗词之外，他还擅长书法，与当时的书法大家苏轼、米芾、蔡襄并称"宋四家"。

唐宋时代的文人，一般都嗜酒如命，黄庭坚也不例外。早年的黄庭坚，极好嗜酒，到了中年，就疾病缠身，他在不惑之年时，写下了《文愿文》，发誓戒酒戒肉，文章说："今日对佛发大誓，愿从今日尽未来也，不复淫欲、饮酒、食肉。设复为三，当堕地狱，为一切众生代受头苦。"那么，黄庭坚戒酒后喝什么？喝的就是茶。在发下此大誓后，黄庭坚便以茶代酒度过了二十余年，在这个过程中，他也变成了一个对茶文化有深入研究的茶学专家。

他在一首题为《茶词》的词里，十分细腻地描绘出了对茶的感悟："味浓香永，醉乡路，成佳镜。恰如灯下，故人万里，归来对影。口不能言，心下快活自省。"黄庭坚在这首词里说，茶之清香浓郁久远，不须品饮，就已经清神醒酒了，如饮醇醪、如故人来了一样。从这首词中不难看出，他在戒酒之后是多么醉心于茶。

据史书记载，黄庭坚是个特别聪明早慧的神童，小时候读书一目十行，读几遍就能倒背如流。父亲去世后，他随舅舅李公择读书，一天，李公择到家塾来，随手从众多的书中抽出一本书来提问，黄庭坚对答如流。李公择惊异他的早慧，称赞他"一日千里"。

若干年后，当黄庭坚长大成人后，在他的家乡已经是赫赫有名的青年才俊。当时有位宰相叫富弼，听说年轻的黄庭坚才华横溢，就想与他会面相谈。终于有一天，他俩见了面，谁知富弼和他不欢而散，还对人说："我以为他如何了得，原来，不过是分宁一茶客罢了！"两人不欢而散的原因，是因为富弼是位元老重臣，思想观念上都比较保守，黄庭坚年少气盛，恃才傲物，两人自然无法相谈甚欢。

富弼说黄庭坚是"分宁一茶客"，充满了讥讽之意，原来黄庭坚的家乡分宁双井村是个名茶产区，茶名双井，富弼嘲笑黄庭坚不过是分宁一个普通的茶客而已，并不像传说中的那么富有才华。

历史上的"双井茶"是赫赫有名的，黄庭坚对家乡的茶是格外推崇的，他在京做官时，有老友从老家给他带来上等的双井茶。他拿到茶后，第一个想到的就是好友苏东坡，于是，他特意派人给苏东坡送去品尝。在送茶时，黄庭坚还附了一首题为《双井茶送子瞻》的诗，以表心意："人间风月不到处，天上玉堂森宝书。想见东坡旧居士，挥毫百斛泻明珠。我家江南摘云腴，落硙霏霏雪不如。为君唤起黄州梦，独载扁舟向五湖。"苏东坡收到茶后，当然是深解诗中之意及茶之情意，因此他回复黄庭坚："贬谪黄州，苦难与寂寞都历历在目，我怎能忘记?!"

苏东坡是黄庭坚的老师，此诗称赞了苏东坡的道德人品与潇洒风度，他将自己钟爱的双井茶奉献给恩师，是将优异的茶品比拟成苏轼那超凡脱俗的文品与人品。

"双井茶"因黄庭坚和苏东坡的文名而在茶文化史上更为历代文人所熟知。

十二、雅士陶谷"扫雪烹茶"

陶谷，字秀实，彬州新平（今陕西彬县）人，本姓唐，因避讳后晋高祖石敬瑭之名而改姓陶，一生曾历仕后晋、后汉、东周，北宋诸朝。宋太祖赵匡胤发动陈桥兵变时，陶谷在旁拿出早已拟好的后周恭帝禅位制书，为赵匡胤受禅之用，可以说为北宋开国立下大功，也因此很得宋太祖赏识。入宋后累官兵部、吏部侍郎，转礼部尚书，翰林承旨，加刑部，户部尚书等官职。

陶谷在当时有雅士之称，博通经史，诸子百家，为人隽辨弘博，多识广才，宋初法物制度，多为其所定。陶谷不仅博学，而且也是一个茶痴，关于他"扫雪烹茶"的典故在后世传为美谈。

明代诗书画大家徐谓作有《陶学士烹茶图》，并题诗云："醉吟醉革不曾闲，人人唤我作张颠。安能买景如图画，碧树红花煮月团。"此图和元代钱选所绘《陶学士雪夜煮茶图》都是以"扫雪烹茶"典故入画的佳作。

"扫雪烹茶"的典故说的是，当时的朝中太尉党进是一个目不识丁的粗俗武夫，所属各部兵马人数，他记不住，就叫人写在自己的朝笏上，上朝时，当宋太祖问到时，他就举笏说："都在这上面。"宋太祖赵匡胤戎马一生，对他的这种行为不仅不怪罪，反倒觉得其朴直率真。

党进家中有一个侍妾送给了陶谷，在一个大雪纷飞的冬日里，陶谷要这位侍妾"扫雪烹茶"，并说："你在太尉家中，是否这样烹过茶？"侍妾回答说："太尉是个粗人，只知道在销金帐下浅斟低唱，饮羊羔酒罢了，哪里比得上您这般风雅。"

雪水烹茶，显示出的是一种品位和意境，一般文人对雪赏景只能清茶一杯，与富贵人家销金暖帐下浅斟低唱大相径庭。但文人的雅兴和情趣，却是像党太尉这样的粗人难以体味的，故而，历代文人雅士慕陶氏风流不羡党家富贵。

这个典故显示出的文人雅士与粗俗武夫之间截然不同的生活品位，被历代传为茶事佳话。其后，在无数的诗词曲中，只要提到扫雪烹茶、学士茶、党家风调、党侯家、销金暖帐、浅斟低唱等等，用的都是陶谷的这个典故。看来陶谷"扫雪烹茶"的风雅确实引得无数诗人击掌欣赏。

元代李德载散曲《中吕·阳春曲·赠茶肆》共十支，其第三支云："蒙山顶上春光早，扬子江心水味高。陶家学士更风骚。应笑倒，销金帐饮羊羔。"其第七支云："兔毫盏内新尝罢，留得余香在齿牙。一瓶雪水最清佳。风韵煞，到处属陶家。"其第九支又云：金樽满劝羊羔酒，不似灵芽泛玉瓯。声名喧满岳阳楼。夸妙手，博士便风流。"说的就是"扫雪烹茶"的风雅。

清代小说大家蒲松龄倒不像很多历代文人那样只欣赏陶谷，而不欣赏太尉党进，他曾作有《大雪》诗一首，既推崇学士烹雪水茶，又叹赏党家暖帐生春，他在诗中写道："学士茶烟湿化雨，侍儿歌帐暖生春。卷帘快赏丰年瑞，忍冬还思酒入唇。"卷帘赏雪，仅有学士茶难抵严寒，暖帐生春意，还是渴望喝点御寒酒。有茶又有酒，茶酒不分家，饮罢酒来又品茶，蒲松龄认为是人生一大乐事。

陶谷一生嗜茶，除了这个广为人知的典故外，他在其所撰的《清异录》卷四中，记述了有关茶的各种传说和典故，计有龙坡山子茶、圣赐花、汤灶、缕金耐重儿、乳妖、清人树、玉蝉膏、森伯、水豹囊、不夜侯、鸡苏佛、冷面草、晚甘侯、生成盏、茶百戏、漏影春、甘草癖、苦口师，共十八则，实为中国茶文化中的珍贵史料。

十三、"点茶三昧手"的高僧谦师

谦师是北宋时期的一代高僧，不仅在佛学史上享有盛名，而且在茶文化史上也是载有盛誉。他高超的点茶技艺在当时被称为一绝。他住在杭州西湖之滨南屏山的净慈寺，当时不少文人墨客都以与谦师交往为幸，这样不仅能观赏到谦师精湛的点茶技艺，而且能亲口品尝谦师煎煮的香茶，实在是人生的一大幸事。

谦师在当时有"点茶三昧手"之称，他每次点茶都是一次艺术的表演。他先将好茶精心地碾成茶末，再细心调成茶膏，然后把茶瓶里煎好的上等之水注入茶盏。点茶时，一转眼之间，茶盏中的茶汤乳雾涌起，汤茶紧贴盏壁，咬盏不散，一盏色泽鲜白的美味茶汤就呈现在眼前的手执瓶，一手执筅，一边注水，一边击拂，旋转打击，快慢有节，上下配合，轻匀到位。谦师点茶的绝技，诚如宋人胡仔《苕溪渔隐丛话》转引子苍《谢人寄茶筅》诗中所云："看君眉宇真龙种，尤解横身战雪涛。"

在当时欣赏谦师点茶绝技的文人墨客中，不乏享誉当时的文坛大家，他们用手中的笔记载了谦师独一无二的点茶绝技，大名鼎鼎的大文豪苏东坡就是其中的一位。

苏东坡喜欢以茶交友，四方皆知，他早就闻得谦师大名，一直想拜会，但始终没有缘分。当他终于有机会第一次出任杭州知州时，就专程前往西湖之滨的南屏山净慈寺拜谒，一来二往，彼此结下了深厚的友谊。苏东坡最喜欢的便是与谦师对坐，品茗赏诗，谈古论今。谦师也格外欣赏苏东坡的人品和文品，每次相逢，总是亲自汲水煎茶，款待苏轼。

元祐四年（1089 年）十月，当苏东坡第二次来到杭州时，谦师闻讯后特意从南山赶到北山，专为苏轼点茶。苏轼又一次重温了谦师的点茶绝技，又一次品尝了那回味无穷的茶汤，更深深地感受到来自于知己的浓浓情意。苏轼有感而发，用诗记下了这次重逢，诗名《南屏谦师远来设茶》，他在诗前小序中说："南屏谦师妙于茶事，自云得之于心，应之于手，非可以言传学到者。十月二十七日闻轼游寿星寺，远来设茶，作此诗赠之。"诗云："道人晓出南屏山，来试点茶三昧手。忽惊午盏兔毫斑，打作春瓮鹅儿酒。天台乳花世不见，玉川风腋今安有。东坡有意读茶经，会使老谦名不朽。"

这首茶诗赞美了谦师的点茶绝技，由于此诗的广泛传颂，谦师点茶绝技更是为世人所知，当时的史学家郑肃赞云："击拂共看三昧手，白云洞中腾玉龙。"宋之后，谦师之名并没有被时光所遗忘，明代茶人韩奕《白云泉煮茶》诗中亦云："白云在天不作雨，石罅出泉好五乳。追寻能自远师来，题咏初因白公语。山中知味有高禅，采得新芽社雨前。欲试点茶三昧手，上山亲汲云间泉。物品由来贵同姓，骨清肉腻味方永。客来如解吃茶去，何但令人尘梦醒。"

由此可见，谦师作为一代点茶高手，由于他那超凡脱俗的点茶绝技，的确是倾倒了无数后人。

十四、张岱与"兰雪茶"

张岱（1597～1679年），字宗子，石公，号陶庵，又自号蝶庵居士。山阴（今浙江绍兴）人，侨居杭州。张岱出身仕宦之家，曾漫游苏、浙、鲁、皖等地区。他在文学上沿袭公安派、竟陵派的主张，反对复古主义，提倡任情适性的文风，但又不为公安、竟陵所囿，能吸取两家之长，弃两家之短，自成一家。

张岱家经三代积累，聚集了大量明朝史料，他从30岁始就利用家藏资料编写纪传体的明史。明亡后，他避居山中，布衣长发，于落拓不羁和穷困潦倒中著书立说，终于完成了这部史书，题名为《石匮藏书》。当时由于崇祯一代史料不足，《石匮藏书》只记到天启朝。直到康熙初，他应征参加编修《明史纪事本末》，才补写了崇祯一朝的纪传，题为《石匮后集》。

张岱一生著述颇多，著有《陶庵梦忆》、《西湖梦寻》、《夜航船》、《三不朽图赞》等，其文笔活泼清新，时杂诙谐，不论写景抒情，叙事论理，俱趣味盎然。是明代最伟大的散文作家。

与此同时，他还是一位精于茶艺茶道之人。在他的许多著作中，记述了不少有关他的生动茶事。他在《陶庵梦忆·闵老子茶》一文详尽记录了他与闵汶水的品茶辨泉的经过。当时，张岱专程到闵汶水家与他切磋茶艺，说"今日不畅饮汶老茶，决不回去"。闵汶水自然非常高兴，立即起炉煮茶，并且把张贷带到一间茶房中，用荆溪壶，成宣窑瓷招待。

张岱问："此茶产于何处？"闵汶水说："这是阆苑茶。"张岱淡淡品一口说："汶老所言差矣，这茶是阆苑的制法，但滋味却不像！"闵汶水微微一笑，说："那你说是什么茶？"张岱再品之，说："极似罗岕茶，"闵汶水惊曰"奇、奇。"张岱又问水是何水，闵汶水说："惠泉。"张岱又说："汶老所言差矣，惠泉在千里之外，何能鲜爽不损。"闵汶水对张岱的精鉴连连称奇，抽身而去，不一会儿，又持一壶满斟，递给张岱。张岱评鉴到："此茶香烈味醇，乃春茶也，刚才喝的是秋茶。"闵汶水大笑，说："我年已七十，所见精鉴茶水者，没有人能超过你！"通过这次品茶，张岱与闵汶水结为忘年之交。

张岱一生不仅善于品茶，品遍各地好茶名茶，而且还钻研制茶。他的家乡有一种茶，叫做"日铸雪芽"，此茶在历史上非常有名，在宋代的时候就被选为贡品，有"越州日铸茶，江南第一"的美誉。但到了明代，安徽的松萝茶因制法先进，在茶人中声誉愈隆，把"江南第一"的日铸雪芽压下去了。张岱不甘心家乡的名茶就这样衰微下去，于是招募技艺先进的人到日铸与他一道改良此茶。

经过多次实践，张岱用松萝茶的制作方法，提升雪芽的品质，经过"扚法、掐法、挪法、撒法、扇法、炒法、焙法、藏法"等技艺处理，再在茶里加进茉莉进行炒制，结果，"日铸雪芽"经过张岱的改良后，名声渐大，渐渐为天下茶人所喜爱，于是改名为"兰雪茶"。不久，"兰雪茶"不仅得到了茶道中人的认可，就连普通百姓都以饮"兰雪茶"而为贵，彻底地把安徽的松萝茶比下去了，以至于后来"兰雪茶"名声大噪，安徽松萝茶也改称"兰雪"了。

十五、孔尚任以茶入戏

孔尚任（1648～1718年），山东曲阜人。孔子六十四代孙，字聘之，又字季重，号东塘，别号岸塘，自署云亭山人，是明代的大戏剧家。他青年时曾考取秀才，康熙皇帝至曲阜祭孔，听其讲经后大加赞赏，授国子监博士，任官户部主事、员外郎等职。

作为享誉世界的中国古典大戏剧家，孔尚任所创作的名剧《桃花扇》至今仍为人们所津津乐道，但当年，他却因为此剧被免官。《桃花扇》一剧是以著名文人侯方域和秦淮歌妓李香君的爱情故事为引线，描写了南明弘光朝廷覆亡的历史悲剧，以抒发"兴亡之感"。此剧赞美了李香君为忠贞爱情而血染桃花扇的慷慨悲歌，尖锐抨击了弘光朝廷的黑暗，当然会引起朝廷的不满。

一如明代的很多文人一样，孔尚任不仅喜欢饮茶，研究茶文化，写过很多首茶诗，还将茶文化写入《桃花扇》，引来后世很多茶道中人的称赞。

在《桃花扇》第五出"访翠"中，复社名士侯方域和说书艺人柳敬亭一起来到媚香楼，拜访名妓李香君。

众人聚在一起，饮酒赋诗，煮茗看花，柳敬亭便说个笑话以助雅兴。他说："苏东坡同黄山谷访佛印禅师，东坡送了一把定瓷壶，山谷送了一斤阳羡茶。三人松下品茶，佛印说：'黄秀才茶癖天下闻名，但不知苏胡子的茶量何如。今日何不斗一斗，分个谁大谁小。'东坡说：'如何斗来？'佛印说：'你问一机锋，叫黄秀才答。他若答不来，吃你一棒，我便记一笔：胡子打了秀才了。你若答不来，也吃黄秀才一棒，我便记一笔：秀才打了胡子了。末后总算，打一下吃一碗。'东坡说：'就依你说。'

东坡先问：'没鼻针如何穿线？'山谷答：'把针尖磨去。'佛印说：'答的好。'山谷问：'没把葫芦怎生拿？'东坡答：'抛在水中。'佛印说：'答的也不错。'东坡又问：'虱在裤中，有见无见？'山谷未及答，东坡持棒就打。山谷正拿壶斟茶，失手落地，打个粉碎。东坡大叫道：'和尚记着，胡子打了秀才了。'佛印笑道：'你听咣当一声，胡子没打着秀才，秀才倒打了壶子了。'"

众人听了，大笑。柳敬亭却说："众位休笑，秀才利害多着哩。"他用手弹了弹茶壶，说："这样硬壶子都打坏，何况软壶子。"侯方域悟出"软壶子"是奸佞阮大铖绰号"阮胡子"的谐音，不禁称赞道："敬老妙人，随口诙谐，都是机锋。"

孔尚任用一把茶壶做道具，将一场戏写得惟妙惟肖，实在令人拍案叫绝。《桃花扇》中女主人公李香君的故居，现为南京秦淮河畔一处广为人知的旅游景点。在古朴的媚香楼里，辟有茶文化展室，介绍中国唐代至明代的丰富茶文化。后世之人能够在媚香楼欣赏到如此丰富的茶文化的同时，也会感怀起孔尚任对中国茶文化的贡献之一。

十六、袁枚与"武夷岩茶"

袁枚（1716～1797年），清代乾嘉时期的代表诗人和诗词评论家。字子才，号简斋，浙江钱塘（今浙江杭州市）人。乾隆四年进士，曾任溧水、江浦、江宁等地知县。袁枚是性灵派诗歌创作的提倡者，性灵即性情也，他以为"诗者，人之性情也，性情之外无诗"。并认为"诗有工拙，而无古今"，提倡诗要以性情为之根本。他在《随园诗话》中说："诗人者，不失其赤子之心者也。"强调作诗要有真性情，要有个性。

袁枚共有4000余首诗传于后世，文章则以骈体最为擅长，颇有六朝之风。其为人亦如作文，坦白率真，朴素自然，特别看重情义，其好友沈风司死后，因无后嗣，袁枚每年为他祭坟，三十年从未曾间断，此情此义，实在是人间佳话。

袁枚的诗作虽然多抒发闲情逸致，流恋风花雪月，但却别具一种清新淡雅之风。其有《小仓山房诗文集》、《随园诗话》、《随园随笔》、《随园食单》、《子不语》等著作传于后世。

袁枚33岁时，辞官在江宁小仓山下以三百金购得随园。当时，园已荒废已久，袁枚购得后，加以整饬，由于是"随其丰杀繁瘠，就势取景"，因此称为"随园"。此后，他自号随园老人，过了50多年清狂而自在的生活。

随园四面无墙，每逢佳日，游人如织，袁枚亦任其往来，不加管制，更在门联上写道："放鹤去寻山鸟客，任人来看四时花。"他在《杂兴诗》曾描写过随园景致："造屋不嫌小，开池不嫌多；屋小不遮山，池多不妨荷。游鱼长一尺，白日跳清波；知我爱荷花，未敢张网罗。"如此的世外桃园，也难怪袁枚怡然自得，悠闲自在。在如此散淡的生活中，袁枚就有足够的时间和闲情来享受品茗的清雅之乐了。

袁枚66岁以后，为尝遍天下好茶，开始遍游各地名山大川，浙江的天台、雁荡等山，安徽的黄山、江西的庐山，广东、湖南、福建等地的名山大川，都留下了他自由散淡的身影，他不仅一一尝遍各地的好茶名茶，更把它们详细地记录下来。他描写常州阳羡茶："茶深碧色，形如雀舌，又如巨米，味较龙井略浓。"而对洞庭君山茶，他则描述道："色味与龙井相同，叶微宽而绿过之，采掇最少。"此外，如六安银针、梅片、毛尖、安化茶等，他都有详细的记录。

在天下众多名茶中，袁枚最推崇的是武夷岩茶。提到武夷茶与袁枚之间的缘分，历史上还有一个流传甚广的典故。

当年，袁枚游览武夷山时，每到一处，不论是道观的道士，还是寺庙的和尚，看他谈吐风雅，超凡脱俗，无不争相献茶。袁枚慕武夷岩茶大名已久，急着要品尝一下武夷岩茶，以偿宿愿，可是每每接过茶杯一看，不是茶色太浓，就是叶片太大，感觉不是很好，小试一口，如同喝药。几天来，他跑遍武夷山寺庙，饮的差不多都是这样的茶，他不禁对武夷岩茶失去了兴趣，以为不过是徒有虚名罢了。

在他离开武夷山的前一天，他专门来拜访武夷宫的道长，想彻底的了解一下并不太好喝的武夷岩茶为什么在天下有如此盛名。

历史悠久的武夷宫在当时的天下道观中是最有名的，曾有很多名人在这里留下踪迹。南唐元宗李景的弟弟李良佐，曾在这里修道，一住就是36年；宋朝的辛弃疾、陆游、朱熹等人，都曾负责管理过武夷宫。

　　袁枚进到宫中，道长亲自出见。袁枚见道长年逾古稀，神采奕奕，俨然神仙中人。袁枚与道长寒暄几句后，问道："陆羽每次饮茶，都要满饮七大碗，还著有一部《茶经》，故被称为茶圣，但他的《茶经》并没有提到武夷岩茶，不知何故？"

　　道长当然明白袁枚问此问题的用意，微微一笑后并没有立刻回答，而是从书橱中抽出一部书，指着书上的诗句给袁枚看。袁枚一看，见上面是范仲淹《斗茶歌》中的几句诗："年来春自东南来，建溪先暖冰微开。溪边奇茗冠天下，武夷仙人自古栽。"袁枚早已看过《斗茶歌》，今天再看，想到连日来所尝过的武夷岩茶，并不像范仲淹诗中所言的那样，但在道长面前，又不好直说，只好默不作声。

　　道长见他沉默不语，便淡淡地说道："武夷岩茶，没有见诸《茶经》，足见陆羽著书立说态度严谨，非道听途说者可比；据蔡襄考证，陆羽并没有来过武夷，故没有提到武夷岩茶。"

　　袁枚听了道长此番话后，仍旧默不作声，既不表示赞成，也不表示反对。道长知道袁枚对武夷岩茶甚有疑虑，只是不好意思说而已，便说道："先生如果嗜茶，不妨将老朽用的茶，请先生试一试，如何？"

　　袁枚一听，连忙起身示谢，道长命童子沏上等的武夷岩茶。不一会儿，童子用精制茶盘，端出崇安遇林窑烧制的黑磁茶具，杯子像胡桃，壶小如香橼。道长持壶在手，满酌一杯，请袁枚品尝。袁枚遵道长的吩咐，持杯在手。先闻其香，再试其味，一小口一小口地慢慢吞下，顿觉芬芳无比、心旷神怡，和这几天饮的茶完全不同。

　　他又自酌一杯，先闻香后试味，再慢慢饮下去，依旧是清香扑鼻，舌有余甘，精神倍增，疲劳顿消。他一连吃了五杯，才禁不住地连声赞叹说："好茶！好茶！"

　　袁枚对道长说："袁枚唯一嗜好就是饮茶，已饮过天下不少名茶，看来龙井味太薄，阳羡少余味，和武夷岩茶是无法相比的，武夷岩茶，享有天下盛名，真是名不虚传。"

　　道长见袁枚对武夷岩茶赞美不已，就告诉他来武夷数日所饮之茶，不过是招待一般游客用的普通的武夷岩茶，袁枚听了才恍然大悟。

　　袁枚曾在《随园食单》中记载了当时品饮武夷岩茶的情形："先嗅其香，再试其味，徐徐咀嚼而体贴之，果然清芬扑鼻，舌有余甘。一杯之后，再试一二杯，令人释躁平矜，怡情悦性。始觉龙井虽清，而味薄矣，阳羡虽佳，而韵逊矣。颇有玉与水晶，品格不同之故。故武夷享天下盛名，真乃不忝，且可以瀹至三次，而其味犹未尽。"

在袁枚众多著作中，《随园食单》是很有名的，这是一部系统论述烹饪技术和南北菜点的著作，全书分须知单、戒单、海鲜单、杂素菜单、点心单，饭粥单……茶酒单等14个方面。

在"茶酒单"中，袁枚对于南北名茶均有所评述，此外还记载着不少茶制食品，其中有一种"面茶"，即是将面用粗茶汁去熬煮后，再加上芝麻酱、牛乳等作料，面中散发淡淡茶香，美味可口；而"茶腿"是经过茶叶熏过的火腿，肉色火红，肉质鲜美而茶香四溢。由此可以看出袁枚是一个对茶道非常有研究的人。

袁枚在品茶的时候，不仅十分在乎茶品，而且非常重视水品。他认为有了好茶，还要有好水，对此他有一段非常精彩的描叙："欲治好茶，先藏好水，水求中泠惠泉，人家中何能置驿而办。然天泉水、雪水力能藏之，水新则味辣，陈则味甘。"有了好水后，更要善于掌握火候，他在多年的品茗中摸索出烹水泡茶的方法是：烹时用武火，用穿心罐一滚便泡，滚久则水味将变，而停滚再泡则茶叶上浮。应一泡便饮，如加上杯盖则茶味又会变化。

此外，他还对收藏茶叶颇有心得："其次，莫如龙井，清明前者号莲心，太觉味淡，以多用为妙。雨前做好一旗一枪，绿如碧玉。收法须用小纸包，每包四两放石灰坛中，过十日则换古灰，上用纸盖扎住，否则气出而色味全变矣。"

袁枚一生嗜茶爱茶，他追求的茶之至高境界是："七碗生风，一杯忘世。"正是这种讲究茶道的淡然处世的人生态度，袁枚一直活到82岁高龄才在悠悠茶香中辞别了人世。

十七、蒲松龄借茶谈神说鬼

蒲松龄（1640～1715年），山东淄川（今淄博市）人，字留仙，一字剑臣，别号柳泉居士。蒲家号称"累代书香"，高祖是廪生，曾祖是邑痒生，父亲好读书，一生钻研经史，求取功名，但屡试不第，于是心灰意冷，弃儒经商，生下蒲松龄四兄弟，蒲松龄排行第三。

蒲松龄出生时正值明末清初的大动乱之时，家道中衰，家境维艰。蒲松龄一生刻苦好学，第一次参加科举考试时，在县考、府考直到考中，以连取三个第一的好成绩中了秀才，得到山东学道施润章的赏识，使蒲松龄的名声遐迩传闻。但以后七次参加乡试频频落榜，其后不得不在家乡农村过着清寒的生活，做塾师以度日。科场失意，生活潦倒，使他逐渐认识到像他这样出身的人难有出头之日，于是他将满腔愤懑寄托在《聊斋志异》的创作中。至康熙十八年（1679 年），这部经典著作已初具规模，一直到他暮年方才成书。康熙五十四年（1715 年），蒲松龄度过元旦，偶受风寒，身感不适，依窗危坐，与世长辞。蒲松龄除《聊斋志异》外，还著有《聊斋诗集》、《聊斋俚曲》等书。

《聊斋志异》的故事来源出自民间，有出自蒲松龄亲见亲闻，还有很多则来自乡野民间之口，其中设置茶摊便是他征集四方逸闻逸事的一个办法。关于蒲松龄摆茶摊搜集四方逸闻逸事的故事，清代《三借庐笔谈》卷六说得最详细："相传先生居乡里，落拓无偶，性尤怪僻。为村中童子师。食贫自给，不求于人。作此书时，每临晨，携一大磁罂，中贮苦茗，具淡巴菰一包，置行人大道旁，下陈芦衬，坐于上，烟茗置身畔，见行者过，必强执与语，搜奇说异，随人所知。渴则饮以茗，或奉以烟，以令畅谈乃已。偶闻一事，归而粉饰之。如是二十余寒暑，此书方告，故笔法超绝。"

蒲松龄将这个茶摊设在山东淄川东城的满井庄大路口上，每天当金鸡唱晓，炊烟四起之后，三十多岁的蒲松龄粗布短衫地坐在芦席上，身边放着一个装满浓茶的茶瓶，瓶边放着四五只粗瓷大碗和一包当地出产的烟丝。每当行人走过，他就热情地邀对方坐下，喝茶休息。于是来往行人都喜欢在这个茶摊歇脚聊天，说着各种奇闻异事，讲得口渴了，蒲松龄马上献上一碗茶，让人润嗓把故事讲完。

后来蒲松龄索性立了一个"规矩"，哪位行人只要能说出一个故事，茶钱他分文不收。于是有很多行人大谈异事怪闻，也有很多人实在没有什么故事，便乱造胡编一个。对此，蒲松龄并不多说什么，只是茶钱照例一文不收。

他通过这种途径搜集到许多故事，最后以自己丰富的想象力和才华横溢的文笔，将许许多多狐仙神鬼的传说修改、充实、创作成一篇篇小说。一把茶壶，几个茶碗，一个散淡的文人，就这样成就了一部旷世名著。

有一天，一个远道而来、风尘仆仆的老人来到茶摊前，蒲松龄请他坐下，一边倒上浓茶，一边笑着说："你如此远道而来，在路上一定听了很多奇闻怪事吧，不妨讲来听听。"老人接过茶碗喝了一口茶说："那我就给你讲个茶的故事吧。"

南方的杭州灵隐寺有个和尚，以善于烹茶而广为人所知，他所有的茶具都十分精致，收藏的名茶也多种多样，分出好几个等次，烹献哪一等级的茶，常常根据来宾的贵贱而定。最上等的名茶，一定要献给贵客或善于品茶的人。有一天，寺里来了一位大官，和尚恭恭敬敬地迎上去行礼，然后拿出好茶，亲自汲泉烹茶，献给大官品饮，希望能得到大官的一番赞誉。谁知大官只沉默喝茶，和尚备感疑惑，又拿了最上等的名茶献上，茶快喝完了，那大官还是没有一句称赞的话。和尚急得再也等待不下去了，施礼问道："大人觉得这茶怎么样。"大官拿起茶杯拱了拱手说："很烫，真的很烫！"

蒲松龄听后，大笑说："我也给你讲个故事吧，是关于鸽子的，一个名叫张幼量的鸽子迷，四处搜罗各个品种的名鸽，精心唯养。有位大官想要，张幼量本不想给，但见其是父亲的好朋友，便选了两只最珍贵的白鸽送去。过了几个月，张幼量见到大官后忍不住问起鸽子，大官说'十分肥美，煮着吃了。'张幼量听了懊悔叹恨。我听你说的故事与张幼量赠鸽给大官，是同一性质的故事。"

这天晚上，蒲松龄回家后，细细回味白天听到的故事，便创作了《鸽异》一篇。蒲松龄就是这样一篇篇地创作，才最后完成了《聊斋志异》一书。

《聊斋志异》之所以能成为中国古典小说的巅峰之作，最根本的原因在于他汲取了千百年来丰富的民间口头文学的营养，他在《聊斋志异》中说："才非干宝，雅爱搜神；情类黄州，喜人谈鬼。闻则命笔，遂以成篇，久之，四方同人，又以邮筒相寄。因而物以好聚，所积益伙。"时至今日，人们还将蒲松龄摆茶摊一事作为文人学习民间文学的范例来传颂。

除创作《聊斋志异》外，蒲松龄平素对茶事也很有研究。如他的《日用俗字·饮食章》，虽然只有区区千字，但却记载了多种茶点，至今还是研究明末清初山东饮食的重要资料。蒲松龄通晓医术，不仅熟知医理，还经常给村中之人行医看病，他编写的《药崇书》，收载药方258个，其中有一种是他在实践基础上调配的药茶方。因对中医的痴迷，蒲松龄曾在自己住宅旁开辟了一个药圃，种植了不少中药材，其中有菊和桑，还养殖蜜蜂，并研制出药茶兼备的菊桑茶。

菊桑茶由桑叶、菊花500克，枇杷叶500克组成。先用药碾槽碾成粗末，用蜂蜜100克蜜炙。然后用纱布袋分装，每袋5～10克。以开水充泡代茶饮，每日两次，每次一袋。蒲松龄知道，菊花有补肝滋肾、清热明目之功效；桑叶有疏散风热、润肝肺肾、明目益寿之功效；枇杷叶清肺下气，和胃降逆，蜂蜜滋补养中、润肠通便并调和百药。所以他才把这四味调合在一起，制成菊桑茶，供人饮用。由此也可以看出，蒲松龄对茶之运用已不单单限于文人的品茗之乐，而是更追求茶所能带给人们的实际作用，这一点，被后世许多茶事研究者所推崇。

十八、朱元璋废"龙团"

在元朝，虽然散茶已经得到一定的普及，但贡茶仍采用团饼茶。直到明初才有所改观，这是因为明代开国皇帝朱元璋出身于社会底层，深知前朝的弊病与民间的疾苦，认为进贡茶饼有"重劳民力"之嫌。于是下令罢造"龙团"，改进芽茶。朱元璋废茶团并非突发奇想，它从一个侧面说明散茶在当时的流行程度，废团茶在客观上推动了芽茶和叶茶的发展，对明朝茶叶技术的革新起到了促进作用。

宋代的知名茶叶寥寥无几，仅文献中提及的日注、双井等几种。但是到了明代，由于制茶技术的改进，各地的名茶发展很快，品类日渐增多，仅黄一正的《事物绀珠》一书中辑录的"今名茶"就有97种之多，绝大多数都是散茶。在散茶、叶茶发展的同时，其他茶类也得到了全面的发展，乌龙茶、黄茶，黑茶、白茶等都已出现。

朱元璋

十九、朱权的茶道

朱权是明太祖朱元璋的第十七个儿子，深为朱元璋所宠信，曾被封为宁王，手握重兵，镇守北部。在散茶大行、饮茶风气为之一变的情况下，朱权受时代风气的影响，以自己特殊的政治地位和人生经历，结合自己对茶的理解，撰成《茶谱》一书，对明代饮茶模式的确立产生了极为深远的影响。

朱权将普通的饮茶提升到"道"的高度，并且将饮茶看作明志及"有裨于修养乏道"的一种方式，这进一步完善了唐宋以来的茶道艺术，而且为文人饮茶向精雅化发展做了理论上的准备。

朱权提倡饮茶与自然环境的统一。这种茶与自然相融合的理念，自陆羽在《茶经》中提出后，到了宋代几乎中断，在朱权的努力下，饮茶的环境重新得到了人们的重视，并成为一种流行之风。

明朝废除团茶后，朱权对一些新的品茶、饮茶方式进行了变革，简化了传统的品饮方式和茶具，开创了清饮之风。此外，朱权的品饮方式经后人的改进，形成了一套简单的烹饮方法，影响颇为深远。

第十二章　中华酒文化典故

第一节　酒的分类与鉴赏

一、国内酒的分类

从传统的方法和多数人的习惯，可以从下面几个方面来划分。

（一）按酒的制造方法分

1. 酿造酒

酿造酒是以富含糖质、淀粉质的果类、谷类等为主要原料，添加酵母菌或催化剂，经糖化、发酵而产生的含酒精的饮料。

2. 蒸馏酒

又称烈酒，是以谷物、薯类、葡萄及其它水果为原料，经发酵、蒸馏，从而获得有较高酒精含量（酒精度可高达68%）的液体。按最新的国家标准，将蒸馏酒分为中国白酒和其它蒸馏酒。

3. 配制酒

常用浸泡、混合、勾兑等配制酒的方法。浸泡多用于药酒，就是按配方在酒液里面加入不同的植物或动物，如外国的味美思酒、中国的人参酒等。混合制法是在酒液中加入果汁、蜜糖、牛奶或其他液体混合制成。勾兑也是一种酿酒工艺，通常可以将两种或数种酒兑和在一起，形成一种新的口味或得到色、香、味更加完美的酒。

（二）按商品类型分

按商品类型可分为白酒、黄酒、啤酒、果酒、药酒等，分述如下。

1. 白酒

白酒是用高粱、玉米、甘薯等粮食或其他淀粉质原料发酵、蒸馏而成，因无色，所以叫白酒，又因含酒精度较高，又称为烧酒或高度酒。中国白酒历史悠久，其酒类文化在中国历史中一直占据着重要地位。因白酒使用的原料多为高粱、大米、小麦、糯米、玉米、薯干等含淀粉物质或含糖物质，常将白酒以这些酿酒原料冠名。其中以高粱做原料酿制的白酒最多，酒质好。

（1）按生产工艺分类

①固态法白酒　在配料、蒸粮、糖化、发酵、蒸酒等生产过程中都采用固体状态流转而酿制的白酒，称为固态发酵白酒。其工艺特点是：配料时加水量多控制在50%～60%之间，是全部酿酒过程的物料流转都在固体状态下进行，发酵容器主要采用地缸、窖池、大木桶等设备，多采用甑桶蒸馏。固态发酵的酒酒质较好，目前国内的名酒绝大多数是固态发酵白酒。

②半固态法白酒　在小曲酒生产中采用固态糖化、液态发酵、液态蒸馏而生产的白酒（也作半固半液态发酵），盛行于南方各省，用来生产米酒。

⑨液态法白酒　发酵、蒸馏都在液态下进行，先生产出食用酒精，再经过勾兑或串香而生产出的白酒，其特点是发酵成熟醪中含水量较大，发酵、蒸馏均在液体状态下进行。

（2）按使用的糖化发酵剂分类

①大曲酒　大曲酒以大曲为糖化发酵剂，又分为中温曲酒、中高温曲酒和高温曲酒。全国和地方名优酒大多以大曲酿成。

②小曲酒　以小曲为糖化发酵剂，又可分为固态发酵和半固态发酵两种工艺。南方各省多采用此工艺生产白酒。

③麸曲酒　用麦麸做培养基接种的纯种曲霉做糖化剂，用纯种酵母为发酵剂生产出的酒，称为麸曲酒。

（3）按酒精含量分类

①高度白酒　酒精度为50%～65%的白酒。

②中度白酒　酒精度为40%～49%的白酒。

⑨低度白酒　酒精度在40%以下的白酒，一般不低于20%。

（4）按香型分类　白酒按香型分类分为酱、浓、清、米、凤五大香型和其它五小香型。

①酱香型　又称茅香型，是由酱香酒、窖底香酒和醇甜酒等勾兑而成的，以贵

州茅台酒为代表。酱香型酒香气的组成成分极为复杂，至今尚且没有定论，但目前的观点普遍认为酱香是由高沸点的酸性物质与低沸点的醇类组成的复合香气。酱香型白酒的标准评语是：无色（或微黄）透明，无悬浮物，无沉淀，酱香突出、幽雅细腻，空杯留香，幽雅持久，入口柔绵醇厚，回味悠长，风格（突出、明显、尚可）。除茅台酒外，国家名酒中还有四川的郎酒也是享名国内的酱香型白酒。贵州的习酒、怀酒、珍酒、黔春酒、颐年春酒、金壶春、筑春酒、贵常春等也属于酱香型白酒。工艺特点是：以高粱为原料，使用高温曲，经高温润料，高温堆积回酒发酵等特殊工艺酿制而成。其酒的风格特点是：酱香突出，"焦"、"糊"香气协调一致。口感柔和，优雅细腻，回味悠长，空杯留香，持久不散，酒度低而不淡。

②浓香型　又称泸香型、窖香型，以泸州老窖特曲为代表。浓香型白酒风格特点一般用六个字、四句话概括：六字：香、醇、浓、绵、甜、净。四句：窖香（或喷香）浓郁，绵软甘洌，香味协调，尾净余长。这也是判断浓香型白酒酒质优劣的主要依据。浓香型白酒无色（或微黄）透明，无悬浮物，无沉淀，窖香浓郁，具有以己酸乙酯为主体、纯正协调的复合香气。浓香型白酒有三个流派：四川流派、江淮流派、北方流派。五粮液、古井贡酒、双沟大曲、洋河大曲、剑南春、全兴大曲等都属于浓香型，贵州的鸭溪窖酒、习水大曲、贵阳大曲、安酒、枫榕窖酒、九龙液酒、毕节大曲、贵冠窖酒、赤水头曲等也属于浓香型白酒。

③清香型　也称汾香型、醇香型白酒，以山西杏花村汾酒为代表。清香型白酒的主体香味成分是乙酸乙酯为主和乳酸乙酯为辅（主要起衬托作用）的协调复合香气。清香型酒的风格特征是无色，清亮透明，清香纯正，入口醇甜柔和，自然协调，香味悠长，落口干爽，微有苦味。清香型酒风格特点可以用清、正、净、长四字概括，即"清字当头，一净到底"。清香型白酒口味特点是入口微甜，刺激感较强，突出爽口，略带苦味。口味自始至终都体现了干爽的感觉，无其它杂异味，这是清香型白酒的最大风味特征。工艺特点是以高粱为原料清蒸清烧、地缸发酵。

④米香型　以广西桂林三花酒为代表，也称蜜香型。它的主体香味成分是 β-苯乙醇和乳酸乙酯。其风格特点是米酿香明显，入口醇和，饮后微甜，尾子干净，不应有苦涩或焦糊苦味（允许微苦）。一般是以大米为原料小曲作糖化发酵剂，经半固态发酵酿成。

⑤凤香型　以陕西"西凤酒"为代表。西凤酒香气风格独特，工艺特殊，香味组分介于浓香型和清香型白酒之间。具有以乙酸乙酯为主、己酸乙酯和其它酯类香气为辅的、微弱酯类复合香气特征。凤香型白酒无色透亮，兼具清香、浓香之优

点，入口突出醇的浑厚、挺烈的特点，不暴烈，落口干净，被称为"酸甜苦辣香五味俱全而各不出头"。该酒以当地特产高粱为原料，以大麦、豌豆做酒曲，它使用工艺方式的是清香大曲的制曲原料＋浓酱香大曲的培曲工艺。

⑥其它五小香型　包括药香型（贵州遵义董酒为代表）、兼香型（湖北松滋白云边为代表）、特香型（江西樟树四特酒为代表）、豉香型（广东佛山玉冰烧为代表）、芝麻香型（山东景芝白干为代表）。

2. 黄酒

以稻米、黍米、黑米、玉米、小麦等为原料，经过蒸料，拌以麦曲、米曲或酒药，进行糖化和发酵酿制而成的发酵酒。

黄酒品种繁多，制法和风味都各有特点，有以下几种分类方法。

（1）按生产方法分

①传统工艺黄酒　主要特点是以酒药、麦曲或米曲、红曲或淋饭酒母为糖化发酵剂，进行自然的、多菌种混合发酵而成，发酵周期较长。根据具体操作方法的不同，又分为淋饭酒、摊饭酒、喂饭酒。

a. 淋饭酒　将蒸熟的米饭用冷水淋凉，然后搭窝，拌入酒药和特制麦曲，进行糖化、发酵。淋饭酒的酒味淡薄，大多数甜型黄酒常用此法来生产。这样酿成的淋饭酒，有的工厂是用来作为酒母的。即所谓的"淋饭酒母"。

b. 摊饭酒　将蒸熟的米饭摊在竹算上，使米饭在空气中冷却，然后再加入麦曲、酒母（淋饭酒母）、浸米浆水等，混合后直接进行发酵。摊饭酒的口味醇厚，风味好。绍兴加饭酒、元红酒是摊饭酒的代表。

c. 喂饭酒　在黄酒发酵过程中，分批加饭，进行多次发酵酿制而成的产品。浙江嘉兴黄酒是喂饭酒的代表之一，日本的清酒也是用喂饭法生产的。在黄酒生成中，也有采用摊饭法和喂饭法结合的方式进行生成的，如寿生酒、乌衣红曲酒等。

②新工艺黄酒　是指在传统生产工艺的基础上，以纯种发酵取代自然曲发酵，以大规模的发酵生产设备代替小型的手工操作为特点酿制而成的黄酒。

（2）按黄酒的含糖量（国家最新标准）分类

①干黄酒　"干"表示酒中的含糖量少，糖分都发酵变成了酒精，故酒中的糖分含量最低，最新的国家标准中，其含糖量小于1克/100毫升（以葡萄糖计）。在绍兴地区，干黄酒的代表是"元红酒"。

②半干黄酒　"半干"表示酒中的糖分还未全部发酵成酒精，还保留了一些糖分。酒的含糖量在1%～3%之间。其酒质厚浓，风味优良，可以长久贮藏，是黄酒

中的上品。我国大多数出口酒，均属此种类型。

③半甜黄酒　这种酒含糖分3%～10%。这种酒采用的工艺独特，是用成品黄酒代水，加入到发酵醪中，使糖化发酵的开始之际，发酵醪中的酒精浓度就达到较高的水平，在一定程度上抑制了酵母菌的生长速度。由于酵母菌数量较少，对发酵醪中产生的糖分不能转化成酒精，故成品酒中的糖分较高。

④甜黄酒　这种酒，一般是采用淋饭操作法，拌入酒药，搭窝先酿成甜酒酿，当糖化至一定程度时，加入40%～50%浓度的米白酒或糟烧酒，以抑制微生物的糖化发酵作用，酒中的糖分含量达到10～20克/100毫升之间。由于加入了米白酒，酒度也较高。甜型黄酒可常年生产。

⑤浓甜黄酒　糖分大于或等于20克/100毫升。

⑥加香黄酒　这是以黄酒为酒基，经浸泡（或复蒸）芳香动、植物或加入芳香动、植物的浸出液而制成的黄酒。

（3）按酿酒用曲的种类来分　如小曲黄酒、生麦曲黄酒、熟麦曲黄酒、纯种曲黄酒、红曲黄酒、黄衣红曲黄酒、乌衣红曲黄酒等。

（4）按商品名分类

①按酒的产地来命名，如绍兴酒、金华酒、丹阳酒、九江封缸酒、山东兰陵酒等。

②按酒的外观（如颜色、浊度等），如清酒、浊酒、白酒、黄酒、红酒（红曲酿造的酒）。

⑨按某种类型酒的代表作为分类的依据，如"加饭酒"，往往是半干型黄酒；"花雕酒（在酒坛外绘雕各种花纹及图案）"，表示半干酒；"封缸酒"（绍兴地区又称为"香雪酒"），表示甜型或浓甜型黄酒；"善酿酒"，表示半甜酒。

④按酒的原料分类，如糯米酒、黑米酒、玉米黄酒、粟米酒、青稞酒等。

⑤根据酒的习惯称呼分，如江西的"水酒"、陕西的"稠酒"、江南一带的"老白酒"等。

⑥根据特殊用途取名，如女儿红（在女儿出生时将酒坛埋在地下，待女儿出嫁时取出，敬饮宾客）。

3. 啤酒

啤酒是以麦芽（包括特种麦芽）为主要原料，以大米或其它谷物为辅助原料，经麦芽汁的制备，加酒花煮沸，并经酵母发酵酿制而成的，含有二氧化碳、起泡的、低酒精度（2.5%～7.5%）的饮料酒。啤酒种类也很复杂，大体可按以下几个方面进行分类。

（1）根据麦芽汁浓度分类

①低浓度型　麦芽汁浓度在 6°～8°（巴林糖度计），酒精度为 2%左右，夏季可做清凉饮料，缺点是稳定性差，保存时间较短。

②中浓度型　麦芽汁浓度在 10°～12°，以 12°为普遍，酒精含量在 3.5%左右，是我国啤酒生产的主要品种。

③高浓度型　麦芽汁浓度在 14°～20°，酒精含量为 4%～5%。

啤酒

这种啤酒生产周期长，含固形物较多，稳定性好，适于贮存和远途运输。

（2）根据酵母性质分类

①上面发酵啤酒　是利用浸出糖化法来制取麦汁，经上面酵母发酵而制成。用此法生产的啤酒，国际上著名的有爱尔淡色啤酒、爱尔浓色啤酒、司陶特啤酒以及波特黑啤酒等。

②下面发酵啤酒　是利用煮出糖化法来制取麦汁，经下面酵母发酵而制成。该法生产的啤酒，国际上有皮尔逊淡色啤酒、多特蒙德淡色啤酒、慕尼黑黑色啤酒等。我国生产的啤酒均为下面发酵啤酒。

（3）根据啤酒色泽分类

①黄啤酒（淡色啤酒）呈淡黄色，采用短麦芽做原料，酒花香气突出，口味清爽，是我国啤酒生产的大宗产品。其色度一般保持在 0.5 毫升碘液之间。

②黑啤酒（浓色啤酒）色泽呈深红褐色或黑褐色，是用高温烘烤的麦芽酿造的，含固形物较多，麦芽汁浓度大，发酵度较低，味醇厚，麦芽香气明显。其色度一般在 5～15 毫升碘液之间。

（4）根据灭菌情况分类

①鲜啤酒　又称生啤酒，是不经巴氏消毒而销售的啤酒。鲜啤酒中含有活酵母，稳定性较差。

②熟啤酒　熟啤酒在瓶装或罐装后经过巴氏消毒，比较稳定，可供常年销售，适于远销。

（5）按原、辅材料或生产工艺分类

①纯生啤酒　是在生产工艺中不经热处理灭菌，就能达到一定生物稳定性的啤酒。

②全麦芽啤酒　是全部以麦芽为原料（也可部分用大麦来代替），采用浸出或煮出法糖化酿制的啤酒。

③小麦啤酒　是以小麦芽为主要原料，采用上面发酵法或下面发酵法酿制的啤酒。

④浑浊啤酒　一定量的活酵母菌会存在啤酒的成品中，浊度为2.0~5.0EBC浊度单位的啤酒。

4. 果酒

果酒是以水果为原料发酵而酿成的酒。葡萄酒是果酒类的代表。葡萄酒是以新鲜葡萄或葡萄汁经发酵酿制而成的低酒精度饮料酒，酒精含量为11%左右。下面以葡萄酒为例谈一下分类。

（1）按酒的颜色分类

①红葡萄酒　采用皮红肉白或皮肉皆红的葡萄经葡萄皮和汁混合发酵而成。酒色主要有宝石红、鲜红、深红、暗红、紫红等。

②白葡萄酒　用白葡萄或皮红肉白的葡萄分离发酵而成。酒色微黄带绿，近似无色或浅黄、禾秆黄、金黄等。

③桃红葡萄酒　用带色的红葡萄带皮发酵或分离发酵而成。酒色为淡红、桃红、橘红或玫瑰红，颜色介于红、白葡萄酒之间。

（2）按含糖量分类

①干葡萄酒　即含糖量（以葡萄糖计）≤4.0克/升的葡萄酒。

②半干葡萄酒　即含糖量为4.1~12克/升的葡萄酒。

③半甜葡萄酒　即含糖量为12.1~45克/升的葡萄酒。

④甜葡萄酒　即含糖量≥45.1克/升的葡萄酒。

（3）按酿造方法分类

①天然葡萄酒　完全采用葡萄原料进行发酵，发酵过程中不添加糖分和酒精，选用提高原料含糖量的方法来提高成品酒精含量及控制残余糖量。

②加强葡萄酒　在葡萄原酒中，加入白兰地、食用蒸馏酒精的方法来提高酒精含量，这种酒叫加强干葡萄酒。既加白兰地或酒精，又加糖以提高酒精含量和糖度的酒叫加强甜葡萄酒。

③加香葡萄酒　以葡萄原酒为酒基，经浸泡芳香植物或加入芳香植物的浸出液（或蒸馏液）而制成的葡萄酒。采用葡萄酒原料浸泡芳香植物，再经调配而成，属于开胃型葡萄酒，如味美思、丁香葡萄酒、桂花陈酒等；或采用葡萄原酒浸泡药材，精心调配而成，属于滋补型葡萄酒，如人参葡萄酒。

（4）按酒中二氧化碳含量（以压力表示）分类

①平静葡萄酒　在20℃时，二氧化碳的压力小于0.05兆帕的葡萄酒。

②起泡葡萄酒　在20℃时，葡萄原酒经密闭二次发酵产生二氧化碳，在20℃时二氧化碳的压力大于或等于0.35兆帕的葡萄酒。气泡葡萄酒又分为高泡葡萄酒和低泡葡萄酒。

5. 药酒

用白酒、食用酒精、黄酒或葡萄酒，根据不同病症，选择不同药方，用不同方法制成的，多为浸泡药材后配制而成的。药酒是配制酒，中医称之为酒剂。药酒是中国的传统产品。

二、酒的审评、选购和贮存

（一）酒的审评

1. 白酒的审评

主要包括色、香、味、体四个部分。即通过眼观色，鼻嗅香，口尝味，并综合色、香、味三方面的因素，确定其风格（即"体"）。具体方法如下。

（1）色　这是白酒在一定的酒度时的外观形态，是指举杯后用光、白纸作底，用眼观察酒的色泽、透明度，有无悬浮物、沉淀物或渣子等。由于发酵期和贮存期长，常使酒带微黄色，如酱香型白酒大多带微黄色，这是许可的。如果酒色发暗或色泽过深，失光浑浊或有夹杂物、浮游沉淀物等都是不允许的。

（2）香　对白酒的嗅闻方法是将酒杯举起，置酒杯于鼻下二寸处，头略低，轻嗅其气味。最初不要摇杯，闻酒的香气挥发情况，然后摇杯闻酒的香气。凡是香气协调，有愉快感，主体香突出，无其他气味，溢香性又好，一倒出就香气四溢，芳香扑鼻的，说明酒中的香气物质较多。属于喷香性好，一入口，香气就充满口腔，大有冲喷之势的，说明酒含有低沸点的香气物质较多；属于留香性好，咽下后，口中应该仍留有余香，酒后作嗝时，还有一种令人舒适的特殊香气喷出的，说明酒中的高沸点酯类较多。所谓的余香悠长，首先应鉴别酒的香型，检查芳香气味的浓郁程度，继而将杯接近鼻孔，进一步闻，分析其芳香气的细腻性，是否纯正，是否有其他邪杂气。在闻的时候，要先呼气，再对酒吸气，不能对酒呼气。

（3）味　将酒杯送到嘴边，将酒含在口中，为4～10毫升，每次含入口中的酒数量，必须保持一致性。先从香味淡的开始尝，由淡而浓，再由浓而淡，反复多次。将暴香味或异香味的酒留到最后尝，防止味觉器官受干扰。将酒沾满口腔，然后吐出或咽下。用舌头抵住前腭，将酒气随呼吸从鼻孔排出，以检查酒性是否刺鼻。在用舌头品尝酒的滋味时，要分析嘴里酒的各种味道变化情况，最初甜味，次后酸味和咸味，再后是苦味、涩味。舌面要在口腔中移动，以领略涩味程度。酒液进口应柔和爽口，带甜、酸，无异味，饮后要有余香味，要注意余味时间有多长。酒留在口腔中的时间约10秒钟。用茶水漱口。在初尝以后则可适当加大入口量，以鉴定酒的回味长短、尾味是否干净、是回甜还是后苦。并鉴定有无刺激喉咙等不愉快的感觉。

（4）酒的风格　即酒的典型性。首先必须掌握本类酒的特点，并对所评酒的色、香、味有一个综合的、确切的认识，通过思考、对比和判断，才能确定风格。

2. 黄酒的审评

黄酒的最佳审评温度是在38℃左右。黄酒品评时基本上分色、香、味、体四个方面。

（1）色　通过视觉对酒色进行评价，黄酒的颜色占10%的影响程度。好的黄酒必须是色正（橙黄、橙红、黄褐、红褐），透明清亮有光泽。黄酒的色度的增加是有如下原因的。

①黄酒中混入铁离子，则色泽加深。

②黄酒经日光照射而着色，是酒中所含的酪氨酸或色氨酸受光能作用而被氧化，呈赤褐色色素反应。

③黄酒中的氨基酸与糖作用生成氨基糖，而使色度增加，并且此反应的速度与温度、时间成正比。

④外加着色剂，如在酒中加入红曲、焦糖色等而使酒的色度增加。

（2）香　黄酒的香在品评中一般占25%的影响程度。好的黄酒，有一股强烈而优美的特殊芳香。许多黄酒都有悠久的历史，由于各个地区采用不同的工艺和原料，因此具有不同的、传统的、独特的固有香气。例如，江南产的黄酒，因使用麦曲、药曲、红曲的不同，给酒带来了不同的曲香和药香，而山东即墨老酒则具有焦香气。评酒时，可根据品评者的经验作出优劣的评语。构成黄酒香气的主要成分有醛类、酮类、氨基酸类、酯类、高级醇类等。

（3）味　黄酒的味在品评中占有50%的比重。黄酒的基本口味有甜、酸、辛、苦、涩等。黄酒应在优美香气的前提下，具有糖、酒、酸调和的基本口味。如果突出了某种口味，就会使酒出现过甜、过酸或有苦辣等感觉，影响酒的质量。一般好的黄酒必须是香味幽郁，质纯可口，尤其是糖的甘甜，酒的醇香，酸的鲜美，曲的苦辛配合和谐，余味绵长。

（4）体　即风格，是指黄酒组成的整体，它全面反映酒中所含基本物质（乙醇、水、糖）和香味物质（醇、酸、酯、醛等）的多少。由于黄酒生产过程中，原料、曲和工艺条件等不同，酒中组成物质的种类和含量也随着不同，因而可形成黄酒各种不同特点的酒体。在评酒中，黄酒的酒体占15%的影响程度。感官鉴定时，由于黄酒的组成物质必然通过色、香、味三方面反映出来，所以必须通过观察酒色、闻酒香、尝酒味之后，才综合三个方面的印象，加以抽象地判断其酒体。由于黄酒的含糖度较高，应该举杯旋转观察，用流动正常、稠、黏、黏滞、油状等评语评价酒液流动情况。

3. 啤酒的审评

啤酒的最佳审评温度是在15℃以下保持1小时。评外观时，亦要在适宜光线下直观或侧观，注意酒液的色泽，有无悬浮物、沉淀物等情况。啤酒的沉淀物是白色、褐色。啤酒色泽的色度，难以用眼直接观察判断，用100毫升蒸馏水中加入0.05摩尔/升碘液为标准，评酒时用酒样与之对比，在标准的范围内即为合格。

含气现象是对啤酒品评的一项指标，常用平静、不平静、起泡、多泡等评语来说明酒液中的二氧化碳气是否足够，可使用气泡如珠、细微连续、持久、暂时涌泡、泡不持久、形成晕圈等评语评价气泡升起的现象。泡沫也是啤酒的一个质量指标，与啤酒酒液中的二氧化碳气、麦芽汁等成分有关。优质的啤酒倒入洁净的杯中，立即产生泡沫。啤酒中的泡沫以洁白、细腻、持久、挂杯为好，一般从斟酒时泡沫盖满酒面到消失持续的时间不应少于3分钟。

啤酒的酒花香气要求新鲜清爽，没有老化气味，没有生酒花气味。麦芽香气应是清香、焦香。具体来说，啤酒的鉴定应从下面几方面看。

（1）看　一看酒体色泽：普通浅色啤酒应该是淡黄色或金黄色，黑啤酒为红棕色或淡褐色。二看透明度：酒液应清亮透明，无悬浮物或沉淀物。三看泡沫：啤酒注入无油腻的玻璃杯中时，泡沫应迅速升起，泡沫高度应占杯子的1/3，当啤酒温度在8～15℃时，5分钟内泡沫不应消失；同时泡沫还应细腻、洁白，散落杯壁后仍然留有泡沫的痕迹（"挂杯"）。

（2）闻　闻香气，在酒杯上方，用鼻子轻轻吸气，应有明显的酒花香气，新鲜，无老化气味及生酒花气味：黑啤酒还应有焦麦芽的香气。

（3）尝　品尝味道，入口纯正，没有酵母味或其他怪味、杂味；口感清爽、协调、柔和，苦味愉快而消失迅速，无明显的涩味，有二氧化碳的刺激，使人感到杀口。

优质的啤酒颜色呈浅黄或金黄，清澈透明（除黑啤外），无悬浮物和沉淀物，起瓶盖时气体充足，并有泡沫迅速溢起，将啤酒倒入杯中时，随着泡沫的泛起，有沙沙声响，酒花香气浓郁，泡沫丰富、细腻、洁白，挂杯的时间长，入口舒适、爽口，苦味柔和，回味醇厚，无异味，饮后产生气体。劣质啤酒或变质啤酒浑浊无光，甚者有悬浮物或沉淀物，几乎无泡沫，或泡沫呈黄色，有异味。另外，啤酒度数也能说明啤酒质量，度数越高，表明麦芽汁中糖类的含量越高，其啤酒的质量也就越高。

4. 葡萄酒的审评

葡萄酒是一种赏心悦目的美酒。在西方，品酒被视为一种高雅而细致的情趣。葡萄酒的温度对酒香及味觉影响很大。一般来讲，干葡萄酒的最佳饮用温度为12～18℃，因为温度太高，会让酒快速氧化而挥发，使酒精味太浓；而太冰，又会使酒香味冻凝而不易散发，易出现酸味。品尝葡萄酒基本分为三大步骤：观色、闻香、品味。

（1）观色　葡萄酒的颜色是多姿多彩的，一般应将葡萄酒倒入无色透明的专用玻璃杯内进行观色。葡萄酒的颜色可以直接传达出有关酒的品质的诸多信息，帮助人们对酒的质量作出直观判断，同时观察一瓶优质酒的颜色不仅会给人一种美妙的感觉，而且也是饮用前的精神享受，可以使人在饮用前进入酒的绝妙意境。

（2）闻香　闻香是嗅酒的香气是否协调、完美。酒香是葡萄酒本身必须具备的典型品质，其香味体现自然、带有果香的清新本色，端起酒杯轻轻旋动，使酒液沿杯壁搅动，充分挥发酒液的香味，再深嗅一下酒气，感受酒的香气。

品酒时，应注意酒液香气挥发的适宜温度，白葡萄酒品香温度最好在14℃以下，红葡萄酒温度稍高，但不得超过20℃，由于葡萄酒香气极为复杂，所以闻香时主要是注意酒的果香和酒香两种。

（3）品味　是最后的品酒过程，以口感品尝酒体的滋味，也是对葡萄酒质量的直接检验，在观色、品香之后，被认为是可以饮用的葡萄酒，如在品尝时，口感不被接受，同样属于质量不好的酒，酒味十分复杂，包括酒度、糖分、果香、酸性物质等的综合性体现，必须由专业品酒师给予鉴定，一般饮酒人尝味仅限于酒味的感受。

将酒杯的酒轻尝一口，在口腔停留片刻，吸进气再呼出气时就会闻到一种浓郁的不同于酒杯中的香气，这就是因为酒香在体温中更容易散发。好的葡萄酒应是酸甜适口，不苦不涩，没有刺激感，而且下咽后，果香、酒香在口中还有余味。

另外，酒的饮用温度对品味也有影响。干白葡萄酒最佳饮酒温度是 8~10℃；半干白葡萄酒是 8~12℃；半甜、甜白葡萄酒是 10~12℃；干红葡萄酒是 16~22℃；半干红葡萄酒是 16~18℃；半甜、甜型红葡萄酒是 14~16℃；白兰地是15℃以下；起泡葡萄酒是 10℃以下。

（二）酒的选购

1. 白酒的选购

白酒是中国的国酒。中国的白酒大多是以高粱、大米等粮谷为原料，以大曲、小曲或麸曲及酒母等为糖化发酵剂，经蒸煮、糖化、发酵、蒸馏、陈酿、勾兑而成。选购时应注意以下几点。

一看外包装箱：优质酒用的外包装箱整齐、坚硬，箱内有防震、防撞的间隔材料，箱体图案印制精美，字迹清楚。

二看包装盒：名优酒纸盒的纸质白细、坚硬、造型美观、印刷精致、颜色协调。

三看酒瓶：优质酒瓶表面光洁度好，玻璃质地均匀，瓶盖多为铝质扭断式防盗盖或塑盖塑胶套，印有厂名或酒名的酒标带有封盖的作用，一经开盖就会断裂，可预防有人利用原包装假冒。

四看标签：根据食品标签标准要求，生产者应当在白酒标签上标注酒名、生产者名称、地址、产品标准号与质量等级、配料表、酒精度、净含量、香型、生产日期、规格、生产许可证编号等。

五看内在质量：正常白酒应是无色、透明、无悬浮物和沉淀物。若是无色透明玻璃包装，把酒瓶拿在手中，慢慢地倒置过来，看是否有杂质。

2. 黄酒的选购

选购黄酒应根据不同需要和个人口味爱好进行挑选。

（1）一般家庭主妇在烹调鱼肉时，习惯加一些黄酒以解腥味，这时可挑选总糖低于 15.0 克/升的黄酒。这类酒价格便宜，用于烹调经济实惠，又能达到目的。

（2）以糯米为原料的酒质量较好。平时饮用时，可选择绍兴加饭酒、善酿酒等这些用糯米配制的黄酒。甜黄酒适宜不善饮酒的人饮用，也可作为宴会的餐后酒。

（3）挑选黄酒时，应注意观察酒液应呈黄褐色或红褐色，清亮透明，允许有少量沉淀。但如果酒液已浑浊，色泽变得很深，可能是贮放时间过长，氧化所致。也可能感染了杂菌已变质，不宜购买。

（4）选购黄酒时，应注意食品标签上应标明产品名称、原料、酒精度、净含量、生产日期、保质期、执行产品标准号、质量等级、产品类型。

3. 葡萄酒的选购

葡萄酒是以新鲜的葡萄或葡萄汁为原料，经全部或部分酒精发酵酿制而成的，酒精度等于或大于7%（体积分数）的发酵酒。葡萄酒集营养、文明、时尚于一身，是人们生活水平提高后的首选酒种，也是国际贸易中交易额最大的酒种。

葡萄酒的质量可从3个主要方面进行判别，即理化指标、卫生指标和感官指标。理化指标是对葡萄酒最基本的特征予以规定，即它应达到的最起码的成分含量，例如酒精、糖度、酸度、二氧化硫；卫生指标是衡量葡萄酒受微生物或重金属污染的程度；感官指标是判断葡萄酒质量好坏的一个重要方法，是对葡萄酒质量的综合评价。感官指标可从以下特征上判断。

外观：好的葡萄酒的外观应该澄亮透明，有光泽，其颜色与酒的名称相符，色泽自然、悦目；质量差的葡萄酒，或浑浊无光，或颜色与酒名不符，没有自然感，或色泽艳丽，但有明显的人工色素感。

香气：葡萄酒是一种发酵产品，它的香气应该是葡萄的果香、发酵的酒香、陈酿的醇香，这些香气应该平衡、协调、融为一体，香气幽雅，令人愉快；质量差的葡萄酒则不具备这些特点，或有突出暴烈的水果香，或酒精味突出，或有其他异味，使人嗅而生厌。

口感：任何一个好的葡萄酒其口感应该是舒畅愉悦的，各种香味应细腻、柔和，酒体丰满完整，有层次感和结构感，余味绵长；质量差的葡萄酒，或有异味，或异香突出，或酒体单薄，没有层次感，或没有后味。

4. 啤酒的选购

选购啤酒，首先要看其颜色是否清亮透明，有无杂质，是否有沉淀或悬浮物。其次，将酒倒在透明杯中，泡沫立即升起且洁白细腻持久挂杯的啤酒是佳品。也可用鼻闻，酒液具有酒巴花香味、麦芽香味的是好酒，而有饭味、老化味、酵母味等其他异味的啤酒为劣质品。还可品尝，如感到清爽上口，苦味柔和，回味醇厚的啤酒是上品。如有甜味、苦味等异常味道，甚至有腥味、怪味的啤酒则是次品。同时提醒消费者注意，有的啤酒在静止、常温下开瓶后啤酒大量涌出，也属次品酒。产生这种现象的原因，主要是由于使用霉变麦芽或者工艺卫生条件差造成污染，使杂菌在酒液中繁殖后造成瓶内压力过高所致，这种啤酒饮后不但对人体不利，严重时会炸瓶伤人。

（三）酒的贮存

1. 白酒的贮存

一般说来，新酒刺激性大，气味不正，往往带邪杂味和新酒气，经过一定时期的贮存，酒体变得绵软，香味突出，显然比新酒醇芳、柔和，这种现象称作白酒的老熟。

白酒在老熟过程中的变化，大体分物理变化和化学变化两个方面。白酒老熟变化进行的过程受种种条件影响，如温度、时间和封闭条件等等。要收到好的贮存效果，必须注意以下几点。

（1）贮存期间必须封好容器口，避免经常开启，勿使白酒过多地接触空气，适当地控制氧化过程，提高酯化的比率。如封口不严，过多的氧化造成醛酸过多，挥发又造成醇、酯的损失，这样贮存非但无益而且有害。有些厂贮存的陈酒，今天开，明天开，最后只剩半缸酒，再加封口不严，贮存了几年，越存越不好，酒味变得十分寡淡。

（2）如欲取得较快的贮存效果，流酒温度宜稍高些（三十几摄氏度），最好用小容器贮存，这样杂味逸散得快。

（3）必须给以适当的温度，一般以20℃左右为宜。温度太高，挥发损失较大。温度过低，影响贮存效果。

（4）给予适宜的贮藏期。不同香型要求不同。茅型酒高沸点物质较多，贮存时间宜长。以酯香为主的酒，贮存期过长，酯类的挥发越多，酒味反而寡淡，因此，一般不能贮存过长。例如，西凤酒贮存2～3年，总酯上升；贮存期再长，反而下降，虽然酒体绵软，但口味变淡。

（5）应先调兑贮存，然后勾兑出厂。实践证明，提前调兑然后贮存，水和酒分子经过重新排列结合，可提高白酒质量，保持香、味平衡。反之，贮存后进行调兑，打乱了分子的排列，酒味燥辣，影响了原来的贮存效果。

2. 黄酒的贮存

贮存黄酒是有讲究的，如果方法不对，黄酒就会酸败、变质。黄酒属于发酵低度酒，贮存地点最好在阴凉、干燥的地方。即温度应在4℃以上、15℃以下，变化平稳，干湿度合适的地下室或地窖。这样，能促进酒质陈化，并能减少酒的损耗。但在－5～－15℃则会出现冰冻，影响酒质，甚至会冻裂酒坛和酒瓶。

黄酒的酒精含量较低，容易引起细菌繁殖。黄酒启封后，因空气进入，容易酸败，不宜久存。

黄酒贮存时间要适当。普通黄酒宜贮存一年，这样能使酒质变得芳香醇和，如果贮存时间过长，酒的色泽则会加深，尤其是含糖分高的酒更为严重；香气则会由醇香变为水果香，这是酸类和醇类结合生成的酯香，并有焦臭味；而且口味会由醇和变为淡薄。

黄酒经贮存会出现沉淀现象，这是酒中的蛋白质凝聚所致，属于正常现象，不影响酒的质量。但应注意不要把细菌引起的酸败浑浊视为正常的沉淀，如果酒液发浑，酸味很浓，那是变质，已不可饮用。

3. 葡萄酒的贮存

装在瓶里的葡萄酒像人一样会成熟和衰老，所以被形容为"活酒"。和白兰地不同，不是年代越久远的葡萄酒越好。在不同的条件下，葡萄酒的成长过程有快慢之分。

温度：温度很重要，如果超过20℃，上等葡萄酒会在10年内到顶峰后开始衰老，如果维持在18℃以下，上等酒会在10年后进入佳境。成熟的酒喝起来另有一种顺滑。如果将一瓶葡萄酒放在30～35℃的室温下，不出三四个月酒便会衰老，色泽明显变陈，味道浑浊，酒精度增加，令酒味变得平平无奇，即使18～20℃，也要保持恒温，如果不能保持恒温，酒会很快未老先衰。

湿度：湿度会影响水瓶塞的状态，对是否有空气渗入破坏酒质有重要影响。酒瓶一定要打横平放，就是让酒接触水松瓶塞让它不会收缩。但那只是内部有一端有效，酒会很快变坏。总的来说，低湿度和高温度都对美酒不利。

亮度：光线会令酒产生变化，游动的光线危害尤甚，酒最好存放在黑暗的地方。

另外，葡萄酒要稳定地摆放，震动会对其均衡起坏影响。所以法国产的酒在法国喝味道比在中国好，用船运酒比用火车好，皆与震动有关。气味要清新。在带怪味的地方贮存，其异味会渗透水松瓶塞走进酒里去。这么苛刻的条件只有在地窖才具备。所以一般人不在家里存放葡萄酒，冰箱里顶多能放半年。

4. 啤酒的贮存

因生啤酒未经过杀菌，酒中有活酵母，稳定性差，故用木质桶装。如果存放时间稍长或者温度偏高，酒中的活酵母就会繁殖，使啤酒出现浑浊不清的现象。所以生啤酒保存时间短，在夏天不能超过 3 天，保存温度在 0～15℃之间。千万不可在冷冻室贮藏，−1.5℃是啤酒的冰点，不能低于此温度。啤酒决不能冷冻保存，最佳饮用温度在 8～10℃。啤酒的冰点为 −1.5℃，冷冻的啤酒不仅不好喝，而且会破坏啤酒的营养成分，使酒液中的蛋白质发生分解、游离，同时容易发生瓶子爆裂，造成伤害事故。实际上，啤酒所含二氧化碳的溶解度是随温度高低而变化的，适宜的温度可以使啤酒的各种成分协调平衡，在 8～10℃左右，啤酒会给人一种最佳的口感。

第二节　中国名酒典故

一、白酒类

（一）贵州茅台酒

贵州茅台酒，被誉为我国名酒之冠。相传在清康熙年间，山西汾阳有一个商人，名叫贾福。他生活在汾酒之乡，饮酒成了其平生第一嗜好，特别是汾酒，一日三餐，餐餐都不能少，甚至外出时也要随身带上一些。

有一年春天，贾福带着几个伙计去南方经商。当行到贵州仁怀县时，他随身携带的汾酒已经喝完了，只好到附近酒店去喝烧酒。哪知这种烧酒一沾到唇边，贾福就觉得有一股辣味，喝到嘴里又苦又涩，很不是味道。

贾福不觉感叹起来："咳，这么美丽的一个城镇，竟不产好酒，真扫兴！"不料，这句话被店老板听见了，他走上去说："客官口气未免也太大了，你怎知我们仁怀就没有好酒呢？"贾福一听，自知说错了话，忙说："对不起，对不起，言语冒犯，请多见谅！不过，这种酒实在……""客官如果要品好酒，那很简单。"店老板说完，一招手，一会儿店小二就从后面搬出了十几坛酒，摆在堂前。店老板说："请客官品尝品尝，但请不要再说我们仁怀无好酒了。"

贾福一看，吃了一惊，后悔自己刚才失言了。他连忙站起身来，先把这些酒坛打量了一番，然后由远而近地对着酒坛深深吸了几口气，接着斟了一碗酒，饮了一点儿含在口中，喷了三喷，才把酒碗放下。

店老板一看贾福的这一连串的动作，就明白了他是个品酒的行家。贾福刚才这一看二吸三喷，用行家的语言来说，叫作"看色，闻香，品味"。店老板忙给贾福让座，并连连向他请教。贾福说："这些酒都不及一谈啊！其中只有一坛陈年酒还算马马虎虎，但回味也太差。"

贵州茅台酒

店老板忙施礼说："不瞒客官说，这一坛陈年酒入窖已 20 余年，除此之外，本店确实再无好酒了。"贾福说："此地水秀山青、河水清澈，按理说应该酿出好酒来。"店老板说："所以特求客官赐教！"贾福见他一番诚意，便欣然答应说："好，明年我一定来教你！"

第二年金秋时节，贾福特地在山西杏花村用重金聘请了一位配制汾酒的名师，带着酒药、工具，再一次来到贵州的仁怀县。他同名师一道察看地形，选择了一个四周长满芳草的芳草村（即现在的茅台镇）作为生产基地。

贾福和名师一起按照汾酒的配制方法，经过八蒸八煮，酿出的酒质液特别纯正、香气袭人、纯甜无比，非当地酒可比。这就是在茅台之后配制的"山西汾酒"，那时叫作"华茅酒"。因为古代"华"、"花"相通，"华茅"就是"花茅"，也就是"杏花茅台"的意思。

这便是我国最早的茅台酒厂。

在清代，由于川盐入黔，赤水河是川盐从长江经泸州、合江等地的一条水上通道。清代诗人郑珍曾写道："酒冠黔人国，盐登赤虺河。"正是频繁的盐业运输，促进了赤水河两岸经济的繁荣，也带来了当地酿酒业的发展与兴旺。贵州茅台酒的美名开始流传开来。

茅台酒具有"酱香突出、幽雅细腻、酒体醇厚、回味悠长"的特殊风格，酒液清亮、醇香馥郁、香而不艳、低而不淡，闻之沁人心脾、入口荡气回肠、饮后余香绵绵的特点。而最大的特点则是"空杯留香好"，即酒尽杯空后，酒杯内仍余香绵绵、经久不散。

茅台美酒盛名扬，与众不同韵味长；

风来隔壁三家醉，雨过开瓶十里芳。

外运五洲千户饮，内销全国万人尝；

漫道此酒只乃尔，空杯尚留满室香。

这是人们为茅台酒写下的赞歌。在我国数千种的白酒中，茅台酒以其高超质量在众多的名酒中稳居首位，被称为"国酒"、"酒中之王"，名扬天下、誉满五洲，也是世界名酒之一。人们常为在酒席上出现茅台酒而倍感荣幸。

所以，茅台酒自古以来就被人们珍视。古代的骚人墨客，常常月下独饮，或者邀一二知己对酌，以助文思，当场挥毫，为茅台酒平添了几分浪漫色彩。古诗中，曾有"重阳酿酒香满江"的诗句；清代遵义诗人郑珍的诗中说"酒冠黔人国"，赞美酒之冠的茅台酒出于贵州。当代作家曹雪垠访日赠友人诗也写道："有的乘兴君西去，自有茅台供洗尘。"

在世界上，许多外国人和华侨也非常欣赏茅台酒，特别是住在东南亚各国的华侨，每当举行宴会时，主人总是在请柬上写着："备有茅台酒招待。"这种宴会规格最高，客人一定欣然前往，使宴会大为增色。

美国前国务卿亨利·基辛格在他的回忆录中有这么一段描述：前任总统理查德·尼克松打开一瓶他访问中国带回的茅台酒，不慎洒了一些在桌上，一根点燃的火柴落在桌面的酒上，桌上起火，差点把白宫烧掉。无论此事真实与否，它都生动地说明了茅台酒的能量和影响。

茅台酒属于大曲酱香型白酒，又称为"茅香"、"酱香"，是我国白酒中五大香型之一的、风格最完美酱香型代表酒。根据科学化验分析：茅台酒的特殊品质风格是由"酱香"、"窖底香"和"醇甜"三大特质融合而成，每种特质又由许多特殊的化学成分组成。现在茅台酒的组成成分已经分析出一百多种，每种成分对人体都有益处，且这些成分相互配合才形成了它与众不同的自然香韵。

茅台酒也属于一种烈性酒，但它烈而不燥，即使喝过量也不致头痛或呕吐。据说，茅台酒在医疗上还有一定的功效。1935 年红军三渡赤水时，当地人民以茅台酒慰劳战士，战士们舍不得喝，把它用来医治长途跋涉而产生的疲劳和关节疼痛，用过之后，酒香四溢、劳苦尽除。

茅台酒产在贵州省仁怀县的茅台镇。据文献记载：在两千多年前的春秋时期，仁怀隶属古鳛国，后并属巴国。巴国酿酒很发达，以出产"巴乡村酒"而闻名当时及后世。汉代的仁怀地已是由西安经巴蜀通南越的必经商道。

茅台酒厂所在地名为杨柳湾，早在明嘉靖年间（约 1530 年），茅台酒坊在仁怀县茅台村杨柳湾设立，最早可考的是"大和烧房"。烧房就是烧酒作坊的意思。据此古迹，茅台产酒，并供应市场，当在四百五十多年前。至明后期和清朝初年（距今约270—300年），茅台镇已是依山傍水、渔农猎牧的村落，还是个产锡、铜的矿城。由于乾隆十年凿通了赤水河航线，于是茅台镇就成了川盐运黔的集散地，茅台镇逐渐兴旺起来了。

而且，据记载：清道光年间，茅台镇酒坊已增加到20多家，茅台美酒也日渐闻名于世。有人诗中说道：

> 茅台村酒合江柑，
>
> 小阁疏帘兴易酣，
>
> 独有葫芦溪上笋，
>
> 一冬风味舌头甜。

诗中已证明茅台美酒已与合江佛手柑、葫芦溪上的南竹冬笋一样知名、香甜了。

茅台酒历史悠久还可以其酒瓶中得到证明。一件陶质古茅台酒瓶据算已有250多年的历史。它口小、短颈、鼓腹，是乾隆二十年，即1755年的制品。瓶口以木塞封固，再盖以肠衣或猪尿脬皮，用麻绳缩紧密封，瓶身贴有"贵州省茅台酒"三角形图案简易商标。

清同治二年（1863年）团溪人华棱坞成立了"成义酒坊"，即后来所称的"华茅"；同治十二年当地人石荣霄、孙全太和经营"天和盐号"的王定天集资成立了"荣太和烧房"，后孙退股，石还祖姓王，俗称"王茅"；1938年贵阳资本家赖永初与周秉衡组成大兴实业公司，周以在茅台开设的"衡昌"茅台酒厂当股金。1940年周把酒厂全部卖给赖，改名"恒兴茅台酒厂"，俗称"赖茅"。这就是到解放时茅台镇上的三家酒厂。

在1915年美国旧金山举行的巴拿马国际博览会上，茅台酒参加了展出和比赛，由于被西方人瞧不起，茅台酒原先根本没有列入评比的行列。当时，我国的一名商人急中生智，故意将一瓶茅台酒打落在地上，顿时香气四溢、芬芳无比、商界大哗。就这样，在那届博览会上，茅台酒名列前茅，荣获金质奖，跻身于世界三大著名蒸馏白酒（法国的科涅克白兰地、中国的贵州茅台酒、英国的苏格兰威士忌）之列。但因我国的茅台酒装潢古朴，更因为旧中国的国力、地位低，遂使茅台酒屈居第二名。

解放前，茅台酒虽已闻名中外，但是发展却很缓慢，最高年产量也不过数十吨。曾有少量远销于港澳地区，但也是时断时续。到了解放前夕，茅台镇上的酒坊已濒临停产。

解放后，国家把茅台镇上的三家私人作坊加以合并，并在此基础上建立了国营茅台酒厂，同时逐年增加投资，扩大生产规模，产量迅速增加。在 1952 年全国第一届评酒会议上，茅台酒被评为我国八大名酒之一。1963 年、1979 年、1984 年和 1988 年在全国第二、第三、第四和第五届评酒会上，又连续被评为全国名酒，并荣获 1979 年、1984 年国家优质产品的金质奖章和优质产品证书。目前，茅台酒除供应国内市场外，每年还大批出口，远销到世界五大洲的 90 多个国家和地区。

茅台酒，是以其产地茅台村命名的。茅台村现名茅台镇，位于贵州省仁怀县城西 12 公里的赤水河畔。赤水流域地处云贵高原和四川盆地交汇的要冲。早在距今一亿三千万年前中生代的侏罗纪，这里就形成了红色砂岩和砾石，这种地层具有良好的通透性；而且这里的红壤土质又富含多种矿物质。由于受到印度洋湿气流的影响，夏季炎热多雨，雨后河流涨水常呈红色，"赤水"由此得名。

三四百年前，茅台镇还是一个小小的渔村，因为到处长满莽莽苍苍的茅草，人们就叫它茅草村，简称茅村。公元 1745 年（乾隆十年），清政府织织开修河道，舟楫畅通茅村，茅村成为川盐入黔的水陆交通要冲，日趋繁盛，一度成为拥有六条大街的集镇，茅草也随之消灭。只有寒婆岭下的一个土台上，尚长着茅草，于是人们又改称茅村为茅台村。随着经济的发展，人口的增加，又改茅台村为茅台镇。

茅台酒为什么能具有与众不同的特殊风味并强烈地吸引着国内外的饮酒者呢？这和它的产地、原料和酿造工艺有极大关系。

茅台镇海拔 400 米左右，四面群山环抱，中间呈锅底型，冬无严寒，夏有酷暑，年降雨量一千多毫米，雨水非常充沛，使这个四周不透风的凹地成为最好的发酵场所，这是茅台酒成功的一个重要因素。

山泉水汇合而成的赤水河，从层密叠嶂的山谷中奔流而下，在茅台镇流过，使赤水河的水无污染、无杂质，水清味美，这是茅台酒品质特佳的另一个重要因素。

茅台镇的土壤为林红色"朱砂土"，酿制茅台酒的发酵池的底部是用朱砂土砌成的，这种土质有利于生香微生物的繁殖。因此茅台酒具有一种特殊的风味。茅台酒的独特风格同法国科涅酒和西班牙雪利酒一样，都是受地理环境影响的。

茅台酒在启封时，首先嗅到幽雅而细腻的芳香称"前香"，起呈味作用，其主要成分是低沸点的醇、酯、醛等类物质；继而细闻，又可嗅到夹带着烘炒甜香味的"酱香"；饮后的空杯仍散发出一股香兰素和玫瑰花香，且可保持 5—7 天不消失，称为"后香"，对呈味起主导作用，其成分由高沸点的酸性物质组成。"前香"和"后香"相辅组成，浑然一体，构成酱香型白酒的无穷魅力。

茅台酒不但以它独特的香味著称，而且盛装茅台酒的酒瓶也别开一面、独具一格。过去茅台酒瓶是深褐色的土瓷瓶，几经改进变成现在的乳白色瓷瓶。它的开关成圆柱形，瓶嘴也比一般的酒瓶嘴短得多，看起来端庄凝重、古朴大方、惹人喜爱。据说：在日内瓦的一次中国宴会上，一位外国记者郑重表示，他希望得到一个茅台酒瓶，因为这是珍贵的纪念。

盛装茅台酒的这种土瓷瓶，还具有玻璃瓶子所不具备的优点。它结构疏松，能进入少许空气，同时还能把酒液中的水分移走。在电子显微镜下，滴水不漏的瓶壁现出它的各种离子或基团之间有大量的空隙。其孔隙之大足以让体积较小的水分子逃出去。用这种瓶子装酒，水分子缓慢地不断从瓶壁偷偷跑掉。这样瓶内酒液中的酯化反应日趋完善，使某些具有特殊香味的化合物的含量缓慢提高，所以茅台酒越陈越香。这种显得有点"土"气的茅台酒瓶，貌不惊人，贡献却不小，它使名闻中外的茅台酒永葆芬芳、香飘万里。

茅台酒作为传统小包装是用陶瓷瓶（罐），现在为了美观有的已入用玻璃瓶。

茅台酒的酿造也采用了独特的传统工艺，工艺复杂，操作要求极其严格。而且，茅台酒的酿造是有季节性的。每年必须在重阳节前投料。从投料到烤完酒糟，需要 10 个月左右时间。它的原料和工艺特点是：

茅台酒的酿造用水，取自深井水，这水出自高山深谷，清澈纯净。水质良好与酒的品质有很大关系。

茅台酒是用优良小麦制曲，用精选的高粱作糟。这小麦和高粱都产于当地或附近，除对品种质量进行精选外，在酿酒时对高粱的处理是有特殊要求的。

茅台酒酵称原料高粱为"沙"。蒸料时的沙是碎粒和整粒按 2：8 的比例掺和的混合粒，生沙发酵后，第二次拌入生沙再发酵，碎整的比例改为 3：7，这也是和其他白酒原料处理不相同的。更特殊的是茅台酒的用曲总量超过了高粱原料。用曲多，发酵期长，多次发酵，多次取酒，这都是茅台酒形成它的品质的重要的特殊工艺措施。

茅台酒的酿造工艺，简单地说可分为：

第一，制曲。茅台酒用曲数量大，曲的好坏与酒的品质关系极大。制曲的每一道工序都有若干细微的操作过程，而每个过程的操作是否适当，对曲的质量都是有影响的，所以制曲工人要有丰富的经验和技艺。

第二，酿酒。首先，蒸生沙、发酵：蒸生沙是将整碎掺和好的沙，用一定温度的水浸发一定的时间，然后加入适量的母糟拌匀，送入甑内蒸煮。蒸熟后摊凉，加曲粉拌匀，经过堆积、下窖、发酵。发酵时间 1 个月。

其次，蒸馏、发酵。将已发酵 1 个月的沙取出，再拌入生沙，装甑蒸馏，这是第一次蒸馏，所得的酒叫做生沙酒。这酒不是成品酒，全部泼回原粑子内再加曲入窖发酵，这叫"以酒养窖"，又 1 个月后取出蒸馏。第二次蒸馏出来的酒要量质取酒，酒尾泼回酒醅再发酵，并继续下窖，这叫"回沙"。1 个月后再蒸馏取酒，如此进行到第七次，才完成一个生产周期，叫一个"酒期"。

再次，勾兑。以上各次发酵、蒸馏所得的酒质量是不相同的，并有不同的名称。第二次蒸馏的酒叫"回沙茅酒"；第三次的叫"大回茅酒"，气味特别香浓；第四次的叫"原糟茅台"，品质最醇美；第五次的叫"回糟茅酒"，气味也很香浓；第六次的也叫"回糟茅酒"，但品质较差、带糟苦味；第七次的叫"追糟酒"，糟苦味大。每次蒸馏出来的酒分别进行贮放，三年以后，将各次酒和陈酒互相配合，称为"勾酒"，也称"勾兑"。勾兑也是一种特殊技艺。要勾兑出一批色香味俱佳的合格酒，少则要用三四十种，多则要用七八十种单型酒。勾兑师分别采用不同香型、不同生产轮次、不同贮存年分、不同酒精浓度的酒，加以调配，使酒的主体香更加突出，勾酒是否适当与成品酒的品质也有很大关系。

最后，陈酿。将鉴定合格的酒，严密封装陶缸中，经过相当时间的贮存，进一步去掉不纯的杂味，从而使酒更加醇香、醇厚。一般都经过三年贮藏后才出厂。

（二）五粮液

五粮液产于我国万里长江的起点，金沙江与岷江的合流处——四川省宜宾五粮液酒厂。据载：宋代高官黄庭坚京城贬职后居戎州，现宜宾市。他对戎州名酒"姚子雪曲"十分喜爱、赞不绝口。"姚子雪曲"是由戎州绅士姚君玉私家糟房取"安乐泉"之水所酿。"安乐泉"水净、清爽甘冽、味美、沁人心脾。古语云："上天若爱酒，天上有酒仙；大地若爱酒、地上有酒泉。"可见水在美酒中的地位了。

上述戎州的"安乐泉"就在当今五粮液集团公司生产区内。当今的五粮液人不但承前人秘方，同时取安乐泉之水，精心酿制五粮液。名扬四海，香飘五洲的五粮液，深受世人喜爱，就不足为奇了。

明朝末年，古城宜宾的酿酒业已非常发达，到了公元 1900 年烤酒名师陈三，敬业陈氏祖业，在原有家传酿酒经验基础上不断总结探索，精调配料成分，形成了独特配方，酿出声名远扬的杂粮酒，这就是具有传奇色彩的《陈氏秘方》。

在此之后，五粮液一直以"陈氏秘方"为基础，并在发酵环境、工艺过程等方面不断地创新、发展，酿造出至今享誉中外的琼浆玉液。集团公司在厂区设计建造一"奋进塔"，塔身由五根不同高度的柱体组合而成，形象地表现了"陈氏秘方"的奥妙。

今天，五粮液的"陈氏秘方"是融入了生物高科技和五粮液人大智慧的更科学、更全面的大文章。

其实，五粮液名字的由来还有一个小故事：据说在公元20世纪初，宜宾团练局长雷东垣邀请社会名流举办家宴。席间，捧出一坛用五种粮食酿造的美酒，坛封一开顿时满屋飘香，宾客饮之，交口称赞。这就是当时被上层人士称之为"姚子雪曲"、市井平民叫做"杂粮酒"的五谷佳酿。在众人的一片喝彩声中，举人杨惠泉细品其味、静观其色，畅饮后感叹道：如此佳酿名为"姚子雪曲"似嫌高寡，称"杂粮酒"实属不雅，此酒集五粮之精华而成玉液，何不更名为五粮液，从此"五粮液"得名。为了铭记这位"五粮液"的提名人，五粮液集团特在厂内"酒文化博物馆"和世纪广场立汉白玉塑像，他就是第一位称谓"五粮液"的人——杨惠泉。塑像为什么只有生辰的开始、没有离去的岁月，这就是五粮液人敬奉先人、尊崇智慧的难舍情怀。

五粮液酒液清澈透明，虽为60°的高度酒，但沾唇触舌并无强烈的刺激性，唯觉酒体柔和甘美、酒味醇厚、入喉净爽、各味协调、恰到好处。虽过饮而不"上头"，每有陶而不醉、嗝噎留香之快感，既醉也仍觉心神畅快。评酒家云："五粮液吸取五谷之菁英，蕴积而成精液，其喷香、醇厚、味甜、干净之特质，可谓巧夺天工调和诸味于一体。"

五粮液酒开瓶时：酒香喷放、浓郁扑鼻；饮用时：香溢满口、四座生香；饮用后，香留一室、余香悠长。喷香为此酒举世无双之妙质，它在我国浓香型大曲酒中以酒味全面著称，是一种香、醇、甘、净四美皆备的白酒。

当然，五粮液优异佳美的品质和它的酿造用水及原料选择严格有一定关系。五粮液的酿造用的水，取自岷江江心。这"岷江江心水"，自古以来被认为水质纯净，是酿酒的好水。原料除了精选以外，还在于配比数量的准确、适量，成品酒才能达到调和五味、恰到好处的品质。

五粮液的糖化发酵剂——曲，是纯小麦制成的大块曲，在外形和制法上都比较特殊，称为"包包曲"。曲块中间隆起，接触空气的面积增大，有利于霉菌的生长。制曲的特点是：培菌时间长（40天始出曲房），霉菌生长完全，菌壮、菌多、皮薄；后火保温高（50℃～60℃），具有独特的香气；酿酒时必须用陈年老曲。

五粮液的发酵窖是陈年老窖，最老的窖已有300年以上，说它是陈年老窖酒，也是当之无愧的。

五粮液生产中各个工序的操作十分精细。它的发酵期长达70—90天，发酵中酯化完全。窖基是坚实的黄泥黏土，窖盖用柔熟陈泥密封，隔热性能良好，减少了酒气的挥发，这和酒的香气浓郁都有很大关系。

五粮液蒸馏得酒后，还要经过入库贮存一定时期，再经过两次品尝鉴定及理化分析，最后还要进行精心的"勾兑"，才能包装出厂。

（三）汾酒

被人推崇为"甘泉佳酿"、"液体宝石"的山西汾酒，是我国古老的名酒，距今已有一千五百余年的历史。它清香绵软、回味生津，是用杏花村著名的"一把抓"高粱和甘露如醴的神泉水配制而成的。

提起杏花村的神泉水，还有一段美丽的传说呢。古代，有个叫贺鲁的将军能征善战，立战功无数。有一年，贺鲁将军凯旋归来，路过杏花村，久闻汾酒"饮而不醉，醉而不晕"，便慕名走进酒店来品尝。当他酒兴正浓时，拴在外面的那匹战马"千里驹"突然嘶鸣起来。他想可能是马也闻到酒的香味，就让它也尝尝这美味儿吧！于是，他吩咐店家把"千里驹"牵到后院，加上满满一槽酒糟，让宝马吃个痛快。而贺鲁将军也喝了一碗又一碗，足足喝了一大坛；那"千里驹"则在后院加了一槽又一槽，转眼喝了一大担。最后，贺鲁醉了，"千里驹"也倒了。

贺鲁不愧是个久经沙场的将军，虽然已酩酊大醉，但还是强打精神要走。店家慌忙劝阻说："将军酒已过量，请在店里歇息歇息吧！"贺鲁将军晃晃悠悠，说："不碍事，不碍事，……！"跌跌撞撞来到后院，见那匹"千里驹"已经醉得半倚半跪在地上，他也不管三七二十一，叫店家牵马出院，纵身上马，人歪马斜，摇摇晃晃而去。

贺鲁将军伏在马背上，醉眼朦胧、口喘粗气、七颠八倒，心里不免有些发躁。只见他身子一挺，"啪！啪！啪！"连挥了三个响鞭。那马本已喝醉，如今突然受惊，猛一抬蹄，"哒哒哒哒"狂奔起来。醉马毕竟不比好马，奔到村西葫芦谷时，突然马失前蹄，把贺鲁将军从马背上翻了下来。士兵们一看，全都慌了手脚，连忙把贺鲁将军扶起来。再看那马，前蹄已深深陷进土里去了。士兵们拉的拉、赶的赶，只见那马，一阵嘶鸣，猛地抽出前蹄，随即从土里喷射出一股清流透明的泉水，越喷越猛，刹时成了一口泉井。

将士们感到奇怪，争先恐后地痛饮起泉井水来，都觉得冰凉透心、甘甜无比、十分舒畅。从此，这股泉水涓涓不停、长年不断，不论遇到怎样严重的干旱始终不枯竭，被人们称为"神泉水"。

后来，杏花村便改用神泉水酿酒，酒色更加清明、香味更加扑鼻。有诗赞曰：

> 劝君莫到杏花村，
>
> 此处有酒能醉人，
>
> 吾今来时偶夸量，
>
> 入口三杯已销魂。
>
> 汾州府，汾阳城，
>
> 离城三十杏花村，
>
> 杏花村里出美酒，
>
> 杏花村里出贤人。

这是一首古老的、广泛流传在民间的、赞扬汾酒的歌谣。汾酒的特点是清亮透明，清香雅郁，入口醇厚、绵柔、甘冽，落口微甜，余味净爽，回味悠长。汾酒虽然酒度为60°，但没有一般白酒那种剧烈的刺激性，饮后口留余香，使人心悦神怡。它产于山西省汾阳县杏花村。这里古代属于汾州府所管辖，汾酒之名便是由此而来。据史料记载：杏花村汾酒的酿造始于公元5世纪南北朝时代，距今已有1500多年的历史。

唐朝之后，汾酒有了进一步的发展，全村的酒坊烧锅达70多家，出现了"味彻中边蜜样甜，瓮头青更色香兼。长街恰付登瀛数，处处街头揭翠帘"的盛况。一时间杏花村成了一个著名的酒村闹市，吸引着许许多多文人骚客前来畅饮、吟诗作赋。据说：杜甫、李白、宋延清、顾炎武、傅青主等等都到杏花村饮过酒，还写下了脍炙人口的诗句。如广为流传的唐代杜牧的《清明》：

> 清明时节雨纷纷，
>
> 路上行人欲断魂，
>
> 借问酒家何处有，
>
> 牧童遥指杏花村。

这首诗千百年来被人们反复吟唱，可见杏花村和杏花村的美酒在人们心目中所占的地位了。

俗话说："名酒产地必有佳泉"，这是有一定道理的。汾酒酒味优美与其水质有密切的关系。杏花村水质的特点：清澈透明、无杂质，也没有邪味，用它煮包不溢锅、盛水不锈器皿，甚至用来洗衣服也格外柔软干净。传说中的那口"神井"至今犹在，现在它每天的出水量足够几十户人家使用。明末清初爱国诗人兼医学家傅青主亲笔为之书题"得造化香"四个大字。古井亭傍"申明亭酒泉记"，石刻上有："近卜山之麓有井泉焉，其味如醴，河东桑落不足比其甘馨，禄俗梨春不足方其清洌"的赞美水质优美之佳句。

其实，整个杏花村的地下都蕴藏着取之不尽的甘泉，只要把井打到一定的深度，就有"其味如醴"的优质水源源不断地涌出。解放后，杏花村汾酒厂打了数眼新井，经过化验分析，水质都非常优良，水中所含成分非常适合于酿酒。

除了水质好之外，酿造汾酒的主要原料是晋中平原特产的"一把抓"高粱。这种高粱颗粒饱满、大小均匀、壳少、含淀粉多（66%左右）、营养丰富；经过蒸煮处理后，熟而不粘、内无生心、喷香扑鼻。它是山西省中部平原的主要农作物之一，可以保证充分供应。制作汾酒的大曲是用大麦、豌豆制成的"青茬曲"，其特点是气味清新、入口苦涩、断面呈青白色。这些也是保证汾酒质量优异的有利条件。

汾酒酿造有一套独特的工艺，称为"清蒸二次清"。工艺特点是：每投一批新料，将原料清蒸糊化一次，发酵二次，流酒二次，即先将蒸透的原料加曲放入埋在土中的缸里，发酵后取出蒸馏，蒸馏后的酒糟再加曲发酵，将两次蒸馏成得的酒，再经过一系列精心处理，最后进行勾兑而成成品酒。汾酒醡过程细致、清洁，发酵时间长，空气供给量多，副发酵作用旺盛，因而形成了特殊的品质风味。目前，汾酒以其优美的品质、独特的风格、古色古香的多样化包装，畅销世界五大洲四五十个国家和地区，受到消费者的欢迎。

（四）泸州老窖

泸州老窖特曲酒是历史名酒之一，产于四川省泸州曲酒厂。因其独特风格的形成与用陈年老窖发酵有极大关系，故在特曲酒之前，特加"老窖"二字。传说：很久很久以前，泸州城郊有一个老樵夫，一天，他进山里打柴，突然看见一条大黑蛇和一条小花蛇在打架。大黑蛇摇头晃脑、怒目圆睁，张开血盆大口，把小花蛇咬得遍体鳞伤。小花蛇身小力弱、招架不住，只得躲来躲去。老樵夫看后，不禁同情小花蛇，愤恨大黑蛇。他顺手操起一根木棍，朝大黑蛇头上打去，一阵棍打，大黑蛇僵在地上不动了。小花蛇在得救后不但向老樵夫点点头，还眼巴巴地看了老樵夫一会儿，最后才依依不舍钻进草丛中。

老樵夫打好了一捆柴就往家走，可是刚走到半路天就黑了，最后迷路了。他突然发现前面的崖壁处，露出一线光亮。他壮着胆子走近了，想看个究竟。一看，他吃了一惊！崖壁下竟有一个洞，一条大路通进洞深处，里面更加明亮。樵夫正好奇地想进洞里去看看，只见两个看门的老者走出来，对他说："你是打柴的樵夫吗？你是我家太子的恩人，老龙王爷等你多时，快进去吧！"

樵夫疑惑不解地走进了洞里，只见里面重重大院、层层楼阁、座座殿宇、雕梁画柱、气派不凡。大殿中间的椅子上坐着一个身穿长袍、胡子又白又长的老人，见樵夫来到，忙招呼让座。这时从旁边走出一个翩翩少年，向樵夫行礼拜谢。白胡子老人指着少年对樵夫说道："这是我的不孝之子，竟违犯龙宫章法，私自去凡间游山观景，不料被大黑蛇咬伤，幸亏恩人搭救，犬子得以生还。特请恩人到龙宫来，全家向恩人表示感谢。龙宫里的奇珍异宝应有尽有，恩人要什么东西尽管说出来。"龙王说完，又叫少年向樵夫再三拜谢。

樵夫这才明白过来，原来自己刚才救的花蛇是龙子。吃完饭，他就告辞要回家。送行时，龙王请樵夫随意挑选一件珍宝。樵夫挑来挑去觉得没啥用处，推谢不要。龙王就顺手从桌上拿起一瓶美酒送给樵夫道："这瓶薄酒请恩人带去，上山打柴时，喝一杯可消累解乏。"老樵夫想：这酒倒有用处，自己平时也爱喝两杯，喝后可消除腰酸腿疼。于是他接下了龙王送的美酒，揣在怀中，向龙王致谢。

老樵夫走在路上，不一会儿突然觉得头昏目眩，身子若在云中飘，摇摇晃晃，站不稳脚，一个跟斗就跌倒在井边了。瓶里的酒一下子倒了出来，都流到井里去了。老樵夫醒来，十分惋惜，伸手到井中捧了一口水来喝。一喝就觉得水的味道不同，带点香甜味，老樵夫感到很高兴。后来，他经常去井边打水来喝，喝后就觉得精神爽快、心情舒畅。后来，樵夫老了，不能上山打柴了，便把井中的水舀来配制成酒，摆个小酒店营生。谁知，这井水酿出来的酒，香飘十里、味美无比，凡是喝了的人都交口称赞，美名传遍了泸州城，人们都排成长队来樵夫家买酒。就这样，老樵夫的酒更是高山上打锣——四方闻名（鸣）了，从老樵夫酿酒到现在，泸州一直是有名的酒城。

泸州水独厚，老窖工艺精。

开坛香四溢，随风飘半城。

古城泸州位于沱江同长江交汇处，以美酒驰名，素有"江城酒乡"之称。泸州老窖酒，18世纪已闻名于世。清代乾隆五十七年（公元1729年），有一个好饮酒的诗人张船山氏，从北京到四川，又顺长江东行，沿途饮酒作诗，不难设想他曾遍饮南北各地的好酒，在泸州写诗赞美泸州老窖佳酿。

在国外，泸州特曲酒畅销于欧亚各洲，特别为东南亚各国人民和侨胞所喜爱，那儿的鉴赏家们赞誉说："在南洋地方，于泸州特曲酒内加以少计冰块饮用，香沁脾胃，醇酣肌肤，醺醺然妙不可言。"

泸州老窖特曲始创于明代万历年间，距今已有400多年历史。据记载：明末清初，泸州舒姓武举，在陕西略阳担任军职，对当地曲酒十分欣赏，曾多方探求酿酒技艺和设备。清顺治十四年（公元1657年），他解甲归田时，把当地的万年酒母、曲药、泥样等材料用竹篓装上，聘请当地技师，一起回到泸州，在城南选择了一处泥质适合做酒窖的地方。附近的"龙泉井"水清洌而甘甜，与窖泥相得益彰，于是他开设酒坊，试制曲酒。这就是泸州的第一个酿酒作坊——舒聚源，即泸州曲酒厂的前身。到清乾隆二十二年（公元1757年），所产曲酒已闻名遐迩。

位于"天府之国"南部的著名酒城——泸州，依山傍水、气候温和，所产老窖特曲、头曲酒（过去叫泸州大曲）属古老的四大名酒之一，也是现代的17大名酒（白酒）之一。泸州老窖特曲酒，酒液无色晶莹、酒香芬芳浓郁、酒体柔和纯正、清洌甘爽、酒味谐调醇浓。饮后余香、荡胸回肠、香沁脾胃，令人心旷神怡、妙不可言。其主体香源成分为乙酸乙酯，"糟香"原为乳酸乙酯，"泥香"原为丁乙酸，所含诸香协调，主体香源突出。

泸州老窖"特曲"是泸州大曲酒中品级最高的一种，其次为"头曲"（四川名酒），再次为"二曲"。泸州大曲酒在历史上并不分级，通称为"大曲酒"，故人们习惯地称之为泸州大曲酒。评酒家们一致认为：泸州老窖特曲酒具有"浓香、醇和、味甜、回味长"的四大特色，它浓郁的芳香极为突出，尤其是饮后的回味有一股苹果的香气，使饮者感到心神愉快。无论是善饮者或常饮酒的人，一旦尝试都能感到风味特殊。老资格的饮客们更称赞说："泸州老窖大曲，堪称醇香浓郁、回味特长的旨酒佳酿。"

泸州老窖特曲酒之所以具有独特的风格，关键在于发酵的窖龄长，是真正的老窖。老窖的特点是在建窖时有特殊的结构要求，经过长期使用，泥池出现红绿彩色，泥性成软体，并产生奇异的香气，此时，发酵醅与酒窖泥接触，蒸馏出的酒也就有了浓郁的香气，这样的窖就可称为老窖了。随着窖龄的增长，酿出的酒其品质也不断提高。百年老窖酿成的酒才被认为是合乎理想的佳品美酒。据史载：泸州曲酒厂最老的窖至今已有300多年的窖龄，风貌依旧、令人神往，游人莫不以一睹为幸。

那么老窖是怎样建立的呢？自然老窖始于新窖。建窖时，开窖的基地必须是黄泥底，窖底用净黄泥夯实。搭窖墙的黄泥采自离城十里的五渡溪地方，用老窖的黄水加入细致、柔软、无砂的黄泥中踩柔后，方可搭成窖墙。窖墙的黄泥经七、八月后，由黄色转为乌色，又经一年半乌色开始发白。这时泥质也由绵软变成脆硬，酒质也随之提高。再经二十余年，泥色由乌白逐渐变成乌黑，并出红绿色的彩色。这时泥性变为软、碎（无黏性），产生出奇浓的异香。酒糟发酵时与窖墙接触后，蒸馏出来的酒就有了特殊的芳香，这样窖才可以列入老窖的行列。此后，窖龄年复一年地增长，出酒的品质也逐年提高。因此，百龄以上的老窖就更为宝贵了。

泸州老窖大曲酒的原料是糯高粱，选料精细，而制曲以小麦为原料，且酿造用水非常讲究，长期以来使用龙泉井水，水质优异、口感微甜、呈弱酸性、硬度适宜，能促进酵母繁殖，有利于糖化和发酵。后因产量增加，又使用清澈纯净的沱江江水，水中悬浮物极少，嗅之无味，氨、硝酸盐、腐败有机质及铁等的含量均甚微，经化验认为是优良的酿造用水。

泸州大曲酒的酿造工艺是混蒸连续发酵法。"混蒸"在这种酒的酿造中，起着重大作用。方法是将高粱粉（新原料）拌入母糟中同时进行蒸酒与蒸粮。优点是粮食本身含有少量的酯、酮等成分，加高粱粉的粮糟酒比没加高粱粉的红糟蒸出的酒醇香，尤其是甜味好；其次高粱粉从母糟中吸收部分酸与水分，为糊化创造了有利条件；蒸完酒后，在原粮再蒸时蒸去了母糟中更多的挥发酸，从而降低了入窖酸度，也为发酵造成了良好的条件。经酿酒家们研究，认为这是一种优良的传统操作法。

泸州大曲酒的工艺操作比较特殊，有"万年糟"、"低温发酵"、"回酒发酵"、"熟糠合料"、"发酵周期长"以及"滴窖"等特点，要求严格细致，这与成品酒的风格、品质的形成有重大关系。

泸州老窖大曲酒蒸馏得酒（新酒）后，用四川特产的"麻坛"分坛贮存，以增加酒质的醇和浓香。在历史上贮存期约为半年，现在为1—3年。最后经过细致的品尝和勾兑，达到了规定的标准，才能装瓶出厂。"陈年老酒"酒质自然更高。

最近，泸州老窖股份有限公司1573国宝窖池被省政府命名为四川省第三批爱国主义教育基地。1573国宝窖地，位于泸州市江阳区下营沟，建于明代万历年间，迄今已有四百多年历史。老窖池共四口，皆为长方形，横纵向排列不等，占地面积44.28平方米。四百多年的历史，窖池已形成一个庞大的微生物体系，以粮糟拌曲药在该窖池发酵酿出的酒，酒质特好，为中国浓香型大曲酒的发源地。泸州大曲老窖池是我国建造最早、保存最好、持续使用时间最长的酒窖池，其生产仍保持了传统工艺，具有很高的科学价值和历史价值，不愧为名副其实的——中国第一窖。老窖酒的特点是：醇香浓郁、饮后尤香、清冽甘爽、回味悠长。

众所周知，酒是越久越醇，泸州老窖拥有独一无二的酿酒资源，公司决定大力推广，以达到提升企业形象和实现公司利润上升的双赢目标，推出了"国窖"1573和"百年老窖"这两个拳头产品，同时大幅度提升主导产品特曲、头曲等系列酒的价格。与茅台、五粮液相比，泸州老窖同样具有"醇香浓郁、清冽甘爽、饮后尤香、回味悠长"的特点。泸州老窖大幅提价，将使产品进入良性价格体系，同时大大提高了产品的品位。

（五）古井贡酒

古井集团的所在地安徽省亳州市（古称谯）古井镇，过去称减店集，古名减王店。关于"古井贡酒"的传说，在当地民间流传着许多生动、有趣、美丽的故事。

一说：道教始祖李耳，即今天国内外人们所称的老子，2300年前在减店以杖划地成沟，仙杖所画，地涌仙泉，故减店之水能酿名酒。如今这条"柱杖沟"距离古井集团二里多远，沟内有水，清澈可见游鱼。

二说：东汉末年曹操在亳州为汉献帝选妃，献帝见一村姑骑在土墙上，不悦。那村姑原是真人不露相的"清风仙子"，未被献帝选中。她知道献帝昏庸，汉室将倾，遂盛妆而现出绝伦美色，微笑着投入古井之中，自此井水甘美无比。

古井贡酒

再传：减地一姓陶女子8岁父母双亡，只得跟着哥嫂采桑喂蚕。一天忽听杀声四起，原来有一将军被人追赶，遂把将军用辘轳笆藏在井中。被救的将军后来把陶女接到宫中，封为减王后，齐心合力治理国家。再后来，减王死了，陶女的泪水把坟地冲成一口井，这口井里的水就像奶汁一样芳香浓郁，后人便取水造酒……

又传：一千多年以前，南北朝时期的梁武帝萧衍派大军攻打谯郡，北魏独孤将军奉命出城迎战，两军对垒，斯杀甚烈，独孤将军终因寡不敌众而兵败阵亡。死前，将金铜长戟投入井中。这一带为盐碱地，水味苦涩，只有投戟之井，水质清冽甘爽、矿物质丰富，用来酿酒，酒体饱满、窖香浓郁。

传说与神话弥漫在古井这块神秘的土地上。正是这块风水宝地孕育了醇厚甘爽的古井贡酒。

古井贡酒产于安徽省亳县古井贡酒厂，是我国有悠久历史的名酒。古井贡酒酒液清澈透明如水晶一般，香气纯净如幽兰之美，倒入杯中黏稠挂杯，属于浓香酒，但风格独特、酒味醇和、浓郁甘润、回味悠长，余香经久不息，酒度为60°—62°，适量饮用有健胃、祛劳、活血、焕神之功效。

亳县在汉代被称为"谯陵"，是东汉曹操的家乡。据史志记载，曹操曾用"九投法"酿出了有名的"九酿春酒"（九酝酒），并为此上书汉家皇室，说明亳县是古老的产名酒的地方。公元420—589年，中国分裂为南北两个王朝，亳县地处军事要地，据《亳县志》记载：南朝梁武帝萧衍中大通四年（公元532年）率军攻取谯城（亳县），北魏守将独孤守疆拒侵，激愤而死。后有人在战地附近修了一座独孤将军庙，并在庙周围掘了20眼井。后因年深日久，大部分井被淤塞，仅存4眼，亳县一带土质盐碱，水味苦涩。唯其中有一眼井，水质甜美、适宜饮用，并能酿出香醇美酒。1000多年来，人们都取这古井之水为酿酒之水，酿成的酒遂以"古井酒"为名。后地名改为咸阳让，又发展成咸阳集。咸、减相讹而成"减店集"，减店集所产的酒也称为"减酒"。民间也流传着"胡芹减酒宴嘉宾"的佳话。胡芹是胡襄城（在减店西北约35公里，属河南省）所产的芹菜，这芹菜棵高肥大、无渣，是特产品。佳肴美酒自然是宜于宴请嘉宾了，这说明减店集产名酒在当时已是远近闻名的。"减酒"也就是古井酒。自明万历年间（公元1573—1620年）起，在明、清两代均被列为进献皇室的贡品，故又得"古井贡酒"之名。

古井贡酒原料选用淮北平原生产的上等高粱，以小麦、大麦、豌豆为曲，科学酿制而成，并以自己的优美风格赢得了广大群众的喜爱。评酒专家一致认为："古井贡酒的色、香、味都属上乘，不愧为我国古老的名酒之复生。"

古井贡酒在1963年、1979年、1984年、1988年四届全国评酒会上都被评为国家名酒。

（六）全兴大曲

全兴大曲酒是我国的名酒之一，历史悠久、别有风韵、为人称道。早在秦代，四川酿酒兴盛，有佳酿"清酒"。西晋左思《蜀都赋》云："吉日良辰，置酒高堂，以御嘉宾，金罍中坐，肴隔四陈，觞以清。"形容当时饮酒的状况。

传说成都城南有一条锦江，又名府河。江南岸有一家叫锦江的作坊，挖了一口水质好、旱不涸、涝不溢的井，大家都叫它"薛涛井"，寓有酒美人更美、幽情缠绵之意。

薛涛出生宦门，才情很高，幼随父到成都，父早逝，沦为妓女。她住在望江楼下，门前有清泉一眼，常汲水磨墨，写字吟诗，积成诗笺。后有人取水酿酒，名扬四方。薛涛去世后，人们在附近修了望江公园，园中有吟诗楼，有楹联，下句为"天地间多少韵事，对此名笺旨酒，半江明月放酣歌"。其中"旨酒"，即指用薛门前井水用酿成的美酒。

成都在四川盆地中心，古称"天府之国"，物产丰富、农业兴盛，自古以来在酿酒方面一直有着得天独厚的优势。据载：公元前秦惠文王、秦昭王时（公元前316—251年），当时蜀和巴郡地方酿酒极为普遍，有佳酿"清酒"。到了秦汉以后，酿酒、饮酒之风极为盛行。唐代成都产酒业进一步发展，有关文献记载很多。唐代闻名于世的大诗人杜甫曾有"酒忆郫筒不同沽"的诗句。郫筒酒是产于成都郊区的名酒。

全兴大曲酒产于四川成都市酒厂，其前身之一是全兴老号。据文献记载：全兴老号酒坊建于清朝道光四年（公元1824年），生产的酒名即为全兴大曲酒，由于酒质佳美，独具风格，在四川省内外都有很好的声誉，因而至今沿用其名。全兴大曲酒酒液无色、清澈透明、醇香浓郁、和顺回甜、味净。饮者称道："此酒的曲香、醇和、味净最为显著，举杯即能感到它的特殊风韵，风格极为突出。"酒度58°—60°，但醇而不烈。

全兴大曲酒以高粱为原料，以小麦制的高温大曲为糖化发酵剂，在酿造工艺上有一套传统的操作方法，其特点是：发酵用陈年老窖，发酵期长达60天之久，达到了"窖热糟醇"（酯化充分）的要求；蒸酒时，掐头去尾（头导酒稀释后回窖发酵），中流酒还要经过品尝鉴定，验质分级，然后再勾兑，加浆，分窖分坛入库贮存，库存1年以上才包装出厂供应市场。可见全兴大曲酒的清香、醇和、干净的独特品质是来之不易的。

（七）剑南春

剑南春酒产于四川省绵竹酒厂，是我国历史名酒之一，迄今已有1200多年的历史了。唐代时人们将酒命名为"春"，绵竹又位于剑山之南，故名"剑南春"。绵竹酿酒已有1000多年的历史，早在唐代武德年间（公元618—625年），有剑南道烧春之名，据唐人所著书中记载："酒则有……荥阳之土窖春……剑南之烧春。""剑南之烧春"就是绵竹产的名酒。"好酒之地必有好水"，同样，绵竹也有很多关于水的传说：

1. 玉妃溪的传说

很久很久以前，绵竹有一个美女，当她还是婴儿时，父母双亡，她被遗弃在一小溪旁。鹿堂山的母梅花鹿用乳汁把她养大。蜀王将女孩纳为王妃，赐名玉妃。不久，玉妃病死，蜀王将玉妃厚葬于成都武丹山。有一年，绵竹大旱，河床干裂，禾苗焦枯。玉妃被家乡父老哀号之声惊醒，飞回绵竹，将头戴用四百颗珍珠镶成的凤冠抛向大地，顿时化作400眼泉，解救了家乡困境，泉水用于酿酒，酒美。至今，玉妃溪和400眼清泉仍在绵竹土地上。

2. 诸葛井的传说

诸葛瞻和儿子诸葛尚双双战死绵竹，到元代，绵竹人思复汉业，将他们父子的骸骨迁葬于城西。众百姓纷纷掘土垒茔，所掘土质特好，一夜之间成清泉一口，水清澈甘甜、微有香气，大家便称为"诸葛井"。用井水酿酒，成为绵竹酒中珍品，据说这就是声震九州的绵竹大曲。

剑南春酒液无色透明、芳香浓郁、醇和甘甜、清冽净爽、余香悠长，并有独特的"曲酒香味"，是浓香型白酒。酒度有60°和52°两种规格。评酒家认为，此酒有芳、冽、醇、甘四大特点。

据唐李肇著的《国史补》中记述，"酒则有郢州之富水，乌程之若下，荥阳之土窖春，富平之石冻春，剑南之烧春……"唐代在剑南山脉以南设道，绵竹是剑南道辖区内的一个大县。素有"七十二洞天福地"之称，地处天府之国的西北边缘。唐代绵竹县产的酒是很有名的，剑南烧春为皇帝专享的贡品。相传青年时期的李白曾在绵竹"解貂赎酒"，留下了"士解金貂，价重洛阳"的佳话，说明了当地酒身价之名贵。北宋时一代诗人名家苏轼曾作诗《蜜酒歌》，有"三月开瓮香满城"的赞誉，可见北宋时期绵竹酿酒已以酒质的醇酽著称于世。

在明末清初之时，剑南春的前身——绵竹大曲酒已远近闻名。绵竹大曲最早是由"朱天益醉坊"（坊主朱煜，陕西三原县人）酿制，迄今已有三百多年的历史了。据《绵竹县志》记载："大曲酒，邑特产，味醇香，色清白，状若清露。"乾隆年间，清著名文士李调元自述："天下名酒皆尝尽，却爱绵竹大曲醇。"在他编纂的《函海》中说："绵生清露大曲，酒是也，夏清暑、冬御寒，能止呕吐，除湿及山岚瘴气。"

新中国成立后，在党和政府的正确领导下，1951年成立了地方国营绵竹酒厂，绵竹大曲酒不但产量逐年增加，质量也不断提高，生产不断发展。1958年绵竹酒厂在原来大曲酒的传统酿造工艺基础上，通过技术革新，进一步改进工艺和调整原料，酿出了超越原来大曲酒品质的新产品，正式命名为"剑南春"酒。

剑南春是以高粱、大米、糯米、玉米和小麦五种粮食为原料，用小麦制大曲为糖化发酵剂酿制而成的。在酿制过程中采用了红糟盖顶、回沙发酵、去头折尾、蒸熟糠、低温发酵、双轮底发酵、精心勾兑等新工艺，其配料精巧、操作精细，因而成品酒质优异、香醇突出、风味悦人。一经问世，即受到广大群众的欢迎，人们赞美它是千年名酒的新生，并写诗赞道："香飘剑南春送明，李白在世当忘归。"

剑南春酒除选料精良、麦曲优质、工艺先进外，另一个特点就是优良的水源。《绵竹县志》写道："惟西南城外一线泉脉可酿此酒。"其中尤以诸葛井的水为佳，清花亮色、味甜爽口。过去私人酒坊都设在这一带，现在绵竹酒厂仍建在这里。源源不断的甘甜美水，孕育着一批批"剑南春"名酒的诞生。

（八）董酒

董酒酒液晶莹透明、香气扑鼻，具有独特的香气，饮时甘美清爽、满口醇香、风味优美别致，在我国白酒香型中独树一帜。它属于兼香型，这是由于其香气优雅独特，饮时兼有大曲、小曲两类酒的风格。

董酒也是我国的名酒，大约在20世纪初年，出现于贵州省遵义市郊董公寺附近的酒坊，老百姓习惯地把它称为"董酒"。董酒用大小两种酒曲酿造，工艺操作过程不同于众酒，既有大曲酒的浓郁芳香，又有小曲酒的醇和、甘甜，别有一种风味，因此深受饮酒者的喜爱。

而且，董酒的热量高。这主要是因为它的原料好，生产工艺特殊。董酒是以优良的糯高粱为主要原料，用大曲（即麦曲）和小曲（即米曲）为糖化发酵剂，并且配有多种中草药精心酿制而成的。大曲中加入藏红花、桂皮、当归、虫草等40多种珍贵药材；小曲中加入的中草药更多，达90种以上。再加上当地山泉甘美、水质洁净，这样酿造出来的董酒就形成了与众不同的风格。董酒的发酵池与其他白酒不同，窖泥系用白灰、白泥与洋桃藤泡汁拌和而成。红粱下窖稻壳盖顶，香糟具有一种沁人肺腑的醇香。

董酒独特的工艺操作是：先用糯高粱以小曲酒酿造法取得小曲酒，再用小曲酒串蒸董酒香糟以取得董酒（这个工序也叫串香或翻烤）。董酒香糟是用小曲酒糟、董酒糟（串蒸过酒的酒糟）、董酒香糟（未串蒸过董酒的糟）三者混合后，加入大曲在地窖内长期发酵（半年以上）。新产的董酒经鉴定后分级贮存，1年以后再勾兑包装出厂。

董酒的独特风格：一是用小曲酒串蒸大曲酒，因而使董酒既具有大曲酒的浓香，又具有小曲酒的柔绵、醇和、甘甜的特点，在我国的白酒中独成一型；二是董酒的下窖发酵是用酒糟再发酵，发酵时间较长，酸度偏高，窖底香持久，回味中微含爽口的酸味；三是大曲、小曲中都配人品种繁多的珍贵中药材，酒味略带使人心旷神怡的药材香。这一切经常使董酒的香型既不同于茅台型的酱香，也不同于泸州老窖特曲型的浓香和汾酒型的清香，而是介于清、浓之间，所以有人称它为兼香型。就是指清香、浓香特征兼而有之，成为独具一格、别开生面的一种香型，人们也称之为"董香型"，成为四大香型白酒中兼香型的代表酒。

（九）郎酒

郎酒产在川黔交界的四川省古蔺县二郎滩镇，以产地得名。它距扬名四海的贵州茅台酒仅有70公里。茅台酒在赤水河上游的东岸，郎酒则在下游的西岸，故被誉为赤水河上两颗璀璨闪光的酒林明珠。二郎滩镇地处赤水河中游，四周崇山峻岭。就在这高山深谷之中有一清泉流出，泉水清澈、甘甜，人称"郎泉"。酒因取郎泉之水酿酒，故名"郎酒"。传说：二郎滩有一英俊小伙子叫李二郎，爱上美丽的赤妹子，要娶她为妻。但赤妹子父母提出要有一百坛美酒作聘礼，才许亲事。纯朴的小伙子为了能和赤妹子过美满的生活，听从仙人的点化，在荒滩上找泉水，挖断了九十九把锄头，铲断了九十九把铁铲，终于挖出泉水，酿出了美酒。人们便把李二郎开挖的泉水叫"郎泉"，酿出的酒叫"郎酒"。

郎酒酒液色清透明、酱香纯净、酒质醇柔、甘冽清爽，口感似食鲜果之甜润清爽，回香满口、回味悠长，饮者心悦神怡，饮至微醉仍不上头、不口渴。

郎酒属酱香型酒，虽不及茅台酒味长，但香有过之，独有的风格极为显著。

据历史记载：早在汉代，赤水河一带就产酒。北宋年间，这里又盛产优质的小曲酒二郎滩"小糟坊"，该小曲酒以价廉质优为饮者所喜爱，直到清末，仍为人们所钟爱。据记载：清代末年（1907年）以前，当地居民已发现郎泉水适宜于酿酒，开始取之以酿造小曲酒和香花酒，酒质优美，为人们所喜爱，因此逐渐发展。

郎酒是酱香型白酒，由于得天独厚的自然条件和独特的生产工艺，使它具有"酱香浓郁、醇香净入、幽雅细腻、回甜悠长"的独特风格。1936年贵州茅台镇三家茅酒作坊中最好的"成义"酒坊失火，酒师失业，迫于生计，大师傅郑应才被邀请到二郎滩的"集义"酒坊为师。郑庆才用"成义"的曲子，采用当地优质高粱为原料，用小麦制成高温曲为糖化发酵剂，以生产茅台酒的方法，即两次投料、八次加曲糖化、窖外堆积、窖内发酵、七次蒸馏取酒、长期贮存、精心勾兑等工艺酿制。1936年"成义"酒坊复业，又用"集义"的母糟去生产茅台酒。所以有人说，

郎酒的胚胎中有茅台酒的"基因"，肌体中有茅台的"血液"。因此，人们把茅台酒、郎酒称为姊妹酒是有历史渊源的。

由于这个酒的酿造用水是优质的山泉水，陈酿于山洞中，老百姓称此酒的特点是"山泉酿酒，深洞贮藏；泉甘酒冽，洞出奇香"。

郎酒之美，除了酿制工艺和郎泉水之外，还因为有一对天然溶洞——天宝洞和地宝洞做窖藏室。洞中冬暖夏凉，四季恒温，有利于酒的老热，是提高酒质的重要因素，是贮酒佳地。两洞是在距郎酒厂约5公里处的蜈蚣岩千仞绝壁间，站在洞往下看，是滔滔奔流的赤水河，向上看，绝壁似刀削。两洞一上一下，上为天宝洞，下为地宝洞，总面积约10000平方米。"郎泉"、"宝洞"可称为郎酒厂二绝。因此有"郎泉水酿琼浆液，宝洞肚藏酒飘香"之说。

（十）双沟大曲

双沟大曲产于淮河与泽湖交汇之滨的江苏省泗洪县双沟镇，是著名的浓香型白酒，它以产地得名。双沟地方产酒有悠久的历史，双沟古为泗州之地，据文献记载：宋代大诗人苏东坡巡游泗州时，挚友章使君送双沟酿造之美酒，诗人品尝后赋诗曰：

> 使君半夜分酥酒，
> 惊起妻子一笑哗。

诗中"酥酒"即位于双沟地区的有名美酒。

现在双沟镇生产的双沟大曲酒的历史，可以追溯到清代雍正至乾隆初年，有山西太谷县孟高村人贺氏，路过双沟，发现双沟一带盛产高粱，既有清醇甘美的水源，又有酿酒的精湛技艺，于是便在双沟山镇办起了"全德"糟坊。"全德"所产白酒曾在清朝末年的南洋名酒赛会上荣获金质奖牌。当时双沟镇上已有"广盛"、"涌源"二家糟坊，由于贺氏将山西酿酒方法传入，与当地酿酒技术结合，酿出的酒"香浓味美"，超过当地原产的酒。因而有"香飘十里，知味息船"的赞语。

抗日战争时期，陈毅、邓子恢、彭雪枫等老一辈无产阶级革命家，曾多次驻足"全德"糟坊。当地人民怀着崇敬的心情送来双沟大曲酒，慰劳他们。陈毅同志品尝后，热情称赞双沟大曲酒"不愧天下第一流"。

双沟大曲酒酒液清澈透明，芳香扑鼻，风味纯正，入口绵柔、甜美、醇厚，回香悠长，浓香风格十分典型，酒度虽为65°，但醇而不烈。

双沟大曲酒原料和工艺特点是：选用优质高粱为酿酒原料，以大麦、小麦、豌豆制高温大曲为糖化发酵剂。酿造用水为淮河水，水质甘美，含碱量低，并有适于促进糖化发酵的矿物质。工艺上用"热水泼浆"，因而酿出的酒入口甜美。采用传统的混蒸生产工艺，并不断加以改进。

这些使双沟大曲酒保持了它的独特风格和品质，20世纪70年代以来大量出口外销，受到许多国家的好评，在群众中享有很高的声誉。

双沟大曲酒在全国历届评酒会上均被评为国家优质酒，1984年、1988年在全国第四、五届评酒会上被评为国家名酒。

（十一）台湾名酒

1. 金门酒

号称"宝岛台湾第一名酒"的金门38度特级高粱酒引用宝月古泉的甘甜泉水，用金门高粱酿制而成，有传统高粱酒的清香甘醇，却无传统高粱酒的辛辣。金门低度高粱酒系列产品风靡台湾40年，以其二次精酿的独特工艺博得广大消费者的一致好评。目前，金门38°特曲在台湾地区销售独占鳌头，年产值近50亿人民币。"金门酒"产地金门，离大陆很近，因此大陆沿海一带的人民都熟悉金门酒。

2. 高粱酒

"八八坑道"系列高粱酒由台湾统一企业集团旗下的马祖酒厂生产出品。因其在马祖列岛一条名为"八八坑道"的战备坑道中窖藏精酿而得名。该酒属清香型，甘醇劲爽、不上头、不宿醉，酒精度在38度至47度之间，在宝岛台湾倍受消费者青睐。

二、黄酒类

黄酒是中华民族的瑰宝，历史悠久、品种繁多。历史上，黄酒名品数不胜数。由于蒸馏白酒的发展，黄酒产地逐渐缩小到江南一带，产量也大大低于白酒。但是，酿酒技术精华非但没有被遗弃，在新的历史时期反而得到了长足的发展。黄酒魅力依旧，其名品仍然家喻户晓，其佼佼者仍然像一颗颗璀璨的东方明珠，闪闪发光。

（一）绍兴加饭酒

关于加饭酒的来历，民间有这样的一个传说：一位心地善良的酿酒师傅，常见有几个穷苦人家的孩子溜进酒坊，来偷吃摊晒在场上的糯米饭，于是他在"浸米"时往往偷着多放几升。日子一久，"加饭"酿酒成了习惯，而酿出的酒的品质比以

往优良。后来他就索性公开这一秘密，进一步改进工艺，酿出名副其实的"加饭酒"。

女儿红的由来就是绍兴酒俗的最好见证。女儿红原是加饭酒，因为装入花雕酒坛，因此也叫"花雕酒"。传说：早年绍兴有张姓裁缝的媳妇有喜，裁缝望子心切遂在院内埋下一坛花雕酒，想等儿子出世后用作三朝招待亲朋。孰料妇人产下一女，失望之余这坛深埋院中的酒也被忘却。后来其女长大成人，贤淑善良，嫁与张裁缝最为喜欢的徒弟。成婚之日院内喜气洋洋，裁缝忽想起18年前深埋院中的老酒，连忙刨出，打开后酒香扑鼻、醉人心脾，女儿红由此而得名。此俗后来演化到生男孩时也酿酒，并在酒坛上涂以朱红，着意彩绘，谓之"状元红"。

绍兴黄酒可谓是我国黄酒中的佼佼者。绍兴酒在历史上久负盛名，在历代文献中均有记载。宋代以来，江南黄酒的发展进入了全盛时期，尤其是南宋政权建都于杭州，绍兴与杭州相距较近，绍兴酒有较好的发展，当时的绍酒名酒中首推"蓬莱春"为珍品。南宋诗人陆游的诗句中，不少都流露出对家乡黄酒的赞美之情。清代是绍兴酒的全盛时期，酿酒规模在全国堪称第一。绍兴酒行销全国，甚至还出口到国外，几乎成了黄酒的代名词。目前，绍兴黄酒在出口酒中所占的比例最大，产品远销到世界各国。绍兴酒酿酒总公司所生产的品种很多，现代国家标准中的黄酒分类方法，基本上都是以绍兴酒的品种及质量指标为依据制定的。其中绍兴加饭酒在历届名酒评选中都榜上有名。

绍兴黄酒品种甚多，著名的有元红酒、加饭酒、花雕酒、香雪酒等。

1. 元红酒

旧时称"状元红"，因在坛壁外涂朱红色而得名，是绍兴酒的代表品种和大宗产品。用摊饭法配制，属干型酒。此酒发酵完全，含残糖量少，色液橙黄清亮，具特有芳香味甘爽微苦，含酒精16.0%—18.0%（v/v），糖份小于0.90克/100毫升，总酸小于0.45克/100毫升，深受饮酒者的普遍喜爱。

2. 加饭酒

它比元红酒酿造配料中糯米的使用量增加10%以上，所以称加饭酒。酒质丰美、风味醇厚，是绍兴酒的上等品。酒度18度，糖份2度，高于元红酒，似葡萄酒的"半干"类型。

3. 善酿酒

用已贮存一至三年的陈元红酒，带水入缸与新酒再发酵，酿成的酒再陈酿1—3年，所得之酒香气浓郁、酒质特厚、风味芳馥，是绍兴酒之佳品。

4. 香雪酒

是用米饭加酒药和麦曲一次酿成的酒（绍兴酒中称为淋饭酒）。拌入少量麦曲，再用由黄酒糟蒸馏所得的 50 度的糟烧代替水，一同入缸进行发酵。这样酿得的高糖（20% 左右）高酒度（20 度左右）的黄酒，即是香雪酒。酒色淡黄清亮、香气浓郁、风味醇厚、鲜甜甘美，为绍兴酒的特殊品种。

5. 古越醇酒

该品种是 20 世纪 80 年代初由绍兴黄酒集团公司试制成功的新产品，是以陈酿的元红、善酿、加饭、糟烧代水酿成的双套酒。用淋饭法酿制，属甜型酒。此酒色液黄褐透明、特具醇香，鲜甜不腻，具丰满协调的甜酒风格。含酒精 14. 0%—16. 0%（v/v），糖份 17. 0—19. 0 克/100 毫升，总酸小于 0. 5 克/100 毫升。该产品的开发填补了绍兴新优甜型酒空白，男女老幼四季皆宜。

6. 竹叶青

竹叶青酒又名"孝贞酒"，该酒以嫩绿竹叶浸出的绿色素作为酒的色泽，故称"竹叶青"。又据传是明代正德皇帝即位前游历江南时，饮用竹叶青酒后，御笔亲题"孝贞"二字，故称为"孝贞酒"。此酒选用当年的淡笋竹中采摘的新鲜嫩绿竹叶，用 70 度镜面糟烧浸泡半年左右，浸提出翠绿色素汁，作为酒的色泽。酒液淡青透明、清香沁人，酒味鲜爽清洁、独树一帜，是一种知名度较高的传统花色产品，最适宜在夏季饮用，使人有舒适的清凉感。

7. 花雕酒

花雕酒是从我国古代女酒、女儿酒演变而来的，是一种经多年贮存的、优质的加饭酒。它以酒坛外面的五彩雕塑描绘而命名，故称"花雕"。其实应该说是一种"雕花的老酒"或"雕花酒"，只是因为古人喜欢将谓语动词后置的缘故，所以花雕的称呼一直沿用至今。

花雕源自晋代嵇含的《南方草木状》"南人有女数岁，既大酿酒……女将嫁，乃发陂取酒，以供宾客，谓之女酒，其味绝美"；《浪迹续谈》中记述："最佳者女儿酒，相传富家养女，初弥月，即开酿数坛，直至女儿出门，即以此酒陪嫁。则至近亦已十许年，其坛常以彩绘，名曰花雕酒。"按浙江地方风俗，民间生女之年要酿酒数坛，泥封窖藏，待女儿长大结婚之日取出饮用，即是花雕酒中著名的"女儿红"。因这种酒在坛外雕绘有我国民族风格的彩图，故取名"花雕酒"或"元年花雕"。

现在这种传统习俗虽没有沿袭下来，但当家中有小孩诞生时，作父母的总要酿几坛酒，请雕花师傅装潢雕塑，刻意彩绘，内容多为寓意吉祥的民间故事、神话传说，花鸟、戏剧人物等，然后泥封窖藏。生女儿的美其名曰"女儿红"，生儿子的则喜称为"状元红"，待孩子长大娶亲出嫁，便将酒取出用以庆贺、款待宾客。因酒已陈，故酒质特优。

"花雕酒"是一种集绘画、书法、雕塑、文学于一身的独特产品。作为绍兴酒中的精品，它以优质加饭酒为内容物，以精雕细琢的浮雕酒坛（瓶）为盛载体，是中国文化名酒的典型代表。它秉承绍兴历代的美丽传说，得益于中国绍兴黄酒集团前身——绍兴酿酒总厂的挖掘性开发生产，直到普通的玻璃瓶也冠以"花雕"之名，如今已成为绍兴酒中的一大品名。

此外，在绍兴酒系列品种中，尚有众多的传统花色品种，如鲜酿酒、补药酒、福桔酒、鲫鱼酒、桂花酒等，但目前很少生产。近年开发的又有八仙酒、枣酒、黑米花雕酒、青梅酒等。这些花色酒，大都将嫩竹叶、福桔、活鲫鱼等主物用高度糟烧浸泡，取其浸液，在元红、加饭酒杀菌灌坛时，按配比加入；或直接用热酒冲泡，泥封库存，过月余，各物鲜香气味溶化于酒液内，形成各种特有的香醇风味，故以各物名字命为酒名。在绍兴，酒的名字与很多习俗有关，如：孩子满月有"剃头酒"。绍兴的"剃头酒"和其他地方略有不同，除用酒给婴儿润发外，在喝酒时，有的长辈还用筷头醮上一点酒，给孩子吮，希望孩子长大了能相长辈一样有福分喝"福水"（酒）。另外还有孩子周岁时的"得周酒"、人生逢十而办的"寿酒"，以及"白事酒"，也称"丧酒"。

绍兴旧时有很多岁时酒俗，从农历腊月的"请菩萨"、"散福"开始到正月十九"落像"为止，因为都是在春节前后，所以叫"岁时酒"。腊月二十前后要把祖宗神像从柜内"请"出来祭祀一番，这叫"挂像酒"；到正月十八，年事完毕，再把神像请下来，这叫"落像酒"；除夕之夜的"分岁酒"要一直喝到新年来临，正月十五还要喝"元宵酒"等等。

2. 福建龙岩沉缸酒

龙岩沉缸酒历史悠久，在清代的一些笔记文学中多有记载，现在为福建省龙岩酒厂所产。这是一种特甜型酒，酒度在14%（v/v）—16%（v/v），总糖可达22.5%—25%。内销酒一般储存2年，外销酒需储存3年。

龙岩沉缸酒的酿法集我国黄酒酿造的各项传统精湛技术于一体。比如：龙岩酒用曲多达4种，有当地祖传的药曲，其中加入30多味中药材；有散曲，这是我国最为传统的散曲，作为糖化用曲。此外还有白曲，这是南方所特有的米曲。红曲更是龙岩酒酿造必加之曲。酿造时，加入药曲、散曲和白曲，先酿成甜酒酿，再分别投入著名的古田红曲及特制的米白酒，长期陈酿。龙岩酒有不加糖而甜、不着色而艳红、不调香而芬芳三大特点。酒质呈琥珀光泽、甘甜醇厚、风格独特。

三、啤酒类

（一）青岛啤酒

19 世纪末，啤酒输入中国。1900 年俄国人在哈尔滨市首先建立了乌卢布列希夫斯基啤酒厂；1901 年俄国人和德国人联合建立了哈盖迈耶尔—柳切尔曼啤酒厂。1903 年 8 月，古老的华夏大地上诞生了第一座以欧洲技术建造的啤酒厂——日尔曼啤酒股份公司青岛公司。经过百年沧桑，这座最早的啤酒公司发展成为享誉世界的"青岛啤酒"生产企业——青岛啤酒股份有限公司。

青岛啤酒是中国久负盛名的名牌产品，也是中国啤酒第一驰名商标。在近百年的生产实践中，青岛啤酒形成了有鲜明特色的酿造工艺。其酿造方法是继承德国酿酒传统，经几代啤酒专家的研究、改进而形成的，素以泡沫洁白细腻、持久挂杯、酒体清亮透明、醇香爽口而享誉中外。

青岛啤酒

青岛啤酒的生产特点是：采用崂山水，质软而甜；采用溶解良好的二棱大麦麦芽及香型酒花，另外添加25％的大米。糖化采用双醪二次煮出糖化法，原麦汁浓度12％，酒花添加量较国内一般啤酒稍高。发酵采用两罐法，低温下发酵，发酵度适中。传统做法贮酒期2—3 个月，目前前发酵采用锥形罐，后发酵采用卧式罐，贮酒期缩短至 1 个月左右。青岛啤酒应用经典酿造工艺和独到的后熟技术精心酿制，素以泡沫洁白细腻、澄澈清亮、色泽浅黄，酒体醇厚柔和、香醇爽口、持久挂杯，同时具有清新的酒花香味、苦味适中、口味醇和、清爽适口、独具风格，为国内外所推崇。它曾 7 次荣获国家金奖，3 次在美国国际评酒会上荣获冠军。青岛啤酒自 1954 年出口以来，现已畅销 40 多个国家和地区。

青岛啤酒还注意消费者的习惯差异。为了满足消费者的不同需求，青岛啤酒不断开发新品种。比如：根据南方消费者偏爱酒精含量低的清淡型啤酒，青啤推出了淡爽型8°、10°系列酒。根据消费水平的不同，提出了"金字塔理念"，重新考虑了广大群众的市场需求，推出了适合低档消费的大众酒。加上原有的金质酒系列、优质酒系列，它形成了档次分明、品种齐全的产品组合，为消费者提供了宽泛的选择余地。淡爽型系列酒具有原麦汁浓度低、酒精度低的特点，由于选料精良、做工精细，该酒清淡而不乏味、低度而不粗糙。优质酒系列是青岛啤酒的传统产品，这些产品铸就了青岛啤酒的声誉。盛名之下却能安守中档价位，实为精明之选。金质酒系列采用出口美国啤酒的配方，选用上等原材料精心酿制而成。新开发品种有极品青岛啤酒、青啤王等新品种，是为不同地区、不同需求的消费者设计制作的。这些多样化的品种是青岛啤酒酿造技术的集中体现。

1. 青岛国际啤酒城

其位于石老人国家旅游度假区的青岛国际啤酒城，号称亚洲最大的国际啤酒都会。它占地35公顷，分南、北两大功能区。南区为娱乐区，北区为综合区，现在到啤酒城的游乐项目除喝啤酒外还可以进行大型游乐活动，北部综合区已建成大型游乐场，内有许多国际先进流行的游乐设施，最出色的就是双向往复式过山车。正门位于南区，一进大门，一座高大的标志性雕塑——溢满全球，雕塑由一个大型高脚杯矗立于圆形的水池中央，高脚杯被做成世界地图的图案，啤酒沫从杯中不断地溢出，上有青岛啤酒商标，寓意十分深刻。在水池后面有一半月形石壁，上有"国际啤酒城"5个大字。夜幕降临后，彩灯、喷泉、水柱相映成趣、无比绚丽。在城标雕塑后面就是呈扇形的万人广场，1998年以前历届国际啤酒节开幕式就是在这里举行，现已成为永久性的节庆活动场所。广场南侧为啤酒宫区，每年啤酒节期间这里就是各啤酒厂家在此临时搭建的啤酒宫，在此品尝世界各地名牌啤酒的同时，还可观看各厂家随团演员的精彩表演。在"青岛啤酒"的大厅内可以喝到刚刚下线的最新鲜的"青啤"，同时还可以观看微型啤酒生产线的酿酒全过程。

2. 青岛啤酒博物馆

青岛啤酒博物馆作为百年青岛啤酒企业文化的一个重要组成部分，它集青啤的发展历程、文化底蕴、工艺流程、品酒娱乐、购物为一体，为国内首家啤酒博物馆。它的建成将为海内外游客走近青岛啤酒、了解青岛啤酒提供了一个独具魅力的"视角"。

据了解：青岛啤酒博物馆总投资达2000余万元人民币，展出面积为6000平方米，是由青啤集团借鉴了包括嘉世伯啤酒博物馆和喜力啤酒博物馆在内的众多国际啤酒博物馆的设计理念和风格特点，征求各方意见，本着尊重历史、挖掘历史、保护历史、再现历史的宗旨，同时综合专业性、国际性、前瞻性、趣味性、和谐性为一体，建设成的世界一流的博物馆。其概念规划是由著名的啤酒博物馆设计者——嘉世伯啤酒博物馆负责人尼尔森（Nielsen）设计完成，由清华大学美术学院环境艺术研究所的设计人员负责室内装饰布展的。博物馆共分为百年历史和文化、生产工艺、多功能区三个参观游览区域。青岛啤酒博物馆集啤酒文化展示、生产线参观、啤酒生产介绍、酒吧、游客参与为一体的科普休闲项目，以图片、文字、实物为主体，运用高科技的声、光、电等媒体展示青啤百年历史、现代化的生产设备以及丰富多彩的啤酒历史、啤酒文化。

3. 青岛国际啤酒文化节

青岛国际啤酒节兴起于 1991 年，是以啤酒为媒介，融经贸、旅游、科技、文化、体育为一体的大型节庆活动。啤酒节举办以来，历届都有亚、欧、美洲等数十个国家和地区的啤酒厂家携酒前来参展，国内外各大知名品牌的啤酒在这里登场亮相，成千上万的人涌进各家啤酒屋、啤酒棚举杯畅饮。

啤酒节期间，文化广场还举行交响乐音乐会、摇滚乐队演唱会、大型文艺晚会、大规模海上焰火等，丰富多彩的文化体育活动、民俗民情表演及各类体育比赛，使逛会的人们流连忘返。啤酒城实为青岛市人民和中外游客夏季游乐的最佳去处。

商贸和科技交流活动是啤酒节的一项重要内容。国际饮料博览会、名优新特产品展销会、科技经贸博览会、农村产品展销会吸引着众多的国内外商家。

啤酒节带动了青岛旅游业的发展，促进了青岛与世界各国人民的经济文化交流和友好往来，与会的中外客商和旅游逐届增加。

1994 年，坐落在石老人国家旅游度假区内的青岛国际啤酒城建成。啤酒城占地35 公顷，总建筑面积 47 万平方米，分设啤酒广场、啤酒宫区、啤酒街市、综合娱乐区、国际啤酒俱乐部、综合商贸区和综合办公区，气势宏伟，蔚为壮观，已成为亚洲最大的国际啤酒都会。

从 1994 年起，啤酒城已成为青岛啤酒节的永久性场所。一年一度的啤酒节开幕时间为每年的 7、8 月份，会期为 14 天。

（二）燕京啤酒

燕京啤酒是久负盛名的中国名牌产品、中国驰名商标、人民大会堂国宴特供酒、中国啤酒行业绿色食品认证产品、中华人民共和国建国 50 周年及澳门回归献礼酒、全国"两会"宴会专用酒。

燕京精选天然优质矿泉水等原料、采用先进的工艺设备和独特的发酵技术酿造燕京啤酒，赋予了燕京啤酒清爽怡人的独特风味。它曾30余次在国内外啤酒质量评比中获得大奖，是国家首批质量认证产品，被指定为人民大会堂国宴特供酒和中国国际航空公司空中配餐专用酒。目前燕京啤酒有8度、10度、11度、12度4大类30多个品种，分纯生啤酒、果汁啤酒、金玫瑰啤酒、金小麦啤酒等多个品种，精品高档和普通中、低档啤酒齐全，包装方式采用瓶装、易拉罐装和桶装，能满足不同口味和不同消费层次的消费者的需求。

燕京啤酒经过多道工序精选优质大麦，燕山山脉地下300米深层无污染矿泉水，纯正优质啤酒花，典型高发酵度酵母，不遗余力追求技术领先，始终以中国人口味为坚持，真诚制造中国人的啤酒。燕京啤酒的卓越特点：

（1）燕京啤酒采用纯天然矿泉水酿造（国家四部委认证），锶含量高，饮后回味有泉水般的甘甜；

（2）现代化啤酒制作装备：溶解氧控制最好、PO值控制最好、燕京啤酒总部为亚洲最大的啤酒生产厂、代表中国啤酒业装备的最高水平；

（3）优质酵母菌种：典型高发酵度、苦味代谢柔和，1990、1995行业评酒标准；

（4）保鲜期长达4个月：保存4个月的酒和刚下线的一样新鲜，达到国际最高水平；

（5）通过中国绿色食品发展中心审核，符合绿色食品A级标准。

（三）雪花啤酒

1964年，中国啤酒权威云集的产品评比会上，一种新产品击败中国的所有老牌啤酒，夺得第一。同年，这种啤酒被命名为"雪花"并正式投产，以后每次国家评比都名列前茅。

自1964年以来，雪花啤酒先后出口到香港、美国、法国、新西兰、澳大利亚、日本等地。

从2002年开始，雪花啤酒被国家质量监督检验检疫总局正式认定为"中国名牌产品"。从此华润雪花将雪花啤酒定位为全国性品牌来推广，2004年雪花啤酒单品牌销量已达107万吨，进入全国啤酒单品牌前三名。2005年，雪花啤酒的品牌价值达88亿，成为中国成长速度最快的全国性啤酒品牌；2005年，雪花啤酒销量达158万吨，单品牌销量行业第一。

目前，雪花啤酒已经在华润啤酒（中国）有限公司下属的黑龙江、吉林、辽宁、天津、北京、湖北、安徽、四川等地生产，并销往全国各地，受到全国消费者的喜爱，取得了优秀的市场业绩。

雪花啤酒的生产设备全国各厂统一、工艺和质量控制标准全国统一、各地技术人员接受国外技术培训、人员素质统一，从而保证了各地的"雪花"品质如一。

四、葡萄酒

我国地域辽阔，有十分适合赤霞珠这一国际优良品种生长的土壤、气候等条件，经过合理种植、科学采收，能产出优质的酿造葡萄，为酿造优质葡萄酒奠定了良好的基础。但目前国产葡萄酒的缺点主要是贮存期短，如果能够在本桶中适当地延长陈酿年限，我国大部分企业可以酿造出具有自己特点的优质葡萄酒。

（一）长城葡萄酒

中国长城葡萄酒有限公司地处被中国农业学会命名为"中国葡萄之乡"的河北省张家口市怀来县沙城。公司周围地区盛产优质酿酒葡萄品种达 63 种之多，目前拥有葡萄原料基地 13 万亩，且有 1122 亩葡萄园，种植着 10 余种国际酿酒名种葡萄，可供酿制单一品种的高级葡萄酒。公司曾酿造了中国第一瓶干白葡萄酒。

公司产品已形成干、半干白、半甜、甜、加香、起泡、蒸馏等 7 个系列 50 多个品种，被欧美专家被誉为"典型的东方美酒"。

长城牌干白、半干白、半甜白、干红、桃红葡萄酒及香槟法起泡葡萄酒被中国绿色食品发展中心认定为"绿色食品"。公司产品遍及全国各省、市、自治区，并远销英国、法国、德国、荷兰、日本、俄罗斯、香港等 20 多个国家和地区，出口量占全国葡萄酒出口量的 40% 以上，受到了国内外顾客的欢迎。

（二）张裕葡萄酒

烟台张裕集团有限公司的前身是 1892 年由我国近代爱国华侨张弼士先生创办的烟台张裕酿酒公司，至今已有 100 多年的历史。它是中国第一个工业化生产葡萄酒的厂家，也是目前中国乃至亚洲最大的葡萄酒生产经营企业。集团公司主要产品有葡萄酒、白兰地、香槟酒、保健酒、中成药酒、粮食白酒、矿泉水和玻璃制瓶八大系列，几十个品种，产品畅销全国并远销马来西亚、美国、荷兰、比利时、韩国、泰国、新加坡、香港等世界 20 多个国家和地区。

1915 年，张裕的可雅白兰地、红玫瑰葡萄酒、琼药浆、雷司令白葡萄酒一举荣获巴拿马太平洋万国博览会四枚金质奖章和最优等奖状。以后历届全国乃至世界名酒评比中，张裕产品一直榜上有名，先后获得 16 枚国际金银奖和 20 项国家金银奖。

鉴于张裕公司对国际葡萄酒事业的杰出贡献，1987年，国际葡萄·葡萄酒局正式命名烟台市为"国际葡萄·葡萄酒城"。烟台市被接纳为国际葡萄酒局的观察员。

（三）王朝葡萄酒

中法合资王朝葡萄酿酒有限公司始建于1980年，是我国最早成立

张裕葡萄酒

的中外合资企业之一，主要生产王朝牌高档系列葡萄酒。产品的产量从1980年的年产10万瓶增长到1996年的1866万瓶，增长了186倍。产品的品种从单一的半干白葡萄酒发展成三个系列16种产品，王朝公司成为亚洲地区规模最大的高档葡萄酒生产厂家。

目前，王朝牌系列葡萄酒全部产品均为部优、市优，曾先后8次获国家级金奖，14次获国际金奖。1992年由于5年蝉联国际金奖，被布鲁塞尔第30届国际评酒会授予"国际最高质量奖"称号。农业部首批将王朝确定为无污染、无公害、无病毒、营养丰富的绿色食品。1989年王朝公司被批准为国家二级企业，1996年通过了ISO9002质量体系认证。目前，王朝酒在国内的干酒市场占有率近50%，并被确认为国宴用酒，供应近170个我国驻外使、领馆。此外，产品还远销美国、英国、加拿大、日本、法国、澳大利亚、新加坡、马来西亚、丹麦、瑞典、芬兰、香港、澳门等20多个国家和地区。

王朝葡萄酒清澈透明、果香浓郁、味道爽顺、回味绵长，是无污染、无公害、营养丰富的绿色食品。

第三节　酒的贮藏

一、白酒

白酒的保存，瓶装白酒应选择较为干燥、清洁、光亮和通风较好的地方，相对

湿度在 70% 左右为宜，湿度较高瓶盖易霉烂。白酒贮存的环境温度不得超过 30℃，严禁烟火靠近。容器封口要严密，防止漏酒和"跑度"。

二、黄酒

黄酒的包装容器以陶坛和泥头封口为最佳，这种古老的包装有利于黄酒的老熟和提升香气，在贮存后具有越陈越香的特点。保存黄酒的环境以凉爽、温度变化不大为宜。黄酒合适的贮藏温度为 15 摄氏度以下，储存在阴凉干燥处，如地下室、地方窖。在其周围不宜同时存放异味物品，如发现酒质开始变化时，应立即食用，不能继续保存。瓶酒经贮存可能会出现沉淀，这是黄酒中蛋白质凝固，不影响酒质，加温即溶而清亮透明。

三、啤酒

保存啤酒的温度一般在 0℃—12℃ 之间为适宜，熟啤酒温度在 4℃—20℃ 之间，保存期为两个月。保存啤酒的场所要保持阴暗、凉爽、清洁、卫生，温度不宜过高，并避免光线直射。要减少震动次数，以避免发生浑浊现象。

四、葡萄酒

葡萄酒是非常敏感的，装入酒瓶之后仍然会逐渐成熟，因此在不良情况下保存会破坏味道的平衡。所以，请注意温度、湿度、光度、震动、臭味等影响因素。

（一）温度

葡萄酒最佳的储存温度是摄氏 10 度恒温，而冰箱的蔬菜水果储藏室一般约在 8 度左右，葡萄酒可以被保存得很好，甚至可到两年以上。不过要注意的是：若是温度太低，可能会使软木塞很快地干缩，之后冰箱里面的味道就会渗透到葡萄酒之中。

（二）湿度

70% 左右为理想湿度。湿度过低会造成软木塞干燥，不容易拔起；湿度过高会使软木塞综合缩小，造成空气或有害微生物进入葡萄中，使之容易变质。保存葡萄酒时必须横躺摆放，就是为了维持软木塞的湿度。

（三）光度

葡萄酒酒瓶虽然采用不易透光的材料，但葡萄酒对于光线还是相当敏感的，阳光或日光灯都是让葡萄酒变劣质的原因。

（四）震动

震动会使葡萄酒过度成熟（速度过快，）容易造成劣质化（变坏）。购买餐用酒后立刻畅饮而尽，或是摆放在客厅，倒是没保存的问题。

（五）平放

不论是白酒、红酒，或是香槟，尽量让酒平躺呈水平状，这样可以使葡萄酒与软木塞接触，保持软木塞不干缩，否则外在的空气和气味，就会渗透到瓶中破坏葡萄酒。另外，过高的温度或是温差太大，都可能会使酒质变差，丧失鲜度与个性。

那么什么样的葡萄酒需要贮藏？

在葡萄酒分级中属于日常餐酒和地区餐酒的，可随时打开喝。只有法定产区餐酒 AOC 才需要贮藏。

白葡萄酒不含单宁，所以一般不用贮藏。通常贮藏的是红葡萄酒。

葡萄酒有生命周期，并不是愈陈愈好。贮藏时间的长短取决于酒单宁的含量，单宁多则需要贮藏时间长。通常，好酒可以贮藏 15—25 年，其他的一般不超过 10 年。

（注：单宁——化学结构比较复杂，是一种多元酚的衍生物，此物仅能与钙、镁等金属阳离子作用，生成单宁酸盐，而且还能吸收游离的氧，特别是在咸性溶液中，是一种强氧化为剂。）

五、药酒

有些泡制药酒的成分由于长期贮存和温度、阳光等的影响，常常会使原来浸泡的物质离析出来，而产生微浑浊的药物沉淀，但这不说明酒已变质或失去饮用价值，但发现有异味就不能再饮用了。因此，药酒的保存期不宜太长。

第四节　酒器的选用

一、历代的酒器

有了酒，才有了酒器。随着酒的发展以及社会生产力的不断提高，酒器也在不断发展变化着，并产生了种类繁多、璀璨瑰丽的各种酒器。它标志着我国的酒文化和工艺水平，凝聚着劳动人民的智慧，也表现了他们非凡的创造力。总之，我国酒器种类之多、造型之繁、装饰之美都居世界之首。

按酒器的材料可分为：

天然材料酒器（木、竹制品、兽角、海螺等）、陶制酒器、青铜制酒器、漆制酒器、瓷制酒器、玉器、水晶制品、金银酒器、锡制酒器、景泰蓝酒器、玻璃酒器、铝制罐、不锈钢饮酒器、袋装塑料软包装、纸包装容器。

按酒器的种类分：

1. 盛酒器：古有尊、瓿、彝、罍、罍、瓿、斝、卣、盉、壶等。现在有罐、桶、瓶等。

2. 温酒器：古代的斝、盉，既是盛酒器，又是温酒器。现代有锡壶、烫酒器等。

3. 饮酒器：古代有爵、角、觚、觯瓿等。现代有杯、盏、盅等。

（一）远古时代的酒器

远古时期的人们茹毛饮血，火的使用使他们结束了这种原始的生活方式；农业的兴起使人们不仅有了赖以生存的粮食，还可以随时用谷物作酿酒原料酿酒；陶器的出现又使人们开始有了炊具。从炊具开始，又分化出了专门的饮酒器具。究竟最早的专用酒器起源于何时？还很难下定论。因为在古代，一器多用是很普遍的。远古时期的酒是未经过滤的酒醪（这种酒醪现在仍很流行），呈糊状和半流质。这种酒不适于饮用，而是食用，故食用的酒器应是一般的食具，如碗、钵等大口器皿。远古时代的酒器制作材料主要是陶器、角器、竹木制品等。

早在公元6000多年前的新石器文化时期，已出现了类似后世酒器的陶制品。

在山东泰安附近的大汶口，一座墓穴出土了大量酿酒器具和饮酒器具，其中有相当精美的带圆耳的小茶碗形酒杯和带孔的高脚酒杯。

在新石器时代晚期，以龙山文化时期为代表，酒器类型增加，用途明确，这些酒器有罐、瓮、盂、碗、杯等。

（二）商周的青铜酒器

在商代，由于生产力的提高、酿酒业的发达、青铜器制作技术的成熟，中国的酒器达到了前所未有的繁荣。当时的职业中还出现了"长勺氏"和"尾勺氏"这种专门以制作酒器为生的氏族。周代饮酒风气虽然不如商代，但酒器基本上沿袭了商代的风格，也有专门制作酒器的"梓人"。

青铜器起于夏，现已发现的最早的铜制酒器为夏二里头文化时期的爵，后来在商周达到鼎盛，春秋没落。商周酒器的用途基本上是专一的。据《殷周青铜器通论》记载：商周的青铜器共分为食器、酒器、水器和乐器四大部，共五十类，其中酒器占二十四类。按用途分为煮酒器、盛酒器、饮酒器、贮酒器。

盛酒器具是一种盛酒备饮的容器，其类型很多，主要包括：尊、壶、区、卮、皿、鉴、斛、觥、瓮、瓿、彝。每一种酒器又有许多式样，有普通型，也有动物造型的。以尊为例，有象尊、犀尊、牛尊、羊尊、虎尊等。

饮酒器的种类主要有：觚、觯、角、爵、杯、舟。不同身份的人使用不同的饮酒器。如《记·礼器》明文规定："庙之祭，尊者举觯，卑者举角。"

如：温酒器，饮酒前用于将酒加热，配以杓，便于取酒。温酒器有的称为樽，汉代流行。

又如：湖北随州曾侯乙墓中的铜鉴，可置冰贮酒，故又称为冰鉴。

（三）汉代的漆制酒器

商周以后，青铜酒器逐渐衰落，进入春秋战国时期，铁器出现，青铜日益被取代。而到了秦汉之际，中国的南方开始流行漆制酒器，漆器成为两汉、魏晋时期的主要类型。

漆制酒器，其形制基本上继承了青铜酒器的形制。有盛酒器具、饮酒器具。饮酒器具中，漆制耳杯是常见的。在湖北省云梦睡虎地 11 座秦墓中，出土了漆耳杯114 件，在长沙马王堆一号墓中也出土了耳杯90 件。

在汉代，人们饮酒一般是席地而坐，酒樽放置在席地中间，里面放着挹酒的勺，饮酒器具也置于地上，故形体较矮胖。

魏晋时期开始流行坐床，酒器变得较为瘦长。

（四）瓷制酒器

瓷制酒器的萌芽，始于魏晋南北朝时期。到了隋唐五代，有较大的发展。这个时期的酒器，种类繁多、做工讲究、样式新颖奇特。瓷器与陶器相比，不管是酿造酒器还是盛酒或饮酒器具，瓷器的性能都超越陶器。唐代的酒杯形体比过去的要小得多，故有人认为唐代出现了蒸馏酒。唐代出现了桌子，也出现了一些适于在桌上使用的酒器，如注子，唐人称为"偏提"，其形状似今日之酒壶，有喙、有柄，即能盛酒，又可注酒于酒杯中。因而取代了以前的樽、勺。

宋代是陶瓷生产鼎盛时期，有不少精美的酒器。宋代人喜欢将黄酒温热后饮用，故发明了注子和注碗配合使用的酒器。使用时将盛有酒的注子置于注碗中，往注碗中注入热水，可以温酒。

元代瓷制酒器在唐宋的基础上进一步提高，酒器丰富多彩，出现了青白釉印高足杯、青花松竹梅高足杯等代表性酒器，工艺相当精致。瓷制酒器一直沿用至今。

明代的瓷制酒器以青花、斗彩、祭红酒器最有特色，这时景泰蓝的问世使酒器更为华贵。

清代瓷制酒器具有清代特色的有珐琅彩、素三彩、青花玲珑瓷及各种仿古瓷。

（五）当代酒器（清以后）

现代酿酒技术和生活方式对酒器产生了显著的影响。进入 20 世纪后，由于酿酒工业发展迅速，留传数千年的自酿自用的方式被逐渐淘汰。现代酿酒工厂，其白酒和黄酒的包装方式主要是：瓶装，坛装；对于啤酒而言，有瓶装、桶装、听装等。在生活水平较低的 20 世纪 70—80 年代前，广大的农村地区及一部分城市地区卖的如果是坛装酒，一般要自备容器。但瓶装酒在较短时期内就得以普及，故百姓家庭以往常用的贮酒器、盛酒器随之而消失，饮酒器具则是永恒的。当然在一些地区，自酿自用的方式仍被保留，但已不是社会的主流。

民间所饮用的酒类品种在最近几十年中发生了较大的变化，在十多年前，酒度高的白酒无论在农村还是城市，一直都是消耗量最大的，黄酒在东南一带非常普遍。在 20 世纪 80 年代之前，啤酒的产量还很少。但 80 年代后，啤酒的产量飞跃发展，一跃而成为酒类产量最大的品种。葡萄酒、白兰地、威士忌等的消费量一般较小。酒类的消费特点决定了这一时期的酒器有以下特点：

小型酒杯较为普及。这种酒杯主要用于饮用白酒。酒杯制作材料主要是玻璃、瓷器等，近年也有用玉、不锈钢等材料制成的。

中型酒杯，这种酒杯既可作为茶具，也可以作为酒器，如啤酒、葡萄酒的饮用器具。材质主要是以透明的玻璃为主。

有的工厂为了促进酒的销售，将盛酒容器设计成酒杯，得到消费者的喜爱。酒喝完后，还可以作为杯子。由于生活水平的提高，罐装啤酒越来越普及，这也是典型的包装容器和饮用器相结合的例子。

二、酒具的选用

很多人认为喝酒的主角是美酒，在研究喝酒的艺术时就一味把心思放在酒的素质上，而把盛酒的器具当作次要之物。他们没有想到酒具对酒的重要性，其实已达到影响酒味的地步。同一款酒放进不同的容器内，效果是有天渊之别的。

为了不浪费美酒，绝对要认真追求好的酒杯，这样才可以把酒的瑰丽色彩透露出来，令人赏心悦目，还可以把酒的芳香在酒杯里集拢起来，经久不散。西方人认为：饮什么酒使用什么杯，是一种"酒礼"。例如：长型圆脚杯用于红葡萄酒；半圆高脚杯用于白酒；如果只喝一种酒一般使用半圆高脚杯为宜；超长半圆高脚杯专用于莱茵、莫索尔两种德国白酒；漏斗型酒杯专门用来喝比较强烈的葡萄酒，如雪利和波特酒；半高大肚酒杯专用来喝白兰地等烈性酒；长脚杯宜用来喝香槟酒。另外，啤酒多用有把手的大玻璃杯，鸡尾酒式样很多，可根据配制选用。

洋酒从清末开始引入中国，饮酒方式和饮酒具也随之传入我国。西方人在不同的场合下饮用不同的酒，还选用适宜的酒杯，不能随便乱用。一般来说，喝洋酒应该用水晶杯，玻璃杯是不合格的。好的水晶杯，要几百元一只，但请相信，它带给你的享受远超此值。最好的水晶杯，宜光身无花、透明度高，一叩，清脆的高音尾声缭绕，十秒不尽。不过达到这样的高水准，含铅量也比较高，所以现在多数的高级水晶杯都有够厚的隔绝，以防铅中毒。喝烈酒，像白兰地，不管是干邑还是雅文邑，都用短根的杯子，短根的杯是不让饮者持根而饮，而只能以掌心轻托杯心，使体温加速酒的挥发，把香味提早蒸发出来，满足嗅觉享受。杯口弧度大，香味保留在杯内，闻起来也就更过瘾了。威士忌杯则是另一码事。当然，喝最好的威士忌，可把它当成白兰地喝，用白兰地杯子。不过，在添水或加冰喝的情况下，就得用上下一致的杯子。建议最好是用透明无花的品种，既可以欣赏酒色，拿在手上也惬意。记住要有个杯垫，不然一桌子是水，也是无趣。

洋酒酒具在一些较为高档的餐饮场所得到应用。餐饮场所，分高、中、低等几档。高档餐饮场所由于销售的酒大多为洋酒类，故饮酒具具有西方化的特点。随着人民生活水平的提高，这些高档场所所使用的酒具逐步在民间得到一定的认可，但并不普及。

餐饮场所中的酒具以星级宾馆或饭店较为规范。在二星级宾馆以上的场所，必须具备酒吧。星级越高的宾馆，其酒吧的规模就越大，设施越齐全、豪华，酒的价格越高。理所当然，其酒具就更加齐全和规范化。

目前在酒吧所售的酒，以洋酒居多，品种主要有白兰地、威士忌、朗姆酒、杜松子酒、俄得克、香槟、利口酒等。鸡尾酒也较为普遍。不同的酒用不同的酒杯，这是酒吧工作人员的基本常识。

酒杯种类繁多、造型各异，这有历史、地域等方面的原因，同时也反映了一定的科学性和艺术性。在对外交往中，正确使用酒杯是非常重要的。

饮用不同的酒应选用不同的酒杯，杯的容量是最为重要的，历史上用盎司（英语是 ounce，简写成 oz）作为酒的液量单位。英美单位制都有这一单位，但略有不同，如英制 1 盎司为 28．41ml；美制 1 盎司为 29．57ml。16 盎司折合 1 品特（美制）。

现在推行国际单位制，用毫升数表示酒具的容量。30ml 代替原先为 1 盎司的容量。

以下是常见的酒杯容量：

威士忌纯饮杯	（Whisky Line）	1．5——3oz
雪利和波特杯	（Sherry&Port）	2——3oz
甜酒杯	（Liqueur）	1——1．5oz
白兰地专用杯	（BrandySnifter）	3——8oz
鸡尾酒杯	（Cocktail）	2——4．5oz
酸酒杯	（SourCocktailGlass）	4．2——6oz
香槟鸡尾酒杯	（ChampagenCocktailGlass）	4．5——6oz
古典杯	（OldFashioned）	6——8oz
哥连士杯或高杯	［Collins（orTallGlass）］	10——12oz
冷饮杯	［Cooler（orTallGlass）］	15——16．5oz
海波杯	（Highball）	6——10oz
啤酒杯	（Beer）	10——12oz
生啤酒杯	（Mug）	12——32oz
水杯	（Water Glass）	10——12oz